SYSTEMATISCHE BOTANIK

Herausgegeben von
Gertrud Dahlgren

Unter Mitarbeit von
Ingemar Björkqvist, Rolf Dahlgren, Örjan Nilsson,
Hans Runemark, Sven Snogerup, Gunnar Weimarck

Übersetzt und bearbeitet von
Meinrad Küttel

Mit 436 Abbildungen

Springer-Verlag
Berlin Heidelberg New York
London Paris Tokyo

Dr. GERTRUD DAHLGREN, Lunds Universitet, Institutionen för Systematisk Botanik, Ö Vallgatan 18–20, S-223 61 Lund, Schweden

Übersetzer:
Dr. MEINRAD KÜTTEL, Fachhochschule Wiesbaden, Fachbereich Weinbau und Getränketechnologie, von-Lade-Straße 1, D-6222 Geisenheim

Zeichnungen
Roland von Bothmer, Lennart Engstrand, Örjan Nilsson, Alf Oredsson, Jimmy Persson, Bo Sundström

Diagramme
Harald Sonesson

Titel der schwedischen Ausgabe: Systematisk Botanik
© 1975, 1983 Die Autoren und Liber Förlag, Malmö, Schweden

ISBN 3-540-17106-1 Springer-Verlag Berlin Heidelberg New York
ISBN 0-387-17106-1 Springer-Verlag New York Berlin Heidelberg

CIP-Kurztitelaufnahme der Deutschen Bibliothek.
Systematische Botanik/ hrsg. von Gertrud Dahlgren. Unter Mitarb. von Ingemar Björkqvist ... Übers. u. bearb. von Meinrad Küttel. – Berlin; Heidelberg; New York; London; Paris; Tokyo: Springer, 1987.
Einheitssacht.: Systematisk botanik ⟨dt.⟩
ISBN 3-540-17106-1 (Berlin ...)
ISBN 0-387-17106-1 (New York ...)
NE: Dahlgren, Gertrud [Hrsg.]; Björkqvist, Ingemar [Mitverf.]; Küttel, Meinrad [Bearb.]; EST 32

Satz: K + V Fotosatz GmbH, Beerfelden
Druck: Beltz, Offsetdruck, Hemsbach/Bergstr.
Bindearbeiten: J. Schäffer OHG, Grünstadt
2131/3130-543210

Vorwort

Dieses Lehrbuch ist in erster Linie als Einführung in die Systematische Botanik im Grundstudium auf Universitäts- oder Hochschulniveau gedacht. Es soll sowohl den Biologiestudenten als auch all jenen Interessenten dienen, die in irgendeinem Abschnitt ihres Studiums mit Systematischer Botanik und deren Grundlagen, sowie mit Kulturpflanzengeschichte und Pflanzengeographie in Berührung kommen. Darüber hinaus kann es Lehrern an Gymnasien und Grundschulen als moderne Einführung in verschiedene Kapitel der Speziellen Botanik von Nutzen sein.

Das Buch entstand als ein Versuch in einem engen Rahmen von Vielseitigkeit und gleichzeitig begrenztem Umfang, ein trotzdem allseitiges Bild des Systems der Pflanzen darzustellen. Die grundsätzlichen Abschnitte und auch die, die die Evolution betreffen, sind mit Absicht in den Vordergrund gerückt worden. Natürlich ist es bedauerlich, daß ein Lehrbuch auf Universitätsniveau einen Stoff derart begrenzen muß, daß wesentliche Gruppen, insbesondere der Höheren Pflanzen, nicht behandelt werden können.

Der Beweggrund für die deutschsprachige Übersetzung war ein während vieler Jahre Unterricht in Systematischer Botanik für Biologen, Agrarbiologen, Agrarwissenschaftler und Pharmazeuten empfundener Mangel, kein lesbares und überdies nicht allzu teures Lehrbuch empfehlen zu können, welches das gesamte System der Pflanzen einigermaßen abgewogen darstellt.

Es wurde angestrebt, ein System der Pflanzen darzulegen, das einerseits so weit wie möglich Rücksicht auf die neueren wissenschaftlichen Ergebnisse nimmt, andererseits dynamisch und nicht allzu festgelegt ist. Die Algen sind z. B. von der Organisationsstufe, den Inhaltsstoffen und vom Geißeltyp her diskutiert worden. Die Flechten sind in diejenigen Pilzgruppen eingestuft worden, zu denen der betreffende Mycobiont gehört. Was die Dikotylen betrifft, so standen die ältere Einteilung in „Monochlamydeae", „Dialypetalae" und „Sympetalae" oder eines der neueren Systeme zur Wahl. Von den letzteren wurde Takhtajans System gewählt, doch mit dem Bewußtsein, daß dieses vielleicht bestimmte Eigenschaftskomplexe überbetont.

Das Buch wurde an der Abteilung für Systematische Botanik in Lund von folgenden Verfassern ausgearbeitet:

Einleitung: Hans Runemark
Gliederung der Organismenwelt, Prokaryota, Algen: Ingemar Björkqvist, Gertrud Dahlgren und Gunnar Weimarck
Pilze: Gunnar Weimarck
Moose, Farnpflanzen: Gertrud Dahlgren
Gymnospermen, Systematik der Angiospermen: Rolf Dahlgren
Embryologie, Morphologie: Gertrud Dahlgren
Reproduktionsbiologie, Lebensformen: Örjan Nilsson
Kulturpflanzen: Sven Snogerup
Zusammenstellung und Redaktion: Gertrud Dahlgren

Das Kapitel Archäbakterien fügte Meinrad Küttel hinzu; er hat auch das Verzeichnis der Referenzliteratur überarbeitet und ist für Veränderungen gegenüber der Vorlage verantwortlich. Besonders gedankt sei Universitätsadjunkt Torgny von Wachenfeldt, Lund, für den Vorschlag und Entwurf des Abschnittes Algen, sowie Professor John Axel Nannfeldt und Dozent Nils Lundqvist, Uppsala, für die Durchsicht des Kapitels über die Pilze und Professor Folke Fagerlind, Stockholm, für die Kritik am gesamten Buch. Für konstruktive Kritik danken die Verfasser auch anderen Mitarbeitern der Abteilung in Lund und den Lehrern an den übrigen Botanischen Instituten Schwedens. Der Übersetzer dankt insbesondere Privatdozent Erich Götz, Stuttgart, für kompetente Durchsicht und Verbesserungen. Die Abbildungen wurden mit wenigen Ausnahmen von den unten angeführten Zeichnern ausgeführt. Bei der Mehrzahl der Abbildungen ist der Vergrößerungsmaßstab angegeben. Doch sei darauf hingewiesen, daß die Werte durchwegs nur angenähert sind. Habitusbilder der beschriebenen Sippen konnten nur in Ausnahmefällen wiedergegeben werden. Für die anderen wird auf die auf S. 243–246 zitierte Literatur hingewiesen.

Algen: Lennart Engstrand
Pilze: Roland von Bothmer
Gymnospermen, Systematik der Angiospermen: Alf Oredsson
Embryologie: Roland von Bothmer
Morphologie, Reproduktionsbiologie, Lebensformen, Pflanzengeographie: Örjan Nilsson
Kulturpflanzen: Bo Sundström

In Anlehnung an die Vorworte
der Originalauflagen
Suderburg im Januar 1987
Meinrad Küttel

Inhalt

Einführung 1
Gliederung der Organismenwelt 18

Prokaryota 21

Abteilung Archaebacteriophyta (Archäbakterien) 22
Abteilung Eubacteriophyta (Eubakterien) 24
Abteilung Cyanophyta (Blaualgen) 25

Eukaryota 27

Einleitung zu den Algen 28
Abteilung Chlorophyta (Grünalgen) 33
Abteilung Euglenophyta (Euglenen, „Augentierchen") 39
Abteilung Pyrrophyta (Panzer- oder Dinoflagellaten) 40
Abteilung Xanthophyta (Gelbgrünalgen) 41
Abteilung Chrysophyta (Goldalgen, Kalkflagellaten) 42
Abteilung Bacillariophyta (Kieselalgen, Diatomeen) 43
Abteilung Phaeophyta (Braunalgen) 45
Abteilung Rhodophyta (Rotalgen) 49
Abteilung Mycota (Pilze) 52
  Unterabteilung Myxomycotina 55
  Unterabteilung Eumycotina (Echte Pilze) 57

Einleitung zu den Kormophyten 78
Abteilung Bryophyta (Moose) 80
Abteilung Pteridophyta (Farnpflanzen) 88
  Unterabteilung Rhyniophytina 90
  Unterabteilung Lycopodiophytina (Bärlappgewächse) 91
  Unterabteilung Equisetophytina (Schachtelhalmgewächse) ... 95
  Unterabteilung Polypodiophytina (Farne) 97

Abteilung Spermatophyta (Samenpflanzen) 103
  Unterabteilung Gymnospermae (Pinophytina) 105
  Unterabteilung Angiospermae (Magnoliophytina) 114

Morphologie 119
    Keimung und Keimling 119
    Die Wurzel 120
    Der Sproß 122
    Die Blüte 130
Embryologie 137
Systematik 142
    Verschiedene Merkmalstypen und ihre systematische Bedeutung 142
    Phylogenetische und phänetische Angiospermensysteme 150
    Die Klassen der Angiospermae (Magnoliophytina) 152
    Dicotyledoneae (Magnoliatae) 153
    Monocotyledoneae (Liliatae) 176
Kulturpflanzen 183
    Geschichte und Anbau der Kulturpflanzen 183
    Pflanzen als Nahrungsmittel 185
    Pflanzen als Gewürze, Genuß- und Arzneimittel 197
    Faser-, kautschuk- und holzproduzierende Pflanzen 200
Reproduktionsbiologie 203
    Bestäubungsbiologie 203
    Verbreitungsbiologie 210
Lebensformen 217
Pflanzengeographie 223

Literatur 243

Register der wissenschaftlichen Namen 247

Sachverzeichnis 253

Geologische Zeittabelle mit dem Auftreten der wichtigeren Gruppen 259

Einführung

Die Systematische Botanik befaßt sich mit der Gliederung der Pflanzenwelt in Einheiten unterschiedlichen Ranges und deren Beziehungen untereinander. Eine solche Einheit wird unabhängig von ihrem Rang *Taxon* (Plural: Taxa) genannt. Der betreffende Wissenschaftszweig wird heute oft als *Taxonomie* bezeichnet (z. B. Botanische Taxonomie, Experimentelle Taxonomie). Das Studium der Prozesse, die zu Veränderungen und Entstehung neuer Taxa führen, d. h. wesentliche Teile der Evolutionsforschung, wird ebenfalls in die Systematische Botanik einbezogen. Auch die Morphologie oder Strukturelle Botanik wird teilweise zur Systematischen Botanik gerechnet. Die Morphologie behandelt das äußere Erscheinungsbild und den inneren Bau der Pflanzen, Entstehung und Variation des Organsystems, sowie die Ultrastruktur einzelner Teile.

Für die Gliederung der Pflanzenwelt, die früher fast vollständig auf der äußeren Gestalt der Pflanzen basierte, haben in den letzten Jahren die Ergebnisse anderer Disziplinen wie Anatomie, Embryologie, Cytologie, Genetik, Physiologie und Chemie eine immer größere Bedeutung erlangt.

Die Auffassung über die Gliederung der Pflanzen und die ihr zugrunde liegenden Zusammenhänge wird deshalb im Zusammenhang mit neuen wissenschaftlichen Erkenntnissen oft verändert. Die dramatischste Änderung wurde von Darwins Evolutionstheorie verursacht, die auf der Theorie der natürlichen Auslese fußt und die von der Genetik, die sich zu Beginn des 20. Jahrhunderts entfaltete, sehr unterstützt wurde. Während der letzten Jahrzente wurde die Auffassung über die Hauptgruppen der Pflanzen und über ihre Beziehungen untereinander vor allem aufgrund physiologisch-chemischer Analysen des Pigmentsystems, das an der Photosynthese teilnimmt, und durch ultrastrukturelle Untersuchungen verändert.

Populationen

Die kleinste funktionierende biologische Einheit ist in der Natur die lokale *Population*. Dies wurde bereits von Darwin erkannt, prägte jedoch das Denken in der Systematischen Botanik erst ab den 1920er–1930er Jahren. Eine lokale Population umfaßt bei Pflanzen mit sexueller Fortpflanzung alle Individuen, die fähig sind, sich untereinander zu kreuzen und fertile Nachkommen hervorzubringen und die überdies so nahe beieinander wachsen, daß Kreuzungen überhaupt zustande kommen können. Die lokale Population kann hinsichtlich des Individuenreichtums und des Areals sehr stark variieren. Das reicht von einer ganz geringen Zahl von Individuen auf einer begrenzten Fläche (z. B. *Ephedra distachya* ssp. *helvetica*, „Schweizer Meerträubchen", in den Felsensteppen des Unterwallis, Schweiz) bis zu Millionen von Exemplaren, verteilt auf ein ganz großes Areal (z. B. Besenheide in einem großen Heidegebiet). Die Population ist ein dynamisches System, das während eines gegebenen Zeitabschnittes in Größe und Verbreitung variieren kann. Sie kann sich mit anderen Populationen zu einem größeren Komplex vereinigen oder sich in kleinere, mehr oder weniger gut isolierte Kleinpopulationen aufsplittern.

Abb. 1. *Platanus orientalis,* Blatt, ×0,4

Innerhalb einer lokalen Population wird das genetische Material ständig neu kombiniert; gleichzeitig kommen in begrenzter Anzahl neue Gene durch Mutationen hinzu. In den meisten Fällen besitzt innerhalb einer Population jedes Individuum einen eigenen Genotyp. Die Möglichkeit eines Individuums, seine Eigenschaften künftigen Generationen weiterzugeben, beruht auf dessen Fähigkeit, sich in der natürlichen Auslese (Selektion) zu behaupten, oder gar nicht selten, auf Zufällen.

In der letzten Zeit hat sich gezeigt, daß Fremdbestäubung, und dadurch der Genaustausch innerhalb einer Population, oft auf sehr nah beieinander wachsende Individuen begrenzt ist. Bei verschiedenen Kräutern kommt z. B. Bestäubung in der Regel nur innerhalb von einigen Metern vor. Bei Nadelbäumen, deren Pollen mit dem Wind leicht fortgetragen werden, beschränkt sich die Bestäubung auf einige hundert Meter. Das bedeutet, daß eine Population aus mehr oder weniger großen „Teilpopulationen" bestehen kann, die durch Selektion sehr gut an die lokalen Bedingungen angepaßt sind.

Abb. 2. *Platanus orientalis*×*P. occidentalis,* Blatt, ×0,4

Bei *apomiktischen* Pflanzen, d. h. Pflanzen, denen eine sexuelle Fortpflanzung fehlt (s. S. 140), ist die Tochtergeneration genetisch mit der Elterngeneration identisch. Solche Individuen werden unter dem Begriff *Klon* zusammengefaßt. Eine lokale Population einer voll apomiktischen Sippe besteht oft aus einem einzigen Klon, das heißt, sie vertritt einen einzigen Genotyp.

Arten

In der Natur ist die Variation nicht kontinuierlich. Deshalb kann die Pflanzen- und Tierwelt in Einheiten wie Familien, Gattungen, Arten etc. gegliedert werden. Diese Einheiten sind normalerweise durch verschiedene Eigenschaften (Merkmale) voneinander eindeutig abgegrenzt.

Die Einheit, die in der Natur am klarsten auszumachen ist, ist die *Art.* Sie bildet die Grundeinheit der systematischen Klassifizierung.

Die Grenzen zwischen den Arten werden meist von genetisch fixierten Sterilitätsbarrieren aufrecht erhalten. Diese verhindern, oder erschweren zumindest, den Genaustausch und konservieren dadurch die morphologischen, ökologischen und physiologischen Unterschiede. In manchen Fällen bleibt jedoch die Diskontinuität allein durch äußere Bedingungen, wie etwa geographische oder ökologische Isolierung, erhalten. Diese Barrieren können, zumindest theoretisch, aufgehoben werden. Die systematische Stellung solcher Fälle wurde intensiv diskutiert. In der Praxis pflegt man stark isolierte und morphologisch gut abgegrenzte *Formenkreise* (morphologisch ähnliche Gruppen von Populationen) als Arten aufzufassen. Als Beispiele dienen

Abb. 3. *Platanus occidentalis,* Blatt, ×0,4

Abb. 4. *Geum rivale,*
×0,3

Abb. 5.
Geum urbanum,
×0,3

zwei Arten der Gattung *Platanus*, die nordamerikanische Platane, *P. occidentalis*, und *P. orientalis* aus dem östlichen Mittelmeergebiet. Die beiden lassen sich kreuzen und ergeben fertile, oft angepflanzte Bastarde. Ein anderes Beispiel sind die morphologisch ziemlich verschiedenen Arten *Geum rivale* (Bach-Nelkenwurz) und *G. urbanum* (Echte Nelkenwurz, Benediktenkraut), die durch ihre ökologische Spezialisierung getrennt sind. Auch sie lassen sich kreuzen. In anderen Fällen, bei denen die Isolierung oder die morphologischen Unterschiede schwächer sind, werden die Taxa zu verschiedenen Unterarten einer Art zusammengefaßt. Ein Beispiel dafür sind die südschwedische Wald-Kiefer, *Pinus sylvestris* ssp. *sylvestris*, und die Lappland-Kiefer, *P. sylvestris* ssp. *lapponica*.

Bei apomiktischen Sippen (z. B. die meisten Löwenzahn-Arten und Brombeeren) bleiben morphologisch konstante Formen dadurch erhalten, daß die sexuelle Fortpflanzung durch verschiedene Typen ungeschlechtlicher Vermehrung ersetzt wird, z. B. Samenbildung ohne vorhergehende Befruchtung. Derartige morphologisch konstante Sippen werden seit langem als *Kleinarten* (Mikrospezies) bezeichnet. Um diese von den sich sexuell fortpflanzenden Arten abzuheben, kann die Abkürzung ap. (Apomikt) vor den Artnamen gesetzt werden, z. B. *Rubus* ap. *plicatus* (Faltblättrige Brombeere). Apomiktische Kleinarten werden oft zu größeren Einheiten, *Sammelarten,* zusammengefaßt. Als Beispiele können *Taraxacum officinale* (Gemeiner Löwenzahn) und *Taraxacum erythrospermum* (Sand-Löwenzahn) angeführt werden. Beide umfassen Hunderte von Kleinarten. Derartige Sammelarten sind bezüglich der genetischen Vielfalt oft mit sexuell sich fortpflanzenden Arten vergleichbar.

Eine Art besteht gewöhnlich aus einer sehr großen Zahl von Populationen, die voneinander mehr oder weniger isoliert sind. Die genetische Struktur der einzelnen Populationen ist das Ergebnis einer engen Anpassung an lokale Gegebenheiten durch Selektion oder durch zufällige Fixierung von Mutationen. Eine Population darf aber nicht einfach nur in Beziehung zu den gegenwärtigen Standortsbedingung gesehen werden, vielmehr muß auch ihre Geschichte beachtet werden. Man darf damit rechnen, daß verschiedene Eigenschaften, die früher aus den unterschiedlichsten Gründen fixiert wurden, später in der Population, sozusagen als „neutrales Gut", verbleiben.

Die ursprüngliche Ansiedlung einer bestimmten Population ist ebenfalls von Bedeutung. Diese kann nämlich durch einen einzigen oder ein paar Samen erfolgt sein, welche eine ganz begrenzte, zufällige Auswahl des Genbestandes der Mutterpopulation darstellten.

Jede lokale Population einer Art mit sexueller Fortpflanzung besitzt eigentlich eine einzigartige Genkonstitution, die kontinuierlichen Veränderungen unterworfen ist. Die Art stellt somit ein facettenreiches, dynamisches System dar, das ständig lokaler Evolution unterliegt. Die lokale Differenzierung wird jedoch häufig dadurch unterbrochen, daß isolierte Populationen wiederum miteinander in Kontakt treten. Eine Differenzierung, die zur Entstehung neuer Arten führt, ist deshalb meist ein langsamer Prozess, der nicht selten Millionen von Jahren benötigt. In der Natur findet man alle Stadien vom ersten Schritt der Differenzierung bis zur voll abgeschlossenen Artbildung.

Da der Prozeß der Artbildung in der Regel kontinuierlich verläuft, findet man in der Natur nicht selten Formenkreise, die sich nur mit Schwierigkeit in ein taxonomisches System eingliedern lassen. Offensichtlich gibt es keinen eindeutigen Artbegriff, der jeden in der Natur denkbaren Fall abdeckt. Die meisten Fälle werden jedoch in der Praxis durch die folgende Definition erfaßt: Zwei Gruppen von Populationen werden dann als zwei verschiedene Arten aufgefaßt, wenn (1) sie durch klare morphologische Unterschiede gekennzeichnet sind und (2) sie effektiv voneinander isoliert sind.

Gliederung der Pflanzenwelt in Arten. Eine übersichtliche Inventarisierung und Klassifizierung der Pflanzenwelt, gegründet auf morphologische Untersuchungen und in einem gewissen Maße auch auf Ökologie und Pflanzengeographie, ist nur zu einem geringen Teil durchgeführt worden. Die Gesamtzahl der Pflanzenarten auf der Welt ist deshalb nicht annähernd bekannt. Schätzversuche schwanken in jüngerer Zeit zwischen 400000 und 600000 Arten; etwa die Hälfte davon sind Samenpflanzen. Diese sind in Europa, der Sowjetunion, Nordamerika und Japan vergleichsweise gut bekannt, in den übrigen Ländern aber mehr oder weniger unvollständig untersucht.

Was die Samenpflanzen und die Farnpflanzen betrifft, sind eine größere Zahl von Florenprojekten im Gange, um die Lücken der heutigen Kenntnisse zu füllen, u. a. die Flora Europaea (inzwischen abgeschlossen), Flora of East Tropical Africa, Flora Zambesiaca (tropisches südöstliches Afrika), Flora Iranica, Flora Malesiana (Indonesien), Flora Neotropica (tropisches Amerika) und Flora of Ecuador. Besonders die Erforschung der Floren der Tropen und der Subtropen sollte wegen der beschleunigten Zerstörung der Natur dieser Gebiete schnell durchgeführt werden. Man hat z. B. berechnet, daß nur 5% des Gebietes, das auf den Karten von Afrika als Regenwald bezeichnet wird, ungestörte Natur ist. 95% bestehen aus ackerbaulich genutztem Boden oder einer intensiv durch Kultur beeinflußten Sekundärvegetation. Eine tiefere Kenntnis der subtropischen und tropischen Floren bildet die notwendige Basis für eine ökologische Forschung, deren Ziel es ist, der Bodenzerstörung entgegenzuwirken und die natürlichen Ressourcen rationell zu nutzen.

Bei den anderen Pflanzengruppen, wie Algen und Pilzen, die in den biologischen Kreisläufen eine mindestens ebenso wichtige Rolle spielen wie die Samenpflanzen, ist die „Pionierarbeit" nicht einmal in den Industrie-Ländern weit gediehen. In den anderen Ländern hat sie erst begonnen.

Eine notwendige Voraussetzung für diese Arbeiten, wie auch für die übrige systematisch-botanische Forschung, bilden die wissenschaftlichen Sammlungen der botanischen Museen. Das gesamte gesammelte Material allein der Samenpflanzen übersteigt 100 Millionen Herbarbögen. Dieses enorme Material kann als Stichprobe der lokalen Populationen der Flora der Welt aufgefaßt werden. Über ein internationales Ausleihsystem ist das Material von praktisch allen öffentlichen Herbarien der Welt dem einzelnen Forscher zugänglich.

Neben den Übersichtsbearbeitungen wurden vor allem in den letzten Jahrzehnten intensive und detaillierte Untersuchungen über das Variationsmuster von Arten und die Beziehungen innerhalb einer sehr großen Zahl von Artkomplexen veröffentlicht.

Außer morphologischen Studien umfassen solche Arbeiten auch Untersuchungen des Baues einzelner Zellen oder von Geweben, die Zahl der Chromosomen, sowie deren Struktur, Inhaltsstoffe, Populationsstruktur, Reproduktionssystem, Sterilitätsbarrieren, Ökologie und Verbreitung. Der Bedarf an weiteren Studien innerhalb dieses Forschungsgebietes (oft auch als Experimentelle Taxonomie oder Biosystematik bezeichnet) ist sehr groß. Doch ist es auch jetzt noch unmöglich, die Flora der ganzen Welt auf diese eingehende und arbeitsintensive Weise zu behandeln. Man muß daher solche Untersuchungen als Modelle für unterschiedliche Evolutions- und Differenzierungsmuster der Pflanzenwelt betrachten und bei der Deutung der Variationsmuster anderer Pflanzengruppen diese in Beziehung zu den am besten geeigneten Modellen setzen.

Untergliederung von Arten. Bisweilen ist es von Vorteil, eine Art in kleinere Einheiten zu unterteilen, um Variationen zu beschreiben und Differenzierungsmuster herauszuarbeiten. Die meist verwendeten Einheiten und deren Rangverhältnisse zueinander gehen aus der folgenden Darstellung hervor.

Art (= Species, abgekürzt sp., resp. spp. im Plural)
  Unterart (= Subspecies, subsp. oder ssp.)
    Varietät (= Varietas, var. oder v., in der älteren Literatur oft α, β, γ, δ, etc.)
      Form (= Forma, f.)

Die verschiedenen Untereinheiten einer Art wurden ganz unterschiedlich verwendet. In der modernen Literatur wird die Bezeichnung Unterart fast nur für klar abgrenzbare geographische oder ökologische Rassen gebraucht. Der Varietätsbegriff wurde oft für abweichende lokale Formenkreise verwendet und zu den Formen wurden unter anderem morphologisch charakteristische, aber auch mehr oder weniger zufällige Varianten (z. B. Individuen mit abweichender Blütenfarbe) gerechnet. Während der vergangenen Jahrzehnte wurde die Tendenz erkennbar, nur Unterarten auszuscheiden, im übrigen in Übereinstimmung mit der Praxis in der Zoologie.

Wissenschaftliche Namen. Für Arten gilt die binäre Nomenklatur. Sie wurde von Linné eingeführt. Der Name einer Art besteht aus zwei lateinischen oder latinisierten Wörtern, wobei das erste die Gattung und das zweite die Art (Art-Epitheton) bezeichnet, z. B. *Primula veris* (Echte Schlüsselblume). Die Namen sollen nur lateinische Buchstaben enthalten (z. B. kein ü, ä, ö) und sollen im Einklang mit den Regeln des Lateins gebeugt werden. Im übrigen können sie beliebig gebildet werden. Sie sind sogar auch dann gültig, wenn sie eine Fehlinformation geben. Beispielsweise kommt die Art *Vicia benghalensis* in Bengalen überhaupt nicht vor, sondern wächst im Mittelmeergebiet. Das Art-Epitheton darf, im Gegensatz zur zoologischen Nomenklatur, nicht mit dem Gattungsnamen identisch sein.

Ausgangspunkt für die botanische Nomenklatur ist Linnés „Species Plantarum" (1753). Für die Laubmoose, Pilze und fossilen Pflanzen gelten spätere Zeitpunkte (1801, 1820, 1821). Im Prinzip gilt die Prioritätsregel, das heißt, der am frühesten gültig publizierte Name soll verwendet werden. Einige Forderungen müssen jedoch erfüllt sein, u. a. soll dem Namen eine Beschreibung der betreffenden Pflanze folgen, Angaben zu früheren Beschreibungen gemacht werden oder eine gute Abbildung beigegeben sein. Ein Name besitzt nur in dem Rang Priorität, in dem er publiziert wurde. Wenn ein Verfasser ein Taxon höher einstuft, beispielsweise eine Varietät als Art auffaßt, so muß er nicht unbedingt den Varietätsnamen als neues Art-Epitheton wählen.

Früher wurden die Prioritätsregeln nicht konsequent gehandhabt. Um mit den internationalen Regeln übereinzustimmen, mußte in den letzten Jahrzehnten eine nicht unbedeutende Zahl von Pflanzen ihren Namen wechseln. In den Schulfloren wurden diese Änderungen bis jetzt nur in unbedeutendem Maße durchgeführt.

Jeder Pflanzenname ist einem nomenklatorischen Typus zugeordnet. Dies ist bei Arten und deren Untereinheiten ein bestimmtes Herbarexemplar oder in bestimmten Fällen eine Illustration. Für die Wahl der Typen gelten besondere Regeln. Durch die Typifizierung wird ein Name für alle Zeit einem bestimmten Herbarexemplar zugeordnet. Wenn Zweifel darüber bestehen, was mit dem Namen exakt beschrieben wurde, kann auf das Typusmaterial zurückgegriffen werden.

In der wissenschaftlichen Literatur findet man gewöhnlich, vor allem nach Art- und Unterartnamen, sogenannte Autoren, z. B. *Rosa rugosa* Thunb. (Kartoffel-Rose). Die Autorennamen sind Abkürzungen des ursprünglichen Namengebers (z. B. L. für Linné, DC. für De Candolle, Thunb. für Thunberg). Oft kommen zwei Autorenbezeichnungen vor. Dann steht der erste Autor in Klammern, z. B. *Anthriscus sylvestris* (L.) Hoffm. (Wiesenkerbel). Dies bedeutet, daß der Name *sylvestris* ursprünglich von Linné stammt, dieser aber die Pflanze einer anderen Gattung zugehörig betrachtet hat, oder ihr einen anderen Rang gab (z. B. Varietät). Im vorliegenden Fall hat Linné den Wiesenkerbel als *Chaerophyllum sylvestre* beschrieben. Hoffmann hingegen fand, daß der Wiesenkerbel und andere nahestehende Arten aus der Gattung *Chaerophyllum* auszugliedern seien, und machte die Kombination *Anthriscus sylvestris*.

Für die Namen der Untereinheiten von Arten gilt eine besondere Regel. Einer Unterart, zu welcher der nomenklatorische Typus der Art gehört, wird dasselbe Epitheton wie der Art, aber ohne Autorennamen hinzugefügt, z. B. *Pinus sylvestris* L. ssp. *sylvestris*.

Die Regeln für die Namengebung von Pflanzen sind im „Internationalen Code der Botanischen Nomenklatur" (ICBN) veröffentlicht.

Das System der Pflanzen

Da die Zahl der Pflanzenarten sehr groß ist, ist es notwendig, diese in einem System übersichtlich zu ordnen. Eine der ersten konsequent durchgeführten Gliederungen ist das Sexualsystem von Linné. Das primäre Gliederungskriterium der Angiospermen ist hier die Zahl der Staubblätter und dann der Fruchtknoten. Ein solches System bleibt jedoch künstlich, weil sich die Staubblattzahlen bei ganz verschiedenen Gruppen im Verlauf der Phylogenie verändert haben. Seit langem wird deshalb versucht, derartige künstliche Systeme durch Gliederungen zu ersetzen, die auf die Summe der

Ähnlich- und Unähnlichkeiten Bezug nehmen, und die so weit wie möglich die wirklichen Verwandschaftsverhältnisse widerspiegeln. Das heißt, es wird versucht, ein *natürliches* (oder *phylogenetisches*) *System* zu konstruieren. (s. auch Seite 150).

Ein gewisser Nachteil liegt aber darin, daß ein derartiges System nicht abgeschlossen ist, sondern, sobald neue Daten erhältlich sind, eventuell revidiert werden muß. Für ein natürliches System sind die Auffassungen über die Wertigkeit der verschiedenen Eigenschaften ebenfalls von Bedeutung. Man „gewichtet" Merkmale, das heißt, die einen werden als systematisch wichtig, andere als weniger wichtig betrachtet.

Eine neue Schule, vor allem in den USA und England vertreten, versuchte nun, nicht einzelne Merkmale zu gewichten, sondern wollte eine neue Systematik aufbauen, die darauf gründet, daß alle Merkmale dieselbe Wertigkeit besitzen sollen, oder daß ihnen zumindest ein bestimmter Zahlenwert gegeben wird. Mittels statistischer Verfahren (sogenannter *numerischer Analyse*) werden anschließend die Beziehungen zwischen den Taxa festgestellt. Durch diesen methodischen Ansatz ist es gelungen, in die früher vollkommen wirre Systematik der Bakterien Ordnung zu bringen. Gleicherweise ist es möglich, daß diese Methoden für die Gliederung einiger apomiktischer Komplexe (z. B. Löwenzahn, Brombeeren) von Nutzen sein werden. Denn bei diesen sind Unmengen konstanter Formen beschrieben worden, die sich nur in kleinen Details unterscheiden. In anderen Fällen ist man jedoch der Auffassung, daß ein solch mechanisches Verfahren nur begrenzt verwendbar ist, denn es nimmt keine Rücksicht auf die biologische Bedeutung der Merkmale, deren Entstehung und die gegenseitigen Beziehungen.

In den folgenden Abschnitten werden einige der Grundlagen dargestellt, die beim Versuch, ein natürliches System aufzubauen, wegleitend waren.

Paläobotanik. Die Erde soll nach Berechnungen 4.7 Milliarden Jahre alt sein. In Ablagerungen, denen ein Alter von etwa 3 Milliarden Jahre zugeschrieben wird, fand man Kohlenwasserstoffverbindungen, die als Abbauprodukte von Chlorophyll betrachtet werden. In ca. 1.8 Milliarden Jahre alten Sedimenten konnten Strukturen nachgewiesen werden, die eine große Ähnlichkeit mit Bakterien und Blaualgen aufweisen. Die ersten Landpflanzen traten im Silur (vor ca. 400 Millionen Jahren) auf, die ersten Gymnospermen im Karbon (vor ca. 300 Millionen Jahren) und die ersten Angiospermen in der unteren Kreide (vor ca. 130 Millionen Jahren). Mit Sicherheit fand eine Entwicklung von einfach zu kompliziert gebauten Formen statt.

Viele Pflanzengruppen, z. B. Pilze und Bakterien, sind nur in Ausnahmefällen fossil überliefert. Bei anderen Gruppen, wie etwa Algen mit Kiesel- oder Kalkeinlagerungen, ist ein so reiches Material vorhanden, daß ihre Entwicklung verfolgt werden konnte und man auf diese Weise einen guten Einblick in die Verwandschaftsverhältnisse erhielt. Auch die Vorläufer der Nadelbäume und die Entwicklung ihrer Reproduktionsorgane sind verhältnismäßig gut bekannt. Frühe Funde von Angiospermen aus der mittleren Kreide zeigen, daß mehrere ihrer Hauptgruppen bereits damals ausdifferenziert waren. Die älteste Geschichte der Angiospermen hingegen ist noch völlig unbekannt.

Die Paläobotanik gibt also in bestimmten Fällen wesentliche Anhaltspunkte zur Beurteilung der Beziehungen zwischen Pflanzengruppen. Für die Gliederung der Pflanzenwelt bieten die Fossilfunde aber ein unzulängliches Ausgangsmaterial.

Morphologie. Bei der Gliederung der Pflanzenwelt ist man in großem Maße auf Ähnlich- und Unähnlichkeiten im Bau der heute lebenden Formen angewiesen, d. h. auf die Ergebnisse der *Morphologie* und der *Anatomie*.

Die morphologische Entwicklung der Individuen oder einzelner Organe wird als *Ontogenese* bezeichnet. Ontogenese in Beziehung zu Physiologie, Biochemie und Genetik wird mit dem Begriff *Morphogenese* umschrieben. Es wird versucht, die verschiedenen Entwicklungsstadien einer Pflanze und insbesondere auch den physikochemischen Hintergrund darzustellen. Eine weitere Forschungsrichtung, die *Vergleichende Morphologie*, versucht durch das Studium und den Vergleich von verschiedenen Pflanzen und deren Organen die Entwicklung der Gruppe, die *Phylogenie*, zu klären.

Die Entwicklung eines Organs kann phylogenetisch in verschiedene Richtungen gehen. Es kann expandieren und sich spezialisieren; es kann aber auch seine ursprüngliche Funktion verlieren und rudimentär werden. Organe, die sich von derselben Ursprungsform herleiten lassen, werden unabhängig von eventueller unterschiedlicher Form und Funktion als *homologe* bezeichnet. Organe verschiedenen Ursprungs, aber mit ähnlicher Gestalt und gleicher Funktion, bezeichnet man als *analoge*.

Die Homologie kann häufig nur mit Schwierigkeit nachgewiesen werden. Innerhalb von offenbar nicht näher verwandten Sippen haben sich morphologisch ähnliche Formenkreise oder Organkomplexe ausgebildet, die an spezielle Umweltbedingungen angepaßt sind. Eine große Zahl solcher *konvergenter Evolutionen* finden sich bei den Sukkulenten der Wüsten und unter dem Süßwasser- und Meeresplankton.

Die traditionelle Gliederung der Pflanzenwelt ging vom Organisationsniveau (d. h. dem allgemeinen Bau), den Anpassungen an die Umweltbedingungen und von verschiedenen Ernährungstypen aus. Diese rein praktische Sicht liegt in hohem Maße der bekannten Einteilung in Bakterien, Algen, Pilze, Flechten, Moose, Farne und Samenpflanzen zugrunde.

Chemie und Cytologie. Biochemische und cytologische Fakten haben in den letzten Jahrzehnten bei der Gliederung der Pflanzenwelt eine immer größere Rolle zu spielen begonnen. Es wird nämlich als unwahrscheinlich betrachtet, daß ganz oder fast ganz identische, komplizierte biochemische Prozesse oder komplex gebaute Zellstrukturen sich unabhängig in getrennten Organismengruppen entwickelt haben.

Das Studium der Zellstrukturen, vor allem durch die Elektronenmikroskopie, hat die Unterschiede zwischen den zwei Hauptgruppen der Organismen, *Prokaryota* (Archäbakterien, Bakterien und Blaualgen) und *Eukaryota* (übrige Organismen) außerordentlich betont. Gleichzeitig haben aber physiologische und biochemische Untersuchungen so grundlegende Ähnlichkeiten im Stoffwechsel nachgewiesen, daß es offenbar ist, daß die zwei Gruppen einen gemeinsamen Ursprung haben.

Die Kenntnis der chemischen Verbindungen und deren Vorkommen in verschiedenen Pflanzen ist in den letzten Jahrzehnten sehr stark angewachsen. Trotzdem sind die Inhaltstoffe der Pflanzen weiterhin sehr unvollständig bekannt. Eine gewisse Vorsicht bei der Deutung chemischer Daten ist deshalb am Platz, vor allem, weil die gleichen (teilweise chemisch sehr komplizierten) Endprodukte sehr wohl über ganz unterschiedliche Biosynthesewege entstehen können, hingegen eine unbedeutende Veränderung in einem Enzymsystem zu drastischen Veränderungen der Endprodukte führen kann. Aus phylogenetischer Sicht sind komplexe Biosynthesewege das primär Interessante, weniger bedeutend sind die Endprodukte.

Von speziellem Interesse sind die Proteine, die direkt die Struktur oder die Aktivität der DNA-Moleküle widerspiegeln. Detailanalysen von Proteinsequenzen sind jedoch kosten- und zeitraubend. Bis jetzt wurde nur die Variation eines einfach gebauten Proteins, *Cytochrom C*, bei etwa 25 Arten aus verschiedenen Samenpflanzensippen analysiert. Das erhaltene Variationsmuster ist schwierig zu deuten, scheint aber, grob gesehen, die gegenwärtige taxonomische Einstufung der betreffenden Sippen zu stützen.

Reproduktion

Den Lebewesen ist charakteristisch, daß für biologische Funktionen alternative Lösungen vorkommen. Als Beispiel kann die Photosynthese angeführt werden, wo außer dem Chlorophyll *a* alternative Komplexe akzessorischer Pigmente für die Überführung von Lichtenergie in chemische Energie entwickelt wurden. Ein anderer Fall sind die Sterilitätsbarrieren zwischen den Arten, die auf Unterschieden in der Anzahl der Chromosomen, in der Struktur der Chromosomen oder im Genbestand beruhen können.

Gleicherweise gibt es mehrere Alternativen für die Vermehrung von Pflanzen. Da die Fähigkeit zur wirkungsvollen Vermehrung für alle Organismen von zentraler Bedeutung ist, soll diese näher erläutert werden.

Sexuelle Fortpflanzung. Die primäre Funktion der geschlechtlichen Prozesse ist, die Rekombination des Erbgutes zu ermöglichen.

Bakterien haben keine klar umgrenzten Zellkerne. Hier wird nie das ganze Erbgut rekombiniert, sondern stets nur Teile davon.

Für die Überführung genetischen Materials von einer Bakterienzelle zur anderen sind drei verschiedene Vorgänge bekannt:

1. *Konjugation;* durch eine feine Röhre, *Sexualpilus,* gelangt Genmaterial von einem Bakterium (*Donor,* Spender) zum anderen (*Rezeptor,* Empfänger).

2. *Transduktion;* Viren (Bakteriophagen) fungieren als Überträger der Bakteriengene.

3. *Transformation;* isolierte molekulare DNA aus abgetöteten Zellen wird von Bakterien aufgenommen und permanent in deren Genom eingebaut.

Die Einverleibung des neuen genetischen Materials in den einzigen, ringförmig geschlossenen, sehr langen und schmalen *Genophor,* bisweilen als Chromosom bezeichnet, ist kompliziert und scheint normalerweise nicht über einen einfachen Austausch eines Genophorsegmentes hinauszugehen.

Von Blaualgen ist keine sexuelle Fortpflanzung bekannt.

Die übrigen Organismen haben abgegrenzte Zellkerne und 2 bis über 1000 Chromosomen. Sexualität ist hier an spezialisierte Zellen gebunden, die keine feste Wand besitzen (*Gameten*). Sie werden in morphologisch oder nur physiologisch differenzierten Organen, den *Gametangien,* gebildet.

Durch *Kopulation,* das heißt durch Verschmelzung von zwei Gameten, entsteht eine *Zygote,* die demnach den doppelten Chromosomensatz besitzt. Die ursprüngliche Chromosomenzahl wird durch die *Meiose* (Reduktionsteilung) wiederhergestellt. Entsprechende (homologe) Chromosomen der beiden Gameten paaren sich. Größere oder kleinere Segmente werden ausgetauscht (Crossing over). Daraufhin wird der Chromosomensatz so halbiert, daß jeder Tochterkern einen vollständigen Chromosomensatz erhält. Die einzelnen Chromosomen der homologen Paare werden im allgemeinen zufällig verteilt. Zwei Prozesse stellen somit die Rekombination sicher: Crossing over und zufällige Verteilung der Chromosomen.

Eine Voraussetzung für die Rekombination im Zusammenhang mit der Sexualität ist, daß die kopulierenden Gameten genetisch nicht identisch sind. Dies wird am einfachsten dadurch verwirklicht, daß männliche und weibliche Gameten auf verschiedenen Individuen erzeugt werden. Bei Pflanzen ist dies nicht so sehr verbreitet, kommt aber doch bei den meisten Gruppen vor. Häufiger ist die Einhäusigkeit, d. h. männliche und weibliche Geschlechtsorgane werden auf demselben Individuum gebildet. Oft sichert das genetische System *Fremdbefruchtung,* z. B. bei vielen Samenpflanzen dadurch, daß der Pollen eines Individuums auf dessen Narbe nicht keimen kann. Bei Pilzen sind die Individuen häufig in zwei oder vier Paarungstypen aufgeteilt und die Kopulation setzt eine spezielle genetische Konstitution voraus. Zeitliche Unterschiede in der Entwicklung männlicher und weiblicher Organe, wie auch rein mechanische Hindernisse können die Selbstbefruchtung ebenfalls erschweren.

Die Selbstbefruchtung kann indessen unter gewissen Umständen Vorteile mit sich bringen. Das Risiko, daß die Befruchtung überhaupt ausbleibt, ist geringer, und die Chance, daß eine den aktuellen Umweltbedingungen angepaßte Genkombination erhalten bleibt, ist größer als bei Fremdbefruchtung. Verhältnisse, die die Selbstbefruchtung begünstigen, sind nicht ungewöhnlich, z. B. bei Kieselalgen, Grünalgen, Pilzen, Moosen, Farnen und den Samenpflanzen. Allerdings ist es unsicher, oder in jedem Fall selten, daß einige Sippen ausschließlich Selbstbefruchter sind. Ausschließliche Selbstbefruchtung führt im übrigen allmählich zu totaler Homozygotie, d. h. alle Gameten werden genetisch identisch. Der Zweck des Sexualprozesses, nämlich die Rekombination der Gene, ist dann ganz verloren gegangen.

Die Details der geschlechtlichen Fortpflanzung und die Bildung der Gametangien variieren sehr. Die Gameten besitzen häufig eine oder zwei Bewegungsorgane, Geißeln genannt. Sie sind aus 9 peripheren und 2 zentralen Mikrotubulisträngen aufgebaut. Gameten ohne Geißeln sind normalerweise unbeweglich, können aber in Aus-

nahmefällen, wie bei der Grünalgengattung *Spirogyra*, amöboide Bewegungen ausführen. Bei der geschlechtlichen Fortpflanzung können drei Haupttypen unterschieden werden.

Isogamie	Die Gameten sind morphologisch gleich, nackt und besitzen Geißeln. Physiologisch sind sie aber meist verschieden. Kopulation kommt nur zwischen + und − Gameten vor.
Anisogamie	Die Gameten sind morphologisch gleich, außer, daß der eine Typ (die weiblichen Gameten) bedeutend größer ist. Beide Typen besitzen Gei-ßeln.
Oogamie	Die männlichen Gameten sind klein und besitzen Geißeln (*Spermato-zoiden*), die weiblichen hingegen sind groß und unbeweglich (*Eizellen*).

Isogamie wird als ursprüngliche Form der sexuellen Fortpflanzung aufgefaßt. Sie
kommt, wie die Anisogamie, bei Algen und einer geringen Zahl von Pilzen vor. Alle
Pflanzen mit kompliziertem Bau haben Oogamie. Diese findet sich aber auch bei einfach gebauten Formen und sogar bei gewissen einzelligen Algen (Diatomeen).

Verschiedene Abweichungen von diesem skizzierten System gibt es bei Rotalgen.
Ein Teil der Pilze besitzt Oogamie mit unbeweglichen männlichen Gameten. Nahezu
alle Samenpflanzen haben keine freien männlichen Gameten. Die Spermakerne werden über den Pollenschlauch zu den Eizellen geführt. Bei vielen Pilzen bilden sich
keine freien Gameten, sondern Gametangien, d. h. die Gametenbehälter kopulieren
direkt miteinander (*Gametangiogamie*). Bei anderen Pilzen, aber auch bei einigen
Algen, bilden sich keine morphologisch unterscheidbaren Gametangien, sondern undifferenzierte Zellen kopulieren miteinander (*Somatogamie*). Diese Form der sexuellen Fortpflanzung ist die morphologisch einfachste. Mit großer Wahrscheinlichkeit
entstand sie durch Reduktion.

Sexualität ist oft, aber nicht notwendigerweise, mit der Bildung von Verbreitungseinheiten, *Diasporen*, gekoppelt. Bei Bakterien, wie auch bei Rotalgen, vielen Pilzen
und Moosen, fehlt folglich der Sexualität eine unmittelbare Bedeutung für die Vermehrung. In anderen Fällen funktioniert die Zygote direkt als Diaspore (z. B. bei
Armleuchteralgen und einigen Braunalgen), oder es entstehen aus ihr eine Anzahl
Sporen (z. B. bei den meisten Algen mit Generationswechsel). Bei den Samenpflanzen (mit Ausnahme apomiktischer Sippen) ist die Befruchtung eine Voraussetzung
für die Entwicklung der komplizierten Struktur, aus der der Samen besteht.

Eine Sicherstellung der genetischen Rekombination und das Bewahren günstiger
Genkombinationen kommt nicht selten dadurch zustande, daß ein Individuum sowohl sexuell als asexuell gebildete Diasporen produziert. Beispiele dafür finden sich
bei fadenförmigen Braunalgen, Armleuchteralgen, Pilzen und Samenpflanzen und
auch bei verschiedenen Arten der Gattung *Allium* (Lauch), wo im Blütenstand außer
Samen auch Brutknospen gebildet werden.

Generationswechsel. Bei den meisten Pflanzensippen findet ein regelmäßiger Wechsel zwischen einer haploiden sexuellen *Gametophytengeneration* und einer asexuellen
Sporophytengeneration statt. Generationswechsel entstand wahrscheinlich in ver-

schiedenen, nicht verwandten Pflanzengruppen aus haploiden Organismen (*Haplonten*) durch eine Verschiebung der Reduktionsteilung nach dem Zygotenstadium auf einen späteren Zeitpunkt.

Der spezielle Lebenszyklus „höherer" Pilze kann ebenfalls als Generationswechsel gedeutet werden. Das haploide Myzel repräsentiert den Gametophyten, und das Paarkernmyzel entspricht dem Sporophyten. Die Abweichung vom normalen Muster besteht darin, daß der Kopulation nicht unmittelbar die Verschmelzung der Kerne folgt, d. h. Plasmogamie und Karyogamie sind weit getrennt. Die Karyogamie erfolgt erst unmittelbar vor der Sporenbildung.

Die Generationen können morphologisch gleich sein, sind es aber meist nicht. Mit wenigen Ausnahmen ist die Sporophytengeneration komplizierter gebaut. Eine schrittweise Reduktion der Gametophytengeneration mit zunehmender Komplexität der Sporophytengeneration kann häufig beobachtet werden, z. B. bei Braunalgen, Pilzen und Kormophyten. Als Beispiel eines Schlußgliedes einer derartigen Entwicklungsreihe können die Angiospermen angeführt werden. Sie besitzen die am kompliziertesten gebaute Sporophytengeneration der Pflanzen. Der Gametophyt hingegen besteht aus wenigen Zellen und lebt parasitisch auf dem Sporophyten. Der männliche Gametophyt besteht aus den drei Zellen des Pollenkornes, der weibliche aus den meist acht Kernen des Embryosackes. Diploide Pflanzen ohne Generationswechsel, *Diplonten*, z. B. Kieselalgen und einige Braunalgen, werden gewöhnlich als die definitiv letzte Stufe einer derartigen Reduktion aufgefaßt. Der Gametophyt wird allein durch die Gameten vertreten.

Eine mögliche Erklärung dafür, daß die am komplexesten gebauten Vertreter einer Entwicklungsreihe (und auch die mit der größten Variation und Artenzahl) bei Diplonten und Pflanzen mit schwach ausgebildeter Gametophytengeneration vorkommen, ist, daß bei Diplonten eine Anhäufung von Mutationen leichter ist als bei Haplonten. Die meisten Mutationen sind rezessiv und bezüglich des Selektionswertes gewöhnlich mehr oder weniger negativ. Bei den Haplonten, bei denen die Wirkung einer Mutation sofort zum Ausdruck kommt, ist demnach das Risiko für eine schnelle Elimination sehr groß. Bei den Diplonten hingegen können sich rezessive Mutationen anhäufen, eventuell mit anderen Mutationen rekombiniert werden und unter neuen Umweltbedingungen zum Teil einen Selektionsvorteil ergeben.

Asexuelle Vermehrung. Für die ungeschlechtliche Vermehrung sind zwei verschiedene Möglichkeiten vorhanden: Normale *Zellteilung* und die Bildung von *Sporen* in besonderen Organen, den *Sporangien*.

Zellteilung ist die einzige Art der Vermehrung bei Bakterien und Blaualgen. Sie ist auch die bisher einzige bekannte Möglichkeit bei den Euglenophyta. Bei nahezu allen Algen ist Zellteilung die vorherrschende Vermehrungsweise. Auch mehrzellige Algen vermehren sich häufig durch Zellteilung. *Fragmentation*, d. h. Zerfall eines Individuums in Bruchstücke, kommt bei den meisten Pflanzengruppen vor, z. B. bei fadenförmigen Blaualgen, Grünalgen, Pilzen (einschließlich Flechten), Moosen und Samenpflanzen (z. B. mittels abgebrochener Zweige und Ausläufer).

Besondere morphologische Strukturen, die frei werden und als Diasporen dienen, können als fortgeschrittene Form der Fragmentation aufgefaßt werden. Beispiele sind: *Hormogonien* (abgegrenzte Teile eines Zellfadens) bei Blaualgen, *Brutkörper* bei Armleuchteralgen, *Konidien* bei Pilzen, *Soredien* und *Isidien* bei Flechten, *Brutkörperchen* bei Moosen und *Brutknospen* bei Samenpflanzen.

Sporen werden für die asexuelle Vermehrung von den meisten Pflanzen gebildet, nicht jedoch von Bakterien (Ausnahme: Streptomycetaceae), Blaualgen (wenige Ausnahmen), Euglenophyten, Kieselalgen, einigen Braun- und Grünalgen. Die Sporangien der Algen und Pilze sind mit wenigen Ausnahmen einzellig. In einem Sporangium werden gewöhnlich mehrere (bisweilen über 1000) Sporen gebildet. Sie besitzen entweder keine Zellwand und bewegen sich mit Geißeln (*Zoosporen*) oder haben eine feste Wand und sind unbeweglich (*Aplanosporen*). Sporen sind einzellig oder, ausnahmsweise bei einigen Pilzen, mehrzellig.

Bei den erwähnten Gruppen werden die Sporen bei den Typen mit Generationswechsel vor allem vom diploiden Sporophyten gebildet, häufig im Zusammenhang mit der Keimung der Zygote. Die Zygote dient hier als Sporangium. Vor der Sporenbildung findet in beiden Fällen normalerweise die Meiose statt. Sporangien und Sporen können aber auch unter anderen Verhältnissen und ohne Zusammenhang mit der Meiose gebildet werden.

Die Sporangien der Moose und der Farnpflanzen sind mehrzellig. Ihre Wand besteht aus einer oder mehreren Zellschichten. Die Sporen entstehen in großer Zahl, sind einzellig, tetraedrisch und unbeweglich. Sie werden nur von der Sporophytengeneration gebildet und (mit Ausnahme apomiktischer Sippen) im Zusammenhang mit der Meiose. Bei den Samenpflanzen sind die Verhältnisse ganz anders. Die Samenanlagen werden als Gebilde betrachtet, die aus dicht gestellten Gruppen von Sporangien entstanden sind. Die Pollensäcke der Staubblätter entsprechen ebenfalls Sporangien.

Bei verschiedenen Algen sind Gametangien und Sporangien morphologisch gleich. Bei einem Teil der Algen kann eine mit einer Geißel versehene Zelle, abhängig von den Außenbedingungen, entweder als Zoospore oder als Gamet dienen. Das deutet darauf hin, daß Sporangien und Gametangien einen gemeinsamen Ursprung haben, d. h. sie sind homologe Organe.

Die Ableitung der Gametangien und Sporangien ist unsicher. Die Bildung von Gameten und Sporen im Zusammenhang mit der Meiose ist aber so allgemein und bei allen Pflanzengruppen weit verbreitet, daß eine nähere Beziehung wahrscheinlich ist. Es ist denkbar, daß Gameten- und Sporenbildung ursprünglich von Zygoten ausgingen, die im Zusammenhang mit der Meiose mehrkernig wurden. Gameten und Sporen werden dadurch entstanden sein, daß die Kerne und umgebendes Plasma mit Zellmembranen abgegrenzt wurden.

Produktionsökonomie. Alle Organismen sind einer sehr harten Konkurrenz ausgesetzt, die ein optimales Ausnützen der verfügbaren Energie verlangt. Das bedeutet unter anderem einen sehr starken Selektionsdruck auf den Stoffwechsel und die Energieaufnahme. Dasselbe gilt für die Ausnützung des für die Reproduktion hergestellten organischen Materials. Die Bildung morphologischer Strukturen, die später abgebaut werden (z. B. vegetatives Gewebe bei mehrzelligen Organismen) muß deshalb durch Vorteile in anderer Hinsicht aufgewogen werden.

Die Zellteilung einzelliger Organismen, wie auch die Fragmentation mehrzelliger bedeutet (zumindest theoretisch), daß das gesamte organische Material für die Reproduktion genutzt wird. Bei der Sporenbildung hingegen geht das organische Material der Sporenwand später verloren und wird abgebaut. Der Vorteil liegt aber gleichzeitig darin, daß eine einzige Zelle normalerweise eine größere Anzahl Diasporen produziert. Die Sexualität, die die genetische Rekombination sicherstellt, beinhaltet eine noch größere „Vergeudung" organischen Materials, weil viele Gameten wahrscheinlich unbefruchtet bleiben und damit verloren gehen. Von den verschiedenen Fortpflanzungstypen ergibt die Oogamie die kleinste Anzahl Zygoten im Verhältnis zum verbrauchten organischen Material. Dies wird dadurch aufgewogen, daß die einzelnen Zygoten eine höhere Konkurrenzkraft erlangen, weil sie mehr Reservestoffe mit sich führen. Mehrzellige Diasporen (z. B. Früchte) sind produktionsökonomisch eine „schlechtere" Lösung als einzellige (Sporen, Konidien). Sie verfügen aber über einen Vorteil bei der gewöhnlich sehr starken Konkurrenz bei der Ansiedlung neuer Individuen.

Die starke Durchschlagskraft der Produktionsökonomie, auch wenn ein Vorteil nur sehr gering erscheinen mag, kann mit folgendem Beispiel aus den Samenpflanzen illustriert werden. Bei Sippen, die normalerweise mit Hilfe von Insekten fremdbestäubt werden, gibt es hie und da Vertreter mit Selbstbestäubung. Bei diesen haben die Blüten ihre Funktion als Anlockungsorgane verloren. Gleichzeitig genügt eine geringere Pollenproduktion. Selbstbestäuber bilden tatsächlich fast immer auch weniger Blüten aus und produzieren weniger Pollen als nahverwandte Fremdbestäuber.

Im Wasser freischwebende Pflanzen (Phytoplankton) sind einzellig (solitär oder koloniebildend). Die dominierende Reproduktionsweise bei diesen Wasserpflanzen ist die Zellteilung, d. h., die produktionsökonomisch vorteilhafteste Lösung.

Festsitzende Pflanzen sind, mit wenigen Ausnahmen (z. B. bestimmte Kieselalgen), mehrzellig und weisen eine Aufteilung in vegetative und generative Zellen oder Gewebe auf. Nur in Ausnahmefällen nehmen fast alle Zellen an der Vermehrung teil (z. B. bei *Enteromorpha*, Darmtang), doch wird normalerweise, z. B. bei größeren Algen, den meisten Pilzen und den Kormophyten, nur ein geringer Teil der produzierten organischen Stoffe für die Vermehrung verwendet.

Bei den Algen und den Kormophyten ist der Hintergrund für dieses Verhalten sicherlich die Konkurrenz um den Platz und um den Zugang zum Licht. Sie scheinen ganz einfach gezwungen zu sein, eine große Menge Energie für den Aufbau eines konkurrenzkräftigen vegetativen Organismus zu „opfern". Bei den Kormophyten kommt noch die Notwendigkeit hinzu, besondere Strukturen (z. B. Stütz- und Leitgewebe) für die Anpassung an das Leben auf dem Lande zu bilden.

Bei den Pilzen ist die Entwicklung eines Hyphensystems und von Geweben (genauer Scheingewebe) von offensichtlichem Vorteil für den Energie- und Wassertransport. Zugängliches organisches Material und Wasser sind ja häufig ungleichmäßig verteilt. Überdies bedeutet ein Vermehrungsorgan, das sich von der Unterlage abhebt und Diasporen in die Luft abgibt, einen Vorteil für die Ausbreitung.

Energie- und Nährstoffverbrauch

Die Organismen sind für ihre Lebensvorgänge vom Zugang zu Energie und Nährstoffen abhängig. In bezug auf die Nährstoffversorgung können sie in zwei große Gruppen eingeteilt werden, nämlich *Autotrophe* und *Heterotrophe*. Die Autotrophen brauchen nur anorganische Verbindungen, die Heterotrophen hingegen auch organische Stoffe. Die Autotrophen können weiterhin gegliedert werden in *Photoautotrophe*, sie nützen über die Photosynthese die Sonnenenergie aus, und in *Chemoautotrophe* (ein Teil der Bakterien), die ihre Energie über die Oxidation anorganischer Stoffe erhalten. Geeignete Verbindungen sind Schwefelwasserstoff, Eisen-II-Verbindungen, Ammoniak und Nitrit. Zu den Heterotrophen gehören, außer den Tieren, die Pilze, die meisten Bakterien und chlorophyllfreie Formen der normalerweise photoautotrophen Sippen. Die Heterotrophen sind entweder *Saprophyten* oder *Parasiten*. Die Saprophyten nutzen die toten Reste anderer Organismen als Nährstoffquelle, die Parasiten sind auf Syntheseprodukte und Energie lebender Zellen angewiesen. Die extremste Form des Parasitismus findet man bei Viren, die den Stoffumsatz der Wirtszellen vollkommen zur Produktion neuer Viren umgestalten.

Die obenstehende Einteilung bedeutet eine starke Vereinfachung der erheblich variierenden Art und Weise, wie sich Pflanzen ernähren. Auto- und Heterotrophie sind nämlich oft relative Begriffe. Ein Organismus, der im allgemeinen autotroph ist, kann unfähig sein, eine oder mehrere für den Stoffwechsel notwendige Verbindungen (z. B. Vitamine bei Rotalgen) zu synthetisieren. Einige der chemoautotrophen Eisenbakterien, die ihre Energie durch Oxidation zweiwertiger Eisenverbindungen gewinnen, vermögen alternativ oder ergänzend dazu, auch organische Stoffe als Energiequelle zu nutzen.

Viele heterotrophe Bakterien und Pilze können sich abhängig von den Umweltbedingungen, saprophytisch oder parasitisch verhalten. Die sogenannten *Halbparasiten* bei Angiospermen, z. B. *Euphrasia* (Augentrost) oder *Viscum* (Mistel), haben autotrophen Stoffwechsel, benutzen aber das Leitgewebe des Wirtes für die Aufnahme von Wasser und den darin gelösten Salzen. Wahrscheinlich können sie überdies auch in begrenztem Umfang organische Verbindungen des Wirtes aufnehmen.

Ein enges Zusammenwirken bezüglich der Nahrungs- und Energieproduktion, oft als *Symbiose* bezeichnet, findet man auch zwischen verschiedenen Pflanzen. Das klassische Beispiel der Symbiose sind die Flechten. Mit wenigen Ausnahmen bilden sie eine einheitliche morphologische Struktur, die aus Pilz und Alge zusammengesetzt ist. Der Pilz hängt fast immer für seine Nährstoffversorgung vollkommen von der Alge ab. Die Alge hingegen kann auch ohne Pilz überleben. Das Zusammenspiel sollte deshalb eher als mäßiger und ausgewogener Parasitismus des Pilzes bezeichnet werden. Ökologisch sind die Flechten aber doch eine erfolgreiche Gruppe. Sie kommen sogar unter Bedingungen vor, in denen weder die Einzelkomponenten noch andere Pflanzen überleben können.

Bei einer geringen Zahl von Farnpflanzen und Samenpflanzen findet sich etwas, in gewissem Maße, Ähnliches. Hier leben Stickstoff fixierende Blaualgen in Hohlräumen von Blättern, (s. S. 101) in Drüsen der Rinde oder in Wurzeln, die dem Sonnenlicht ausgesetzt sind.

Ein anderes Beispiel für eine Symbiose ist die *Mykorrhiza*, d. h. das Zusammenspiel zwischen Pilzen und unterirdischen Organen (gewöhnlich Wurzeln) von Farn- und Samenpflanzen. Funktionell bedeutet dieses Zusammenwirken vor allem eine Obeflächenvergrößerung des Wurzelwerkes durch die Pilzhyphen. Daraus resultiert eine größere Oberfläche für die Aufnahme von Wasser und Nährsalzen. Der Pilz hingegen kann der Wurzel organische Stoffe entziehen. Die Pilzzellen dringen beim Wirt entweder in die Zell-Zwischenräume (*ektotrophe* Mykorrhiza) oder direkt in die Zellen ein (*endotrophe* Mykorrhiza). Der erstgenannte Typ kommt vor allem bei Bäumen vor, letzterer wahrscheinlich bei den meisten Angiospermen. Die Mykorrhiza stellt kein so enges Zusammenleben wie die Symbiose bei den Flechten dar, sondern kann von Seiten des einen Partners leicht in Parasitismus übergehen oder vollständig ausbleiben. Ektotrophe Mykorrhiza der Bäume ist deshalb auf mageren Böden gut entwickelt, kann hingegen auf nährstoffreichen schwächer sein oder gar ganz fehlen. Bei „saprophytischen" Angiospermen, z. B. *Monotropa* (Fichtenspargel), *Neottia* (Nestwurz), und *Epipogium* (Widerbart), denen Chlorophyll fehlt, die aber eine wohlausgebildete endotrophe Mykorrhiza besitzen, ist das Zusammenleben von Seiten der Angiospermen zu einem reinen Parasitismus übergegangen. Auf eine ähnliche Weise parasitieren unterirdische Prothallien, die bei einigen Farnpflanzen vorkommen, auf endotrophen Mykorrhizapilzen. Orchideensamen besitzen keine Vorratsstoffe und sind für das Keimen und die Entwicklung der Keimlinge vollständig auf Ernährung durch endotrophe Mykorrhiza-Pilze angewiesen.

Zwischen verschiedenen Algen mariner Algengesellschaften scheint offenbar auch eine Form des Zusammenwirkens vorzukommen. Zumindest wurde in den letzten Jahren nachgewiesen, daß verschiedene größere Algen bedeutende Mengen organischer Stoffe ins Wasser abgeben. Wie das Zusammenwirken funktioniert, ist hingegen noch nicht klar. Es ist allerdings seit langem gut bekannt, daß die Zucht mariner Algen in Laboratorien häufig nur in Wasser aus der Tangzone möglich ist, und in anderen Fällen der Zuwachs durch solches Wasser begünstigt wird.

In der freien Natur ist der Zugang zu chemisch gebundenem Stickstoff für die organische Produktion häufig ein begrenzender Faktor. Der freie Stickstoff der Atmosphäre kann allein von einigen Archäbakterien, Eubakterien, Blaualgen und Pilzen gebunden werden. Diese Fixierung ist ein sehr wichtiger biologischer Prozeß. Nach Berechnungen stammen etwa 80% des Stickstoffes der biologischen Kreisläufe von Stickstoff fixierenden Organismen.

Stickstoff wird in großem Ausmaß durch frei lebende Organismen fixiert, aber z. B. auch von Blaualgen, die in Symbiose mit Pilzen, Farnpflanzen und Kormophyten leben. Eine bedeutende Stickstoffquelle geht ebenfalls von Bakterien aus, die eng mit Angiospermen, insbesondere Leguminosen, zusammenleben (z. B. die Knöllchenbakterien der Gattung *Rhizobium*). Aber sowohl die Bakterien als auch die Wirtspflanzen können allein leben und gedeihen. Allerdings fixieren dann die Bakterien normalerweise keinen Stickstoff. Das Zusammenwirken kommt dadurch zustande, daß die Bakterien in die Wurzelhaare eindringen und Wachstumsstoffe abgeben, die die Wirtspflanzen zu ungeregeltem Wachstum veranlassen. Dadurch werden die Knöllchen gebildet. Innerhalb stark vergrößerter Zellen dieser Knöllchen entstehen Kolonien amöboider Bakterienzellen. Stickstoff wird wahrscheinlich im Raum zwischen den Membranen der Bakterien und der Wirtzellen fixiert.

Die Hauptgruppen der Pflanzen

Die Pflanzen werden, wie bereits dargelegt wurde, durch ein System mit schrittweise übergeordneten Einheiten gegliedert. Die wichtigsten werden unten angeführt, mitsamt den Endungen ihrer wissenschaftlichen Bezeichnungen.

Abteilung (-phyta, bei Pilzen Mycota)

  Unterabteilung (-phytina, bei Pilzen -mycotina)

    Klasse (-phyceae bei Algen, -mycetes bei Pilzen, -atae bei Kormophyten)

      Unterklasse (-phycidae bei Algen, -mycetidae bei Pilzen, -idae bei Kormophyten)

    Ordnung (-ales)

      Familie (-aceae). Einige traditionelle Namen, die nicht mit -aceae enden, sind bei Angiospermen weiterhin gültig, z. B. Compositae (oder Asteraceae), Labiatae (oder Lamiaceae), Papilionaceae (oder Fabaceae), Gramineae (oder Poaceae)

      Gattung (keine bestimmte Endung); groß geschrieben

    Art (keine bestimmte Endung); klein geschrieben

      Unterart (keine bestimmte Endung); der Name der Unterart folgt dem Artnamen mit dem Zusatz ssp. oder subsp.

Das System, das in diesem Buch vorgestellt wird (für eine Übersicht sei auf das Inhaltsverzeichnis verwiesen), faßt die jetzige Ansicht über die Hauptgruppen der Pflanzen und ihre Beziehungen untereinander schematisch zusammen. Es enthält offensichtliche Mängel, so z. B. bei den Pilzen. Diese sind aus evolutionsgeschichtlicher Sicht eine heterogene Gruppe. Die Anknüpfung der Pilze an die übrigen Organismen ist jedoch noch allzu unsicher, um eine Aufteilung zu ermöglichen. Die Auffassungen über den Rang einiger Gruppen sind bisweilen konträr. Als Beispiel dafür können die Armleuchteralgen angeführt werden, die hier als eine Klasse der Grünalgen bewertet wurden. Von anderen Autoren werden sie aber als eine eigene Abteilung den Grünalgen gleichgestellt. Die Kormophyten werden in fast allen Schriften in drei Abteilungen gegliedert (Moose, Farnpflanzen, Samenpflanzen). Dieser Einteilung wurde gefolgt, auch wenn es phylogenetisch konsequenter wäre, der ganzen Gruppe Kormophyten Abteilungsrang und den drei Untergruppen Unterabteilungsrang zuzusprechen.

Gliederung der Organismenwelt

Die Gesamtheit der Organismen kann hinsichtlich der Zellorganisation und Zellstruktur in zwei große Gruppen gegliedert werden. Die erste, die Archäbakterien, Eubakterien und Blaualgen umfaßt, wird als Prokaryota (pro = vor, Karyon = Kern) bezeichnet. Der Grund dafür liegt in der primitiven Organisation des Kernmaterials. Die andere Gruppe, die die übrigen Algen, die Höheren Pflanzen, die Pilze und das gesamte Tierreich umfaßt, bezeichnet man mit Eukaryota (eu= gut, wirklich). Sie

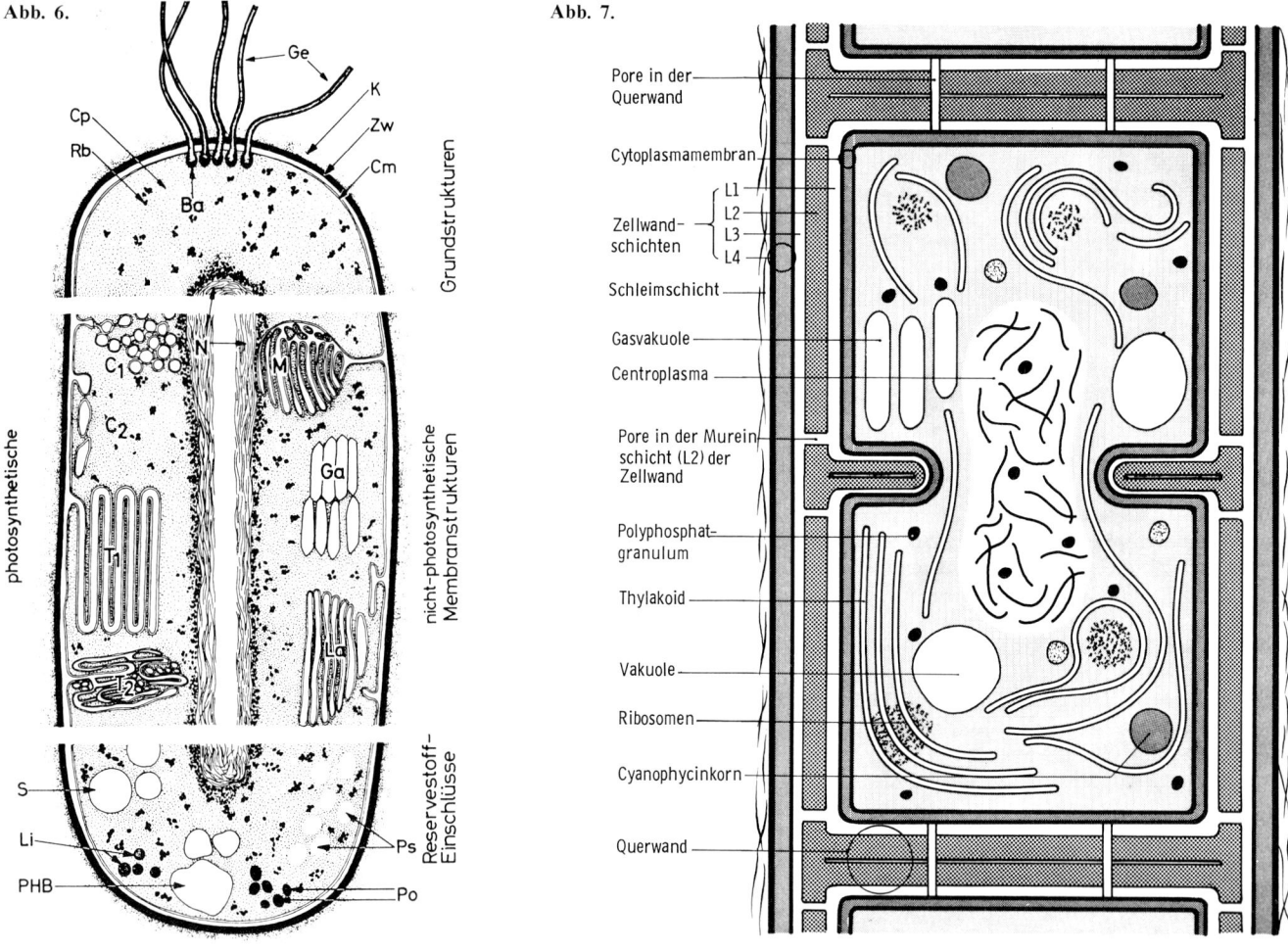

Abb. 6.

Abb. 7.

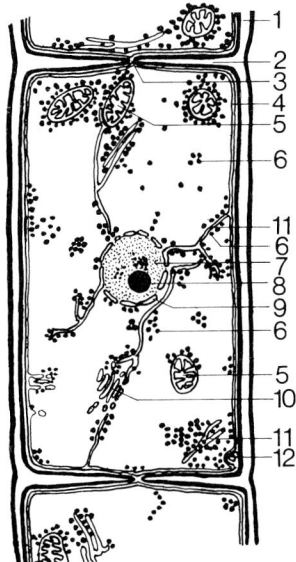

Abb. 8. Hyphenzelle eines Ascomyceten, schematischer Längsschnitt. *1* Zellwand, (Außenwand der Hyphe), *2* Hyphenquerwand (Septum), *3* Querwandporus, *4* Plasmalemma, *5* Mitochondrien, *6* Ribosomen, *7* Kern, *8* Nucleolus, *9* Kernmembran, *10* Dictyosom (GOLGI-Apparat), *11* endoplasmatisches Reticulum, *12* Lomasomen. (Müller und Löffler 1977)

◁ **Abb. 6.** *Kombinierte Darstellung eines schematischen Längsschnittes durch eine Bakterienzelle.* Im oberen Teilbild sind die Grundstrukturen der begeißelten Bakterienzelle, im mittleren Teilbild die bei photosynthetisch aktiven bzw. nicht aktiven Bakterien zusätzlich vorkommenden Membranstrukturen und im unteren Teilbild alle vorkommenden Reserveeinschlüsse dargestellt. *Ba* Basalkörper, *C₁* Vesikeln bzw. „Chromatophoren", *C₂* Vesikeln, *Cm* Cytoplasmamembran bzw. Plasmalemma, *Cp* Cytoplasma, *Ga* Gasvakuolen, *Ge* Geißeln, *K* Kapsel, *La* Lamellenkörper, *Li* Lipidtropfen, *M* Mesosom, *N* Kernregion, *PHB* Poly-β-hydroxybuttersäure-Grana, *Po* Polyphosphat-Granulat bzw. Metachromatische Granula, *Ps* Polysaccarid-Granula, *Rb* Ribosomen, *S* Schwefeleinschlüsse, *T₁* Lamellare Thylakoide, *T₂* Tubuläre Thylakoide, *Zw* Zellwand (Schlegel)

◁ **Abb. 7.** *Schematische Darstellung der Blaualgen-Zelle.* Die Zellwand ist relativ zum Zellumen stark verdickt wiedergegeben. (Wartenberg 1979)

besitzen einen wohlausgebildeten Kern. Der Unterschied zwischen diesen beiden Gruppen wird als außerordentlich wichtig betrachtet und bedeutet, daß sie schon seit sehr langer Zeit phylogenetisch getrennt sind.

Die Prokaryota besitzen eine einfachere Zellorganisation und verfügen nicht über hochdifferenzierte, mit Membranen abgegrenzte Strukturen wie Mitochondrien und Plastiden.

Die durchgehenden Unterschiede in einer Reihe von Merkmalen (vergleiche die untenstehende Übersicht) zeigen, daß beide Gruppen in Bezug auf funktionelle Probleme grundsätzlich unterschiedliche Konstruktionslösungen widerspiegeln.

Prokaryota	*Eukaryota*
Das Kernmaterial besteht aus einem großen, ringförmigen DNA-Molekül, *Genophor*, das durch keine Membran abgegrenzt ist. Außerdem finden sich in Bakterienzellen noch kleinere DNA-Ringe, die sich selbständig replizieren, *Plasmide*.	Der Kern besteht aus DNA, die an Proteine gebunden ist. Er ist von einer Kernmembran umgeben.
Ein einziger Genophor ist vorhanden.	Die DNA ist bei der Kernteilung in mehrere klar unterscheidbare Chromosomen organisiert.
Die photosynthetischen Pigmente sind in einfachen Membransystemen oder in ganz einfach gebauten „Chromatophoren" organisiert.	Die photosynthetischen Pigmente sind in durch Membranen abgegrenzte komplexe Organellen, den Chloroplasten organisiert.
Die Geißeln der beweglichen Formen bestehen aus einigen schraubig miteinander verdrehten Längsfibrillen ohne das 9 + 2 Muster.	Die Geißeln beweglicher Formen sind aus 2 zentralen und 9 peripheren Mikrotubulisträngen aufgebaut.
Sexuelle Fortpflanzung im traditionellen Sinne fehlt.	Sexuelle Fortpflanzung bei fast allen Gruppen bekannt.

Die Gliederung der Gesamtheit der Organismen in zwei Reiche wurde in jüngerer Zeit von vielen Evolutionsforschern in Frage gestellt. Neue Systeme wurden aufgestellt, doch mit offensichtlichen Schwachpunkten.

Die letzte Einteilung wurde von Leedale (1974) vorgeschlagen. Dieses System ist eine Veränderung des Systems von Whittaker aus dem Jahre 1969, welches fünf Reiche umfaßte. Leedale unterschied nur vier Reiche, nämlich prokaryotische Organismen (Monera), Pilze (Fungi), Pflanzen (Plantae) und Tiere (Animalia). Einzellige Eukaryota, die von Whittaker in einem eigenen Reich zusammengefaßt wurden (Protistta), wurden von Leedale auf die übrigen Eucaryota verteilt. Der wichtigste Einwand gegen dieses System ist, daß die Pilze im Hinblick auf die Evolution schwerlich als einheitliche Gruppe aufgefaßt werden können.

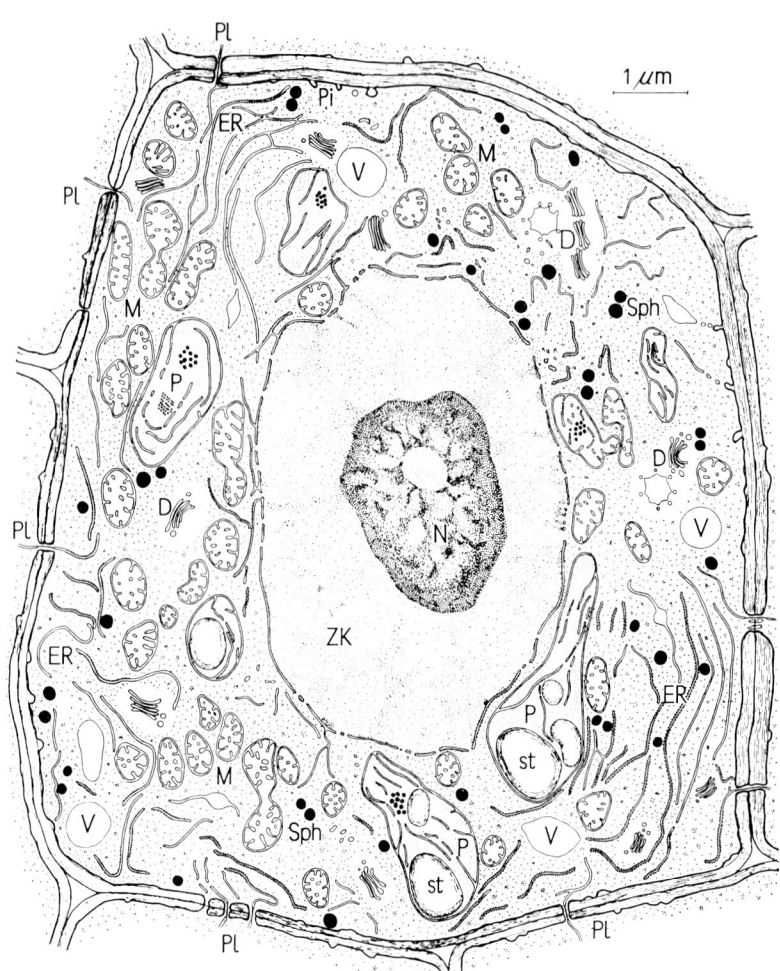

Abb. 9. Leicht schematisiertes Bild des Feinbaues einer Urmeristemzelle aus der Wurzelspitze einer keimenden Erbse, wie er sich mit Hilfe des Elektronenmikroskops erkennen läßt. *ZK* Zellkern, *N* Nucleolus, *P* Proplastiden mit st Stärke, *M* Mitochondrien, *D* Dictyosomen, *V* Vacuolen, *Sph* Lipidvacuolen (Sphärosomen), *ER* endoplasmatisches Reticulum (hier und da aufgebläht zu beginnender Vacuolenbildung), *Pl* Plasmodesmen, *Pi* Pinocytose . Das Grundcytoplasma ist von sehr kleinen Ribosomen erfüllt (schwarze Punkte), die stellenweise das ER dicht bedecken („rauhes ER" im Gegensatz zum „glatten ER"). 10000 ×; nach einer Originalvorlage von E. Perner.) (Strasburger 1983)

Prokaryota

Die Prokaryota umfassen Organismen mit einfacher Kern- und Zellstruktur. Sie sind einzellig oder bestehen aus einer Reihe zusammenhängender Zellen. Die Prokaryota umfassen drei Abteilungen, Archaebacteriophyta (Archäbakterien), Eubacteriophyta (Eigentliche Bakterien, Eubakterien) und Cyanophyta (Blaualgen). Den Prokaryota werden häufig auch die *Viren* angeschlossen, obwohl deren Status als selbständige Organismen bezweifelt werden kann.

Viren sind kleine Partikel, 0.01–0.3 μm groß, und bestehen aus wenig Nukleinsäurematerial (DNA oder RNA), das von einer Proteinhülle umgeben ist. Frei sind solche Partikel ohne jegliches Zeichen von Leben. Bei der Infektion kann das Virus aber den Stoffwechsel einer Wirtszelle so umstellen, daß diese neue Viruspartikel produziert. Dieser Replikationsmechanismus unterscheidet die Viren vollständig von allen lebenden Organismen.

Viren verursachen etliche schwerwiegende Krankheiten, z. B. Pocken, Kinderlähmung, Tollwut und Grippe.

Ihre Systematik ist umstritten; man unterscheidet jedoch aufgrund des Wirtsorganismus sehr oft drei Gruppen, nämlich Bakteriophagen, pflanzenpathogene und tierpathogene Viren.

Abteilung Archaebacteriophyta (Archäbakterien)

Die Archäbakterien sind phylogenetisch alte Typen mit spezifischen ökophysiologischen Eigenschaften, aufgrund derer sie in extremen Biotopen leben können. Sie sind gegenüber den Eubakterien und Blaualgen durch die 16S r-RNA-Sequenzen deutlich abgehoben und dürften sich vor etwa 4 Milliarden Jahren vor der Aufgliederung in Eubakterien und Blaualgen aus gemeinsamen Ahnen abgespalten haben. Zu dieser Zeit war die Erdatmosphäre noch weitgehend reduzierend.

Morphologie und Eigenschaften

Bei den Archäbakterien finden sich Kokken, Stäbchen, Sarcinen und Spirillen, jedoch kaum komplexere Formen. Es gibt unbegeißelte und begeißelte, zu aktiver Bewegung befähigte Typen. An den unterschiedlichen Zellhüllen sind Glyco-Proteine, Heteropolysaccharide und Pseudomurein beteiligt. Murein fehlt. Das thermophile *Thermoplasma* ist zellwandlos. Charakteristisch sind u. a., neben den spezifischen rRNA-Sequenzen, verzweigte Phytonyletherlipide und komplex aufgebaute RNA-Polymerasen. Man findet anaerobe, aerobe, heterotrophe und lithoautotrophe Formen. Anaerobe lithoautotrophe Sippen vermögen völlig unabhängig von der Sonne zu leben. Fixierung von Luftstickstoff ist nachgewiesen.

Vermehrung

Archäbakterien vermehren sich durch Knospung, Fragmentation, Konstriktion und, wie die Eubakterien, durch Septenbildung.

Vorkommen

Methanogene (Methan-produzierende) Archäbakterien leben anaerob in Faulschlamm. Halophile Archäbakterien wurden in Salinen und Salzseen, thermoacidophile in Solfatarenfeldern, submarinen Thermalzonen und anthropogenen Hochtemperaturgebieten nachgewiesen.

Vertreter

Halococcus und *Halobacterium* leben in stark salzhaltigen Gewässern. *Halobacterium pharaonis* beispielsweise, wurde in alkalischen Seen Ägyptens nachgewiesen und wächst in vitro optimal bei einer NaCl-Konzentration von 20% und einem pH-Wert von 8,5.

Pyrodictium occultum, ein extrem thermophiler Vertreter, wächst submarin bei Temperaturen zwischen 82°C und 110°C mit einem Optimum bei 105°C. *Acidothermus infernus* wurde bei Neapel in Solfatarenfeldern mit Temperaturen bis 95°C und pH-Werten bis hinunter zu 1 nachgewiesen.

Abteilung Eubacteriophyta (Eubakterien)

Eubakterien kommen praktisch überall vor, wo Leben überhaupt existieren kann. Die Artenzahl ist groß und die häufigsten Typen sind kugelig, stäbchen- oder spiralförmig. Die Größe variiert zwischen 0,5 und 5 µm im Durchmesser. Sie können bis 15 µm lang werden. Einige Formen besitzen Geißeln. Die Vermehrung geschieht über asexuelle Zellteilung.

Die meisten Eubakterien sind heterotroph. Diese Arten sind in der Natur für den Abbau organischer Stoffe von großer Bedeutung. Bei den autotrophen Vertretern gibt es zwei Gruppen, nämlich phototrophe und chemotrophe. Die ersteren enthalten ein spezielles Chlorophyll, das *Bacteriochlorophyll*, das in einfachen Membransystemen oder ganz einfachen Chromatophoren organisiert ist. Sie führen Photosynthese unter anaeroben Bedingungen aus und benutzen Schwefelwasserstoff oder organische Verbindungen als Elektronendonator, wogegen die übrigen photosynthetisch aktiven Organismen Wasser dazu verwenden. Die chemotrophen Eubakterien, z. B. Schwefel-, Eisen- oder Stickstoff-Bakterien, erhalten die für den Stoffwechsel notwendige Energie durch Oxidation von Schwefelwasserstoff oder Eisen-II-Salzen, respektive von Ammoniak oder Nitrit. Diese Organismen erfüllen in den natürlichen Kreisläufen eine sehr wichtige Funktion. Für die Stickstoffumsetzung spielen die stickstoffixierenden Eubakterien eine große Rolle.

Am bekanntesten sind Eubakterien als Krankheitserreger. Beispiele dafür sind Cholera, Starrkrampf, Tuberkulose und Syphilis.

Die Eubakterien werden in der Sepzialliteratur ausführlich behandelt, z. B. bei Schlegel, Allgemeine Mikrobiologie, 6. Aufl., 1985.

Abteilung Cyanophyta (Blaualgen)

ca. 1200 Arten

Fossilfunde deuten darauf hin, daß Cyanophyten bereits im Praekambrium existierten. Viele Blaualgen sind Kosmopoliten, d. h., sie kommen auf der ganzen Erde vor. Es gibt sowohl marine, als auch limnische und terrestrische Formen. Ein Teil der Sippen vermag Luftstickstoff zu binden und trägt so wesentlich zur Stickstoffversorgung der Organismen bei. In Ost- und Südasien sind sie in Reisfeldern als Symbionten von *Azolla* (s. S. 101) eine wichtige Stickstoffquelle. Andere gehen als Algenkomponenten in Flechten ein (S. 69).

Abb. 10. Wandanlage nach der Teilung *(Anabaena),* ×18000 (Photo T. Nordqvist)

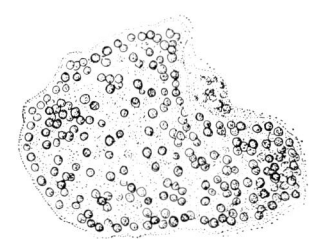

Abb. 11. *Microcystis,* ×250

Organisation und Eigenschaften der Zelle

Die Zellwand der Blaualgen besteht aus zwei Schichten. Die innere Schicht umschließt die einzelnen Zellen. Teile der Außenschicht bilden im allgemeinen bei den Sippen, die mehrere zusammenhängende Zellen besitzen, eine gemeinsame Hülle. Die innere Schicht enthält Murein. Ihre Zusammensetzung ist aber noch immer nicht vollständig bekannt. Die äußere Schicht, die sehr dick sein kann, besteht aus Zellulose, Hemizellulose und Pektin. Nach Abschluß der Teilung des DNA-Materials wird die Wand zwischen den werdenden Tochterzellen irisblendenartig von außen nach innen angelegt. Bei einer Vielzahl von Eukaryoten (Moose, Gefäßpflanzen und einige Grünalgen) hingegen wird die neue Zellwand als zentrale Platte angelegt und wächst im Zusammenhang mit dem Auflösen der Kernspindel nach außen.

Die Photosynthese läuft unter aeroben Bedingungen ab. Die photosynthetisch wirksamen Pigmente sind Chlorophyll a, β-Karotin und überdies *C-Phycocyanin* und *C-Phycoerythrin*. Die beiden erstgenannten Farbstoffe kommen sowohl bei Algen als auch Höheren Pflanzen vor, sind aber bei den Blaualgen in einfachen Membransystemen peripher angeordnet (keine membranumgrenzten Chloroplasten). Die zwei anderen Farbstoffe sind in den äußeren Teilen des Plasmas diffus verteilt und einzigartig für Blaualgen. Chemisch verwandte Farbstoffe kommen jedoch bei Rotalgen vor. Das Plasma ist normalerweise blau-grün gefärbt, kann aber bei Überwiegen von C-Phycoerythrin in schmutzigrot wechseln. Einige Vertreter ändern ihre Farbe in Abhängigkeit von den Lichtbedingungen.

Speicherstoff ist die *Cyanophyceenstärke*, die in ihrer chemischen Zusammensetzung mit dem Amylopektinanteil der gewöhnlichen Stärke identisch ist.

Morphologie

Einzellige (solitäre oder koloniebildende) Formen sind am häufigsten. Einige Gattungen besitzen jedoch fadenförmige Thalli aus Zellen, die in einer gemeinsamen Schleimhülle liegen und am ehesten als spezialisierte Kolonie betrachtet werden können.

Am häufigsten sind unverzweigte Fäden. Es gibt aber auch Verzweigte, die eine gewisse Form der Zelldifferenzierung oder Polarität besitzen. Begeißelte Stadien fehlen. Einige Arten können aber gleitende Bewegungen ausführen. Bei einem Teil der Blaualgen findet man sogenannte *Heterocysten*. Das sind farblose, abgerundete Zellen innerhalb der Fäden oder an deren Ende. Sie sollen im Zusammenhang mit der Stickstoffixierung stehen.

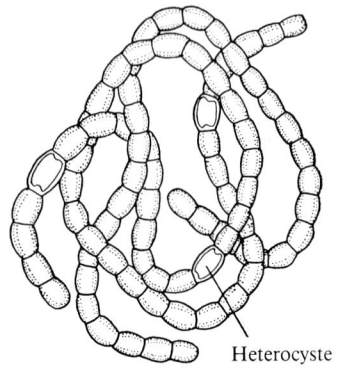

Heterocyste

Abb. 12. *Nostoc,* ×600

Reproduktion

Blaualgen vermehren sich vegetativ durch Zellteilung oder Fragmentation. Einige bilden spezielle Verbreitungseinheiten. Am verbreitetsten sind sogenannte *Hormogonien*, die aus wenigen, fadenförmig aufgereihten Zellen bestehen und als Einheit verbreitet werden. Ein Teil der Arten bildet Dauerzellen *(Akineten)* aus. Hier umgeben sich bestimmte Zellen innerhalb der ursprünglichen Wand mit einer weiteren. Akineten keimen zu Hormogonien aus und dienen dem Fortbestand der Zellen unter ungünstigen Bedingungen. Dasselbe gilt für *Hormocysten*; diese bestehen aus Fadenabschnitten, die von einer gemeinsamen derben Wand umhüllt sind.

Abb. 13. *Anabaena,* ×450

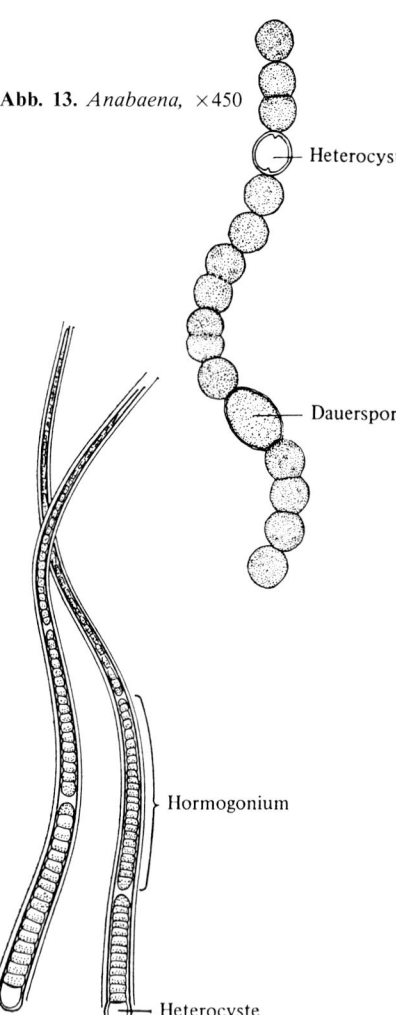

Heterocyste

Dauerspore

Vertreter

Microcystis kommt im Süßwasser überall vor, insbesondere in nährstoffreichem Milieu. Die Arten verursachen oft Wasserblüten. d. h. sie kommen in solchen Mengen vor, daß sich das Wasser trübt und färbt. Die Gattung *Microcystis* bildet Kolonien von runden Zellen innerhalb einer gemeinsamen Schleimhülle.

Nostoc kommt allgemein auf feuchter Erde und als *Benthos*, das heißt mit fester Verbindung zum Untergrund, in Seen vor. Einige Arten sind wichtige Komponenten bei Flechten. *Nostoc* bildet lange Reihen von mehr oder weniger zusammenhängenden Zellen, oft vereint in einer dicken Schleimhülle, z. B. *Nostoc zetterstedtii* (Seegallerte).

Anabaena kommt im Süßwasser als Plankton vor und verursacht bisweilen Wasserblüten. Sie bildet, ähnlich wie *Nostoc*, fadenähnliche Kolonien in einer Schleimhülle. *A. azollae* lebt symbiontisch in Blatthöhlungen von *Azolla*, einem Wasserfarn.

Hormogonium

Oscillatoria kommt sowohl im Süß- als auch im Salzwasser vor, zudem auf feuchter Erde. Einige Arten können gleitende Bewegungen ausführen, deren Mechanismus noch nicht ganz klar ist.

Calothrix kommt auf Klippen an der Küste vor. Sie bildet dort einen grünschwarzen, glitschigen Überzug. Die Zellreihen dünnen am einen Ende peitschenschnurförmig aus. Sie sind also polar differenziert.

Heterocyste

Abb. 14. *Oscillatoria,* ×700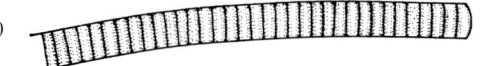

Abb. 15. *Calothrix,* ×400

Eukaryota

Ein- oder mehrzellige Organismen mit hoch entwickelter Zellorganisation. Sie besitzen Zellkern, Chloroplasten und Mitochondrien, die von Membranen umgeben sind. Die Eukaryota werden gewöhnlich in 12 Hauptgruppen (Abteilungen) gegliedert. Von diesen können 8 unter dem Begriff Algen zusammengefaßt werden (Chlorophyta, Euglenophyta, Pyrrophyta, Xanthophyta, Chrysophyta, Bacillariophyta, Phaeophyta und Rhodophyta). Die Pilze (Mycota) bilden eine eigene Abteilung. Ihre Phylogonie ist sehr unsicher. Die restlichen sind Kormophyten (s. S. 78), d. h. Moose (Bryophyta), Farnpflanzen (Pteridophyta) und Samenpflanzen (Spermatophyta).

Die Algen und Pilze bilden je eine heterogene Gruppe von unter sich ganz ungleichen Sippen. Die Kormophyten hingegen sind eine relativ einheitliche Gruppe, die aus algenähnlichen Organismen entstanden ist. Algen und Pilze (inklusive die Flechten) werden bisweilen unter dem Begriff *Thallophyten*, Lagerpflanzen, zusammengefaßt. Den Gegensatz dazu bilden die *Kormophyten*. Sie erreichen ein höheres Organisationsniveau und sind gewöhnlich in Stamm und Blatt differenziert.

Einleitung zu den Algen

Algen sind phototrophe *Lagerpflanzen*. Sie bestehen nicht aus einer bestimmten taxonomischen Gruppe, sondern sind ein Sammelbegriff für einfach gebaute, mit einem Kern versehene und Photosynthese betreibende Wasserorganismen.

Die Kenntnisse über die fossilen Algen sind sehr unvollständig. Vor allem Sippen mit Kalk- und Kieseleinlagerungen sind erhalten geblieben. Diatomeen und Kalkflagellaten spielten beim Aufbau geologischer Ablagerungen eine große Rolle. Fossilien, die als Braunalgen gedeutet werden, sind vom Präkambrium bekannt. Die frühesten Funde von Grünalgen und auch einzelner Rotalgen stammen aus dem Ordovicium. Diatomeen und Kalkflagellaten entwickelten sich sehr stark in der Kreide. Trotzdem ergeben die bis heute bekannten Funde geringe Anhaltspunkte über die phylogenetischen Beziehungen der Hauptgruppen.

Morphologische Differenzierung

Thalluspflanzen besitzen keine klare Differenzierung in morphologisch getrennte Teile. Sie können auf unterschiedliche Weise organisiert sein. In der höchst entwickelten Form scheinen sie wurzel-, stamm- und blattähnliche Teile zu besitzen, doch sind diese morphologisch alle gleichwertig.

Bei Algen können folgende Organisationsstufen unterschieden werden.

Stufe	Kennzeichen
monadal:	einzellige Individuen (solitär oder koloniebildend), mit Geißel
coccal:	einzellige Individuen (solitär oder koloniebildend), ohne Geißel
trichal:	die Individuen bestehen aus unverzweigten oder verzweigten Fäden perlschnurförmig aufgereihter Zellen
siphonal:	die Individuen sind normalerweise blasen- oder schlangenförmig, oft verzweigt, jedoch ohne Querwände, dafür aber mehrkernig. Polyenergide Zellen

Stufe	Kennzeichen
Gewebe:	
pseudoparenchymatisch:	Individuen mit scheinbarem Gewebe, bestehend aus trichalen oder siphonalen, miteinander verflochtenen Fäden
parenchymatisch:	Individuen mit echtem Gewebe, entstanden durch Längs- und Querteilungen

Die monadale Stufe wird als die phylogenetisch ursprünglichste betrachtet, die Stufe mit Geweben als die am meisten spezialisierte.

Bei Algen kommen folgende drei Haupttypen des Wachstums vor.

sogenanntes *diffuses Wachstum*	am ursprünglichsten; bedeutet, daß jede Zelle sich teilen kann
interkalares Wachstum	Die Thalli wachsen an bestimmten Stellen von begrenzten Zonen aus, bei polaren Lagern bevorzugt im oberen Teil
Spitzenwachstum	Das Wachstum geht von einer gewöhnlich dreischneidigen Scheitelzelle aus

Was die Pseudoparenchyme und Parenchyme betrifft, so dürften die ersteren ursprünglicher sein. Bei den Parenchymen gelten diejenigen, die aus interkalarem Wachstum entstanden sind, als weniger abgeleitet im Vergleich zu den aus Spitzenwachstum hervorgegangenen.

Verschiedene einzellige, monadale oder coccale Algen bilden *Kolonien.* Diese bestehen in der typischen Form aus einer unbestimmten Zahl unregelmäßig angeordneter Zellen.

Einige monadale oder coccale Algen bilden auch sogenannte *Coenobien.* Ein Coenobium besteht aus einer bestimmten Zahl von Zellen und wird dadurch gebildet, daß sich Sporen zu einem regelmäßigen Muster zusammenfinden. In Coenobien findet man bisweilen eine gewisse Arbeitsteilung und morphologische Differenzierung.

Organisation und Eigenschaften der Zelle

Die meisten Algen besitzen zumindest in irgendeinem Stadium ihrer Entwicklung Geißeln. Die beiden Typen, die am häufigsten vorkommen, sind die *Peitschengeißel* mit einer glatten Oberfläche und die *Flimmergeißel,* die ein oder zwei Reihen von ganz kurzen Haaren besitzt. Der Typ, die Plazierung und die Zahl der Geißeln, sowie die Art der Bewegung sind wichtige Unterscheidungsmerkmale für die verschiedenen Gruppen der Algen.

In der Photosynthese spielen Chlorophyll a und β-Karotin bei allen Algen (wie auch bei den Kormophyten) eine zentrale Rolle. Doch wirken auch andere Farbstoffe,

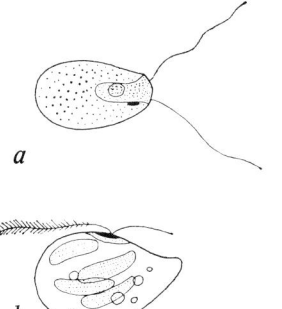

Abb. 16. Einzellige Algen mit verschiedenen Geißeltypen: a Peitschengeißel, b Flimmergeißel und Peitschengeißel

wie Chlorophyll b, c, und Karotine, Xanthophylle, Fucocyanin und Fucoerythrin mit. Eine bestimmte Kombination der erwähnten Pigmente ist für die einzelnen Algengruppen typisch. Solchen Kombinationen wird eine große taxonomische Bedeutung zugemessen. Der Grund dafür liegt in der Annahme, daß es unwahrscheinlich ist, daß der gesamte komplizierte Photosyntheseprozeß mit einer bedeutenden Zahl zusammenwirkender Farbstoffe in identischer Form mehrmals während der Evolution entstanden ist.

Cytologie und Chromosomenverhältnisse sind bei den Algen aufgrund technischer Schwierigkeiten wenig bekannt. Die meisten der untersuchten Sippen besitzen sehr kleine Chromosomen. Einzelne Ordnungen haben eine einzige Grundzahl, indes die meisten eine ganze Serie aufweisen. Bei gewissen Gattungen, wie *Cladophora*, wurde Polyploidie nachgewiesen, ebenso bei Desmidiaceen. Für die letzteren werden Zahlen in der Größenordnung von 2n = 500 angegeben. Der Polyploidie wird jedoch bei den Algen im Vergleich zu den Höheren Pflanzen eine geringere Bedeutung zugemessen.

Bei einigen Gruppen wie den Pyrrophyta, Euglenophyta und Rhodophyta scheinen die Chromosomen abweichend von den übrigen Eukaryota organisiert zu sein.

Reproduktion

Asexuelle Vermehrung. Die einfachste Art der Vermehrung ist Zellteilung (bei einzelligen Formen) oder Fragmentation (bei mehrzelligen Typen). Die meisten Algen bilden überdies *Sporen (Zoosporen* oder *Aplanosporen)* in spezialisierten Zellen, den *Sporangien.*

Sexuelle Fortpflanzung geschieht mit *Gameten,* die in *Gametangien* in vergleichbarer Weise wie die Sporen gebildet werden. Den Gameten fehlt, wie auch den Sporen, eine eigentliche Zellwand. Sie umgeben sich mit einer Schleimhülle und einer oder mehreren Membranen. Hinsichtlich der Gestalt der Gameten werden drei Haupttypen der Vermehrungsweise unterschieden, nämlich Isogamie, Anisogamie und Oogamie (vgl. S.11). Bei der Oogamie wird das weibliche Gametangium *Oogonium* und das männliche *Antheridium* genannt. Beide sind normalerweise einzellig. Wenn sie mehrzellig sind, so sind alle Zellen fertil (vgl. die Verhältnisse bei den Kormophyten, S. 78). Man ist allgemein der Ansicht, daß die Entwicklung von Isogamie ausgehend über Anisogamie zu Oogamie führte.

Wenn ein Spermatozoid mit einer Eizelle verschmilzt, wird eine *Zygote* gebildet. Diese besitzt folglich doppelten Chromosomensatz. Die Zygote entwickelt sich direkt zu einem neuen Individuum, oder verhält sich wie ein Sporangium.

Lebenszyklus

Im Zusammenhang mit der geschlechtlichen Fortpflanzung muß in irgendeiner Phase des Lebenszyklus eine *Meiose* (Reduktionsteilung, d. h. Halbierung des Chromosomensatzes, im Schema mit *!* bezeichnet) stattfinden. Mit Blick auf die Phase, in welcher diese durchgeführt wird, können Algen in folgende Typen gegliedert werden:

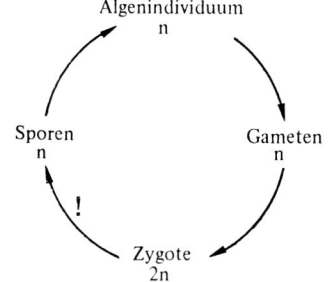

Abb. 17. Lebenszyklus eines Haplonten

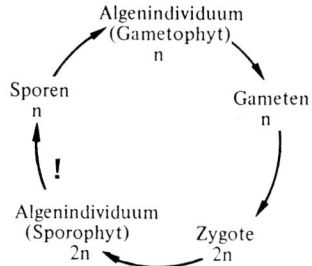

Abb. 18. Lebenszyklus eines Generationswechslers

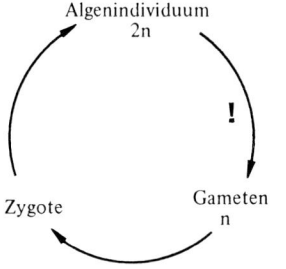

Abb. 19. Lebenszyklus eines Diplonten

Haplonten: Die Meiose findet beim Keimen der Zygote statt. Das bedeutet, daß sämtliche Stadien mit Ausnahme der Zygoten haploid sind.

Diplo-Haplonten (Kernphasenwechsler): Viele Algen führen einen regelmäßigen Wechsel zwischen einer sexuellen Generation *(Gametophyt)* und einer asexuellen Generation *(Sporophyt)* durch. Die beiden Generationen können morphologisch ähnlich sein *(isomorpher Generationswechsel)* oder morphologisch verschieden *(heteromorpher Generationswechsel)*. Die sexuelle Generation ist haploid, die asexuelle hingegen diploid. Die Meiose wird bei der Sporenbildung durchgeführt.

Der Generationswechsel dürfte aus einem haplontischen Lebenszyklus dadurch entstanden sein, daß die Zygote vor der Meiose vegetative Teilungen durchmachte und so zum Sporophyten wurde. Bei Rotalgen kommen kompliziertere Formen des Generationswechsels vor.

Diplonten: Die Meiose steht im Zusammenhang mit der Bildung von Gameten. Das hat zur Folge, daß alle Stadien, außer den Gameten, diploid sind.

Es wird angenommen, daß die Entwicklung von haplontischem Kernphasenwechsel über isomorphen, respektive heteromorphen Generationswechsel zu einem diplontischen Lebenszyklus in verschiedenen Gruppen getrennt vor sich gegangen ist.

Ernährung

In jüngerer Zeit wurde gezeigt, daß Vitamine und verschiedene organische Verbindungen im Wasser auf die Algen einwirken. Sie stimulieren das vegetative Wachstum oder können für die normale Entwicklung der Algen oder für eine bestimmte Phase des Lebenszyklus sogar notwendig sein. Bei größeren Algen wurde nachgewiesen, daß sie bedeutende Mengen organischer Verbindungen ins Wasser abgeben (in einigen Fällen soll die Menge bis zu 30% der Produktion der Photosynthese entsprechen). Dies kann die Entwicklung der anderen Algen beeinflussen. Viele, vielleicht die meisten Algen, sind auf diese Weise nicht vollständig autotroph.

Technische Produkte von Algen

Die Algen werden schon seit langer Zeit als Rohstoffe für technische Produkte verwendet. Bis zum 19. Jahrhundert waren Soda, Pottasche und Jod die wesentlichsten Produkte. Seit Mitte der Dreißiger Jahre dieses Jahrhunderts werden Algen vor allem im Zusammenhang mit der Herstellung von Stoffen mit kolloidalen Eigenschaften gebraucht.

Zu den wichtigsten Stoffen dieser Art gehören Alginsäure, Agar und Carrageen. *Alginsäure* (ein Polysaccharid, das β-D-Mannuronsäure und β-L-Guluronsäure in variierenden Mengen enthält) wird aus verschiedenen Braunalgen gewonnen. Während der 1960er Jahre wurde bis zu 20000 Tonnen pro Jahr hergestellt. Alginsäure wird in einer ganzen Reihe von Industriezweigen verwendet, unter anderem in der Lebensmittel-, Textil-, Farbstoff- und Papierindustrie. *Agar* und *Carrageen* werden aus verschiedenen Rotalgen gewonnen. Agar wird in großen Mengen in der Mikrobiologie und in der Lebensmittelindustrie verwendet. Carrageen und nahverwandte Stoffe haben ebenso große Bedeutung, hauptsächlich in der Lebensmittelindustrie.

In jüngerer Zeit wurde überdies begonnen, einige einzellige Grünalgen, vor allem *Chlorella* und *Scenedesmus*, für die Proteinherstellung zu nutzen. In Versuchsanlagen hat man eine Produktion von 12 – 14 Tonnen Protein je Hektar und Jahr erreicht. In Asien hat man begonnen, in abgesperrten Meeresbuchten Algen zu züchten, um sie in getrocknetem Zustand als Vitamin- und Mineralstoffquelle zu benutzen.

Die Schalen mariner und limnischer Kieselalgen bilden die sogenannte *Kieselgur*. Sie besitzt technische Bedeutung als Schleifmittel und wird auch für Filter verwendet. Abbauwürdige Vorkommen gibt es in der Lüneburger Heide (BRD).

Systematik

Die Systematik der Algen baut hauptsächlich auf Ähnlichkeiten und Unterschieden der Pigmente, Assimilationsprodukte, Zellstrukturen, Zellwandbeschaffenheit, des Geißeltyps und im Fortpflanzungsverhalten auf.

In älteren Algensystemen wurden alle einzelligen Algen, die im vegetativen Zustand Geißeln tragen, zu einer eigenen Gruppe, den Flagellaten zusammengefaßt. Die Verwandtschaft zwischen den verschiedenen Gruppen der Flagellaten ist jedoch gering. Große zellphysiologische und strukturelle Ähnlichkeiten sind hingegen zwischen verschiedenen Gruppen von Flagellaten und komplizierter gebauten Algen vorhanden. Chemische Merkmale werden für den Aufbau eines phylogenetischen Systems als wesentlicher betrachtet als morphologische, die sich auf die monadale Organisationsstufe beziehen.

Auf diese Weise findet man bei den meisten Abteilungen der Algen eine Flagellatengruppe, die jeweils als die ursprünglichste Organisationsstufe betrachtet wird. Die höher organisierten Glieder der verschiedenen Sippen scheinen sich unabhängig voneinander aus einfachen einzelligen Formen entwickelt zu haben. Andere Vertreter der Ursprungsgruppen haben sich hingegen strukturell kaum verändert.

Abteilung Chlorophyta (Grünalgen)

ca. 8000 Arten

Der Großteil der Grünalgen lebt limnisch. Nur etwa 10% kommen in Salzwasser vor. Sie gedeihen in verschiedenen Tiefen, dominieren aber in seichtem Wasser. Man findet sie auch in und auf feuchter Erde, an Baumstämmen etc. Einige nehmen an der Bildung von Flechten teil.

Die Chlorophyta sind die größte und die morphologisch variabelste Algengruppe.

Die Zellwand besteht aus einer inneren Schicht, aufgebaut aus Zellulose, und einer äußeren, bestehend aus Pektin.

Die Grünalgen sind durch Chloroplasten gekennzeichnet, die außer Chlorophyll a und β-Karotin auch Chlorophyll b sowie mehrere spezifische Xanthophylle enthalten. Normalerweise dominieren die Chlorophylle. Deshalb erscheinen die Algen grün gefärbt. Die Vertreter der meisten Ordnungen besitzen einen einzigen Chloroplasten je Zelle.

Als Reservestoff dominieren Kohlenhydrate (nur Stärke); Öle und Eiweiße spielen gewöhnlich eine untergeordnete Rolle.

Bewegliche Stadien sind symmetrisch gebaut, was bei den anderen Algenabteilungen nicht der Fall ist. Sie besitzen gleichlange Geißeln, meistens 2 oder 4 vom Peitschentyp. Diese sind symmetrisch am Vorderende der Zelle plaziert. Bei den Zygnematales fehlen die Geißeln vollständig.

Die Zygote umgibt sich mit einer dicken Wand und keimt normalerweise erst nach einer Ruheperiode.

Aufgrund biochemischer Ähnlichkeiten, Vorkommen von Chlorophyll a und b, Xanthophyllen und der Stärke als Reservestoff, betrachtet man Grünalgen und die Höheren Pflanzen als verwandt mit einem gemeinsamen Ursprung.

Die Abteilung umfaßt zwei Klassen, Chlorophyceae und Charophyceae.

Klasse Chlorophyceae (Eigentliche Grünalgen)

Die Klasse ist sehr variabel. Es kommen sowohl monadale, coccale, trichale als auch siphonale Organisationsstufen vor, überdies auch verschiedene Gewebetypen. Als sexuelle Fortpflanzungsweisen findet man Isogamie, Anisogamie und Oogamie.

Aufgrund der großen Vielfalt wird die Klasse in eine Reihe von Ordnungen aufgeteilt. Sechs davon sollen unten aufgeführt werden, nämlich Volvocales, Chlorococcales, Ulotrichales, Oedogoniales, Zygnematales und Cladophorales. Sie repräsentieren alle Organisationsstufen mit Ausnahme der siphonalen, die hauptsächlich bei tropischen und subtropischen Ordnungen vorkommt.

Volvocales

Die meisten hierher gehörenden Sippen leben limnisch und kommen oft in nährstoffreichem Wasser vor. Viele davon sind Bestandteil des Planktons. Sie sind monadal und solitär organisiert oder bilden Kolonien und vermehren sich asexuell durch Sporen oder mit sogenannten Tochtercoenobien, sexuell durch Iso-, Aniso- oder Oogamie. Der Lebenszyklus ist haplontisch.

Chlamydomonas umfaßt solitäre Arten mit 2 Geißeln. Sie vermehren sich häufig asexuell dadurch, daß eine vegetative Zelle ihre Geißeln verliert und zu einem Sporangium wird. Ein vegetatives Individuum kann überdies auch direkt als Gamet dienen. *Chlamydomonas* wird oft für genetische und physiologische Untersuchungen verwendet. *Chlamydomonas nivalis* ist reich an Haematochrom, einem roten Farbstoff, und verursacht die Färbung des „roten Schnees".

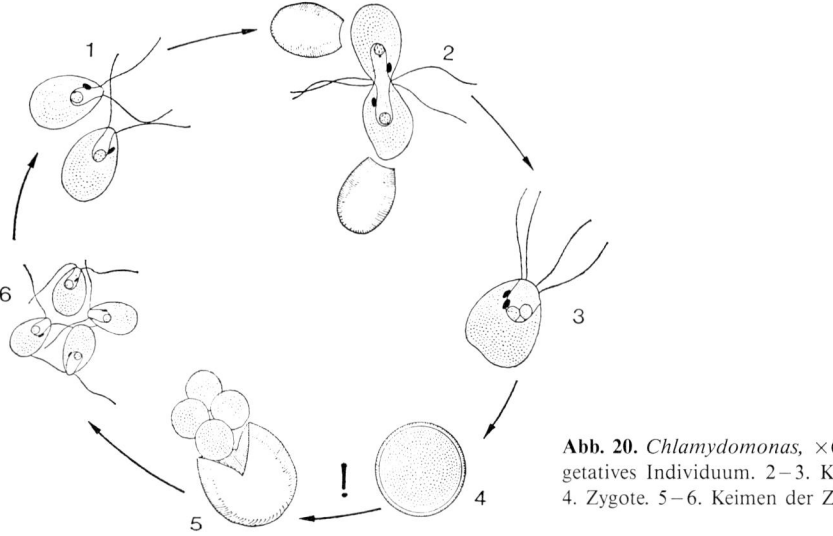

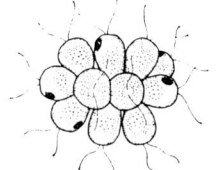

Abb. 20. *Chlamydomonas,* ×600. 1. Vegetatives Individuum. 2–3. Kopulation. 4. Zygote. 5–6. Keimen der Zygote

Abb. 21. *Pandorina,* ×350

Pandorina bildet Coenobien, die meist aus 16 Zellen bestehen. Bei der asexuellen Vermehrung bildet sich aus jeder der Mutterzellen ein neues Coenobium. Die geschlechtliche Fortpflanzung ist anisogam.

Volvox bildet kugelige Coenobien, die aus vielen Zellen bestehen. Diese sind regelmäßig in der Wand der Kugel mit den Geißeln nach außen angeordnet. Asexuell vermehrt sich *Volvox* durch Tochtercoenobien, die in den hohlen Innenraum der Kugel abgegliedert werden. Sie verbleiben in der Mutterkugel bis diese abstirbt. Die sexuelle Fortpflanzung ist eine Oogamie.

    Volvox weist verschiedene Kennzeichen mehrzelliger Organismen auf: die einzelnen Zellen sind miteinander über Plasmastränge verbunden; die Geißeln der verschiedenen Zellen sind

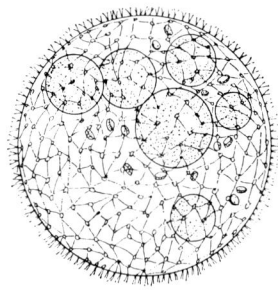

Abb. 22. *Volvox* mit Tochtercoenobien, ×80

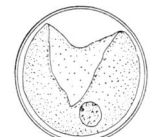

Abb. 23. *Chlorella,* ×3600

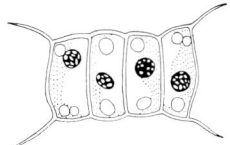

Abb. 24. *Scenedesmus,* ×850

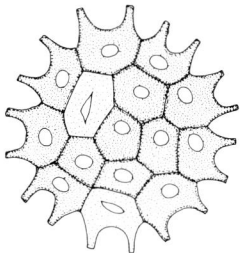

Abb. 25. *Pediastrum,* ×350

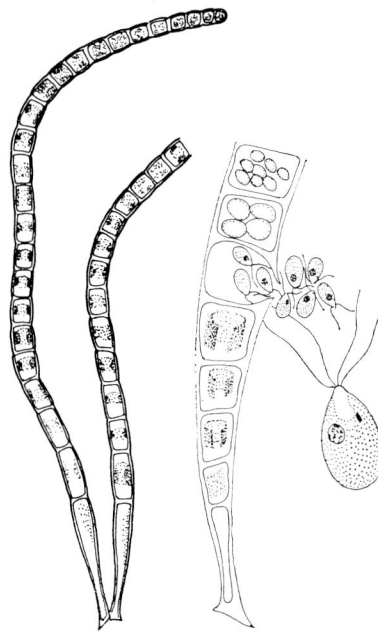

Abb. 26. *Ulothrix, links* vegetatives Individuum, ×150, *in der Mitte* ein Zellfaden mit Bildung von Gameten, ×500, *rechts* Zoospore, ×700

für die Bewegung koordiniert; eine gewisse Polarität, z. B. in der Bewegungsrichtung, kann festgestellt werden; Differenzierung in vegetative und generative Zellen kommt vor.

Chlorococcales

Die Ordnung umfaßt coccale Formen. Sie kommen sowohl im Süßwasser, auf feuchter Erde und anderen Substraten, wie z. B. Baumrinden vor. Chlorococcales pflanzen sich meistens mit Sporen fort. Falls sexuelle Vermehrung auftritt, ist sie im allgemeinen isogam. Der Lebenszyklus ist haplontisch.

Chlorella vereinigt solitäre und koloniebildende Formen mit einem hohen Gehalt an Eiweißen (vgl. übrige Algen). Sie vermehren sich meist, wie auch die folgende Gattung, vegetativ mit Sporen oder durch Teilung.

Scenedesmus bildet 4- oder 8-zellige Coenobien. Die Zellen liegen in einer Reihe. *Scenedesmus* ist Bestandteil des Planktons.

Pediastrum besitzt scheibenförmige Coenobien und ist ebenfalls Bestandteil des Planktons.

Ulotrichales

Es kommen sowohl limnische als auch marine Arten vor, mit mehrzelliger, trichaler Organisation. Einige haben Gewebe. Sie vermehren sich asexuell mit Zoo- wie auch mit Aplanosporen, bisweilen findet man Fragmentation. Die sexuelle Fortpflanzung kann iso-, aniso- oder (selten) oogam sein. Der Lebenszyklus ist haplontisch.

Ulothrix lebt im Süßwasser, ist aber auch für die Brandungszone, d. h. Klippen der Küsten, charakteristisch. Der Thallus besteht aus einem einzigen unverzweigten Faden. Die Basalzelle ist abweichend gebaut und dient als Haftorgan. Die Zellen besitzen einen im Querschnitt U-förmigen Chloroplasten. Die Zoosporen sind mit 4 Geißeln versehen. Die geschlechtliche Fortpflanzung verläuft isogam.

Enteromorpha (Darmalge) ist auf festen Substraten an den Küsten der Ost- und Nordsee allgemein verbreitet. Der Thallus besteht aus einem schlauchförmigen hohlen Zylinder, dessen Wand eine Zellschicht dick ist.

Oedogoniales

Die Vertreter dieser Ordnung kommen sowohl im süßen als auch im leicht brackigen Wasser vor. Die Individuen bestehen aus einem unverzweigten Faden. Die Wand wird im Zusammenhang mit der Zellteilung auf eine eigenartige Weise gebildet. Die äußere Schicht macht kein Streckungswachstum mit, sondern bricht auseinander und bleibt am einen Ende der Zelle, respektive als Kappe, übrig (vgl. Abb. 27). Nach mehreren Zellteilungen bilden sich so kappenförmig aufeinandergestülpte Wandreste.

Asexuell vermehren sie sich durch Fragmentation oder mit kranzförmig begeißelten Zoosporen. Die sexuelle Fortpflanzungsart ist oogam, der Lebenszyklus haplontisch, allerdings hie und da, was die männliche Seite betrifft, etwas komplizierter geworden.

Oedogonium besteht aus unverzweigten Fäden mit speziell gestalteter Basalzelle und spitzer oder haarähnlicher Endzelle. Oogonien und Antheridien werden innerhalb des Fadens gebildet. Das Oogonium besteht aus einer angeschwollenen Zelle, so daß der Faden im fertilen Zustand perlschnurähnlich aussieht. Die Antheridien werden durch wiederholte Zellteilungen ohne nachfolgende Zellstreckung gebildet und erscheinen als eine Reihe kurzer Zellen.

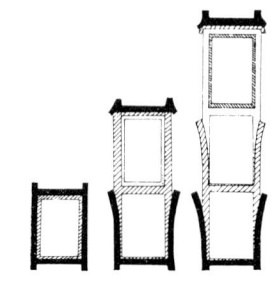

Abb. 27. *Oedogonium,* schematisierte Zellteilung

Zygnematales

Die Sippe lebt ausschließlich limnisch und umfaßt sowohl planktontische als auch benthische Formen. Was die Stoffproduktion betrifft, ist sie eine der wichtigsten Planktongruppen des Süßwassers. Es gibt coccale und unverzweigte trichale Formen. Die ersteren sollen aus den letzteren durch Reduktion entstanden sein.

Stadien mit Geißeln fehlen vollständig. Zygnematales vermehren sich asexuell durch Zellteilung oder Fragmentation. Die sexuelle Fortpflanzung ist insofern eigentümlich, weil jede Zelle ohne morphologische Differenzierung als Gametangium dienen kann. In den Gametangien bilden sich amöboide Gameten. Der Lebenszyklus ist haplontisch.

Spirogyra ist trichal organisiert und hat spiralförmige Chloroplasten. Die sexuelle Fortpflanzung wird hier als *Konjugation* bezeichnet und kann auch als Gametangiogamie verstanden werden. Zwischen Zellen zweier verschiedener Fäden (bisweilen auch zwischen Teilen eines einzigen gebogenen Fadens) wird eine Brücke gebildet. Der Protoplast der einen der beiden konjugierenden Zellen wandert als Gamet durch diesen Kopulationskanal zum Protoplasten der anderen Zelle. Dort verschmelzen die beiden Gameten und bilden die Zygote.

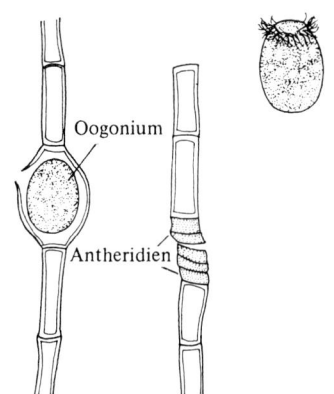

Abb. 28. *Oedogonium,* Zellfaden *links* mit einem Oogonium, *rechts* mit Antheridien, ×175; *ganz oben* Zoospore, ×200

Coccale Formen, bisweilen zu losen Ketten vereinigt, werden zu den sogenannten *Desmidiaceae* (Zieralgen) zusammengefaßt. Sie dominieren vor allem im Plankton und Benthos nährstoffarmer Seen. Die Zellen sind häufig bisymmetrisch und bestehen aus zwei gleichen Teilen, die über eine schmale Brücke, wo sich der Kern befindet, zusammenhängen. Bei der asexuellen Vermehrung brechen die Individuen hier auseinander und neue Hälften werden regeneriert.

Closterium, Micrasterias, Cosmarium und *Staurastrum* gehören zu den häufigsten Gattungen der Desmidiaceen.

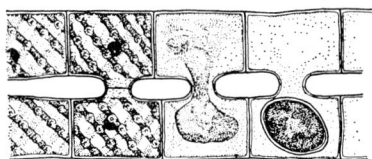

Abb. 29. *Spirogyra,* Zellfaden, *links* mit spiralförmigem Chloroplasten, *rechts* Konjugation, ×100

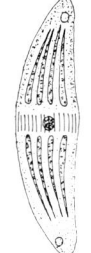

Abb. 30. *Closterium,* ×150

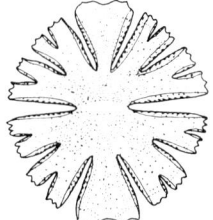

Abb. 31. *Micrasterias,* ×170

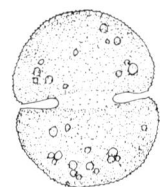

Abb. 32. *Cosmarium,* ×330

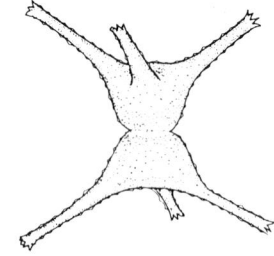

Abb. 33. *Staurastrum,* ×450

Cladophorales

Die Ordnung hat sowohl limnische als auch marine Vertreter. Die Thalli sind mehrzellig und trichal. Die Zellen besitzen im Unterschied zu den übrigen hier behandelten Ordnungen mehrere Kerne; sie sind also polyenergid. Sie vermehren sich asexuell durch Zoosporen und sexuell durch Iso- oder Anisogamie. Normalerweise ist der Generationswechsel isomorph.

Cladophora hat sowohl limnische als auch marine Arten. Verschiedene sind mehrjährig. Der Thallus besteht aus verzweigten Fäden. Die Chloroplasten sind röhrenförmig und von Löchern in wechselnder Zahl und Größe durchbrochen. Dadurch erhalten sie oft ein netzartiges Aussehen. Die geschlechtliche Fortpflanzung ist eine Isogamie.

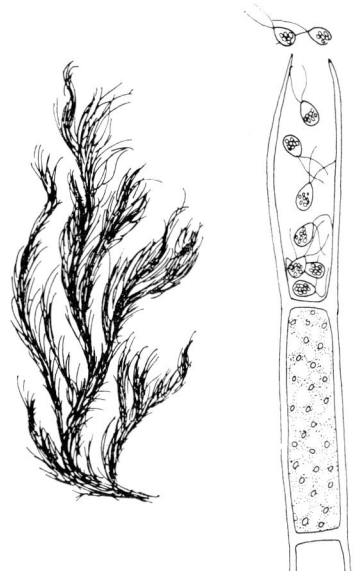

Abb. 34. *Cladophora, links* Habitus, ×0,5, *rechts* mit netzförmigem Chloroplasten und Bildung von Gameten

Klasse Charophyceae (Armleuchteralgen)

Armleuchteralgen gedeihen auf weichem Untergrund im Süß- und im Brackwasser. Der Thallus besteht aus einer zentralen Achse, die in Nodien und Internodien gegliedert ist. Jedes Nodium trägt einen Kranz von Zweigen mit begrenztem Zuwachs, die aber ihrerseits wiederum in Nodien und Internodien gegliedert sein können. Auch Seitenzweige können wieder verzweigt sein. Die Armleuchteralgen sind mit langen wurzelähnlichen Rhizoiden im Untergrund befestigt.

Die Zellen besitzen einen Kern (ältere Zellen können aber mehrkernig sein) und viele kleine ellipsoide Chloroplasten.

Die Armleuchteralgen vermehren sich mit verschiedenen Typen von Brutkörperchen, die auch überwintern können. Asexuelle Vermehrung mit Sporen hingegen kommt nicht vor.

Die sexuelle Fortpflanzung ist oogam. Die männlichen Gameten werden in kugelförmigen, kompliziert gebauten Organen, den Samenknospen gebildet. Diese entstehen aus Endzellen an Kurztrieben der Nodien durch drei senkrecht zueinandergestellte Zellteilungen, denen 3 tangentiale Teilungen folgen. Daraus ergeben sich 8 Schildzellen, von denen jede eine Griffzelle und, darauf sitzend, eine Köpfchenzelle trägt.

Die Köpfchenzelle teilt sich weiter zu sekundären Köpfchenzellen, aus denen bis zu 5 spermatogene Fäden sprießen. Diese gliedern sich in scheibenförmige Zellen, von denen jede als ein Antheridium fungiert und ein einziges schraubenähnlich gewundenes Spermatozoid freiläßt. Auch die Oogonien sitzen, wie die männlichen Organe, an den Nodien von Seitenzweigen. In jedem befinden sich eine Eizelle, die von spiralig gewundenen Schraubenzellen umgeben ist. Diese gliedern an der Spitze ein bis zwei Zellen zu einem Krönchen ab.

Die Zygote ist rötlich gefärbt und oft mit Kalk inkrustiert. Sie bleibt einige Zeit im Oogonium eingeschlossen und keimt nach einer Meiose direkt zu einem neuen Individuum aus. Armleuchteralgen sind Haplonten.

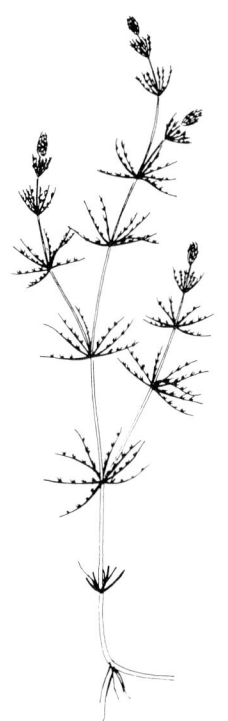

Abb. 35. *Chara,* vegetatives Individiuum, ×0,4

Viele Arten der Charophyceae sind verkalkt. Derartige fossile Formen sind bereits aus dem Silur bekannt. Sie entwickelten sich sehr stark im Mesozoikum.

Die Gruppe zeigt keine nähere Anknüpfung an die übrigen Grünalgen. Sie wird deshalb auch den Chlorophyta gleichgestellt und als eine eigene Abteilung aufgefaßt.

Chara bildet dichte Matten am Grund kalkreicher Seen und im Brackwasser. Die Thalli sind gewöhnlich von Kalk inkrustiert.

Nitella entwickelt sich am besten in kalkarmen Seen. Den Thalli fehlt eine Kalkinkrustierung.

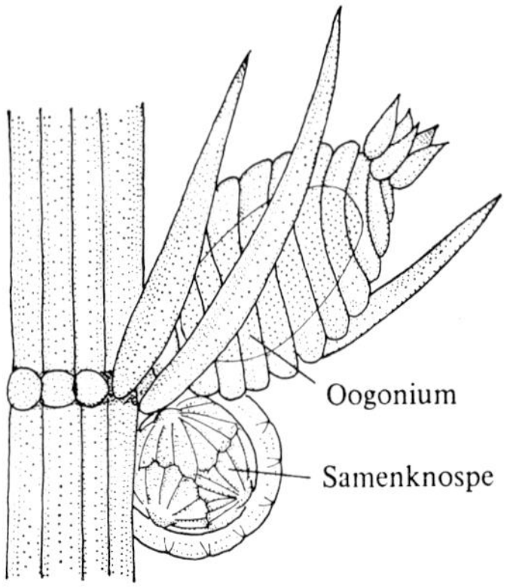

Oogonium

Samenknospe

Abb. 36. *Chara,* Oogonium und Samenknospe an einem Nodium, ×20

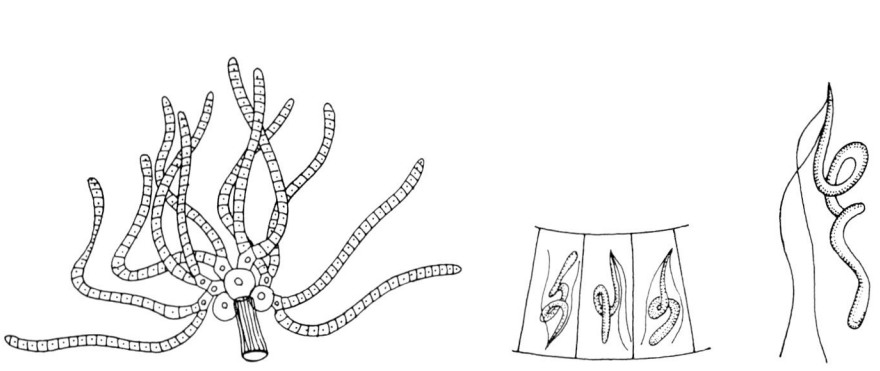

Abb. 37.   Abb. 38.   Abb. 39.

Abb. 37. *Chara,* Detail des männlichen Organs, spermatogene Fäden, ×200

Abb. 38. Ausschnitt aus dem spermatogenen Faden, in dem jede Zelle als Antheridium dient, ×650

Abb. 39. Spermatozoid, ×1600

Abteilung Euglenophyta
(Euglenen, „Augentierchen")

ca. 400 Arten

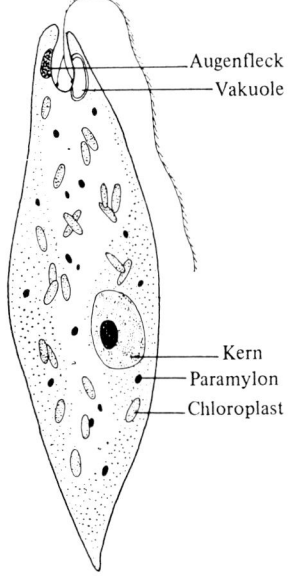

Abb. 40. *Euglena,* ×1300

Die Euglenophyta, eine relativ einheitliche Gruppe, umfassen eine einzige Klasse. Sie leben zum größten Teil limnisch, kommen aber auch im Meer und auf feuchter Erde vor. Unter ungünstigen Bedingungen gehen die meisten Arten in ein Dauerstadium, das *Palmella*-Stadium, über. Bei schlechten Lichtverhältnissen können einige Arten ihr Chlorophyll verlieren und werden heterotroph. Sie vermögen feste Nahrung aufzunehmen. Euglenen kommen vor allem in verschmutzten Biotopen vor.

Die Gruppe umfaßt monadale und wenige coccale, koloniebildende Formen. Eine feste Zellwand fehlt, zumindest bei den monadalen Sippen, der äußere Teil des Plasmas ist jedoch oft verfestigt. Die Chloroplasten sind grün und enthalten Chlorophyll a und b, überdies mindestens ein Xanthophyll, das bei den Chlorophyta nicht vorkommt. Als Reservestoff findet man *Paramylon*, ein Polysaccarid, das im Plasma gelagert wird und Aggregate bildet, die äußerlich an Stärkekörner erinnern.

Die beweglichen Stadien sind asymmetrisch. Sie besitzen zwei Geißeln, die gleich lang sein können. In den meisten Fällen ist jedoch die eine Geißel kleiner und rudimentär. In den wenigen Fällen, in denen die Geißeln zufriedenstellend untersucht wurden, fand man, daß die eine einseitig ausgerichtete Haare besitzt. Die Geißel geht von einer flaschenförmigen Einsenkung im vorderen Teil des Individuums aus.

Euglenen vermehren sich asexuell durch Längsteilung. Sexuelle Fortpflanzung ist bei der gesamten Abteilung nicht mit Sicherheit nachgewiesen.

Die systematische Stellung der Gruppe ist unsicher. Einige Autoren stellen die Euglenophyten zu den Chlorophyta, und zwar weil sie Chlorophyll b besitzen. Aber aufgrund asymmetrischer monadaler Stadien, speziellen Xanthophyllen und Ähnlichkeiten im Bau der Geißeln wurden sie auch schon zu den Chrysophyta gerechnet.

Euglena kommt vor allem in verunreinigtem Wasser vor. Sie ist monadal organisiert, hat einen Augenfleck und pulsierende Vakuolen. Eine der beiden Geißeln ist rudimentär.

Abteilung Pyrrophyta
(Panzer- oder Dinoflagellaten)

ca. 1000 Arten

Die Pyrrophyta gehören zu den Algengruppen, die die Hauptmassen des marinen Phytoplanktons bilden. Sie kommen auch im Süßwasser, insbesondere in kleinen Tümpeln, ja sogar als Schneealgen vor.

Man findet hauptsächlich solitäre monadale Formen, sogenannte Dinoflagellaten. Es ist aber auch eine geringe Zahl coccaler und trichaler Typen bekannt.

Die meisten Arten besitzen einen dicken Zellulosepanzer, der aus einzelnen Platten aufgebaut ist. Diese sind in einem für die einzelnen Arten charakteristischen Muster angeordnet. Nackte Formen sind aber ebenso gefunden worden.

Die Zellen haben eine Querfurche rund um ihre Mitte. Diese Furche bildet einen Umlauf einer flachen Schraube. Die beiden Enden der Schraube sind mehr oder weniger voneinander getrennt und über eine Längsfurche miteinander verbunden. Die beiden Geißeln entspringen an der Stelle, wo sich Längs- und Querfurche kreuzen.

Die eine Geißel ist korkenzieherartig gedreht und um die Querfurche gewunden. Sie bewegt sich wellenförmig, was von anderen Algen her nicht bekannt ist. Die andere Geißel ist vom Peitschentyp, folgt an ihrem basalen Ende der Längsfurche und ist an deren Endpunkt nach hinten gerichtet. Die meisten Arten vermögen durch ihre Längsfurchen festes Futter aufzunehmen.

Die Zellen haben auffallend große Kerne. Deren Organisation ist abweichend von den Verhältnissen bei den anderen Algen. Die Chloroplasten sind meist braun und enthalten außer Chlorophyll a und c spezifische Xanthophylle. Als Reservestoff dominiert Öl. Auch Stärke, die im Plasma gelagert wird, kommt allgemein vor.

Die Pyrrophyta vermehren sich asexuell durch Teilung, oder, seltener, durch Zoo- und Aplanosporen. Sexuelle Fortpflanzung ist in wenigen Fällen nachgewiesen (Isogamie, oder schwach entwickelte Anisogamie). Der Lebenszyklus ist haplontisch.

Einige Formen, denen Chloroplasten fehlen, werden zum Tierreich gerechnet, z. B. *Noctiluca*, die das Meeresleuchten mitverursacht. Ein Teil der Arten kann Toxine abgeben, die bei lokalem Massenvorkommen Fische töten können.

Ceratium kommt vor allem im Salzwasser vor. Die Gattung ist mit hornartigen Fortsätzen versehen, die als Schweborgan dienen.

Peridinium ist eine verbreitete Gattung, sowohl im Süß- als auch im Salzwasser. Die meisten Arten besitzen einen Fortsatz am Vorderende und zwei am Hinterende.

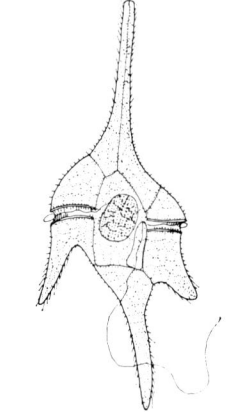

Abb. 41. *Ceratium,* ×200

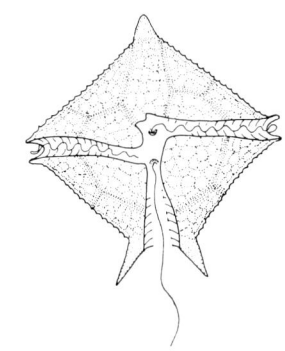

Abb. 42. *Peridinium,* ×500

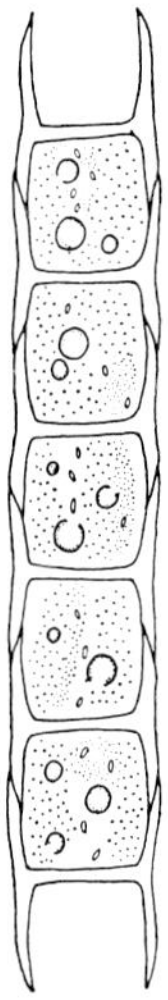

Abteilung Xanthophyta (Gelbgrünalgen)

ca. 360 Arten

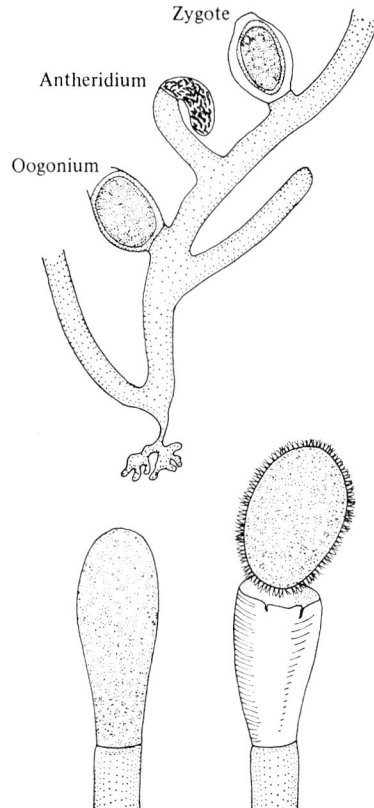

Abb. 43. *Tribonema,* ×500

Zygote

Antheridium

Oogonium

Abb. 44. *Vaucheria, oben* ein Thallus mit Oogonium, Antheridium und Zygote, ×65; *unten* Sporangium, *rechts* geöffnet, mit einer Zoospore, ×100

Xanthophyta findet man hautsächlich im Süßwasser. Einige kommen auch auf feuchter Erde vor.

Innerhalb der Abteilung sind monadale, coccale, trichale und siphonale Formen vertreten. Monadale Formen besitzen gewöhnlich keine Zellwand; die übrigen haben eine Zellulosewand, die von einer dicken Pektinschicht überdeckt ist.

Meistens sind viele und kleine Chloroplasten vorhanden. Sie enthalten Chlorophyll a und auch Chlorophyll e (das letztere ist jedoch bei der Photosynthese unwirksam). Dazu kommen verschiedene Karotine, die oft über die Chlorophylle dominieren, so daß die Algen ein gelbgrünes Aussehen erlangen. Als Assimilationsprodukte sind Öle und spezielle Kohlenhydrate *(Chrysolaminarin)*, aber keine Stärke vorhanden.

Von den zwei Geißeln ist die eine länger und besitzt zwei Reihen Haare. Die andere ist vom Peitschentypus. Von dieser ungleichen Begeißelung leitet sich auch der ältere Name *Heterokontae* her.

Xanthophyta vermehren sich asexuell durch Teilung, Fragmentation, Zoo- und Aplanosporen. Von einem Teil der Arten sind Dauerzellen bekannt. Diese besitzen zwei schlüsselförmige Kieselschalen, wobei die eine Hälfte größer ist und mit den Rändern über die andere reicht. Sexuelle Fortpflanzung ist selten. Sie kann isogam, anisogam oder oogam sein.

Tribonema kommt in nährstoffarmen Seen vor. Die Gattung besteht aus trichalen unverzigten Formen. Der Bau der Zellwand ist bemerkenswert. Im optischen Längsschnitt scheinen die Wände aus H-förmigen Segmenten aufgebaut zu sein, wobei der Querstrich des H durch Querwände des Zellfadens gebildet wird. Dieser spezielle Bautyp deutet darauf hin, daß sich trichale Formen aus coccalen entwickelt haben, deren Wände aus zwei Schalenhälften bestanden.

Vaucheria kommt vor allem auf feuchter Erde und in kleinen Wassertümpeln vor. Sie gedeiht sowohl im Süß- als auch im Brackwasser. Besonders entlang der Ostseeküste ist sie allgemein verbreitet. Der Thallus besteht aus verzweigten siphonalen Fäden und ist mit farblosen Rhizoiden am Untergrund verankert. Die asexuelle Vermehrung ist sehr charakteristisch. In einem langgestreckten Sporangium wird eine vielkernige Zoospore gebildet. Sie besitzt eine große Zahl haarloser Geißeln und zwar für jeden Kern ein Paar. Die sexuelle Fortpflanzung ist eine Oogamie mit charakteristisch gebogenen Antheridien.

Abteilung Chrysophyta
(Goldalgen, Kalkflagellaten)

ca. 325 Arten

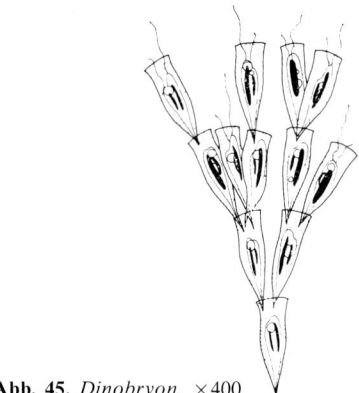

Chrysophyten kommen, normalerweise als Bestandteil des Planktons, allgemein im Salz- und Süßwasser vor. Sie umfassen vor allem monadale und coccale, aber auch einzelne trichale Formen.

Ähnlich wie bei den Xanthophyta enthält die Zellwand, wenn sie überhaupt vorhanden ist, Zellulose und Pektin. Im Gegensatz zu den Xanthophyta besitzen die Chrysophyta in jeder Zelle einen einzigen oder wenige Chloroplasten. Überdies sind sie durch spezielle Xanthophylle *(Fucoxanthin, Lutein)* gekennzeichnet. Assimilationsprodukte sind Öl und Kohlenhydrat *(Chrysolaminarin)*. Die Geißeln sind, mit gewissen Ausnahmen, vom gleichen Typ wie bei den Xanthophyta.

Goldalgen vermehren sich asexuell durch Teilung (bei monadalen Formen) oder dadurch, daß sich der Zellinhalt in Zoosporen aufteilt (bei unbeweglichen Formen).

Ausdauernde Formen besitzen eine urnenähnliche Kieselschale mit einem Pektinpfropf in der Mündung. Sexuelle Fortpflanzung (Isogamie) ist nur von wenigen Formen bekannt. Der Lebenszyklus ist haplontisch.

Eine große Gruppe mariner Chrysophyta, die Kalkflagellaten, weichen vom generellen Bautyp erheblich ab. Sie besitzen zwei Peitschengeißeln und überdies ein fadenförmiges Haftorgan *(Haptonema)*. Die Kalkflagellaten scheiden in der Pektinschicht, die den Protoplasten umhüllt, kleine, fein strukturierte Kalkplättchen aus, sogenannte Coccolithen (nach der Gattung *Coccolithus*, s. unten). Viele Arten sind nur 1-20 µm groß und im marinen Plankton, insbesondere der wärmeren Meere, sehr häufig. Sie bilden mächtige Kalkablagerungen, die früher für die Herstellung von Schreibkreide genutzt wurden.

Dinobryon besteht aus monadalen, koloniebildenden Formen des limnischen und marinen Planktons. Sie sind von einer becherförmigen Schale aus Zellulose umgeben.

Coccolithus enthält kleine, monadale, solitäre Formen mit charakteristisch gemusterten Kalkeinlagerungen in der Zellwand. Diese sind wichtige Bestandteile des Meeresbodensedimentes.

Abb. 45. *Dinobryon,* ×400

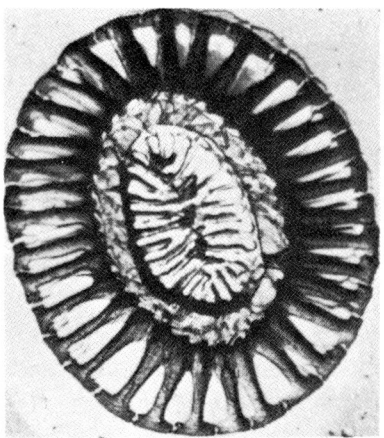

Abb. 46. Coccolith, ×5000 (Foto Botanisk Laboratorium, Blindern Oslo)

Abteilung Bacillariophyta (Kieselalgen, Diatomeen)

ca. 6000 Arten

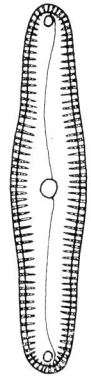

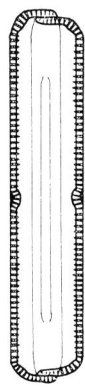

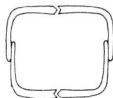

Abb. 47. Kieselalge, schematisch. *Oben* Flachseite (Valvarseite), *in der Mitte* Gürtelseite (Pleuralseite), ×800, *unten* Querschnitt, ×1000

Die Kieselalgen spielen eine dominierende Rolle im marinen als auch im limnischen Milieu, sowie auf dem Boden. Die Gruppe gehört zu den Hauptbestandteilen des Phytoplanktons und des Benthos. Manche leben *epiphytisch*, das heißt auf Wasserpflanzen festsitzend, auf Felsen, Baumstämmen oder zwischen Moosen, vor allem in Gebieten mit ozeanischem Klima.

Die Kieselalgen gehören zu den coccalen Formen. Bisweilen hängen sie in langen Ketten aneinander.

Die Zellwand ist charakteristisch und besteht aus einer inneren Pektinmembran und einer äußeren Kieselschale. Diese ist aus zwei Hälften aufgebaut, die wie eine Petrischale aufeinander passen *(Epitheka und Hypotheka)*. Der überlappende Teil bildet einen Gürtel. Die Kieselschale ist von Poren durchbrochen, durch die Plasmafäden ausgesendet werden können. Sie weist auf den Flachseiten (Valvar- = Schalenseite) eine sehr komplizierte Detailstruktur auf. Die Unterscheide in den Strukturen sind von großem systematischem Wert. Der Gürtelseite (= Pleuralseite) hingegen fehlt eine Ornamentation oder sie ist schwach ausgebildet. Die Chloroplasten sind gelb bis braun und enthalten außer Chlorophyll a und c auch Xanthophylle *(Fucoxanthin)*. Jede Zelle hat meist viele Choroplasten.

Reservestoffe sind Öle und Kohlenhydrate (Chrysolaminarin).

Die Kieselalgen vermehren sich asexuell durch Längsteilung. Sie geschieht innerhalb der Schale der Mutterzelle. Von den zwei Tochterzellen bekommt jede eine der beiden Schalen der Mutterzelle und ergänzt die andere. Die Regeneration dauert etwa 10−20 Minuten. Die neuzubildenden Schalenhälften der beiden Individuen werden jedesmal zur Hypotheka. Das hat zur Folge, daß bei jeder Zellteilung ein Tochterindividuum von der Größe der Mutterzelle und ein kleineres entsteht. Wenn die Zellen um 30−40% der maximalen Größe geschwunden sind, gehen sie zur sexuellen Vermehrung über, bei der die maximale Zellgröße wiederhergestellt wird. Der Lebenszyklus ist diplontisch.

Die Kieselalgen werden in zwei Ordnungen aufgeteilt, Bacillariales und Biddulphiales.

Die *Bacillariales* werden durch eine mehr oder weniger langgestreckte Form charakterisiert. Sie haben auf den Valvarseiten eine Längsfurche.

Bei vielen Vertretern kann Plasma der Außenseite der Furche entlang strömen, so daß sie sich aktiv bewegen können. Einige Kieselalgen verhalten sich oogam, für die Mehrzahl ist jedoch ein abgeleiteter Typ von Isogamie typisch, in beiden Fällen mit geißellosen Gameten.

Die *Biddulphiales* sind mehr oder weniger radiärsymmetrisch. Eine Längsfurche fehlt. Die sexuelle Fortpflanzung ist eine Oogamie. Die männlichen Gameten besitzen eine symmetrisch angeordnete Flimmergeißel.

Die Kieselalgen sind fossil vom Mesozoikum an bekannt. Schalen mariner und auch limnischer Arten haben mächtige Ablagerungen gebildet, die *Kieselgur* (vgl. S. 32).

Von den unten angeführten Vertretern gehören die ersten drei zu den Biddulphiales, die anderen zu den **Bacillariales**.

Chaetoceros ist marin und besitzt eine elliptische Schale mit zwei Fortsätzen. Es werden oft Kolonien aus 4–10 Individuen gebildet.

Coscinodiscus ist marin und hat eine kurze zylindrische Form. Die Arten gehören zu den größten bekannten Kieselalgen überhaupt, mit ca. 0,2–0,3 mm im Durchmesser. Sie verursachen häufig, wie auch die folgende Gattung, kräftige Wasserblüten im Frühjahr und im Herbst.

Melosira hat sowohl marine als auch limnische Arten. Sie kommt oft in kreideähnlichen Formationen vor. Ungünstige Umweltverhältnisse werden mit dickwandigen Dauersporen überwunden.

Tabellaria kommt sowohl im marinen als auch im limnischen Milieu vor. Die rechteckigen Zellen hängen gewöhnlich an den Ecken aneinander und bilden mehr oder weniger zick-zack- oder sternförmige Kolonien.

Pinnularia. Dazu gehören hauptsächlich limnische Arten, mit sehr deutlich und charakteristisch quergestreiften Schalen.

Navicula ist eine artenreiche Gattung mit sowohl limnischen als auch marinen Arten. Beide Typen kommen im Plankton und Benthos vor.

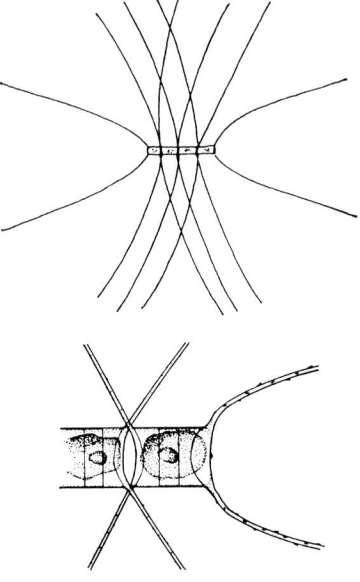

Abb. 48. Chaetoceros, *oben* ×100, *unten* Detail, ×500

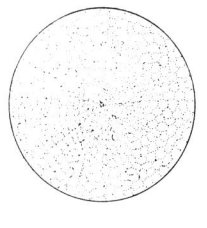

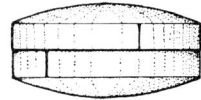

Abb. 49. *Coscinodiscus, oben* von der Valvarseite, *unten* von der Pleuralseite, ×500

Abb. 50. *Melosira*, ×500

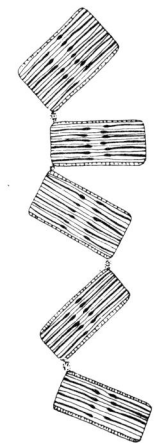

Abb. 51. *Tabellaria*, ×500

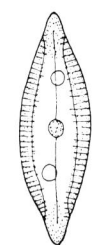

Abb. 52. *Navicula*, ×1000

Abteilung Phaeophyta (Braunalgen)

ca. 2000 Arten

Nahezu alle Braunalgen sind marin. Sie sind mehrzellig und leben normalerweise in geringen Tiefen festsitzend. Sie kommen vor allem in temperierten und kalten Meeren vor, wo die Küsten oft von ganz ansehnlichen „Braunalgenwäldern" gesäumt werden.

Die Zellwand besteht aus Zellulose und *Alginsäure,* einem pektinähnlichen Stoff, der technische Verwendung gefunden hat (S. 31).

Die Zellen haben gewöhnlich mehrere Chloroplasten. Diese enthalten, außer Chlorophyll a und β-Karotin, Chlorophyll c und mehrere charakteristische Xanthophylle, vor allem Fucoxanthin. Insbesondere dieses färbt die Chloroplasten gelbbraun bis braun.

Als Reservestoffe findet man wasserlösliche Kohlenhydrate, vor allem *Laminarin* (eine dextrinähnliche Verbindung) und *Mannitol* (einen Zuckeralkohol). Überdies kommen in geringeren Mengen Öle vor.

Bewegliche Stadien haben 2 seitlich gestellte Geißeln, die eine vom Flimmer- und die andere vom Peitschentypus.

Die Braunalgen sind eine hochdifferenzierte Gruppe, deren einfachst gebaute Vertreter bereits verzweigte Fadenthalli besitzen. Die meisten Braunalgen haben pseudoparenchymatische oder gar parenchymatische Gewebe. Die größten Ähnlichkeiten bestehen zwischen Braunalgen und Xanthophyten und Chrysophyten. Dies betrifft z. B. die Farbstoffe, Stoffwechselprodukte und Geißeln.

Hinsichtlich des Kernphasenwechsels können die Braunalgen in drei Gruppen gegliedert werden: 1) Formen mit isomorphem Generationswechsel (Gametophyt und Sporophyt sind morphologisch gleich, oder, ausnahmsweise, mit stärker entwickeltem Gametophyt), 2) Formen mit heteromorphem Generationswechsel (mit stärker entwickeltem Sporophyten) und 3) Formen ohne Generationswechsel (mit diplontischem Kernphasenwechsel).

Isomorpher Generationswechsel

Bei dieser Gruppe sind zwei Arten von Reproduktionsorganen vorhanden, einkammerige (*unilokuläre*) und mehrkammerige (*plurilokuläre*). Die unilokulären Sporangien entstehen auf dem diploiden Sporophyten. In ihnen werden unter Meiose haploide Zoosporen gebildet, aus denen sich Gametophyten entwickeln (heterophasischer Generationswechsel). Die plurilokulären Reproduktionsorgane können sowohl auf der Sporophyten- als auch auf der Gametophytengeneration entstehen. Im ersten Fall sind sie Sporangien, denn die gebildeten diploiden Zoosporen wachsen zu neuen Sporophyten heran (Erneuerung der Sporophyten, homophasischer Generationswechsel). Im zweiten Fall sind sie jedoch Gametangien, deren Gameten nach der Kopulation zu einer neuen Sporophytengeneration führen. In einzelnen Fällen können aber auch die Gameten ohne vorhergegangene Kopulation auskeimen. Auf diese Weise entstehen neue Gametophyten.

Ectocarpus und *Pylaiella* wachsen epiphytisch auf anderen Algen oder auf Steinen. Beide Gattungen sind aus verzweigten Fäden mit diffusem Wachstum aufgebaut. Sie pflanzen sich iso- oder anisogam fort. Viele Vertreter besitzen einen homophasischen Generationswechsel. Das Fortpflanzungsverhalten kann in Details bei Sippen, die sogar als eine einzige Art aufgefaßt werden, geographisch unterschiedlich sein (z. B. in skandinavischen und mediterranen Gewässern). Die Gattungen können nur mikroskopisch durch die Stellung der Reproduktionsorgane unterschieden werden.

Dictyota (Gabelzunge) ist in wärmeren Meeren weit verbreitet, kommt aber auch in der Nordsee an der schwedischen Westküste in 10 – 20 m Tiefe vor. Vor Helgoland sind nur noch geringe Bestände vorhanden. Die Thalli sind bandförmig, gabelartig (dichotom) verzweigt und bilden von einer einschneidigen Scheitelzelle her ein Parenchym aus. Der Generationswechsel ist isomorph mit Oogamie. Asexuelle Fortpflanzung verläuft über Aplanosporen, die zu je vieren in *Tetrasporangien* gebildet werden.

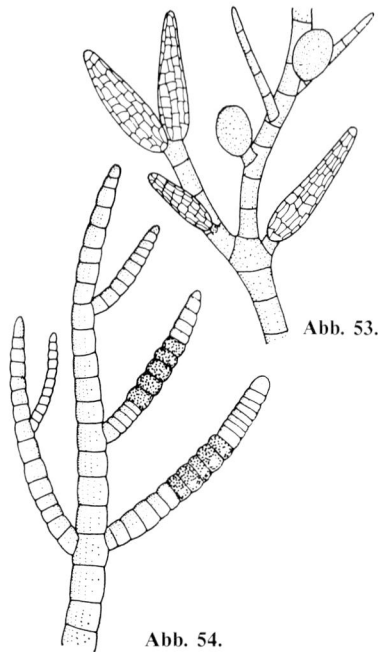

Abb. 53.

Abb. 54.

Abb. 53. *Ectocarpus,* mit uni- und plurilokulären Sporangien, ×300
Abb. 54. *Pylaiella,* mit Reihen von unilokulären Sporangien, ×300

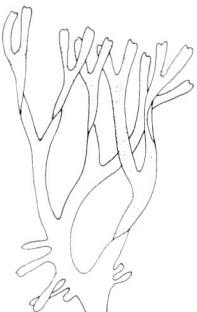

Abb. 55. *Dictyota,* vegetatives Idividuum, ×0,5

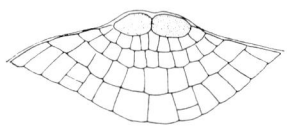

Abb. 56. Thallusfaden mit Zweiteilung der Scheitelzelle, die zur dichotomen Verzweigung führt, ×150

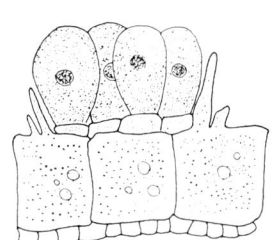

Abb. 57. Oogonienstand, ×135

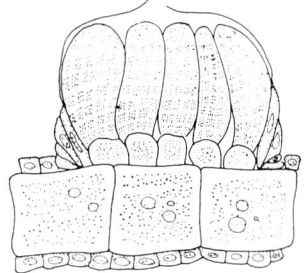

Abb. 58. Antheridienstand, ×135

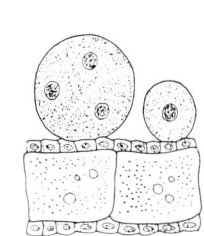

Abb. 59. Tetrasporangie ×120

Heteromorpher Generationswechsel

Bei den Vertretern dieser Gruppe wechselt der Sporophyt, aufgebaut aus einem Pseudoparenchym oder einem Parenchym, mit einem mikroskopisch kleinen trichalen Gametophyten ab.

Laminaria (verschiedene Arten, z. B. Zuckertang, Fingertang, Palmentang) gehört zu den Kaltwassertangen und erreicht relativ große Tiefen. Der Sporophyt wird bis zu 1,5 m groß und ist gegliedert in ein Haftorgan (Rhizoid), einen Stiel (Cauloid) und ein blattartiges Gebilde (Phylloid). Die Gewebe sind histologisch differenziert; unter anderem gibt es Tendenzen zur Bildung von Leitgeweben. Der Zuwachs ist interkalar und zwar in einer Zone, die im allgemeinen an der Basis des Phylloides liegt. Die Pflanzen sind mehrjährig. Das Phylloid wird gegen Ende des Winters neu gebildet. Antheridien und Oogonien entstehen auf verschiedenen Individuen, die etwas unterschiedlich gestaltet sind. Der Generationswechsel ist heterophasisch.

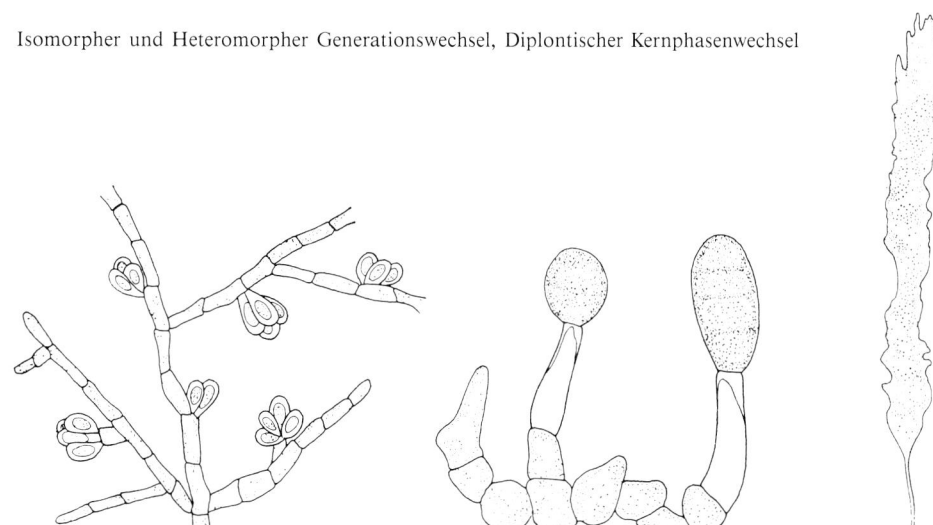

Abb. 60. *Laminaria, links* männlicher Gametophyt mit Antheridien, *in der Mitte* weiblicher Gametophyt mit Oogonien, ×300; *rechts* Habitus des Sporophyten, ×0,07

Chorda (Meersaite) ist im Flachwasser der Nord- und Ostsee verbreitet. Der Sporophyt ist langgestreckt, zylindrisch und unverzweigt. Die Sporangien wechseln mit Haaren ab, die den Thallus im Frühling und Frühsommer mit einem 5–10 mm langen Flaum umgeben.

Macrocystis kommt in den kühleren Meeren der Südhalbkugel vor. Sie erreicht eine Länge von über 50 m und ist damit die größte bekannte Alge.

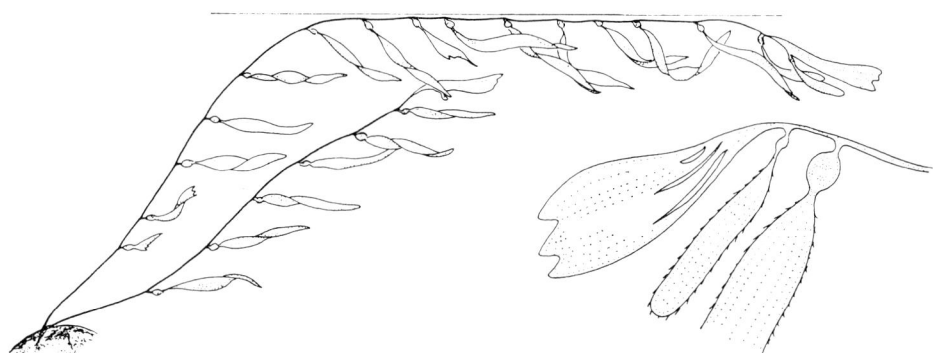

Abb. 61. *Macrocystis, links* Habitus, ×0,01, *rechts* Detail des Phylloides mit basaler Schwimmblase, ×0,03

Diplontischer Kernphasenwechsel

Alle Vertreter der Gruppe sind Diplonten ohne Generationswechsel. Vegetative Vermehrung mit Sporen kommt nicht vor. Der Thallus, im allgemeinen dichotom verzweigt, wird von einem Parenchym aufgebaut und ist, wie bei der vorhergehenden Gruppe, reich differenziert. Der Zuwachs erfolgt über eine Scheitelzelle. Die sexuelle Fortpflanzung ist eine Oogamie. Die Reproduktionsorgane werden in urnenförmigen, d. h. nach außen offenen, Hohlräumen, den *Konzeptakeln*, gebildet. Sie liegen meist an Thallusspitzen. Antheridien und Oogonien befinden sich bei vielen Arten in getrennten Konzeptakeln und bei der Mehrzahl davon auf verschiedenen Individuen. Die Gameten (Oosphären und Spermatozoiden) werden ins freie Wasser entlassen. Dort geschieht die Befruchtung.

Fucus (Blasentang, Sägetang u. a.) ist allgemein in den temperierten Meeren der Nordhalbkugel verbreitet. Die Thalli sind wiederholt gabelig verzweigt. *Fucus vesiculosus* (Blasentang) ist durch glatten Thallusrand gekennzeichnet. Schwimmblasen, meist paarweise stehend, sind, mit Ausnahme von Brandungsformen, fast stets vorhanden. *F. serratus* hingegen besitzt gesägte Thallusränder und keine Schwimmblasen.

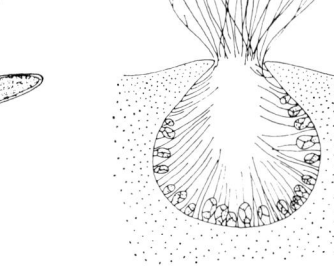

Abb. 62. *Fucus vesiculosus,* Teil eines Individuums, ×0,5

Abb. 63. *Fucus,* Antheridienstand, ×250

Abb. 64. *Fucus,* weibliches Konzeptakel mit Oogonien und Paraphysen, ×30

Ascophyllum (Knotentang) ist an nicht allzu exponierten Küsten knapp unter der Wasserlinie bestandsbildend. Der Thallus ist unregelmäßig verzweigt und besitzt große, einkammerige Schwimmblasen.

Sargassum (Sargasso-Tang) kommt in tropischen und subtropischen Gewässern vor. Auf dem Meer frei treibende Sargasso-Massen vermehren sich durch Fragmentation der einzelnen Individuen.

Die Verwandschaftsverhältnisse innerhalb der Braunalgen sind schwierig zu verstehen. Es wird angenommen, daß Vertreter vom *Ectocarpus*-Typ, d. h. mit trichalen Thalli, Isogamie und isomorphem Generationswechsel, die ursprünglichsten noch lebenden sind. Ausgehend von einem hypothetischen Grundtyp mit diesen Eigenschaften dürfte die Entwicklung, was den Thallusbau betrifft, zu einem Pseudoparenchym und weiter zu einem Parenchym gegangen sein (bei der einen Entwicklungslinie mit interkalarem und bei der anderen mit Spitzenwachstum). Die geschlechtliche Fortpflanzung wird von Anisogamie zur Oogamie geführt haben. Isomorpher Generationswechsel dürfte sich zu anisomorphem und schließlich zu diplontischem Kernphasenwechsel weiterentwickelt haben.

Abteilung Rhodophyta (Rotalgen)

ca. 1500 Arten

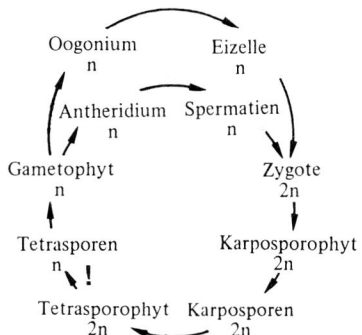

Abb. 65. Generationswechsel der Rotalgen. Zwei Sporophytengenerationen wechseln mit einer Gametophytengeneration ab.

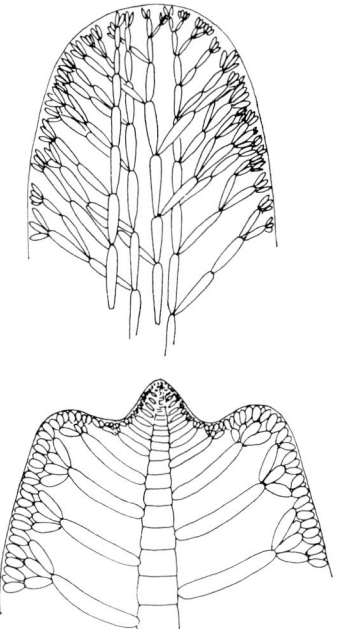

Abb. 66. Thalli der Rotalgen, *oben* Springbrunnentyp, *unten* Zentralfadentyp, ×30

Den Rotalgen fehlt eine nähere Verbindung zu den anderen Abteilungen. Sie sind überwiegend marin und kommen vor allem in größeren Tiefen, bis zu 200 m, vor. Die Zellwand enthält Zellulose und Pektin. Das letztere dominiert. Pektinartige Stoffe werden technisch verwendet (Agar, Carrageen, vgl. S. 32). Die Zellen haben meist mehrere Chloroplasten, seltener einen.

Außer den für alle Algen gemeinsamen Pigmenten enthalten die Chloroplasten der Rotalgen normalerweise Chlorophyll d, R-Phycoerythrin und R-Phycocyanin. Diese ähneln dem C-Phycoerythrin und C-Phycocyanin der Blaualgen, sind aber nicht vollkommen identisch. Die rote Farbe, die im allgemeinen über die blau-grüne überwiegt, ist für die Assimilation in großer Tiefe von Bedeutung, da nur blau-grünes Licht so tief eindringt.

Als Reservestoff ist hauptsächlich die sogenannte *Florideenstärke* vorhanden. Sie besitzt die gleiche chemische Zusammensetzung wie die Cyanophyceenstärke.

Stadien mit Geißeln fehlen ganz. Die geschlechtliche Fortpflanzung verläuft über Oogamie mit unbeweglichen männlichen Gameten (*Spermatien*).

Die Abteilung enthält zwei Klassen, Bangiophyceae und Florideophyceae. Bei den *Bangiophyceae* wachsen die Thalli diffus. Die Oogonien sind im Vergleich zu denen der Florideophyceae stärker differenziert. Das Ei wird im Oogonium befruchtet.

Die Zygote, die im Oogonium verbleibt, fungiert direkt als Sporangium. Generationswechsel- und Kernphasenverhältnisse sind nur bei einem geringen Teil der Arten untersucht.

Porphyridium ist eine der wenigen einzelligen, coccalen Rotalgen.

Porphyra (Purpurtang) kommt in der Gametophytengeneration in der Strandzone vor. Der Thallus besteht aus einer dünnen einschichtigen Scheibe. Die Sporophytengeneration ist trichal organisiert und lebt in Molluskenschalen, die dadurch hellrot gefärbt werden.

Bei den *Florideophyceae* wächst der Thallus gewöhnlich mit einer Scheitelzelle. Einige Arten bestehen aus einfachen Fäden, die meisten sind aber aus einem komplexen Verzweigungssystem aufgebaut, das zu einem pseudoparenchymatischen Gewebe verwächst. Zwei verschiedene Typen kommen vor:
1) der *Springbrunnentyp*, entstanden durch Vereinigung mehrerer paralleler Zweigsysteme, und 2) der *Zentralfadentyp*, entstanden durch Vereinigung von dicht sitzenden Seitenzweigen einer einzigen Hauptachse.

Verschiedene Rotalgen können Kalk ausscheiden. Dies führt zu krustenförmigen Thalli.

Der Generationswechsel ist kompliziert. Im typischen Fall findet man drei Generationen, die einander folgen. Das Oogonium besitzt einen schlauchförmigen Fortsatz, die *Trichogyne*. Das Ei wird im Oogonium befruchtet. Die Zygote verbleibt im Oogonium und entwickelt sich auf dem Gametophyten zum *Karposporophyten*. Dieser lebt mehr oder weniger parasitisch und ist bei manchen Vertretern von einer urnenförmigen Hülle umgeben. Auf dem Karposporophyten bilden sich Sporen, die zu selbständigen Pflanzen (den *Tetrasporophyten*) heranwachsen. Der Tetrasporophyt ähnelt gewöhnlich dem Gametophyten und trägt Sporangien, in denen sich nach einer Meiose Tetrasporen bilden. Die Tetrasporen keimen aus und wachsen zu neuen Gametophyten heran.

Abb. 67. *Nemalion,* Teil des Thallus mit Oogon und Antheridien, ×800

Nemalion kommt knapp unter der Wasserlinie an exponierten Stellen der Küsten vor. Der Thallus ist einfach gebaut und vom Springbrunnentyp. Rindenzellen fehlen. Er ist sehr schleimig. Der Tetrasporophyt ist mikroskopisch klein.

Batrachospermum (Froschlaichalge) lebt in nährstoffarmen Seen und Bächen. Der Thallus ist buschförmig und vom Zentralfadentyp. Aufgrund des dominierenden R-Phycocyanin erscheint er blaugrün gefärbt.

Lithothamnion bildet vor allem auf Steinen und Schalen dicke Krusten, in denen Kalk eingelagert ist.

Furcellaria (Gabeltang) ist eine der häufigsten bestandsbildenden Rotalgen. Der Thallus ist rundlich, wiederholt gabelförmig verzweigt und dunkelbraun. Er ist vom Springbrunnentyp und mit einer dicken Schicht von Rindenzellen bedeckt.

Chondrus (Knorpeltang) besitzt eine flachen, gabelig verzweigten Thallus. Die Alge ist auch unter dem Namen Irländisches Moos bekannt. Sie und verwandte Sippen dienen der Herstellung von Carrageen.

Ceramium (Horntang) ist gabelig verzweigt und hat klauenähnliche Astspitzen. Die Äste sind gegliedert und mit einer Rinde bedeckt. Bei einigen Arten wechseln berindete und unberindete Glieder miteinander ab, was zu einem perlschnurartigen Aussehen führt.

Delesseria (Meerampfer) besitzt einen pseudoparenchymatischen karmin- bis rosenroten Thallus, der in einen schaft- und in einen blattähnlichen Teil gegliedert ist. Die „Blattspreite" hat eine grobe Mittelrippe, die mehrjährig ist und aus der im Frühjahr neue blattartige Teile hervorwachsen.

Polysiphonia ist eine artenreiche Gattung, deren Vertreter allseitig und reich verzweigte, rotbraune Thalli vom Zentralfadentyp bilden.

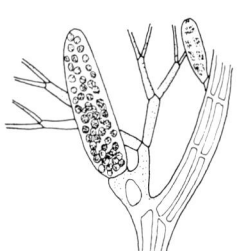 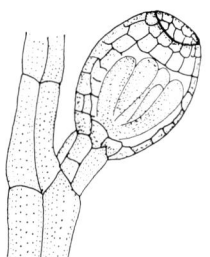 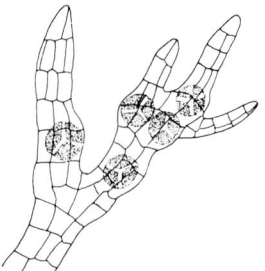

Abb. 68. *Polysiphonia, links* Thallusspitze mit Antheridien, ×65, *in der Mitte* Karposporophyt in einer urnenförmigen Hülle, *rechts* Thallusspitze mit Tetrasporangien, ×100

Tabelle 1. Schematische Übersicht der behandelten Algengruppen

	Chlorophyta	Euglenophyta	Pyrrophyta	Xanthophyta	Chrysophyta	Bacillariophyta	Phaeophyta	Rhodophyta
Chlorophyll außer Chlorophyll a	Chlorophyll b		Chlorophyll c	Chlorophyll e	–	Chlorophyll c		gewöhnlich Chlorophyll d
andere Reservestoffe außer Öl	Stärke	Paramylon	Stärke	Chrysolaminarin			Laminarin Mannit	Florideenstärke
Geißel	meist 2 od. 4 Peitschen-Geißeln, symmetrisch, direkt von der Zellwand ausgehend	meist 1 od. 2, die längere vom Flimmertyp mit einer Reihe von Haaren, von einer Einsenkung ausgehend	2 mit speziellem Bau	1 Peitschengeißel, 1 Flimmergeißel, schwach asymmetrisch	1 od. 2 Peitschengeißeln, od. 1 Peitschengeißel u. 1 Flimmergeißel, schwach asymmetrisch	wenn überhaupt, bei ♂-Gameten 1 Flimmergeißel, symmetrisch	1 Peitschengeißel u. 1 Flimmergeißel, asymmetrisch, seitlich gestellt	fehlt
Organisationsstufe	monadal coccal trichal siphonal Gewebe	monadal (coccal)	monadal (coccal) (trichal)	monadal coccal trichal siphonal	monadal coccal trichal	coccal	trichal Gewebe	coccal trichal Gewebe
Kernphasenwechsel	haplontisch diplontisch Generationswechsel	?	haplontisch	haplontisch	haplontisch	diplontisch	diplontisch Generationswechsel	Generationswechsel

Abteilung Mycota (Pilze)

ca. 60000 Arten

Pilzen haben kein Chlorophyll. Sie sind heterotroph und leben saprophytisch, parasitisch oder in Symbiose mit Algen, Farnpflanzen oder Samenpflanzen. Parasitismus führt oft eine starke Spezialisierung und Reduktion der vegetativen Stadien mit sich. Dies erschwert die Einstufung mancher Gruppen in ein natürliches System.

Die verschiedenen Geißeltypen bei Gameten und bei Zoosporen, wie auch die unterschiedlichen Zellwandsubstanzen, deuten darauf hin, daß die Pilze phylogenetisch keine einheitliche Gruppe bilden. Die Anknüpfung an eine andere Organismengruppe ist überhaupt sehr unsicher. Eine bestimmte Pilzgruppe, die Oomycetes, zeigt aber so große Übereinstimmungen mit Vertretern der Xanthophyta, daß eine nähere Verwandtschaft wahrscheinlich ist. Es scheint jedoch, daß die Oomycetes anderseits keine Beziehung zu anderen Pilzgruppen haben. Dasselbe gilt für die Myxomycetes. Dagegen gehören Zygomycetes, Ascomycetes und Basidiomycetes wahrscheinlich zur gleichen phylogenetischen Entwicklungslinie, die eventuell auch Vertreter der Chytridiomycetes umfaßt.

Organisation und Eigenschaften

Der Thallus besteht bei den meisten Pilzen aus dünnen verzweigten Fäden, den *Hyphen*, die insgesamt das *Myzel* bilden. Gewebe mit deutlich sichtbarer Hyphenstruktur können vorkommen. Meistens ist es jedoch als Pseudoparenchym, (*Plektenchym),* selten als Parenchym organisiert. Hyphenlose Pilze sind selten. In diesem Falle ist der Thallus blasenähnlich und wird von einem nackten amöboiden Protoplasten gebildet.

Die Zellwand enthält in den meisten Fällen *Pilzchitin* (chemisch mit dem Insektenchitin verwandt, aber nicht identisch) und in wechselnden Anteilen verschiedene Arten von Hemizellulosen. Zellulose und Keratin sind seltener. Der chemische Bau der Zellwand ist eines der Merkmale, das bei der systematischen Gliederung verwendet wird, ist aber innerhalb großer Teile des Pilzsystems noch unzureichend untersucht.

Als Reservestoffe kommen *Glykogen* und/oder unterschiedliche Fette vor.

Die Kenntnisse über die Chromosomen der Pilze sind noch äußerst unvollständig. Bei den Arten, die untersucht wurden, war die Chromosomenzahl niedrig und die Chromosomen sehr klein. Etwas höhere Chromosomenzahlen wurden nur bei den Ascomyceten gefunden. Polyploidie ist nicht mit Sicherheit nachgewiesen.

Reproduktion

Asexuelle Vermehrung. Vegetative Vermehrung mit Zoosporen wird als die ursprünglichste Form betrachtet. Stärker abgeleitet sind Aplanosporen. Diese werden entweder in Sporangien gebildet oder von spezialisierten Hyphenenden exogen abgeschnürt. Im letzteren Fall bezeichnet man sie als *Konidien.*

Sexuelle Fortpflanzung. Bei den hier behandelten Pilzgruppen kommt geschlechtliche Fortpflanzung mit freien Gameten, ausgebildet als Iso-, Aniso- oder Oogamie, nur bei den Klassen Chytridiomycetes und Oomycetes vor.

Bei der Isogamie können die Gameten genetisch determiniert sein (+ Gameten und − Gameten), oder die Geschlechtsbestimmung wird durch die Umwelt gesteuert. In einigen Fällen kann dieselbe Vermehrungseinheit alternativ als Zoospore oder als Gamet fungieren (vgl. auch S. 11)

Bei den Klassen Oomycetes und Zygomycetes gibt es eine direkte Kopulation zwischen den Gametangien ohne Bildung von freien Gameten. Diese sogenannte *Gametangiogamie* wird als abgeleitet betrachtet. Eine weitere Reduktion führt zur *Somatogamie,* d. h. einer Kopulation zwischen morphologisch nicht differenzierten Hyphenenden.

Bei den Ascomyceten ist die geschlechtliche Fortpflanzung nur als Gametangiogamie oder Somatogamie ausgebildet, bei den Basidiomyceten einzig als Somatogamie. Bei diesen beiden Gruppen werden die Sporen meist an oder in speziellen Fruchtkörpern gebildet.

Die Schleimpilze sind Diplonten. Dasselbe gilt möglicherweise für alle Oomycetes. Die Mehrzahl der Vertreter der Klassen Chytridiomycetes und Zygomycetes hingegen sind ebenso Haplonten, wie die meisten der Ascomyceten. Bei diesen ist indessen normalerweise ein kurzdauerndes Zweikernstadium (Paarkernphase) vorhanden, das vor der Zygotenbildung zwischen Plasmogamie und Karyogamie eingeschoben ist. Die Basidiomycetes, schließlich, befinden sich fast während des gesamten vegetativen Stadiums in der Paarkernphase.

Biologische Bedeutung

Die Pilze spielen im natürlichen Stoffkreislauf eine große Rolle, weil sie organische Substanzen abbauen. Eine eingehende Kenntnis der Lebensbedingungen der Pilze und des Verlaufs ihres Lebens ist notwendig für das Verständnis biologischer Prozesse in der Natur.

Aus der Sicht des Menschen können sowohl parasitische als auch saprophytische Pilze dadurch Schaden anrichten, daß sie Lebensmittel, Kulturpflanzen und Tiere (inklusive Mensch) befallen. Verschiedene Arten werden anderseits aber technisch für Gärungsprozesse und für die Antibiotikaherstellung benutzt.

Aus der großen Formenvielfalt der Pilze wurde hier eine strenge Auswahl getroffen. Vorgestellt werden die vom systematischen Gesichtspunkt wichtigsten Hauptgruppen. Das Schwergewicht wurde auf die Pilze gelegt, die für den Menschen in irgendeiner Hinsicht von speziellem Interesse sind.

Systematik

Die Pilze werden in zwei Unterabteilungen gegliedert: 1) Myxomycotina, zu denen unter anderem die Schleimpilze gehören, 2) Eumycotina, Echte Pilze.

Unterabteilung Myxomycotina

ca. 600 Arten

Die Gruppe weicht in mancherlei Hinsicht von den übrigen Pilzen ab. Die hier behandelte Klasse besitzt Zoosporen mit zwei ungleichlangen Peitschengeißeln am Vorderende.

Klasse Myxomycetes (Schleimpilze)

ca. 500 Arten

Die systematische Stellung der Gruppe ist umstritten. Zu den Eigenschaften, die eher für eine Anknüpfung ans Tier- als ans Pflanzenreich sprechen, gehört, daß sie die Nahrung in fester Form aufnehmen, daß ihnen, außer im Zusammenhang mit Sporenbildung, eine Zellwand fehlt, und daß sich die vegetativen Stadien amöboid bewegen.

In dieser Darstellung werden die Myxomycetes zu den Pilzen gerechnet, weil sie Sporangien und mit Wänden versehene Sporen aufweisen.

Die Schleimpilze kommen zwischen vermodernden organischen Stoffen als *Plasmodien* vor, d. h. als nackte, amöboide, mehrkernige Protoplasten, deren Kerne diploid sind. Unter bestimmten günstigen Umständen siedeln die Plasmodien von dunkeln und feuchten Teilen des Substrates auf hellere und trocknere um. Dort werden Sporangien gebildet. Diese enthalten Aplanosporen mit einer Zellulosewand und oft ein fädiges Netz oder freie Fäden (*Capillitium*). Die Aplanosporen werden nach einer Meiose gebildet. Das Capillitium hat keine zelluläre Struktur; es entsteht aus übriggebliebenem Plasma. Nach einer Ruhezeit keimen die Aplanosporen entweder zu einkernigen Amöben oder zu Zoosporen aus. Amöben und Zoosporen können auch als Gameten dienen. Nach der Kopulation entsteht aus der Zygote durch wiederholte Mitosen ein neues Plasmodium.

Die Form und Farbe der Sporangien, wie auch das Vorkommen oder Fehlen von Kalkeinlagerungen in der Sporangienwand und dem Capillitium, variieren ebenso, wie die Farbe und Außenstruktur der Sporen.

Trichia besitzt rot-gelbe, gestielte Sporangien; diese öffnen sich an der Spitze, wodurch Sporen und das Capillitium freigelegt werden. Kalk wird nicht eingelagert.

Stemonitis (Staubkeule) hat schmal-zylindrische, braun-schwarze mit einem Stiel versehene Sporangien, die je nach Art bis 2 cm lang werden können. Ein Capillitium ist vorhanden, Kalk wird nicht eingelagert.

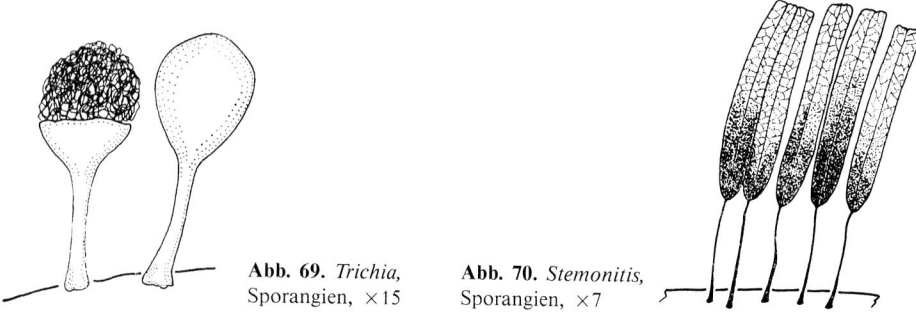

Abb. 69. *Trichia,* Sporangien, ×15

Abb. 70. *Stemonitis,* Sporangien, ×7

Physarum hat gestielte, meist weiß-graue Sporangien oder Sporangien von der Form des Plasmodiums, unterschiedlich bei den verschiedenen Arten. Capillitium und Sporangienwand lagern Kalkkörperchen ein.

Fuligo septica bildet große gelbe Plasmodien. Die Sporen entstehen in polsterförmigen Organen (*Aethalien*) von verschmolzenen Sporangien mit Kalkeinlagerungen.

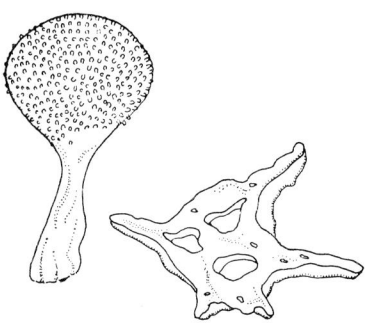

Abb. 71. *Physarum,* unterschiedliche Sporangien zweier Arten, *links* ×30, *rechts* ×3,5

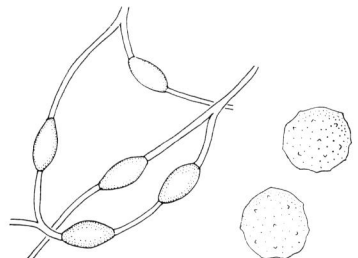

Abb. 72. *Physarum, links* Capillitium mit Kalkkörperchen, ×450, *rechts* Sporen, ×900

Unterabteilung Eumycotina (Echte Pilze)

ca. 60 000 Arten

Die Eumycotina werden in dieser Darstellung in fünf Klassen gegliedert. Die Mehrzahl der echten Pilze hat während sämtlicher Entwicklungsstadien eine Zellwand. Geißeln fehlen. Der Thallus ist von Hyphen aufgebaut.

Ausnahmen von diesen generellen Merkmalen gibt es vor allem in den Klassen der Chytridiomycetes und der Oomycetes. Diese beiden werden zusammen mit den Zygomycetes (und anderen hier nicht behandelten Gruppen) unter dem Begriff Phycomycetes (Algenpilze, auch Niedere Pilze) zusammengefaßt. Der Name Algenpilze kommt daher, daß bei den ersten studierten Formen einige Eigenschaften an Algen erinnerten. Den Chytridiomycetes und Zygomycetes ist ein mit wenigen Ausnahmen haplontischer Lebenszyklus gemeinsam, die Oomycetes hingegen sind wahrscheinlich alle Diplonten. Im allgemeinen folgt die Karyogamie unmittelbar der Kopulation. Die Zygote ist oft dickwandig und bildet ein Ruhestadium. Normalerweise werden die Sporen nicht in direktem Zusammenhang mit der Meiose gebildet, sondern erst nach ein paar Mitosen. Die Zahl der Sporen wechselt daher sehr. Die am einfachsten gebauten Vertreter sind mikroskopisch klein, einzellig und einkernig und haben einen blasenähnlichen Thallus. Im übrigen sind meist mehrkernige Hyphen vorhanden. Querwände grenzen nur die Reproduktionsorgane ab (siphonale Organisation, vgl. S. 28). In einigen Fällen werden Querwände angelegt, jedoch nicht im Zusammenhang mit Kernteilungen.

Die Niederen Pilze sind phylogenetisch keine einheitliche Gruppe, sondern entstanden aus mehreren getrennten Entwicklungslinien.

Bei den Ascomycetes und Basidiomycetes kommen im Hauptabschnitt der vegetativen Phase ein haploider Kern pro Zelle, respektive zwei haploide Kerne pro Zelle vor. Plasmogamie und Karyogamie sind fast immer zeitlich getrennt. In den meisten Fällen wird nach der Meiose eine definierte Anzahl Sporen (z. B. 4, 8, 16) gebildet. Querwände werden im Myzel regelmäßig im Zusammenhang mit Kernteilungen angelegt. Für beide Gruppen ist charakteristisch, daß die Querwände mit einem zentralen Porus versehen sind, der ein Wandern von Kern und Plasma von Zelle zu Zelle ermöglicht. Allerdings ist der Bau des Porus bei den beiden Klassen unterschiedlich (einfacher Porus bei den Ascomycetes, Doliporus bei den Basidiomycetes mit Ausnahme der Rost- und der Brandpilze).

Ascomycetes und Basidiomycetes dürften eine natürliche Einheit bilden. Man ist der Auffassung, daß sie in einer engen phylogenetischen Beziehung zueinander stehen.

Bei vielen Pilzen ist eine geschlechtliche Fortpflanzung nicht bekannt. Da diese aber ein wesentliches taxonomisches Merkmal für die systematische Einstufung ist, ist man im allgemeinen gezwungen, solche Pilze in eine künstliche Gruppe (*Fungi imperfecti,* imperfekte Pilze, auch *Deuteromycetes*) einzuordnen. Die weitere Gliederung innerhalb dieser Gruppe basiert auf der Anordnung der Konidien, oder, falls Konidienstadien auch nicht bekannt sind, auf dem Aufbau des vegetativen Myzels. Wenn später die sexuellen Fortpflanzungsverhältnisse geklärt werden, werden die Fungi imperfecti an ihren richtigen systematischen Platz umgruppiert. Die meisten werden als zu den Ascomycetes gehörend betrachtet. In den Fällen, in denen das konidienbildende Stadium vor dem geschlechtlichen wissenschaftlich beschrieben wurde, wurde dieser Name weiter verwendet, auch wenn nachher die zugehörige sexuelle Form bekannt wurde. Insbesondere in der angewandten Botanik gilt diese Praxis. Gerade in der konidienbildenden Form sind Fungi imperfecti oft parasitisch und schädlich und deshalb von besonderer Bedeutung für den Menschen.

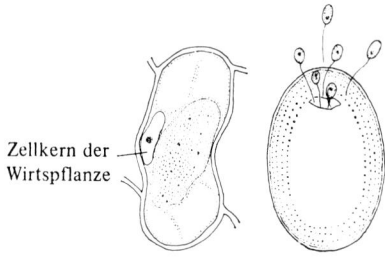

Abb. 73. *Olpidium, links* Thallus innerhalb einer Wirtszelle, ×200, *rechts* Sporangium mit Zoosporen, ×800

Klasse Chytridiomycetes

ca. 350 Arten

Die Vertreter dieser Klasse besitzen Gameten und Zoosporen mit einer einzigen, rückwärtsgerichteten Geißel, wodurch eine Beziehung zu Protozoen angedeutet wird. Das Vorkommen von freien Gameten ist innerhalb der hier vorgestellten echten Pilze einzigartig. Einigen Vertretern fehlt im vegetativen Stadium eine Zellwand. Der Thallus ist bei den primitivsten Formen blasenähnlich, höhere hingegen sind aus Hyphen aufgebaut. Die meisten Chytridiomyceten leben im Wasser, wo manche auf Algen parasitieren. Andere parasitieren auf höheren Landpflanzen. Unter den letzteren gibt es ökonomisch bedeutende Schadpilze.

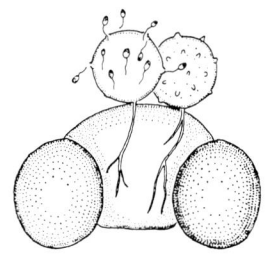

Abb. 74. *Rhizophydium,* zwei Individuen auf einem Kiefernpollen, das eine mit Zoosporen, ×350

Synchytrium endobioticum verursacht den Kartoffelkrebs. Die Zoosporen verlieren die Geißeln und drängen in die Anlagen von Kartoffelknollen ein. Dort wächst der Pilz und verursacht eine Geschwulst. Der Pilzthallus macht eine Reihe von Kernteilungen mit und wird in wenige mehrkernige Sporangien aufgeteilt. Die Zoosporen werden frei, wenn das Gewebe der Kartoffelknolle zerfällt und gelangen ins Bodenwasser, von wo aus sie neue Kartoffelknollen infizieren können. Unter bestimmten Umweltbedingungen fungieren die Zoosporen als Gameten und kopulieren miteinander. Die Zygote wird zu einer Dauerzygote, deren Keimfähigkeit 15–20 Jahre anhält; sie keimt mit Zoosporen.

Olpidium brassicae ist der Erreger der Umfallkrankheit bei Kohlkeimlingen.

Rhizophydium pollinis kommt auf Pollen von Nadelbäumen, insbesondere Kiefern, vor. Der Thallus ist blasenähnlich und nur dünne Rhizoide dringen in die Pollenkörner ein.

Allomyces umfaßt auf dem Land lebende myzelbildende Saprophyten. Die Gattung ist anisogam und hat einen Generationswechsel, was bei den Pilzen selten ist. Auf dem Sporophyten bilden sich teils diploide Sporen in dünnwandigen Sporangien, teils haploide Sporen in dickwandigen Sporangien.

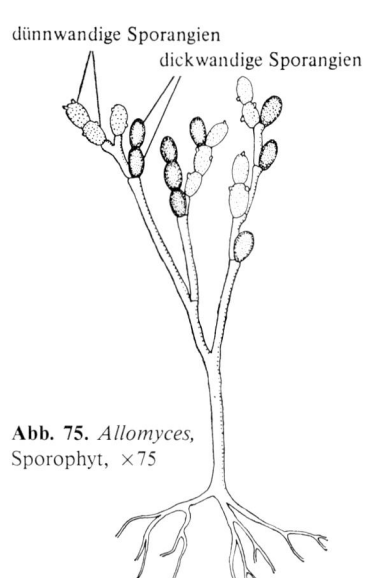

dünnwandige Sporangien
dickwandige Sporangien

Abb. 75. *Allomyces,* Sporophyt, ×75

Klasse Oomycetes

ca. 400 Arten

Diese Gruppe besitzt Zoosporen mit zwei Geißeln, die am vorderen Ende inseriert oder in bestimmten Stadien seitlich gestellt sind. Die eine ist eine Peitschengeißel. Die andere hat zwei Haarreihen.

Der Thallus ist fast immer aus querwandlosen, vielkernigen, diploiden Hyphen aufgebaut. Die Zellwand enthält Zellulose. Die geschlechtliche Fortpflanzung ist eine Oogamie mit geißellosen männlichen Gameten. Bei einigen der abgeleitetsten Formen enthält das weibliche Gametangium nur einen einzigen Kern. Geißeltyp, Thallusbau und Geschlechtsorgane legen eine Beziehung zu den Xanthophyta nahe.

Innerhalb der Oomycetes kann eine fortschreitende Anpassung an trockenere Verhältnisse beobachtet werden. Dies betrifft sowohl den Bau der vegetativen Organe als auch die Reproduktionsverhältnisse.

Saprolegnia verursacht unter anderem Schimmel an Fischen. Verletzte und tote Fische werden angegriffen, aber auch Fischlaich. Der Ertrag der Fischzuchten kann erniedrigt werden.

Die Zoosporen werden in Sporangien gebildet und schwimmen frei umher. Im allgemeinen kann dieses Stadium ein- oder mehrmals von unbeweglichen Zystenstadien unterbrochen werden. Im angeführten Beispiel sind zwei Zoosporengenerationen vorhanden, die sich auch durch die Gestalt und die Lage der Geißeln unterscheiden (birnenförmig mit zwei apikalen Geißeln, resp. nierenförmig mit zwei lateralen Geißeln). Auf einem geeigneten Substrat keimen die Zoosporen zu einem neuen Myzel aus. Das Myzel legt ein Oogon an, das einige wenige Eier enthält.

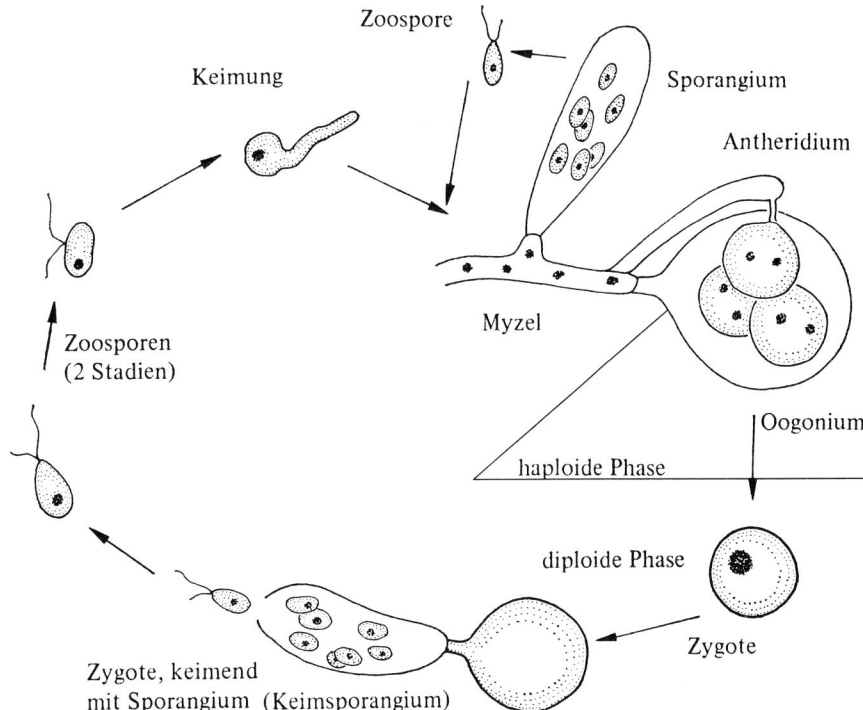

Abb. 76. *Saprolegnia,* Lebenszyklus

In hyphenähnlichen Antheridien werden Spermakerne gebildet. Die Reduktionsteilung wird bei der Bildung der Gameten im Gametangium durchgeführt. Die Spermakerne gelangen von den Antheridien über Befruchtungsschläuche in die Oogonien und befruchten die Eier. Jede Zygote umgibt sich mit einer dicken Wand und keimt nach Mitosen aus.

Aphanomyces astaci verursacht beim Flußkrebs Krebspest und verbreitet sich mit Leichtigkeit von einem Gewässer zu einem anderen, häufig mit Hilfe von Fischfanggeräten. Andere *Aphanomyces*-Arten verursachen Wurzelbrand bei Höheren Pflanzen.

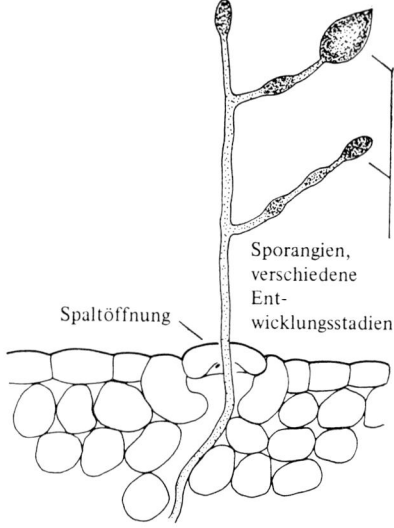

Phytophthora infestans verursacht Kraut- und Knollenfäule bei der Kartoffel. Der Pilz ist ähnlich wie der folgende an Parasitismus auf Höheren Landpflanzen angepaßt. Ein Merkmal dieser Anpassung besteht darin, daß sich die Sporangien nicht öffnen, sondern als Ganzes mit dem Wind vertragen werden. Bei trockenem Wetter keimen sie mit einer Keimhyphe zu einem neuen Myzel aus. Bei feuchtem Wetter hingegen entlassen sie eine große Zahl von Zoosporen, die das Verbreitungsvermögen des Pilzes wesentlich erhöhen.

Die Sporangien werden an verzweigten Sporangiophoren auf Kartoffelblättern gebildet. Die Sporangiophoren können unbegrenzt wachsen. Die Sporangien reifen sukzessiv. Das Kartoffelkraut welkt zeitig und die Infektion greift dann auch auf die Knollen über, die zerstört werden. Die Bekämpfung geschieht mit Kupferpräparaten und anderen Fungiziden, sowie vorsorglich durch sorgfältige Prüfung der Saatkartoffeln auf Infektionen. Hinzu kommt Resistenzzüchtung.

Abb. 77. *Phytophthora infestans,* infiziertes Kartoffelblatt, Querschnitt, mit Sporangiophor, ×200

Plasmopara viticola ist der Erreger des Falschen Mehltaues der Rebe. Die Sporangiophoren wachsen nur begrenzt und die Sporangien reifen gleichzeitig. Infektionen können den Ertrag katastrophal senken. Die Bekämpfung geschieht mit Kupferpräparaten.

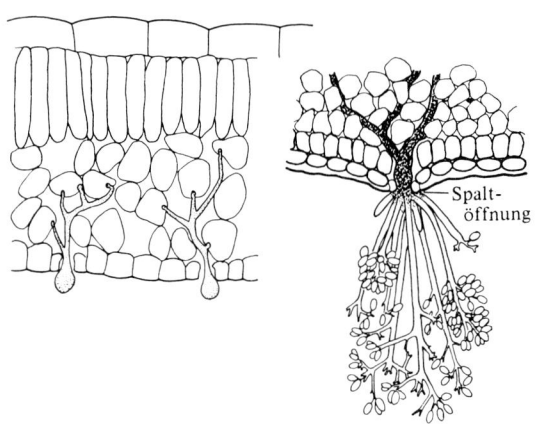

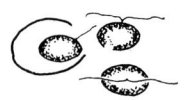

Abb. 79. *Plasmopara viticola,* Sporangien, das *untere* mit Zoosporen keimend, ×400

Abb. 78. *Plasmopara viticola,* infiziertes Rebenblatt, Querschnitt; *links* keimende Zoosporen, die Haustorien in die Wirtszellen senden, ×100, *rechts* Sporangiophor, ×60

Peronospora umfaßt mehrere Arten, die schädigend auf Kulturpflanzen parasitieren.

Albugo candida verursacht Weißrost bei Brassicaceae (S. 165). Die Sporangiophoren sind kurz und dick. Sie werden unter der Epidermis der Wirtspflanze gebildet. Dadurch bricht die Epidermis allmählich auf.

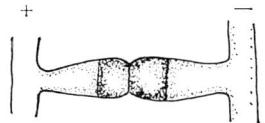

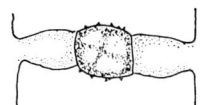

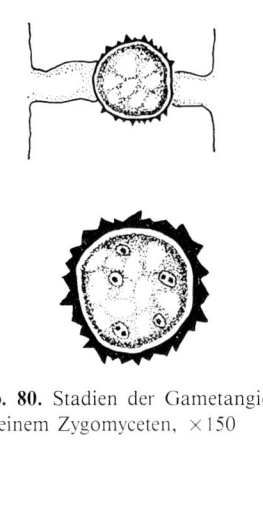

Abb. 80. Stadien der Gametangiogamie bei einem Zygomyceten, ×150

Klasse Zygomycetes

ca. 350 Arten

Die Gruppe besitzt keine begeißelten Stadien. Das Myzel, das wohlentwickelt ist, wird bisweilen sekundär mit Querwänden unterteilt. Die Mehrzahl der Vertreter sind Saprophyten und bilden Schimmel. Einige parasitieren auf anderen Pilzen oder auf Insekten. Alle leben auf dem Land.

Mucor und *Rhizopus* bilden Sporangien auf Sporangiophoren. Beide verursachen unter anderem Schaden an Lebensmitteln. Die Sporangien sind durch eine kuppelförmig gewölbte Querwand vom Myzel getrennt. Sie enthalten eine Vielzahl mehrkerniger Aplanosporen. Bei der Verbreitung dominiert die asexuelle Vermehrung. Die sexuelle Fortpflanzung ist eine Gametangiogamie. Die Gametangien sind vielkernig und morphologisch gleichgestaltet. Sie entstehen aus angeschwollenen Hyphenenden, die mit Querwänden vom vegetativen Teil des Myzels abgesondert werden. Zwei Gametangien vereinigen sich und die Kerne verschmelzen paarweise. Die Zygote, die von den verdickten Gametangienwänden umgeben ist, ist somit vielkernig. Nach einer Ruhezeit keimt sie unter Meiose und Bildung von Aplanosporen aus. Bei einigen Arten werden gleichviel Sporen unterschiedlichen Paarungstyps gebildet. Daraus resultieren Plus-, respektive Minus-Myzelien. Nur Gametangien von Myzelien mit verschiedener Polarität können miteinander kopulieren. Bei anderen Arten wird nur ein einziger physiologischer Typ von Sporen gebildet, so daß Gametangien des gleichen Myzels miteinander kopulieren können.

Bei *Thamnidium* z. B. und anderen Gattungen wird die Zahl der Aplanosporen je Sporangium stark oder gar bis auf eine einzige reduziert. Konidienbildung kommt auch vor, insbesondere bei parasitierenden Zygomyceten.

Bei einer bestimmten Gruppe sind die Gametangien zum Zeitpunkt der Befruchtung einkernig. Die Kerne wandern in einen blasenförmigen Auswuchs des weiblichen Gametangiums. Dort findet die Karyogamie statt. Das bedeutet, daß hier Plasmogamie und Karyogamie zeitlich getrennt sind, also einen Schritt zum Paarkernstadium hin. Die Gattung *Endogone* bildet überdies eine gemeinsame Hülle aus Hyphen um ein paar dichtgelagerte Zygoten. Dieses Organ wird oft als Fruchtkörper interpretiert. Sowohl die Bildung von Konidien, als auch die Tendenz zum Paarkernstadium und zur Bildung von Fruchtkörpern knüpfen an die Verhältnisse in der folgenden Klasse, den Ascomyceten an.

Abb. 81. *Rhizopus,* Teil des Myzels, ×25

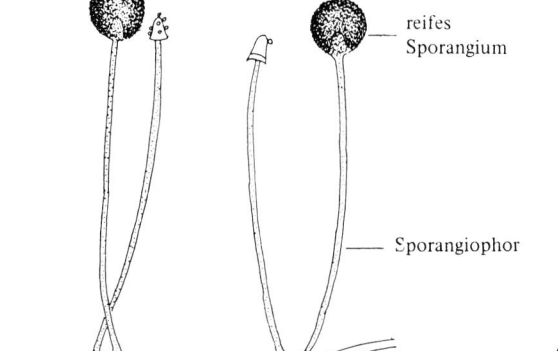

reifes Sporangium

Sporangiophor

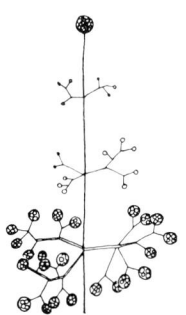

Abb. 82. *Thamnidium,* Sporangiophor mit reduzierter Sporenzahl in den Sporangien der seitlichen Verzweigungen, ×50

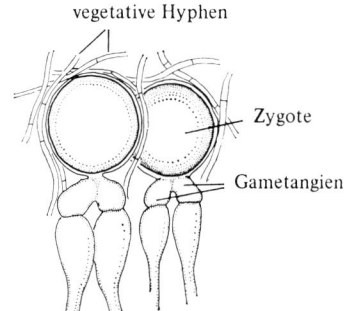

vegetative Hyphen

Zygote

Gametangien

Abb. 83. *Endogone,* Zygoten in vegetative Hyphen eingebettet, ×100

Klasse Ascomycetes (Schlauchpilze)

ca. 35000 Arten

Den Ascomycetes ist gemeinsam, daß sich die Zygote zu einem speziellen Sporangiumtyp, einem *Ascus* (Schlauch) entwickelt. Der Zygotenkern macht normalerweise sofort eine Meiose mit, aus der 4 haploide Kerne hervorgehen. Bei der Mehrzahl der Schlauchpilze folgt darauf eine Mitose, so daß insgesamt 8 Kerne je Ascus erhalten werden. Die Sporen, *Ascosporen*, entstehen innerhalb des Ascus durch freie Zellbildung, d. h. um jeden einzelnen Kern mit etwas Plasma wird eine Zellwand angelegt.

Die Zellen des vegetativen Myzels sind in der Regel einkernig und haploid. Eine Differenzierung in Plus- und Minus-Myzel ist verbreitet.

Zwischen der Kopulation und der Kernverschmelzung findet man bei den meisten Schlauchpilzen ein sogenanntes Paarkernstadium mit zwei Kernen pro Zelle.

Nahezu alle Schlauchpilze sind an das Landleben angepaßt. Viele von ihnen haben eine große wirtschaftliche Bedeutung, die meisten allerdings in negativer Hinsicht, als Verursacher von Schäden. Über die phylogenetischen Beziehungen in der Gruppe herrschen widersprüchliche Auffassungen.

Unterklasse Protoascomycetidae (ca. 250 Arten)

Das Myzel ist im allgemeinen schwach entwickelt oder fehlt, z. B. bei den Hefe-Pilzen, die meist als Einzelzellen vorkommen. Geschlechtliche Fortpflanzung ist selten.

Die Kopulation kann eine Gametangiogamie sein, doch sind Reduktionen normal.

Die Zahl der Sporen je Ascus schwankt von vielen bis zu weniger als 8.

Ein Teil der Formen wird als primitiv betrachtet. Man knüpft sie an die Zygomyceten an, wogegen andere (z. B. *Taphrina)* im Zusammenhang mit parasitischer Lebensweise reduziert sein dürften.

Saccharomyces und weitere Gattungen (Hefepilze) bauen unter anaeroben Bedingungen Kohlenhydrate zu Alkohol und Kohlendioxid ab. Verschiedene Arten werden bei der Herstellung von Wein, Bier und Brot benutzt. Die Zellen wachsen einzeln oder bilden durch Sprossung kurze Ketten. Es kommen sowohl Haplonten und Diplonten als auch solche mit Generationswechsel vor. Verwandte Arten verursachen eine Vielzahl von Hautkrankheiten (Mykosen).

Taphrina umfaßt parasitische Arten. Sie verursachen unter anderem die Narrentaschen (stark deformierte Zwetschgen) und Hexenbesen (z. B. auf Birken und anderen Laubbäumen) sowie Kräuselkrankheiten (z. B. *Taphrina deformans,* Erreger der Kräuselkrankheit des Pfirsichs). Hier werden die Asci direkt auf der Epidermis deformierter Blätter der Wirtspflanzen gebildet. Die Ascosporen werden freigegeben und sprossen später, oder sie sprossen bereits innerhalb des Ascus und erst die Sproßzellen (hier als Konidien aufgefaßt) werden entlassen. Die Gattung wird als stark abgeleitet und spezialisiert betrachtet.

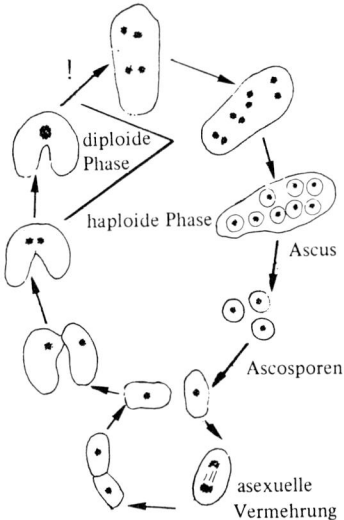

Abb. 84. Hefepilz, Beispiel eines Lebenszyklus

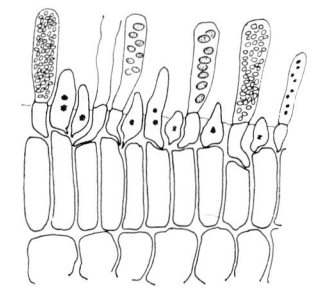

Abb. 85. *Taphrina deformans,* verursacht die Kräuselkrankheit des Pfirsichs; *oben* infiziertes Blatt, ×0,3; *unten* infiziertes Blatt, Querschnitt mit Asci, einige Asci mit Konidien, ×400

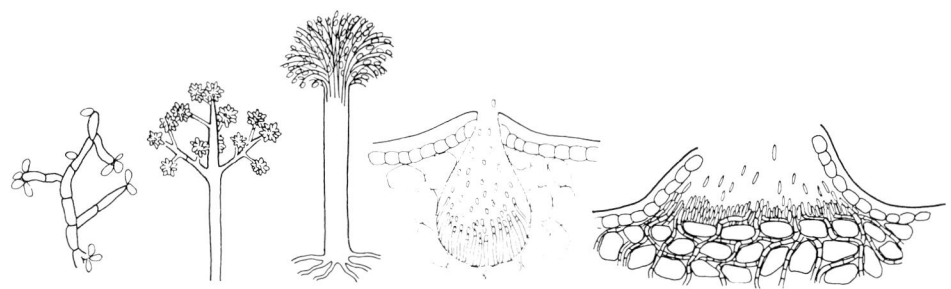

Unterklasse Euascomycetidae (ca. 35000 Arten)

Das Myzel der Euascomycetidae ist üblicherweise gut entwickelt. Querwände werden im Zusammenhang mit der Kernteilung angelegt. Die Zellen des vegetativen Myzels sind in der Regel einkernig und haploid. Bei einem Teil der Vertreter wurde beobachtet, daß Kerne des einen Myzels über eine Hyphenbrücke in ein anderes Myzel eindrangen. Dieser Vorgang muß nichts mit Sexualität zu tun haben. Genetisch verschiedene Kerne im selben Myzel können auch von Mutationen herrühren oder davon, daß mehr als ein Kern in einer einzigen Ascospore eingeschlossen wurde. Die Konkurrenz und Selektion innerhalb der entstandenen, genetisch heterogenen Kernpopulation gibt dem einzelnen Myzel eine Anpassungsfähigkeit, die sonst nur durch individuenreiche Populationen erreicht wird.

Asexuelle Vermehrung geschieht durch Bildung von Konidien an spezialisierten Hyphenenden. In manchen Fällen ergibt die Anordnung dieser Konidienträger gute systematische Merkmale. Das Myzel kann aber auch in einzelne Zellen zerfallen, die als Sporen verbreitet werden. Bei vielen Ascomycetes ist die asexuelle Vermehrung die vorherrschende Art der Ausbreitung.

Die sexuelle Fortpflanzung ist im Prinzip eine Gametangiogamie, bei manchen aber bis zur Somatogamie reduziert. Unterschieden in den Details der sexuellen Fortpflanzung wird keine größere systematische Bedeutung zugemessen. Als Beispiel wird hier die Fortpflanzung eines Diskomyceten vorgestellt.

Das weibliche Gametangium wird als *Ascogon* bezeichnet. Es ist angeschwollen, vielkernig und trägt einen kleinen hyphenähnlichen Fortsatz (Empfängnishyphe oder

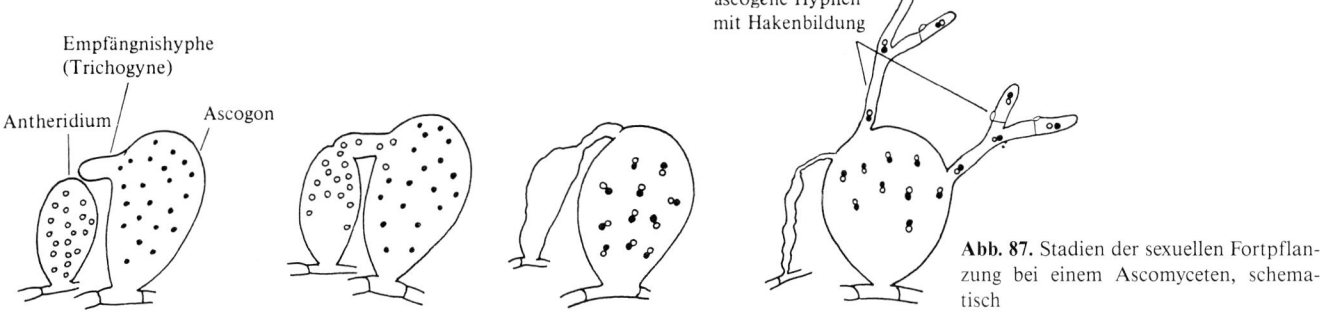

Empfängnishyphe
(Trichogyne)

Antheridium   Ascogon

ascogene Hyphen
mit Hakenbildung

Abb. 87. Stadien der sexuellen Fortpflanzung bei einem Ascomyceten, schematisch

Trichogyne). Bei der Kopulation entleert das Antheridium seine Kerne über die Empfängnishyphe in das Ascogon. Dadurch wird das Paarkernstadium eingeleitet.

Im Ascogon gruppieren sich Antheridien- und Ascogonkerne paarweise und wandern in die sogenannten *ascogenen Hyphen* ein, die sich vom Ascogon aus zu entwickeln beginnen. In den ascogenen Hyphen teilen sich bei der Zellteilung die Ascogon- und Antheridienkerne und es wird eine Querwand gebildet. Jede Zelle in den ascogenen Hyphen enthält deshalb zwei Kerne.

Die ascogenen Hyphen wachsen an und verzweigen sich unter wiederholter sogenannter *Hakenbildung* (s. Abb. 87, 108). Man ist der Ansicht, daß dadurch gesichert sei, daß jede Zelle der ascogenen Hyphen einen Antheridien- und einen Ascogonkern erhält. Erst wenn das Wachstum der ascogenen Hyphen vollendet ist, verschmelzen die Kerne in den Spitzenzellen zu Zygotenkernen. Jede Spitzenzelle entwickelt sich zu einem Ascus. Dieser besitzt bei den meisten Schlauchpilzen eine einschichtige Wand.

Die meisten Gattungen der Euascomycetidae bilden nach der Kopulation aus haploidem Myzel ein spezielles Hypengewebe, den Fruchtkörper. Die ascogenen Hyphen entwickeln sich innerhalb des Fruchtkörpers. Der Fruchtkörper, der für das bloße Auge oft der einzige sichtbare Teil des Pilzes ist, bietet gute systematische Merkmale und wird zusammen mit der Farbe, der Form und der Zahl der Sporen, sowie der Struktur und der chemischen Reaktion der Ascuswand für die Beurteilung der Verwandtschaftsverhältnisse innerhalb der Ascomycetes verwendet.

Zwei Haupttypen von Fruchtkörpern werden unterschieden. Das *Perithecium* ist üblicherweise flaschen- oder kugelförmig und enthält die Asci mitsamt den dazwischenliegenden vegetativen Hyphen (*Paraphysen*). Asci und Paraphysen werden zusammen als *Hymenium* (Fruchtschicht) (s. auch S. 71) bezeichnet. Das Perithecium, das im Durchmesser höchstens ein paar mm erreicht, kann entweder geschlossen sein oder mit einer Pore münden. In bestimmten Fällen sitzen viele Perithecien in oder auf einem gemeinsamen vegetativen Gewebe, dem *Stroma*.

Das *Apothecium* ist meist kissen-, scheiben- oder schalenförmig und offen. Der Durchmesser liegt gewöhnlich unter 10 mm, kann aber auch bedeutend größer wer-

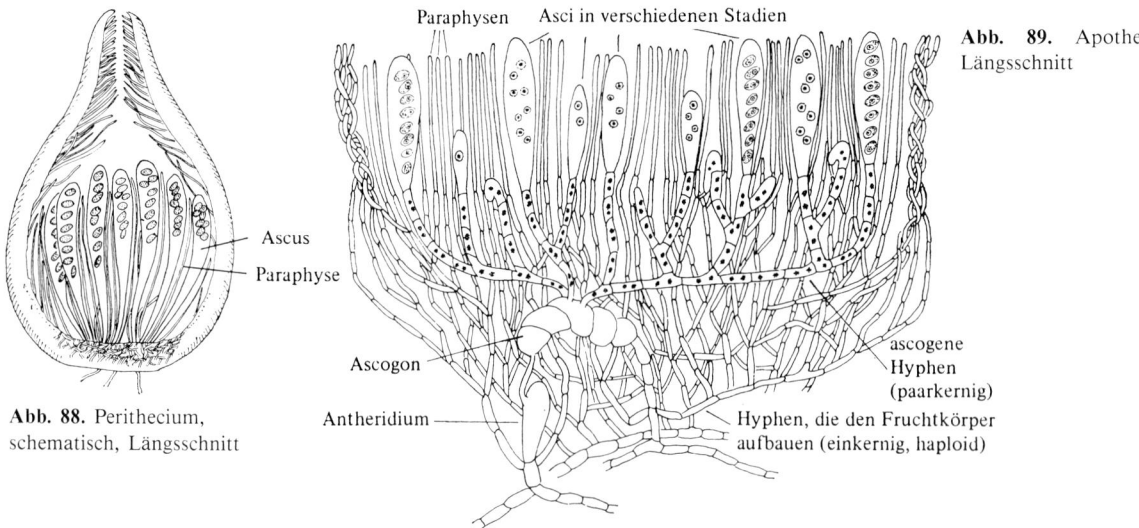

Paraphysen   Asci in verschiedenen Stadien

Abb. 89. Apothecium, schematisch, Längsschnitt

Ascus

Paraphyse

Ascogon

Antheridium

ascogene Hyphen (paarkernig)

Hyphen, die den Fruchtkörper aufbauen (einkernig, haploid)

Abb. 88. Perithecium, schematisch, Längsschnitt

den. Das Hymenium bildet eine dichte Schicht auf der Oberseite. Bei einigen Gruppen werden die Apothecien auf Stromata gebildet.

Bei einer abweichenden Ascomycetengruppe liegen die Asci im Hohlraum eines Stromas. Ein Fruchtkörper wird nicht gebildet.

Der Ascus öffnet sich für das Entlassen der Sporen bei den verschiedenen Gruppen auf unterschiedliche Weise: Mit einer Pore an der Spitze, mit einem Deckel oder durch anderweitiges Zerbrechen des Ascus. Die Ascosporen werden in der Regel aktiv aus dem Ascus herausgeschossen und bei bestimmten Vertretern einige cm weit geschleudert.

Eine biologisch interessante Gruppe, deren Vertreter mit wenigen Ausnahmen an ganz verschiedenen Stellen des Systems der Ascomyceten eingeordnet werden (einige werden zu den Basidiomyceten gestellt), sind die Flechten (s S. 69). Sie bestehen aus Pilzen in einer symbioseähnlichen Verbindung mit Algen. Die Bezeichnung Flechte umfaßt somit ähnlich geartete Anpassungen verschiedener Pilzgruppen. Ascomyceten, die Perithecien bilden, werden unter dem Begriff Pyrenomyceten zusammengefaßt. Bei vielen Arten dominiert die asexuelle Vermehrung. Das Ascosporen bildende Stadium ist bei vielen Arten ganz selten. Im Stadium, in dem sie Konidien bilden, sind diese Pilze oft parasitisch und verursachen Schäden, wodurch sie von besonderem Interesse sind.

Neurospora besitzt freie Perithecien, die nicht auf einem Stroma liegen. Sie münden mit einer Pore. Das Myzel, das große Mengen Konidien bildet, ist rot gefärbt und lebt beispielsweise auf Brot oder Teigresten. Früher verursachte der Pilz in den Bäckereien ernsthafte Schäden (Roter Brotschimmel). Das Ascosporen bildende Stadium von *Neurospora* und einigen anderen Gattungen wird heutzutage als Versuchsmaterial zum Studium genetisch bedingter physiologischer und morphologischer Eigenschaften benutzt.

Verrucaria ist eine krustenförmige Flechte, deren Pilzkomponent (*Mycobiont*) zu den Pyrenomyceten gehört. Die Algenkomponente *(Phycobiont)* ist eine Grünalge. *V. maura* bildet einen schwarzen Gürtel an der Strandzone felsiger Meeresküsten. Ihre Perithecien sind als kleine Knoten auf den Thalli sichtbar.

Hypoxylon und *Xylaria* leben saprophytisch auf Holz. Die Perithecien sind in ein hartes Stroma eingesenkt, auf dessen Außenseite jüngere Hyphen Konidien bilden.

Nectria cinnabarina besitzt rote Perithecien. Sie sitzen auf fleischigen roten Stromata, die in jüngeren Stadien Konidien bilden. Das konidienbildende Stadium ist am verbreitetsten. Anderen Arten fehlt ein Stroma, z. B. *N. galligena,* die parasitisch auf Obstbäumen lebt und dort den Obstbaumkrebs verursacht. Im Anschluß an frühere Schäden, während derer der Baum infiziert wurde, wird das Holz bloßgelegt und der Zuwachs rings um die Wunde wird abnorm. Andere Arten sind Saprophyten.

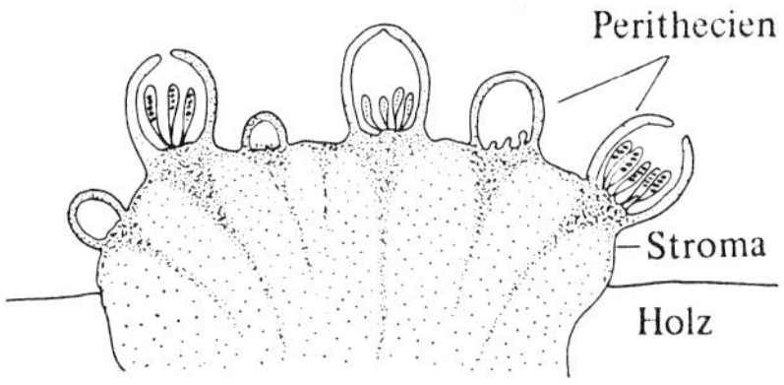

Fusarium ist ein konidienbildendes Stadium von *Nectria* und nah verwandten Pyrenomyceten. Arten dieser Formgattung verursachen Schimmel an der Herbstsaat und an Rasen, sowie andere Schäden an wilden und kultivierten Gewächsen. Der Schimmel auf Rasen wird durch feuchte Bedingungen begünstigt, z. B. unter Naßschnee auf nichtgefrorenem Boden. Die Bekämpfung geschieht mit Abweiden der Aussaat oder chemischer Behandlung des Bodens.

Claviceps (Mutterkorn) lebt parasitisch auf Gräsern und Riedgräsern. Der Pilz greift den Fruchtknoten des Wirtes an und bildet dort zusammen mit dessen Gewebe große, harte Klumpen *(Sklerotien).* Diese werden als Mutterkorn bezeichnet. Sie fallen ab und überwintern auf

Abb. 90. *Nectria cinnabarina,* Stroma, Querschnitt, ×30

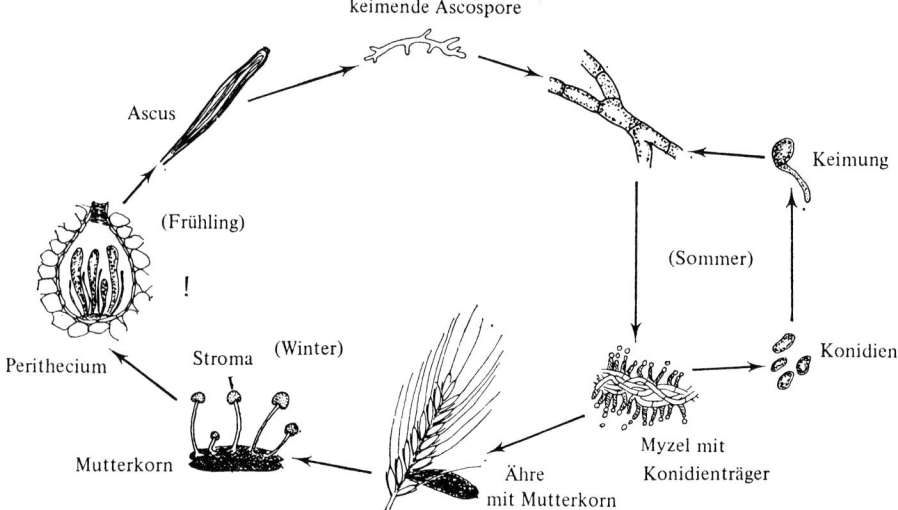

Abb. 91. *Claviceps,* Lebenszyklus

dem Erdboden. Im Frühjahr wachsen ein paar keulenförmige, fleischige Stromata mit eingesenkten Perithecien heraus. Die Sporen werden durch den Wind auf die Narben von Blüten
passender Wirtspflanzen vertragen und diese so infiziert.

Das Myzel, das den Fruchtknoten durchwächst, bildet Konidien, die mit Hilfe von Insekten im Verlauf des Sommers die Infektion weiter ausbreiten. Das Hyphengeflecht im Fruchtknoten verhärtet später zu einem neuen Mutterkorn, und kann, wenn es bei der Ernte unter
die Getreidekörner gerät, schwere Vergiftungen verursachen. Das Mutterkorn enthält mehrere
Alkaloide, die unter anderem Halluzinationen, Sinnesverwirrungen und Brand verursachen.
Einige Verbindungen sind von medizinischem Interesse, weil sie Uteruskontraktionen und Ge-
fäßverengungen hervorrufen.

Sphaerotheca mors-uvae (echter Mehltau der Stachelbeere) gehört wie die zwei folgenden Gattungen zur Gruppe der echten Mehltaupilze. Zu dieser Gruppe werden Pyrenomyceten mit geschlossenen, dunklen, überwinternden Perithecien gerechnet, die charakteristische Anhängsel
haben. In den Perithecien sind ein einziger bis wenige Asci entwickelt. Einige Vertreter bilden

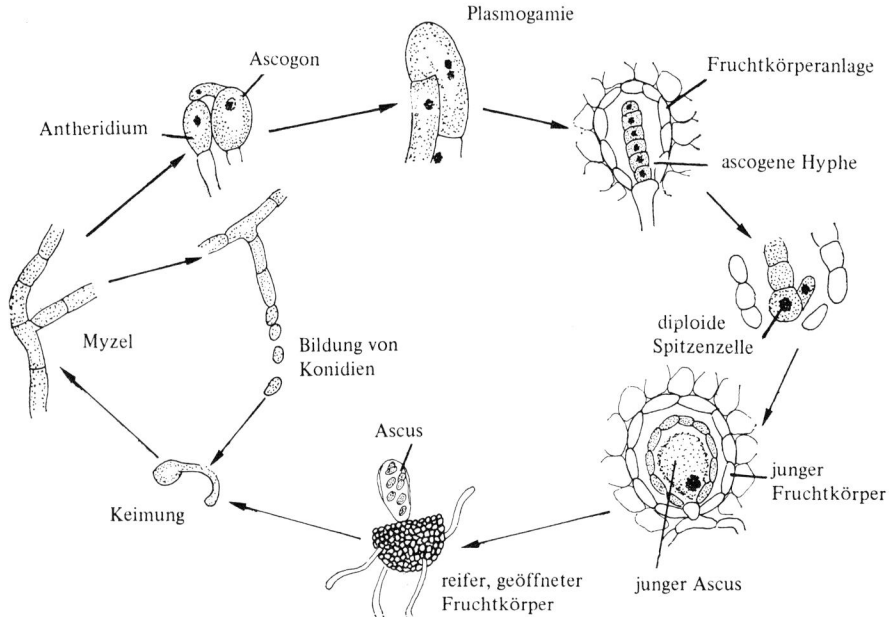

Abb. 92. *Sphaerotheca mors-uvae,* Lebenszyklus

Abb. 93. Uncinula necator, Perithecium mit charakteristischen Anhängseln, ×70

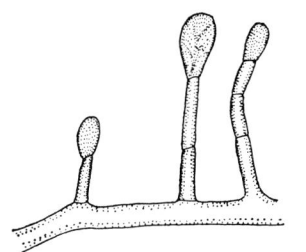

Abb. 94. Oidium, Konidienträger mit Konidien, ×70

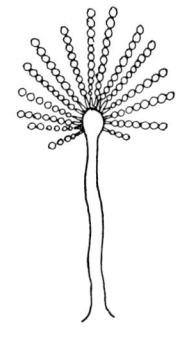

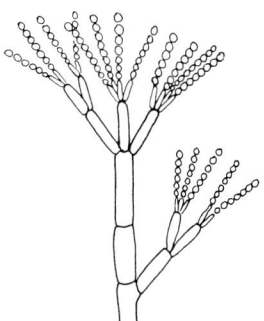

Abb. 95. Konidienbildende Hyphen (Konidienträger), *oben* Aspergillus, *unten* Penicillium, ×300

weniger als 8 Sporen. Die Mehltaupilze sind Parasiten, nahezu immer auf zweikeimblättrigen Pflanzen. Das Myzel lebt auf der Oberfläche der Wirtspflanzen und sendet Saugorgane in die inneren Schichten hinein. Die konidienbildenden Stadien verursachen den Mehltau. Viele sind ökonomisch bedeutsame Schadpilze. *Sphaerotheca mors-uvae* greift die Stachelbeere an und inzwischen auch schwarze Johannisbeeren. Die Perithecien werden in einem Filz von dunklem Myzel auf den Früchten gebildet.

Uncinula necator (= *Oidium tuckeri*, Echter Mehltau) ist ein schwerer Rebenschädling.

Oidium ist das konidienbildende Stadium mehrerer Gattungen der Mehltaupilze.

Aspergillus (Gießkannenschimmel) und *Penicillium* (Pinselschimmel) sind nah verwandte Schimmelpilze. Sie gehören zu einer etwas abweichenden Pyrenomyceten-Gruppe, deren Vertreter hauptsächlich saprophytisch leben. Das Myzel beschränkt sich nicht auf die Oberfläche des Substrates, sondern durchdringt dieses voll. Die Konidien werden in großer Zahl an spezialisierten Hyphenenden gebildet. Die Gestalt dieser Konidiophoren liegt der systematischen Gliederung nach Arten und Gattungen zugrunde. Die Namen *Aspergillus* und *Penicillium* beziehen sich eigentlich auf die konidienbildenden Stadien. Ascosporenbildende Stadien mit geschlossenen, meist gelben Perithecien sind ungewöhnlich und bei der Mehrzahl gänzlich unbekannt. *A. glaucus* und ähnliche Arten leben vorwiegend auf trockenen Substraten, z. B. Brot, Getreide, Textilien, Leder etc. *P. roquefortii* wird für die Herstellung von Roquefort-Käse und *P. camembertii* für den Camembert verwendet. *P. chrysogenum* liefert Penicillin. Diese Art ergibt eine höhere Ausbeute an Penicillin als *P. notatum*, bei dem der antibiotische Effekt von Penicillin zuerst entdeckt wurde. Penicillin verhindert das Wachstum bestimmter Bakterien. Es ist nicht mehr das einzige Antibiotikum, das von einem echten Pilz stammt, denn inzwischen wurden bei Ascomyceten u. a. Cephalosporine, Ethericine und Griseofulvin gefunden.

Pyrenomycetenähnliche Pilze, die die Asci in einem Stroma ohne umhüllenden Fruchtkörper bilden, werden zur Gruppe Loculoascomyceten zusammengefaßt. Sie sind durch zweischichtige Asci gekennzeichnet. Bei der Reife dehnt sich die elastische innere Schicht. Sie zerreißt schließlich und entläßt die Sporen, während die äußere starre Schicht zerbricht. Bei den meisten Arten sind die Sporen zwei- bis mehrzellig. Viele Vertreter sind während des konidienbildenden Stadiums wichtige Schadpilze. Einige leben symbiontisch als Mycobiont in Flechten.

Venturia verursacht im konidienbildenden Stadium Schorf auf Äpfeln und Birnen. Die Infektion, die korkartige Flecken auf der Fruchtschale zur Folge hat, wird mit Kupfer- und Schwefelpräparaten bekämpft.

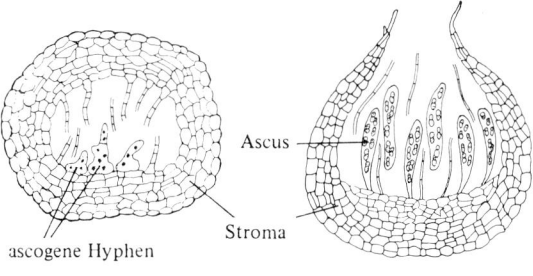

ascogene Hyphen · Ascus · Stroma

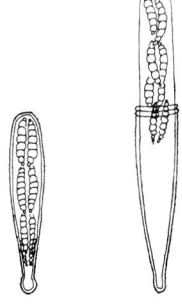

Abb. 96. *Venturia*, Stroma, Längsschnitt; *links* mit ascogenen Hyphen, ×350, *rechts* mit Asci, ×175

Abb. 97. Asci eines Loculoascomyceten, *rechts* mit gedehnter innerer Wand, ×125

Schlauchpilze mit Apothecien bilden die Gruppe der Diskomyceten. Sie besitzen teilweise stark abgeleitete Fruchtkörper, die sich aber offenbar aus Apothecien entwickelt haben. Der Bau der Ascuswand, insbesondere die Anwesenheit oder das Fehlen eines Deckels an der Spitze des Ascus, ist ein wichtiges systematisches Merkmal. Die meisten haben dünne, einschichtige Ascuswände, was eine Anknüpfung an die Pyrenomyceten ergibt. Diskomyceten und Pyrenomyceten werden als natürliche Einheit betrachtet.

Diskomyceten leben sowohl saprophytisch, als auch parasitisch und symbiontisch (Flechten). Bei vielen Diskomyceten dominiert das gefärbte konidienbildende Stadium.

Peziza (Becherling) besitzt braune Apothecien, die bis etwa 10 cm groß werden. Die Fruchtkörper wachsen in der Regel auf dem Erdboden.

Gyromitra (Stockmorchel), *Helvella* (Lorchel) und *Morchella* (Morchel) zeigen eine abgeleitete Form des Apotheciums. Die Seite, an der die Asci liegen, ist nämlich ausgebuchtet und zerfaltet. *Gyromitra* und *Helvella* enthalten Helvellasäure, ein Gift, das indessen durch Abkochen entfernt werden kann. Vom Genuß wird dennoch abgeraten. Morcheln sind dagegen hervorragende Speisepilze.

Die oben genannten Gattungen besitzen Asci, die sich mit einem Deckel öffnen. Ihre Fruchtkörper wachsen oft auf dem Erdboden. Sie sind fleischig, lebhaft gefärbt und von kurzer Lebensdauer. Die folgende Gattung, die zu einer eigenartig geprägten Gruppe gehört, wird daran angeschlossen.

Tuber (Trüffel) besitzt unterirdische feste Fruchtkörper, die im Bau von dem der übrigen Diskomyceten sehr stark abweichen. Die Asci sind ebenfalls etwas anders gestaltet. Der Öffnungsmechanismus wurde reduziert. Zudem enthalten sie meist weniger als 8 Sporen. Die Trüffel werden von Tieren verbreitet, die durch den Duft angelockt werden und die Trüffel ausgraben und fressen. Man verwendet Trüffel auch als Gewürz. Sie werden insbesondere von Frankreich aus dem Périgord und von Italien exportiert.

Bei den folgenden Gattungen öffnen sich die Asci mit einer Pore. Ein Deckel fehlt. Die Arten leben oft parasitisch. Bisweilen bilden sie ein Stroma aus. Sie haben meist dunkle, feste Apothecien.

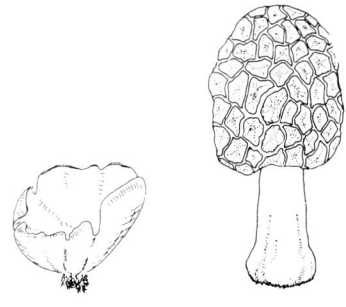

Abb. 98. *Links Peziza,* Fruchtkörper, *rechts Morchella,* Fruchtkörper, ×0,5

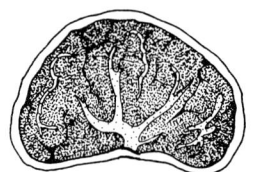

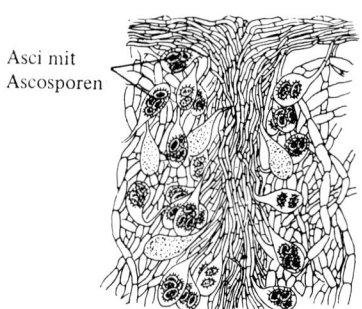

Asci mit Ascosporen

Abb. 99. *Tuber,* Fruchtkörper, Längsschnitt; *oben* ×1; *unten* ×150

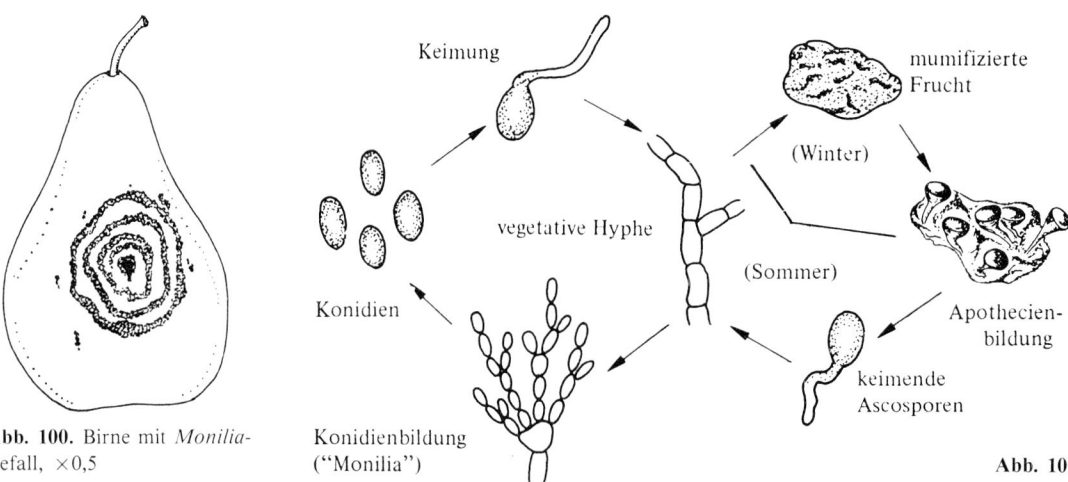

Keimung

mumifizierte Frucht

(Winter)

vegetative Hyphe

(Sommer)

Apothecienbildung

Konidien

keimende Ascosporen

Konidienbildung ("Monilia")

Abb. 100. Birne mit *Monilia*-Befall, ×0,5

Abb. 101. *Monilinia* Lebenszyklus

Monilinia fructigena (= *Sclerotinia fructigena*, als Konidienstadium *Monilia fructigena*) verursacht Braunfäule z. B. auf Äpfeln und Birnen. Auf den infizierten Früchten bilden sich weiße konzentrische Ringe von Konidien (imperfektes Stadium). In diesem Stadium parasitiert der Pilz. Einzelne Früchte werden schwarz, mumifiziert und überdauern den Winter. Im folgenden Frühjahr bilden sich darauf ein paar langgestielte Apothecien. Dieses Stadium ist jedoch selten. *Monilinia* wird vorbeugend durch Vermeidung von Schorf (s. S. 67) und mechanischer Beschädigung der Fruchtschalen, sowie durch Verbrennen befallener Früchte bekämpft. Nahestehende Gattungen verursachen Schäden unter anderem an Weintrauben, Erdbeeren, Tomaten, Hack- und Knollenfrüchten und bei Kulturen von Zierpflanzen.

Rhytisma acerinum, Erreger der Teerfleckenkrankheit des Ahorns, parasitiert im Inneren des Ahornblattes. Im Blattgewebe bilden sich schwarze Stromata. Diese überwintern und tragen im folgenden Frühjahr Apothecien.

Collema (Gallertflechte), *Peltigera* (z. B. *P. canina*, Hundsschildflechte), *Lecidea* (Napfflechte, z. B. *L. fuscoatra), Rhizocarpon* (Landkartenflechte), *Lecanora* (Kuchenflechte, z. B. *Lecanora atra), Parmelia* (Schüsselflechte, z. B. *P. furfuracea), Usnea* (Bartflechte), *Xanthoria* (Gelbflechte, z. B. *X. parietina)* und *Cladonia* (Becher- und Rentierflechten) und weitere Gattungen gehören zu einer biologisch besonderen Gruppe, den Flechten. Die Mehrzahl der Flechten hat einen Diskomyceten als Mycobionten. Die Asci sind deckellos und in der Regel dickwandig. Flechten wurden bereits bei den Pyrenomyceten (s. S. 65) und den Loculoascomyceten (s. S. 67) erwähnt. Einige wenige gehören zu den Basidiomyceten. Die oben angeführten Gattungen haben eine Grünalge als Phycobionten, außer *Collema* und einigen *Peltigera*-Arten. Ihr Phycobiont ist eine Blaualge.

Früher wurden die Flechten als eine eigene systematische Gruppe aufgefaßt. Nachdem aber der Mycobiont mit wenigen Ausnahmen die Flechtengestalt bestimmt und auch physiologisch der Alge übergeordnet ist, wird vorgezogen, die Flechten nach dem Mycobionten im Pilzsystem einzuordnen. Es zeigte sich, daß der Phycobiont selbständig leben kann. Dies vermag der Mycobiont nicht. Das kann am ehesten so ausgedrückt werden, daß der Pilz auf der Alge, die mit Assimilaten zur Symbiose beiträgt, mäßig parasitiert. Der Pilz hingegen unterstützt die Alge mit Feuchtigkeit und Mineralsalzen und gibt mechanischen Schutz.

Die Flechten bilden sowohl morphologisch und anatomisch, als auch chemisch und ökologisch eine einigermaßen gut abgegrenzte Gruppe.

Morphologisch können die Flechten in Krusten-, Blatt- und Strauchflechten gegliedert werden. Diese Merkmale sind auf der Ebene der Gattungen und, bisweilen, der Familien verwendbar.

Die Anatomie der Thalli und die Verteilung von Pilz und Alge ist bei den verschiedenen Gruppen unterschiedlich . Wesentliche Merkmale für die Großsystematik stammen von der Morphologie der Fruchtkörper und von den Asci und Ascosporen.

Chemisch sind die Flechten durch Inhaltsstoffe, die *Flechtensäuren*, charakterisiert. Diese ergeben mit verschiedenen Chemikalien oft art- und gattungsspezifische Reaktionen.

Ökologisch sind die Flechten dadurch gekennzeichnet, daß sie extreme Umweltbedingungen tolerieren können. Sie steigen im Gebirge höher als andere Pflanzen und gehen weiter polwärts und in Wüsten hinein.

Insbesondere können Flechten auf Felsoberflächen hohe Temperaturen und längere extreme Austrocknung ertragen. Sie neigen dazu, Umweltgifte anzureichern,

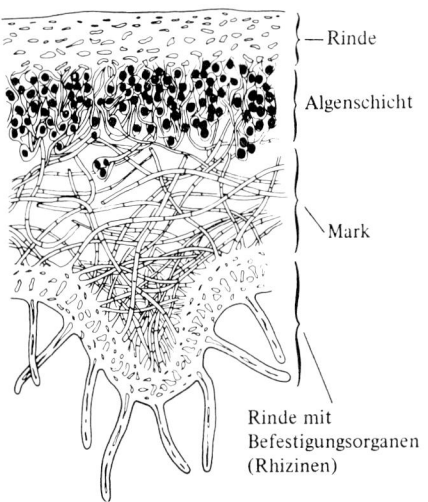

Rinde

Algenschicht

Mark

Rinde mit
Befestigungsorganen
(Rhizinen)

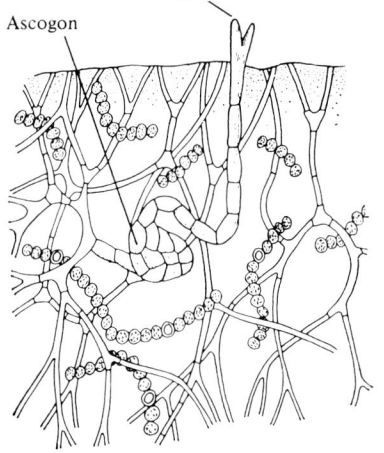

hyphenähnliche Verlängerung
des Ascogons

Ascogon

Abb. 102. Querschnitte durch Flechtenthalli, *oben* ein Beispiel (*Lobaria*), bei dem die Alge (eine Grünalge) eine bestimmte Schicht im Thallus einnimmt (heteromerer Thallus), ×150; *unten* ein Beispiel (*Collema*), bei dem die Alge (eine Blaualge) über den ganzen Querschnitt verteilt ist (homöomerer Thallus), ×150

wahrscheinlich aufgrund ihres langsamen Wachstums und des geringen Stoffumsatzes. In Gegenden mit schweren Luftverunreinigungen gedeihen sie schlecht oder fehlen ganz („Flechtenwüsten" z. B. in Großstädten).

Flechten pflanzen sich hauptsächlich vegetativ fort. Beide Komponenten können durch Thallusfragmente oder den Flechten eigene Diasporen wie *Soredien* (Algenzellen von ein paar Pilzhyphen umspannen) oder *Isidien* (mit Rinde umgebene Thallusauswüchse, die abbrechen) verbreitet werden. Getrennt kann sich nur die Alge vegetativ vermehren.

Der Pilz hingegen kann sich auch sexuell fortpflanzen. Der Fruchtkörper ist von dem Typ, der den Pilz kennzeichnet. Damit aber ein neues Flechtenindividuum entsteht, müssen die Ascosporen im Kontakt mit der richtigen Alge keimen.

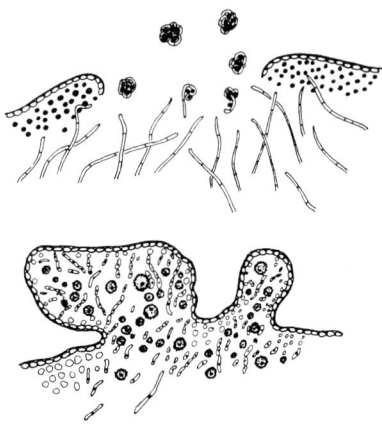

Abb. 103. *Oben* Soredien, ×100; *unten* Isidien, ×100

Klasse Basidiomycetes (Ständerpilze)

ca. 23 000 Arten

Fast alle Basidiomyceten sind an das Landleben angepaßt. Die meisten leben saprophytisch und spielen in natürlichen biologischen Kreisläufen eine wichtige Rolle. Viele parasitieren, solange ihre Wirtspflanze lebt, und gehen nach ihrem Absterben auf saprophytische Lebensweise über. Reine Parasiten gibt es vor allem in der Unterklasse der Heterobasidiomycetidae. Viele Ständerpilze leben als Mykorrhiza in Symbiose mit Höheren Pflanzen. Der Pilz führt sich Assimilate der Höheren Pflanze zu. Andererseits trägt er mit Wasser, Salzen und komplizierten organischen Verbindungen, von denen die Höhere Pflanze abhängt, zur Symbiose bei. Ein Teil der Basidiomyceten bilden nur oder fast ausschließlich mit bestimmten Pflanzen Mykorrhiza, z. B. Lärchenröhrling mit der Lärche, Butterpilz mit Kiefern, Rotkappe mit Zitterpappeln. Andere, z. B. der Fliegenpilz, sind weniger spezialisiert.

Das Myzel ist in der Regel gut entwickelt. Querwände werden im Zusammenhang mit der Kernteilung angelegt. Zwei Myzeltypen können unterschieden werden. Beide vermögen sich asexuell mit Sporen zu vermehren.

1. *Primärmyzel.* Dieses entsteht aus einer Basidiospore. Jede Zelle enthält einen haploiden Kern. Das Primärmyzel ist nur kurzlebig und kopuliert somatogam. Die meisten Basidiomyceten besitzen ein Myzel, das in 4 Paarungstypen differenziert ist (s. S. 10)

2. *Sekundärmyzel* (Paarkernmyzel). Dieses wird bei der Kopulation gebildet und dominiert die vegetative Phase. Jede Zelle enthält zwei haploide Kerne, von denen jeder von einem Primärmyzel herrührt. Falls Fruchtkörper gebildet werden, stammen sie vom Paarkernmyzel. Eine einzige Kopulation begründet im Gegensatz zu den Ascomyceten eine im Prinzip unbegrenzte Zahl von Fruchtkörpern.

Bei den Ständerpilzen verschmelzen die Kerne in der Endzelle einer Hyphe, der Basidienanlage, entweder innerhalb oder auf dem Fruchtkörper oder frei im Myzel.

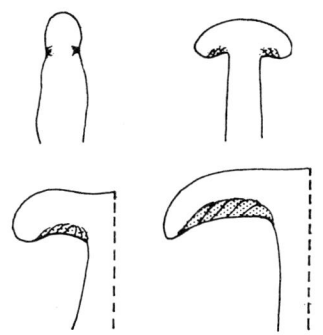

Abb. 104. Entwicklung eines Fruchtkörpers ohne Hülle (Hymenium schattiert), schematischer Längsschnitt

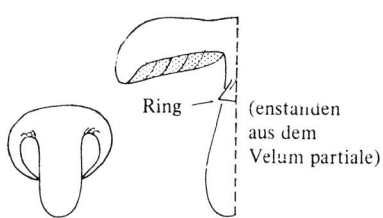

Abb. 105. *Links* Entwicklung eines Fruchtkörpers mit einer Hülle (Velum partiale). Anfangs ist das Hymenium (schattiert) darin eingeschlossen, schematischer Längsschnitt

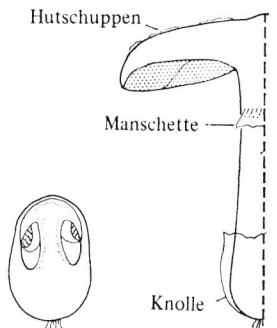

Abb. 106. *Rechts* Entwicklung eines Fruchtkörpers mit zwei Hüllen (Velum universale u. partiale), anfangs ist sowohl das Hymenium als auch der restliche Teil des Fruchtkörpers darin eingeschlossen, schematischer Längsschnitt

Der Zygotenkern macht danach sofort eine Meiose durch, aus der 4 haploide Kerne hervorgehen. Dadurch wird die Basidienanlage zu einem Sporangium, der *Basidie.* Rund um das freie Ende der Basidie entstehen 4 Ausbuchtungen, die allmählich die Form von gestielten Blasen annehmen. In jede von ihnen wandert ein Kern ein. Die Blasen werden zu *Basidiosporen,* die in der Regel aktiv abgetrennt werden. Sie werden aber bloß Bruchteile von Millimetern weggeschleudert, um vom Basidienlager freizukommen. Dieses wird zusammen mit vegetativen Hyphen als *Hymenium* bezeichnet (s. auch S. 64). Normalerweise entstehen auf jeder Basidie 4 Basidiosporen, die bei den Vertretern mit aktiver Sporenverbreitung asymmetrisch gestaltet sind. Unterschiede in der Größe der Sporen, ihrer Form, der Farbe, der chemischen Reaktion und der Ornamentation ihrer Wand etc. ergeben wertvolle Merkmale, sowohl für die Artbestimmung, als auch für die Beurteilung der Verwandschaftsverhältnisse zwischen den verschiedenen Basidiomyceten.

Der Bau der Basidie ist bei den zwei Unterklassen nicht gleich. Die Basidien der Homobasidiomycetidae sind einzellig, die der Heterobasidiomycetidae durch längs- und quergestellte Wände gegliedert. Die stärker verbreitete Auffassung dürfte sein, daß die einzelligen Basidien ursprünglicher sind.

Weitere wichtige Merkmale liegen in der Gestalt des Fruchtkörpers, seiner Anatomie und Entwicklung, sowie im Bau des Hymeniums.

Die Gestalt des Fruchtkörpers variiert sehr stark. Die einfachsten und vielleicht auch ursprünglichsten Formen sind hautähnlich, dicht am Untergrund anliegend. Andere Typen sind verzweigt, konsolen- oder keulenförmig, oder in Stiel und Hut gegliedert. Bei den einfachsten Vertretern liegt das Hymenium während der Entwicklung ganz ungeschützt, indes es bei anderen von einer oder gar zwei Hüllen umgeben ist. In jüngeren Stadien ist entweder nur der Hutrand durch eine Hülle mit dem Stiel verbunden; oder eine äußere Hülle umschließt den gesamten Fruchtkörper. Beim Fliegenpilz z. B. findet man beide Hüllentypen. Die erste bildet am reifen Fruchtkörper einen manschettenartigen Ring unterhalb des Hutes, die zweite bleibt an der Basis des Stieles als Knolle und auf dem Hut als Schuppen übrig.

Bei den Bauchpilzen (Boviste u. ähnliche), einer abgeleiteten Gruppe der Homobasidiomycetidae, ist das sporenbildende Gewebe vollkommen vom Fruchtkörper umschlossen.

Vergleich zwischen Ascomyceten und Basidiomyceten

Die Paarkernphase ist den Schlauch- und Ständerpilzen gemeinsam. Bei den meisten Ständerpilzen wächst das Paarkernmyzel unter wiederholter Bildung von sogenannten *Schnallen.* Man betrachtet sie als homolog mit den Haken der Ascomyceten. Ascus und Basidie sind einander sicher homolog. Es wird vermutet, daß sich die Ständerpilze aus irgendeiner Gruppe der Schlauchpilze entwickelt haben oder die beiden zumindest auf gemeinsame Ahnen zurückgehen.

Das dominierende vegetative Myzel der Schlauchpilze ist haploid und einkernig, bei den Ständerpilzen aber paarkernig. Der Fruchtkörper wird bei den Schlauchpilzen sowohl von haploiden, einkernigen als auch von paarkernigen Zellen aufgebaut.

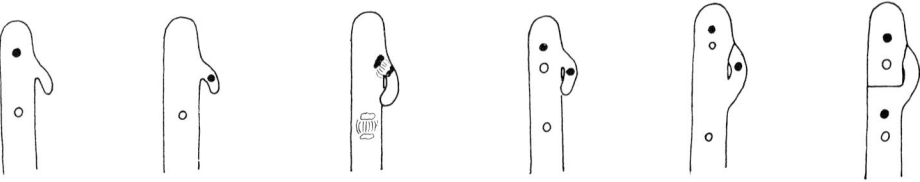

Abb. 107. Stadien der Schnallenbildung

Bei den Ständerpilzen sind es allein paarkernige. Die Schlauchpilze haben im Prinzip Gametangiogamie (in einem Teil der Fälle Somatogamie), die Ständerpilze nur Somatogamie. Die Ascosporen werden innerhalb des Ascus gebildet und verlassen diesen erst bei der Reifung, die Basidiosporen werden von der Basidie nach außen abgeschnürt. Bei den Ascomyceten löst jede Kopulation eine Fruchtkörperbildung aus; bei den Basidiomyceten geschieht die Fruchtkörperbildung später und kann vom selben Paarkernmyzel viele Male wiederholt werden.

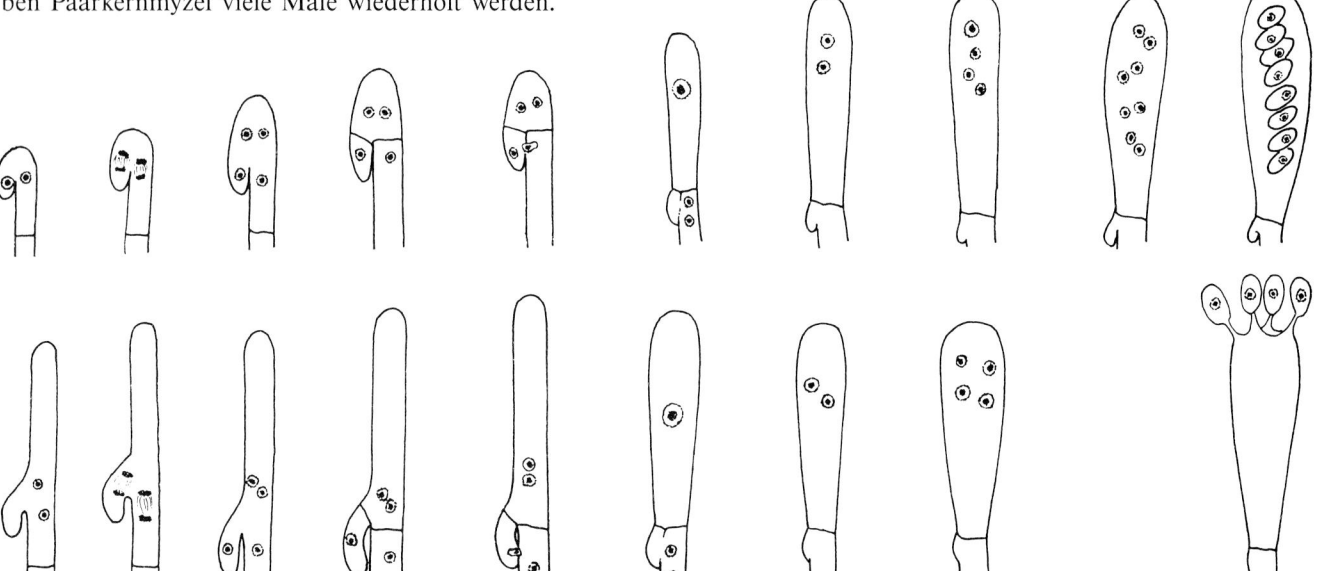

Abb. 108. *Oben* Ascusbildung, *unten* Basidienbildung

Unterklasse Homobasidiomycetidae (ca. 16 500 Arten)

Die Basidien sind einzellig. Fast alle Sippen haben Fruchtkörper. Dessen Anatomie und äußere Form, Vorkommen oder Abwesenheit einer Hülle, Anlage und Entwicklung des Hymeniums, Farbe der Sporen, ihre Wandstruktur und Chemie, wie auch Vorkommen oder Fehlen aktiver Sporenausstreuung sind wichtige Merkmale für die Vorstellungen über die natürlichen Entwicklungslinien innerhalb der Unterklasse. Zu den Homobasidiomycetidae gehört die Mehrzahl der gut bekannten „eigentlichen" Pilze, von denen viele eßbar, einige aber giftig sind. Drei Ordnungen können ausgeschieden werden.

Alle Vertreter der Ordnung *Aphyllophorales (Porlinge)* besitzen keine Hülle als Schutz für das Hymenium. Bei vielen ist der Fruchtkörper zäh oder hart, oft mehrjährig. Die Sporen reifen sukzessiv. Viele sind Parasiten.

Abb. 109. Myzelenentwicklung und Bildung des Fruchtkörpers; *oben* bei einem Ascomyceten; *unten* bei einem Basidiomyceten

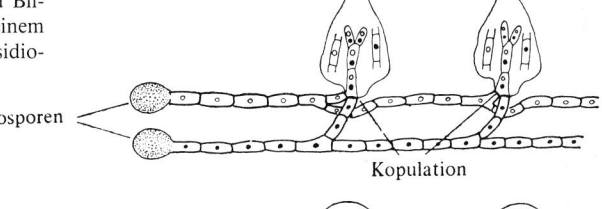
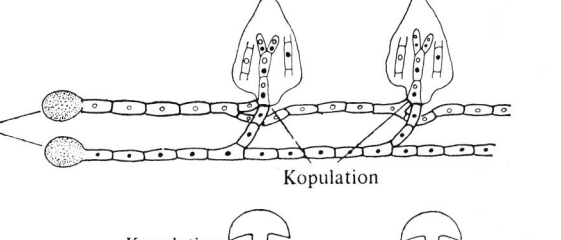
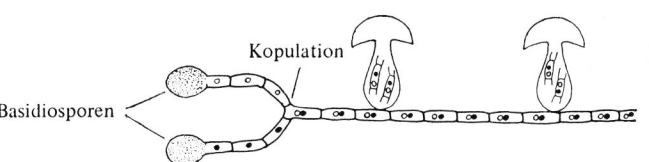

Ascosporen

Kopulation

Kopulation

Basidiosporen

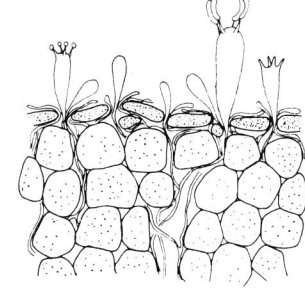

Abb. 110. *Exobasidium vaccinii,* auf Preiselbeerblatt, Querschnitt mit Basidien, ×400

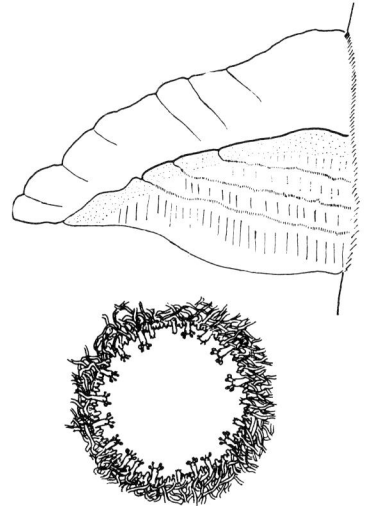

Abb. 111. *Fomes, oben* quergeschnittener Fruchtkörper, mehrjährig mit einer Hymeniumschicht je Jahr, ×0,5; *unten* Hymenium, Schnitt durch Röhre und Basidien, ×100

Abb. 112. Lamelle eines Blätterpilzes, Querschnitt, Basidien mit Sporen, eine Cystidie und Pseudoparaphysen

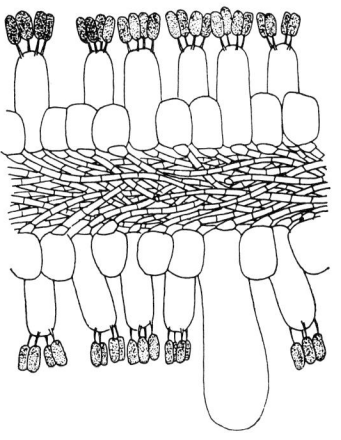

Stereum (Schichtpilz) lebt saprophytisch oder parasitisch z. B. auf Baumästen. Die Fruchtkörper sind einfach, hautähnlich mit einem glatten Hymenium und von der Unterlage abgehobenen Rändern.

Exobasidium vaccinii (Preiselbeer-Nacktbasidie) verursacht auf Blättern von Preiselbeeren Gallen. Ein Fruchtkörper fehlt. Dies dürfte, ähnlich wie bei der Gattung *Taphrina* (s. S. 62), eine Reduktion sein.

Clavariadelphus (Herkuleskeule) unverzweigte, aufrechte Fruchtkörper, *Ramaria* (Ziegenbart) verzweigte.

Cantharellus (Pfifferling) wird nicht zur Gruppe der Blätterpilze gerechnet, obwohl er lange, den Stengel herablaufende Leisten besitzt, die das Hymenium tragen. Verschieden von den Blätterpilzen sind unter anderem die Basidien.

Hydnum und weitere Gattungen (Stachelpilze) tragen auf der Unterseite des Fruchtkörpers Stacheln oder Warzen, die vom Hymenium bekleidet werden.

Polyporus und weitere Gattungen werden unter dem Namen Porlinge zusammengefaßt. Bei vielen sind die Fruchtkörper mehrjährig und von fast holziger Konsistenz. Sie können konsolenförmig oder in Hut und Stiel gegliedert sein. Das Hymenium liegt auf der Innenseite der senkrechten Röhren auf der Unterseite des Fruchtkörpers. Die Schicht mit den Röhren hängt mit dem restlichen Fruchtkörper fest zusammen (vgl. die Röhrlinge S. 74). Viele parasitieren auf Bäumen und verursachen Schäden, z. B. *Fomitopsis annosus* (Baumschwamm) auf Nadelholz. *Fomes fomentarius* (Zunderschwamm) lebt als Parasit oder saprophytisch auf Laubbäumen.

Die Vertreter der Ordnung *Agaricales* werden unter dem Namen *Blätterpilze* zusammengefaßt. Das Hymenium liegt bei ihnen auf Lamellen, respektive kleidet Röhren aus. Die Hülle kann fehlen, aber viele besitzen eine oder gar zwei. Die Fruchtkörper sind mehr oder weniger fleischig und einjährig. Die Sporen reifen im gesamten Hymenium einigermaßen gleichzeitig. Fast alle Agaricales sind Saprophyten.

Tricholoma (Ritterlinge), *Clitocybe* (Trichterlinge), *Collybia* (Rüblinge), *Marasmius* (Schwindlinge), *Mycena* (Helmlinge) und weitere haben keine Hülle. Ihre Sporen sind weiß. *Armillaria* (Hallimasch) und *Lepiota* (Riesenschirmling) besitzen einen Ring und weiße Sporen. *Amanita* (Knollenblätterpilz u. a.), von denen die Mehrzahl giftig ist (einige tödlich), haben Ring und Knolle. Die Lamellen sind weiß. Sie dürfen nicht mit *Agaricus* (Champignon, Egerling) verwechselt werden. Die Lamellen vom Champignon sind im jungen Zustand rosa und werden dann aufgrund der dunklen Farbe der Sporen braunschwarz bis schwarz. *Coprinus* (Tintlinge) hat schwarze Sporen. Eine deutliche Hülle fehlt. Bei der Sporenreife zerfließen die Lamellen zu einer tuscheähnlichen Flüssigkeit. *Cortinarius* (Schleierlinge) hat rostbraune Sporen und eine Hülle, die spinnwebartig zwischen Hutrand und Stiel ausgespannt ist.

Russula (Täublinge) und *Lactarius* (Reizker) haben als Folge einer eigenartigen anatomischen Struktur sprödes Fruchtfleisch. *Lactarius* enthält zudem Hyphen mit Milchsaft.

Boletus und weitere Gattungen (Röhrlinge) haben ein Hymenium, das auf der Innenseite von Röhren liegt. Die Schicht mit den Röhren läßt sich leicht vom übrigen Hut abtrennen (vgl. Porlinge S. 73).

Bei den Vertretern der Ordnung *Gastromycetales*, Bauchpilze, sind die Fruchtkörper während der gesamten Sporenentwicklung geschlossen. Die Sporen werden nicht aktiv von den Basidien weggeschleudert, was im Zusammenhang mit der Entwicklung des Fruchtkörpers gesehen werden muß. Bei vielen öffnet sich die Wand des Fruchtkörpers bei der Reife und zwar auf unterschiedliche Weise. Andere leben unterirdisch und sind trüffelähnlich. Bei diesen bleibt der Fruchtkörper geschlossen. Die Bauchpilze bilden keine phylogenetische Einheit, sondern die verschiedenen Gruppen haben sich anscheinend aus unterschiedlichen Blätterpilzen und Röhrlingen entwickelt. Die Bauchpilze sind also am ehesten als Organisationsstufe zu verstehen. Sie zeigen häufiger als andere Ständerpilze eine Anpassung an trockene Umweltbedingungen.

Phallus (Stinkmorcheln) hat Fruchtkörper, die im jungen Stadium eiförmig aussehen. Bei der Reife streckt sich ein Teil des inneren Gewebes zu einem fußähnlichen Gebilde, wodurch die Wand gesprengt wird und die schleimigen Sporenmassen empor gehoben werden. Die Sporen werden von Insekten verbreitet, die durch den strengen Geruch, der vom Fruchtkörper ausgeht, angelockt werden. Die Stinkmorcheln sind somit wie die unterirdischen Gastromyceten und die Trüffeln (s. S. 168) Pilze, die von Tieren verbreitet werden. Die meisten anderen Schlauch- und Ständerpilze benutzen dazu den Wind.

Lycoperdon (Stäublinge) besitzt Fruchtkörper, die mit einem kurzen Stiel versehen sind und sich an der Spitze mit einer Pore öffnen. Die Sporen werden wie Staub verbreitet.

Calvatia (z. B. Hasenbovist u. ähnliche) hat ungestielte Fruchtkörper, die unregelmäßig aufbrechen.

Unterklasse Heterobasidiomycetidae (ca. 6500 Arten)

Die Basidien sind nahezu immer mehrzellig. Man findet zwei Haupttypen. Beim einen wird die Basidienanlage nach der Meiose durch Längswände in 4 Kammern aufgeteilt. Jede dieser Einheiten streckt sich schlauchförmig. An der Spitze eines jeden Auswuchses wird eine Basidiospore abgeschieden. Beim anderen Typ entwickelt sich von der Basidienanlage her ein Auswuchs, der nicht sofort aufgeteilt wird. Die 4 Kerne, die Produkte der Meiose, wandern in den Schlauch ein, der danach mit Querwänden in vier Räume aufgeteilt wird, von denen ein jeder einen Kern enthält. Jede dieser Kammern erzeugt dann eine oder (bei Brandpilzen) mehrere Basidiosporen. Bei einigen Vertretern sind Fruchtkörper vorhanden; sie fehlen aber bei den parasitierenden, z. B. bei den Rost- und Brandpilzen. Die systematische Stellung der Heterobasidiomycetidae ist umstritten.

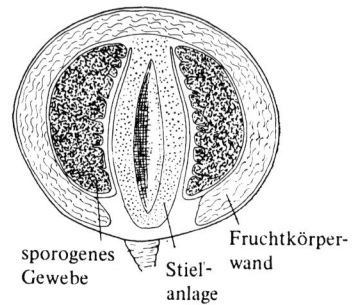

sporogenes Gewebe Stielanlage Fruchtkörperwand

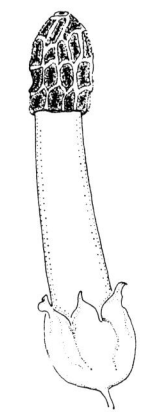

Abb. 113. *Phallus, oben* unreifer Fruchtkörper, Längsschnitt, ×0,75; *unten* reifer Fruchtkörper, ×0,25

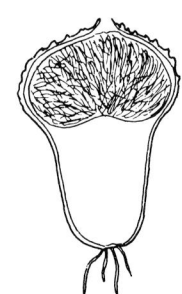

Abb. 114. *Lycoperdon,* Fruchtkörper, Längsschnitt, ×0,6

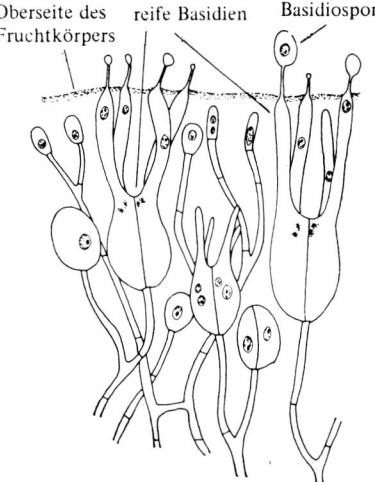

Oberseite des   reife Basidien   Basidiospore
Fruchtkörpers

Abb. 115. *Tremella,* Hymenium, Quer-schnitt, ×1000

Tremella (Zitterling) und *Exidia* (Drüsling) leben saprophytisch auf Holz. Ihre Fruchtkörper sind bei Nässe gallertartig.

Der Fruchtkörper von *Tremella* ist polsterförmig und gewöhnlich gelb. Bei *Exidia* hingegen ist er blattähnlich und braun-schwarz. Beide gehören zum Typ mit längsgeteilten Basidien.

Puccinia gehört zur wichtigen Gruppe der Rostpilze, die einen quergeteilten oberen Basidien-abschnitt besitzen. Ein Fruchtkörper fehlt. Alle Rostpilze parasitieren auf Höheren Pflanzen. *Puccinia graminis* z. B. verursacht den Schwarzrost auf Getreide, insbesondere auf Weizen. Manche Rostpilze wechseln den Wirt, das heißt der Pilz parasitiert während verschiedener Sta-dien seiner Entwicklung auf unterschiedlichen Pflanzen. Die Basidienanlage dient im allge-meinen als Überwinterungsorgan (Winterspore, *Teleutospore*). Im Frühjahr wächst aus den z. B. auf dem Erdboden liegenden Wintersporen ein oberer Basidienteil aus. Bei *Puccinia gra-minis* sind die Wintersporen zweizellig. Jede Zelle entspricht einem unteren Basidienteil und bildet ihren eigenen oberen Basidienteil aus. Es werden 4 Basidiosporen erzeugt, die aktiv ab-geworfen werden. Im folgenden werden die Verhältnisse von *Puccinia graminis* etwas einge-hender geschildert. Die Basidiosporen keimen auf Berberitzenblättern aus, wo zwischen den Blattzellen ein Primärmyzel gebildet wird. Die Paarkernphase wird normalerweise dadurch eingeleitet, daß einkernige Sporen eines Myzels mit anderem Kreuzungstyp auf speziellen Empfängnishyphen landen. Der Kern einer Spore dringt in eine Zelle der Empfängnishyphe ein. Diese wird dadurch paarkernig. Der Sporenkern teilt sich, und der eine Tochterkern wan-dert durch die Pore in der Querwand in eine angrenzende Zelle ein.

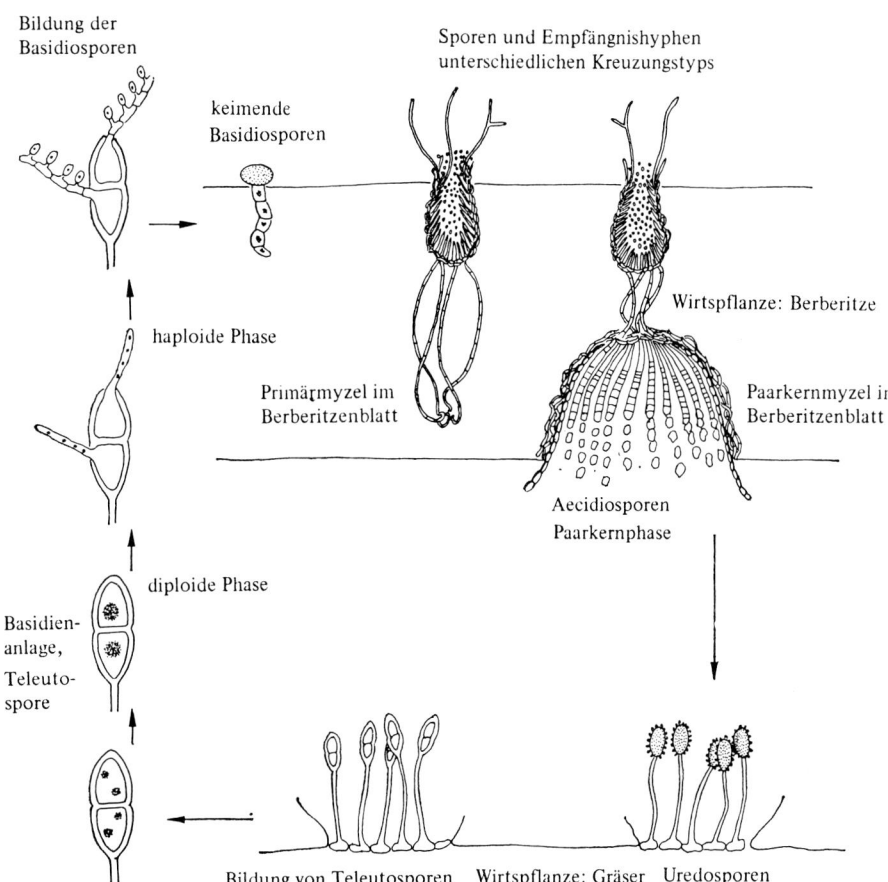

Bildung der
Basidiosporen

keimende
Basidiosporen

Sporen und Empfängnishyphen
unterschiedlichen Kreuzungstyps

haploide Phase

Primärmyzel im
Berberitzenblatt

Wirtspflanze: Berberitze

Paarkernmyzel im
Berberitzenblatt

Basidien-anlage,
Teleuto-spore

diploide Phase

Aecidiosporen
Paarkernphase

Bildung von Teleutosporen   Wirtspflanze: Gräser   Uredosporen

Abb. 116. *Puccinia graminis,* Lebenszy-klus

Der Vorgang wiederholt sich und das gesamte haploide Myzel wird so allmählich paarkernig. Paarkernige Sporen (*Aecidiosporen*) werden von schüsselförmigen Organen, den Aecidien, abgesondert und übertragen die Infektion auf Blätter von Gräsern, z. B. von Weizen. Hier entwickelt sich ein Paarkernmyzel, das sich mit Hilfe von speziellen Sommersporen (*Uredosporen*) rasch auf andere Pflanzen ausbreitet. Gegen den Herbst zu bilden sich anstelle der Sommersporen Wintersporen (*Teleutosporen*). Damit wiederum Weizen befallen werden kann, muß der Pilz zuerst eine Berberitze passieren. Einen gewissen Schutz gegen den Befall erhält man somit durch Ausrottung der Berberitze.

Die Rostpilze sind eine große und mannigfaltige Gruppe. Unterschiedliche Gestalt der Teleutosporen sind unter anderem Merkmale, die Gattungen charakterisieren. Ein oder mehrere der hier vorgestellten Sporentypen fehlen einigen. Andere führen keinen Wirtswechsel durch.

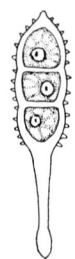

Abb. 117. 3-zellige Teleutospore (*Phragmidium*), ×250

Ustilago gehört zu den Brandpilzen. Diese befallen sowohl Gräser als auch viele andere Pflanzen. Die Basidienanlage weicht von der anderer Gruppen stark ab. Die Hyphenzellen runden sich ab und lösen sich voneinander. Sie fungieren als Sporen. Diese sind dickwandig, meistens schwarz, und heißen deshalb „Brandsporen". Bei der Keimung der Brandsporen wird ein quergeteilter oberer Basidienabschnitt gebildet. Jede der 4 Kammern kann viele Basidiosporen bilden. Aus jeder Spore kann ein Primärmyzel entstehen, das auf Wirtspflanzen (z. B. Getreidearten) parasitisch wächst. Das Paarkernstadium entsteht im Prinzip durch Somatogamie, doch gibt es in den Details vielfältige Unterschiede. Das paarkernige Myzel ist zur Infektion fähig und wächst zwischen den Zellen des Wirtes. Es dringt in die Gewebe ein, wird aber erst bei der Bildung der Brandsporen sichtbar, wenn z. B. der Fruchtknoten des Wirtes zerstört wird und eine große Menge Sporen enthält. Verschiedene Arten befallen verschiedene Getreidearten und infizieren zu unterschiedlichen Zeitpunkten:

Einige im Keimlingsstadium, andere zur Zeit der Blüte. Gegen den Befall im Keimlingsstadium wird das Saatgut seit einigen Jahren mit Quecksilber, einem effizienten Bekämpfungsmittel, behandelt; inzwischen ist dies in einigen Ländern verboten worden. Insofern spielt *Ustilago* indirekt eine Schlüsselposition in der Problematik der Umweltvergiftung.

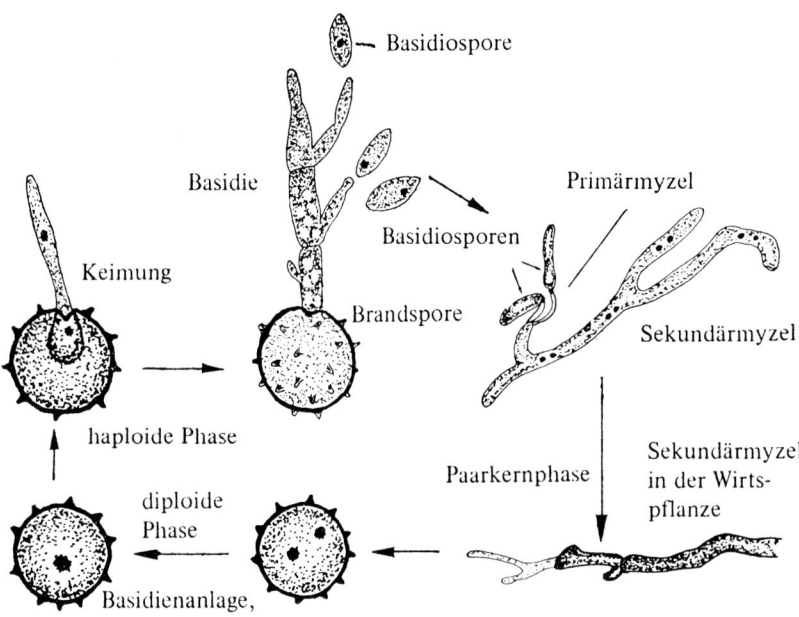

Abb. 118. *Ustilago*, Lebenszyklus

Tilletia (Stinkbrand) bildet in den Fruchtknoten von Gräsern, z. B. Weizen, übelriechende Sporenmassen. In Bezug auf die Gestalt der Basidien und der Basidiosporen sowie des Kernphasenwechsels weichen die Verhältnisse erheblich von denen bei *Ustilago* ab; z. B. sind im allgemeinen die Basidiosporen selber das einzige haploide Stadium.

Tabelle 2. Schematische Übersicht der Mycota (gilt für die hier behandelten Gruppen)

	Myxomycotina	Eumycotina					
	Myxomycetes	Chytridiomycetes	Oomycetes	Zygomycetes	Ascomycetes	Basidiomycetes
Thallusbau	Plasmodium	blasenähnlicher Thallus oder Hyphen. Nur Reproduktionsorgane mit Querwänden abgegrenzt; eventuelle Querwände in vegetativen Hyphen nicht im Zusammenhang mit Kernteilungen			Hyphen meist mit Querwänden, die im Zusammenhang mit Kernteilungen angelegt werden	
Geißel	2 ungleich lange Peitschengeißeln am Vorderende	eine Peitschengeißel am Hinterende	eine Peitschen- und eine Flimmergeißel, beide am Vorderende oder an der Seite	fehlen	fehlen	fehlen
Asexuelle Vermehrung	Zoosporen	Zoosporen	Zoosporen, ungeöffnete Sporangien	Aplanosporen u. andere asexuell gebildete Sporen	Konidien und weitere asexuell gebildete Sporen	
Sexuelle Fortpflanzung	Isogamie	Iso-, Aniso- od. Oogamie	Oogamie, Gametangiogamie	Gametangiogamie und Reduktionen		Somatogamie und Reduktionen
Kernphasenwechsel	Diplonten	die Mehrzahl mit wechselnder Zahl haploider Kerne je Zelle im dominierenden vegetativen Stadium. Alle Oomycetes vermutlich Diplonten			Die Mehrzahl mit 1 haploiden Kern/Zelle im dominierenden vegetativen Stadium	mit 2 haploiden Kernen/Zelle im dominierenden vegetativen Stadium
Fruchtkörper	fehlt	fehlt	fehlt	fehlt (in einigen Fällen angedeutet)	vom 1-Kern- u. Paarkernmyzel gebildet	vom Paarkernmyzel gebildet

Einleitung zu den Kormophyten

Kormophyten (kormos = Sproß, Stamm) wird bisweilen als Sammelbegriff für die große Gruppe von vorzugsweise auf dem Land lebenden Pflanzen gebraucht, die mit wenigen Ausnahmen in Stamm und Blatt differenziert sind (vgl. S. 119). Das Merkmal, das der Gruppe den Namen gegeben hat, ist jedoch nicht allgemeingültig, weil bei den Moosen, die zu den Kormophyten gerechnet werden, Vertreter mit Thalli vorkommen.

Eine andere Bezeichnung, die parallel mit Kormophyten verwendet wird, ist *Archegoniatae*, denn ein für die gesamte Gruppe gemeinsames Merkmal liegt im Bau des weiblichen Gametangiums, des *Archegoniums*. Es besteht aus einem flaschenähnlichen Organ und ist bei allen Kormophyten nach demselben Prinzip gebaut: Eine basale Eizelle, darüber eine Bauchkanalzelle und Halskanalzellen in wechselnder Zahl und zuäußerst eine Schicht steriler Zellen. Bei den Gymnospermen ist das Archegonium mehr oder weniger reduziert. Bisweilen blieb nur die Eizelle übrig. Die Angiospermen werden oft aus den Archegoniaten ausgeschlossen. Der Eiapparat und eventuell auch die Antipodenzellen im Embryosack, so wird vermutet, entsprechen einem stark reduzierten Archegonium. Die Details dieser Homologieverhältnisse sind jedoch nicht bewiesen.

Die *Antheridien* sind mehrzellig und besitzen, ähnlich wie die Archegonien, eine äußere Schicht steriler Zellen (vgl. die Algen S. 30). Die männlichen Gameten sind bei den meisten Gruppen mit zwei oder mehreren Geißeln vom Peitschentypus versehen. Bei der Mehrzahl der Samenpflanzen hingegen fehlt eine Geißel.

Die meisten Vertreter sind phototroph. Nur wenige leben saprophytisch oder parasitisch und sind folglich heterotroph. Die Zellwand besteht aus Zellulose. Bei nahezu allen Gruppen sind in jeder Zelle viele grüne Chloroplasten vorhanden. Sie enthalten Chlorophyll a und b. Das Assimilationsprodukt ist Stärke. Diese Merkmale, wie auch gemeinsame Xanthophylle und die Form der Geißeln, zeigen Ähnlichkeiten mit den Grünalgen und deuten darauf hin, daß Kormophyten und Grünalgen einen gemeinsamen Ursprung haben (vgl. S. 27).

Das Längenwachstum der Kormophyten geht in erster Linie von teilungsfähigen Geweben an der Spitze aus (*apikale Meristeme*). Diese Meristeme sind bei Moosen und Farnen einfach gebaut, bei den Samenpflanzen hingegen mehrschichtig. Bei Sprossen kommen Meristeme an den Knoten hinzu. Das *primäre Dickenwachstum* erfolgt im Zusammenhang mit dem Spitzenmeristem, während das *sekundäre* von einem *lateralen Meristem* (dem *Kambium*) ausgeht, das letztlich als zylindrische Schicht im Leitungsgewebe angelegt wird. Sekundäres Dickenwachstum gibt es nur bei Gymnospermen, innerhalb der Angiospermen bei den Dikotylen und bei einigen ausgestorbenen Gruppen der Farnpflanzen.

Die Kormophyten haben einen regelmäßigen Generationswechsel zwischen einer haploiden Gametophyten- und einer diploiden Sporophytengeneration.

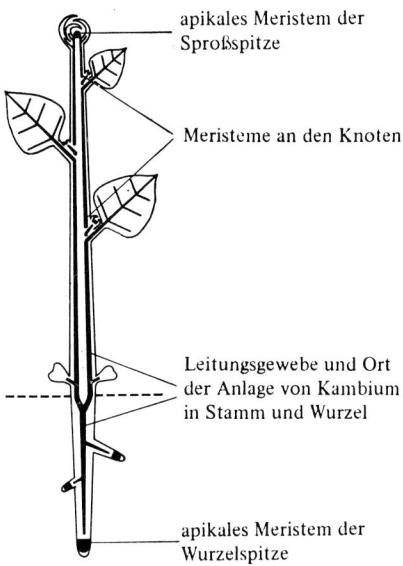

apikales Meristem der Sproßspitze

Meristeme an den Knoten

Leitungsgewebe und Ort der Anlage von Kambium in Stamm und Wurzel

apikales Meristem der Wurzelspitze

Abb. 119. Wachstum bei Kormophyten

Abteilung Bryophyta (Moose)

ca. 20000 Arten

Die Moose sind die am einfachsten gebauten Kormophyten und bilden eine gut abgegrenzte Gruppe.

Bryophyten kommen über die gesamte Erde hinweg in ganz unterschiedlichen Biotopen vor; allerdings gibt es keine marine Arten. Die meisten ertragen starke Austrocknung. Dies hängt unter anderem mit der Weise zusammen, wie sie mit der Wasserversorgung fertig werden (s. u. bei den verschiedenen Klassen). Die größte Rolle spielen die Moose in niederschlagsreichen Gebieten der temperierten Zone, in der Arktis und in den Gebirgen der Tropen.

Die Moose reichern Schwermetalle an und können deshalb verwendet werden, um den Grad der chemischen Umweltverschmutzung zu analysieren.

Lebenszyklus und Morphologie

Für die Moose ist kennzeichnend, daß der Gametophyt die assimilierende und kräftiger entwickelte Generation vertritt. Er ist normalerweise mehrjährig, indes der Sporophyt kurzlebig ist. Dieser lebt auf dem Gametophyten und wird von ihm ernährt.

Der Gametophyt besteht aus einem ersten Entwicklungsstadium, dem *Protonema*, und aus der eigentlichen Moospflanze, die aus dem Protonema hervorgeht. Das Protonema stirbt im allgemeinen ab, sobald sich die Moospflanze entwickelt. Diese kann aus einem undifferenzierten Thallus bestehen oder ist in Stamm und Blatt gegliedert. Die meisten Moose besitzen *Rhizoide,* wurzelähnliche Absorptions- und Verankerungsorgane in Form einfacher Zellfäden. Sie können einzellig oder mehrzellig (mit schrägen Querwänden) sein.

Antheridien kommen entweder auf demselben oder auf verschiedenen Individuen vor. Die Antheridien besitzen einen kurzen Stiel und sind kugelig oder eiförmig. In ihnen bilden sich spiralige Spermatozoiden, gewöhnlich mit zwei endständigen Geißeln. Auch die Archegonien haben einen kurzen Stiel und relativ viele (4–8) Halskanalzellen. Wenn diese aufgelöst werden, können die Spermatozoiden durch den gebildeten Kanal schwimmend die Eizelle erreichen.

Bei der Befruchtung entsteht eine diploide Zygote, die sich direkt zum Sporophyten (*Sporogon*) entwickelt. Dieser ist normalerweise in *Fuß, Stiel (Seta)* und *Kapsel* gegliedert. In der Kapsel werden nach einer Meiose Sporen gebildet. Bei einigen Gruppen kann man im unteren Teil der Kapsel chlorophyllführende Gewebe und Spaltöffnungen finden, die aber für eine wesentliche Assimilation nicht ausreichen.

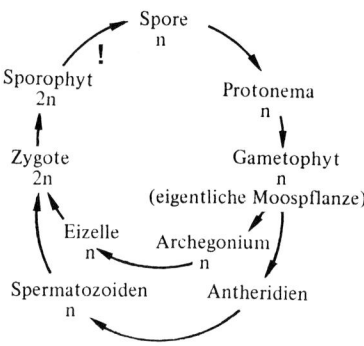

Abb. 120. Generationswechsel von Moosen

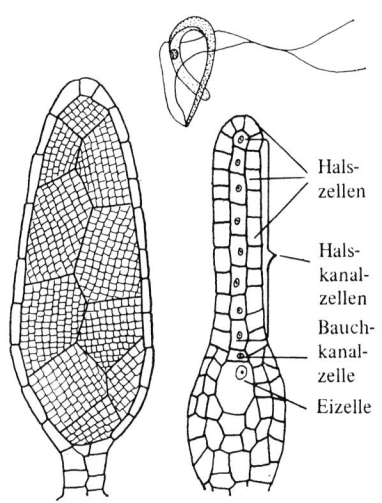

Abb. 121. Antheridium, Spermatozoid und Archegonium eines Mooses

Während der ersten Entwicklung ist der Sporophyt von der Archegonienwand umgeben. Beim Wachstum wird diese gesprengt und bleibt bei einigen Gruppen als Kragen an der Basis des Sporophyten übrig. Bei anderen löst sich der obere Teil des Archegoniums und sitzt dann als Haube (*Kalyptra*) auf der Sporenkapsel.

Vegetative Vermehrung

Viele Moose vermehren sich ganz oder überwiegend auf vegetativem Wege.

Das Regenerationsvermögen ist unerhört groß. Auch sehr kleine, abgebrochene Teile einer Moospflanze können sich zu einem neuen Individuum entwickeln. Diese Vermehrungsweise wird dadurch erleichtert, daß Moose bei Trockenheit spröde werden und leicht zerbrechen. Bisweilen wächst die neue Pflanze nicht direkt aus dem Moosfragment, sondern es wird zuerst ein Protonema gebildet. Das kann sowohl von Teilen des Gametophyten als auch des Sporophyten ausgehen. *Apomixis* (vgl. S. 140) kann dadurch entstehen, daß der Sporophyt ohne Meiose Protonemata bildet, die natürlich diploid sind und eine diploide Gametophytengeneration begründen.

Bei vielen Moosen gibt es spezielle Organe, die sich von der Mutterpflanze lösen und als Vermehrungskörper verbreitet werden. Sie können bestehen aus fadenähnlichen Auswüchsen, aus ein- bzw. wenigzelligen Brutkörperchen oder aus mehrzelligen Brutkörpern mit einer bestimmten Form. Die letzteren werden bisweilen in besonderen, schüsselförmigen Organen gebildet.

Sogenannter *progressiver Zuwachs,* das heißt Verzweigung und Wachstum jüngerer Teile, während die älteren absterben und vermodern, ist insbesondere bei den Marchantiatae und Sphagnatae weit verbreitet. Bei den Bryatae entstehen im Zusammenhang mit progressivem Zuwachs oft ganze Teppiche.

Cytologie

Die cytologischen Verhältnisse der Moose sind noch unzureichend bekannt. Die Chromosomen sind im allgemeinen klein. Es gibt viele Grundzahlen, bei den Lebermoosen scheint aber n = 9 zu dominieren. Polyploidie wurde bei mehreren Gruppen nachgewiesen.

Systematik

Seit alters werden die Moose in Hepaticae (Lebermoose) und Musci (Laubmoose) gegliedert. Inzwischen ist man aber der Ansicht, daß eine Aufspaltung in fünf Klassen die Evolutionsverhältnisse besser widerspiegelt. Drei dieser Klassen werden hier dargestellt.

Merkmale mit großer Variation und von Bedeutung für die taxonomische Gliederung sind folgende: Entwicklung des Protonemas, Differenzierung des Gametophyten (Thallus oder Stämmchen und Blättchen), Bau der Rhizoide, Anatomie des Thallus respektive der Blättchen, Bau der Antheridien und des Archegoniums, sowie äußere und innere Differenzierung des Sporophyten.

Klasse Marchantiatae (Lebermoose)

ca. 6000 Arten

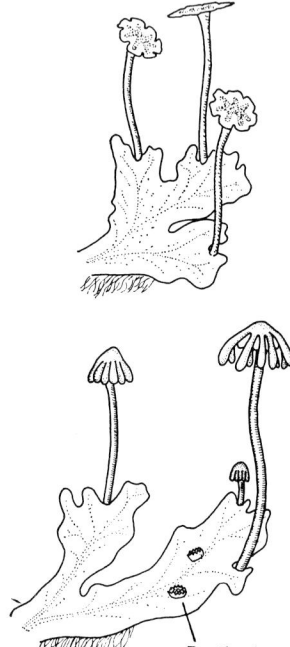

Die ältesten Fossilfunde von Lebermoosen datieren aus dem oberen Karbon.

Marchantiatae sind in den meisten Erdteilen vertreten. In den Tropen findet man jedoch die größte Artenzahl. Lebermoose wachsen vor allem auf feuchter Erde, Felsen, Baumstämmen und in Mooren.

Der *Gametophyt* besitzt ein wenigzelliges Protonema, aus dem *eine* Pflanze entsteht. Die Moospflanze, deren Größe normalerweise zwischen 1 und 10 cm schwankt, besteht bei einigen Gruppen aus einem Thallus, während sie bei anderen in Stämmchen und Blättchen differenziert ist. Falls Blättchen vorhanden sind, sind sie in drei Reihen entlang des Stämmchens inseriert. Die Blättchen von zwei dieser Reihen sind groß, die der dritten klein. Dadurch erscheint der Sproß abgeplattet. Die Blättchen sind oft zweizipfelig, von einer einzigen Zellschicht aufgebaut und haben keine Mittelrippe. Die Rhizoide sind einzellig und unverzweigt. Antheridien und Archegonien stehen oft in Gruppen zusammen oder sind zu speziellen Ständen vereinigt. Archegonienreste bleiben häufig als Kragen an der Basis des Sporophyten übrig.

Der *Sporophyt* ist in Fuß, Stiel (meistens) und Kapsel differenziert. Bei allen Lebermoosen fehlen ihm Chlorophyll und Spaltöffnungen. In der Kapsel, die sich mit 4 Zähnen öffnet oder unregelmäßig aufspringt, entwickeln sich außer den Sporen bei den meisten Lebermoosen auch sogenannte *Elateren*. Das sind langgestreckte, hygroskopische, sterile Zellen, oft mit schraubigen Verdickungen. Sie sind beim Ausstreuen der Sporen von Bedeutung.

Abb. 122. *Marchantia, oben* männlicher Gametophyt, *unten* weiblicher Gametophyt, ×0,8

Marchantia polymorpha (Brunnenlebermoos) wächst an nährstoffreichen Sumpfrändern und Seeufern oder bisweilen auf trockenerem Untergrund, wie nackten Stellen, z. B. in Gärten. Der Thallus ist relativ dick, deutlich gabelig verzweigt, mit einem anatomisch komplizierten Bau und charakteristischen Brutbechern, in denen vegetative Vermehrungskörperchen gebildet werden. Antheridien und Archegonien sitzen an gestielten, regenschirmähnlichen Ständen. Der Sporophyt ist kurzgestielt und von einer hautähnlichen Hülle, einem Organ des Archegoniums, umgeben.

Plagiochila (Schiefmundmoos) ist ein verbreitetes Waldbodenmoos. Der Gametophyt besteht aus einem Stamm mit ungeteilten ganzrandigen oder gezähnten Blättchen. Das Archegonium ist endständig und wird von einer Hülle umgeben, die aus verwachsenen Endblättchen besteht. Der Sporophyt besitzt einen Fuß, einen langen Stiel und eine Kapsel.

Riccia (Sternlebermoos) wächst auf dem Erdboden oder schwimmt auf dem Wasser. Der Gametophyt hat einen sternförmigen oder wiederholt gabelig verzweigten Thallus. Der Sporophyt ist einfach gebaut, ungestielt und in den Thallus des Gametophyten eingesenkt. Elateren fehlen. Die Sporen werden durch Auflösung der Kapsel frei.

Abb. 123. *Plagiochila,* Gametophyt mit Sporophyt, ×1,2

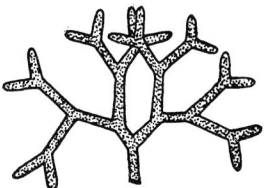

Abb. 124. *Riccia,* Gametophyt, ×1,0

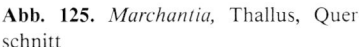

Abb. 125. *Marchantia,* Thallus, Querschnitt

Abb. 126. *Marchantia,* junge Kapsel, Längsschnitt, ×70

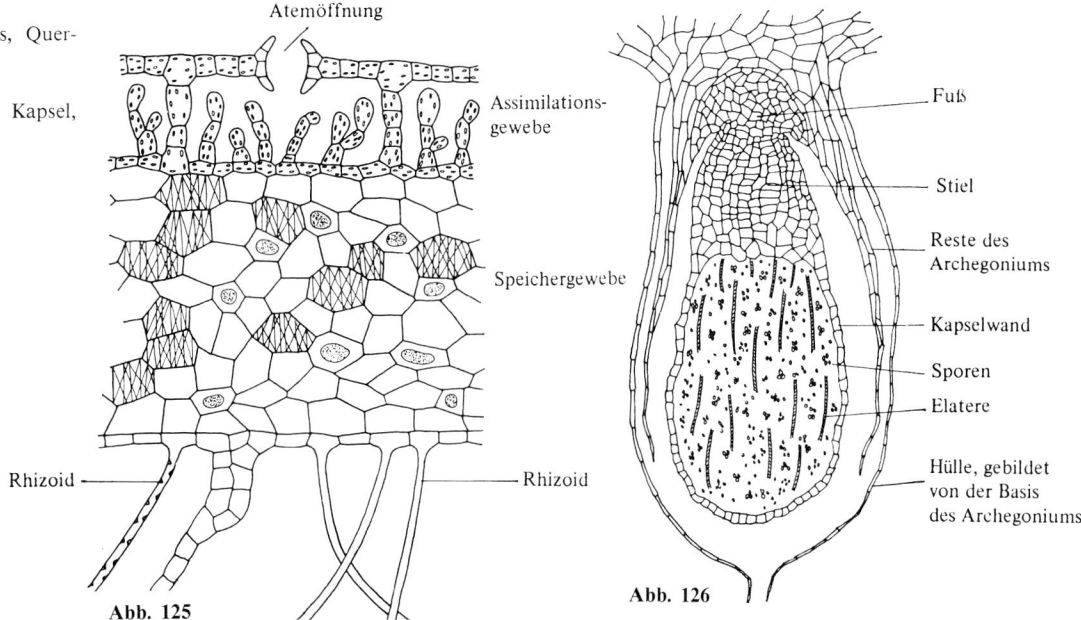

Atemöffnung

Assimilationsgewebe

Speichergewebe

Rhizoid

Rhizoid

Fuß

Stiel

Reste des Archegoniums

Kapselwand

Sporen

Elatere

Hülle, gebildet von der Basis des Archegoniums

Abb. 125

Abb. 126

Klasse Sphagnatae (Torfmoose, Bleichmoose)

ca. 350 Arten

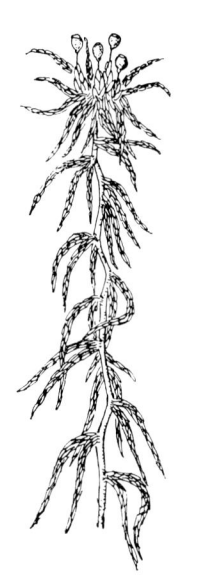

Abb. 127. *Sphagnum,* Gametophyt mit Sporophyten, ×0,7

Die ältesten bekannten fossilen Torfmoose stammen aus der Kreide.

Die Klasse umfaßt eine einzige rezente Gattung, *Sphagnum.* Die Verbreitung beschränkt sich auf die gemäßigten und arktischen Gebiete und auf die höheren Berge in den Tropen. Torfmoose kommen hauptsächlich in Mooren vor, wo sie ganze Teppiche bilden. Die Torflager von Hochmooren sind fast vollständig von Sphagnen aufgebaut. Was den Bau des Gametophyten betrifft, nimmt die Gruppe innerhalb der Bryophyta eine isolierte Stellung ein.

Gametophyt. Das Protonema ist scheibenförmig, gelappt und mit mehrzelligen Rhizoiden versehen. Es bildet nur eine einzige Moospflanze. Diese wird meist 10–30 cm, bei einigen Arten aber bis zu 50 cm hoch. Zu Beginn wird Wasser über die Rhizoide aufgenommen, später aber durch Absorption vom ganzen Pflänzchen. Das Pflänzchen besteht aus einem aufrechten Stämmchen mit gebüschelten Seitenästen. Diese tragen mittelrippenlose, ungeteilte ganzrandige Blättchen, die in drei Längsreihen angelegt werden.

Sie sind anatomisch besonders gebaut. Schmale Assimilations- oder Chlorophyllzellen sind netzförmig angeordnet. In den „Maschen" dazwischen liegen dünnwandige, wassergefüllte, tote Zellen. Diese großen Wasserspeicherzellen sind mit schrauben- oder ringförmigen Verstärkungen versehen. Ihre Form, sowie die Gestalt und die Lage der Assimilationszellen sind wichtige artspezifische Merkmale.

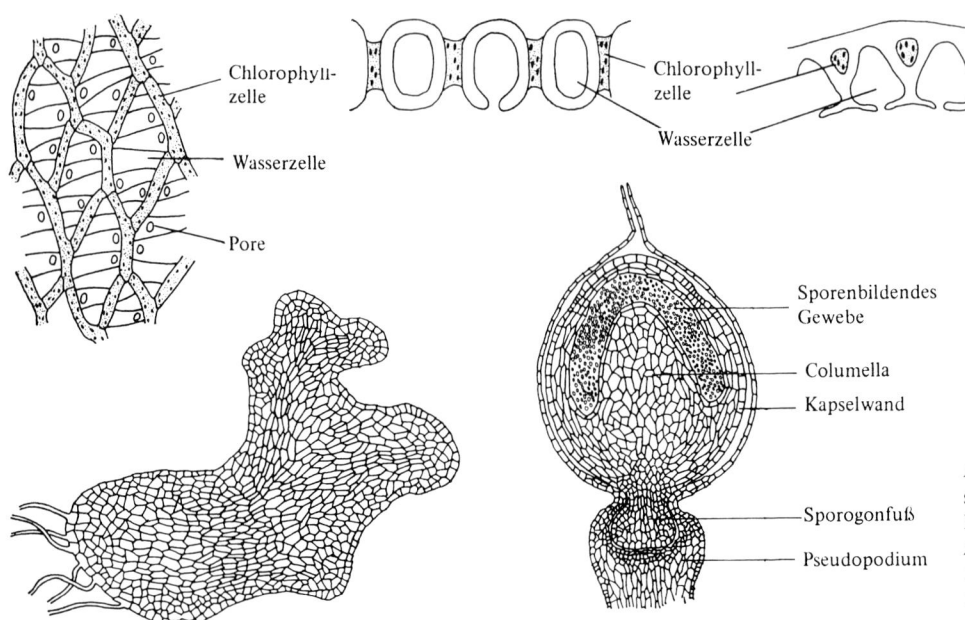

Chlorophyll-
zelle

Wasserzelle

Pore

Chlorophyll-
zelle

Wasserzelle

Sporenbildendes
Gewebe

Columella

Kapselwand

Sporogonfuß

Pseudopodium

Abb. 128. *Sphagnum, oben links* Ausschnitt aus der Blattoberfläche; *rechts* Blattquerschnitte von zwei verschiedenen Arten, ×500; *unten links* Protonema, ×200; *rechts* Sporophyt im Längsschnitt, ×25

Die Antheridien werden in Blattachseln besonderer Seitenäste nahe der Spitze gebildet. Die Archegonien liegen an der Spitze von ♀-Zweigen.

Der *Sporophyt* entwickelt sich im Frühjahr. Er besteht aus einem Fuß und einer Kapsel mit Deckel. Dieser wird explosionsartig abgesprengt. Unterhalb des Fußes wächst ein kurzer Stiel aus, ein *Pseudopodium*, das vom Gametophyten gebildet wird. In der Kapselwand können Spaltöffnungen und Chlorophyll vorhanden sein. Die Sporen entstehen rings um ein halbkugeliges Gebilde, *Columella* genannt. Elateren fehlen. In der freien Natur werden Sporophyten von *Sphagnum* selten beobachtet, weil sie kurz nach dem Ausstreuen der Sporen vergehen.

Klasse Bryatae (Laubmoose)

ca. 13 500 Arten

Fossile Reste sind ziemlich fragmentarisch. Sichere Funde sind erst ab dem Tertiär bekannt. Die Laubmoose sind weltweit verbreitet und wachsen auf dem Erdboden, auf Felsen und Baumstämmen, selten in Gewässern. Sie bilden oft Teppiche.

Gametophyt. Das Protonema ist fadenförmig und verzweigt. Aus ihm entstehen eine oder mehrere Moospflanzen mit mehrzelligen Rhizoiden. Das Stämmchen kann verzweigt sein und variiert in der Länge stärker als bei den vorhergehenden Gruppen, nämlich von weniger als 1 cm bis im Extrem circa 70 cm. Bei der Mehrzahl besteht

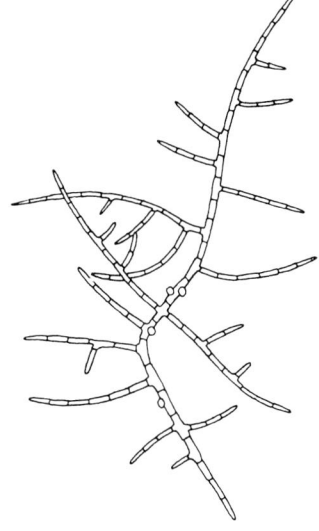

Abb. 129. *Bryum,* Protonema, ×120

es zuäußerst aus einer Schicht dickwandiger und innen aus einem Mark dünnwandiger, wenig spezialisierter Zellen mit luftgefüllten Zwischenräumen. Ganz zuinnerst findet sich ein Zentralstrang aus Zellen mit schrägen Endwänden und wahrscheinlich wasserleitender Funktion.

Die Blättchen sind in einer Schraube inseriert (S. 128), ungestielt und ungeteilt. Ihre Form variiert. Die Ränder sind ganz oder, manchmal, gezähnt. Eine Mittelrippe ist verbreitet vorhanden. Die Spreite des Blättchens besteht normalerweise aus einer, hie und da aus mehreren Zellschichten. Die Gestalt und Größe der Zellen ist außerordentlich variabel. Bei einem Teil der Gattungen, z. B. bei *Polytrichum,* sind die Blättchen anatomisch, dem Stämmchen vergleichbar, differenziert.

Bei den Bryatae gibt es verschiedene Einrichtungen, die die Wasserversorgung erleichtern. z. B. haarähnliche Auswüchse am Stamm (*Hylocomium*), in der Längsrichtung des Blattes lamellenähnlich angeordnete Zellreihen (*Polytrichum*) und Differenzierung in Chlorophyllzellen und wassergefüllte, tote Zellen (*Leucobryum,* vgl. Sphagnatae S. 83).

Antheridien und Archegonien sitzen zu mehreren an den Sproßspitzen, oft zusammen mit sterilen Auswüchsen. Jeder derartige Stand kann von Hüllblättern (*Perichaetium*) umgeben sein, deren Aussehen von dem der normalen Blättchen abweicht, wie z. B. bei *Polytrichum* oder *Mnium.* Er wird dann als „Moosblüte" bezeichnet.

Bei einem Teil der Laubmoose sitzen die Gametangien und somit auch der Sporophyt an der Spitze des Hauptsprosses oder kräftiger Seitenäste (*akrokarpe* Moose). Diese Moose wachsen meist polsterförmig, z. B. *Dicranum, Mnium.*

Bei der anderen Gruppe sitzen die Gametangien, beziehungsweise der Sporophyt, an den Enden kleiner Seitenäste (*pleurokarpe* Moose). Die Moose dieses Typs wachsen sehr oft teppichförmig, zum Beispiel *Hypnum, Hylocomium.*

Der *Sporophyt* besteht aus Fuß, Stiel (Seta) und Kapsel. Unterhalb der Kapsel ist der Stiel oft angeschwollen. Die Kapselwand kann Chlorophyll und Spaltöffnungen enthalten. In ihrem Inneren befindet sich eine zylindrische Columella, die bis zur Spitze reicht. Elateren fehlen. Die Kapsel öffnet sich mit einem Deckel, der sich dadurch löst, daß ein Ring dünnwandiger Zellen bei der Reife verschleimt. Die Zellschicht unterhalb des Deckels springt radiär auf und bildet eine oder zwei Reihen Zähne (*Peristom*). Diese sind hygroskopisch beweglich und bestehen aus toten, oft verdickten, übrigbleibenden Resten von Zellwänden. Ihr Vorkommen und ihre Form sind von großer taxonomischer Bedeutung.

Dicranum (Gabelzahnmoos) wächst vor allem in Wäldern. Die Blätter sind schmal elliptisch oder pfriemenförmig und häufig gebogen. Die Gattung zeigt oft Geschlechtsdimorphismus mit zwergigen männlichen Pflanzen und gehört zu den akrokarpen Moosen. Die Seta ist lang und die Kapsel gekrümmt. Das Peristom ist einfach.

Splachnum (Schirmmoos) wächst auf Mooren vor allem auf Dung. Bei einigen Arten ist der obere Teil der Seta gelb oder rot und scheibenförmig abgeplattet. Von daher rührt der deutsche Name.

Bryum (Birnmoos) ist eine artenreiche Gattung, die in Mooren und auf Erde, bisweilen auch auf Steinen wächst. Die Blätter sind breit und eirund elliptisch. Die Kapsel ist gekrümmt und hat ein doppeltes Peristom.

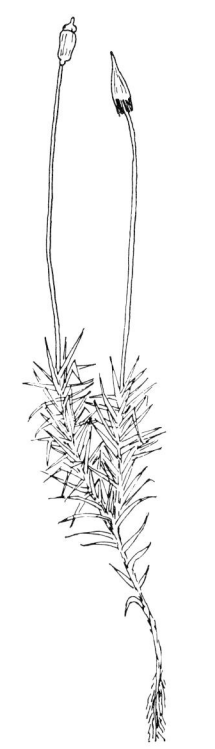

Abb. 130. *Polytrichum,* Gametophyt mit Sporophyten, ×0,7

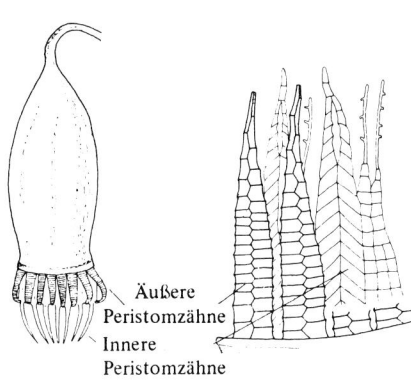

Äußere Peristomzähne
Innere Peristomzähne

Abb. 131. *Bryum, links* Kapsel mit doppeltem Peristom, ×15; *rechts* Detail des Peristoms, ×50

Mnium (Sternmoos) wächst auf feuchten Stellen in Wäldern. Die Blättchen sind oft groß, bei einigen Arten bis 1,5 cm lang, elliptischrund. *Mnium* gehört zu den akrokarpen Moosen mit einer aufrechten langgestielten Kapsel mit doppeltem Peristom.

Hypnum (Schlafmoos) ist eine vielgestaltige und sehr verbreitete Sippe, die auf Baumstämmen, Heide- und Sandböden wächst. Die Moose sind unregelmäßig federähnlich verzweigt mit einseitswendig gebogenen Blättchen. *Hypnum* gehört zu den pleurokarpen Moosen mit langer Seta und gekrümmter Kapsel. Das Peristom ist doppelt.

Hylocomium (Hainmoos) sind kräftige, glänzende Waldmoose. Sie wachsen in lockeren Teppichen. Der Gametophyt ist 2–3 mal federähnlich verzweigt. Die Gestalt des Sporophyten ist ähnlich dem von *Hypnum*.

Polytrichum (Haarmützenmoos) ist eine verbreitete Moosgattung auf Waldmooren und auch trockeneren Stellen. Einige Arten werden bis zu 50 cm groß. Die Gattung ist anatomisch stärker differenziert als die übrigen Moose. Die Blättchen sind steif und schmal. *Polytrichum* gehört zu den akrokarpen Moosen mit einer behaarten Kalyptra. Die Peristomzähne bestehen aus mehreren Zellschichten, und ihre Spitzen sind mit einer aus dem obersten Teil der Columella gebildeten Haut miteinander verbunden.

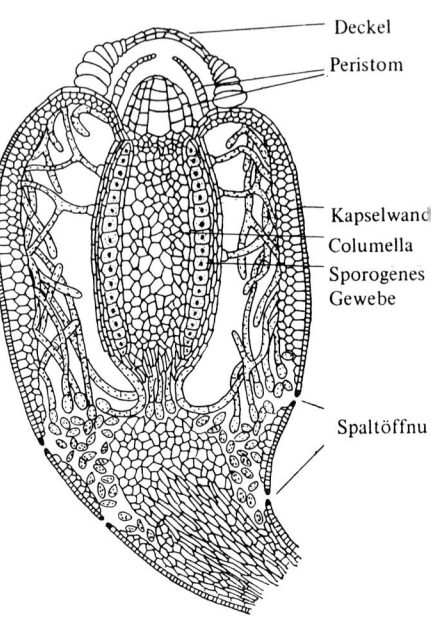

Abb. 132. *Funaria,* Längsschnitt durch die Kapsel, ×15

Entwicklungslinien und schematische Übersicht

Anpassungen an das Landleben. Die Bryophyta sind, wie erwähnt, die am einfachsten gebauten Kormophyten. Die Anpassung an das Landleben führte aber bereits bei den Moosen unter anderem zu durchgreifenden strukturellen Veränderungen, durch die die Wasseraufnahme aus dem Boden erleichtert und die oberirdische Transpiration vermindert wurde. Die Pflanzen erhielten z. B. einen festeren Bau. Weiter entwickelten sich Rhizoide und bei einem Teil eine *Epidermis* (ein äußeres zusammenhängendes einzelliges Abschlußgewebe) mit Spaltöffnungen und überdies einfach gebaute Leitungselemente. Bei Moosen, die ihre Wasserversorgung hautpsächlich aus dem Erdboden erhalten, wurde auch eine *Cuticula* ausgebildet. Die Cuticula ist eine für Wasser und Gase weitgehend undurchlässige Schicht aus Cutin (fettartiger Stoff), die die oberirdischen Teile aller Farn- und Samenpflanzen bedeckt. Die Gametangien bildeten ein äußeres steriles Gewebe aus und die Sporen wurden dickwandig.

Man vermutet, daß Moose mit Stämmchen und Blättchen aus thallusähnlichen Formen entstanden sind. Das aufrechte Wachstum, das eine größere assimilierende Oberfläche als das niederliegende ergibt, stellt somit eine fortgeschrittenere Anpassung an das Leben auf dem Land dar.

Gametophyt. Die Bryophyta sind die einzige Gruppe unter den Kormophyten, bei der der Gametophyt die dominierende Generation darstellt. Die einfachsten Gametophyten findet man bei Lebermoosen, bei denen einzelne Gattungen einen nur ein paar Millimeter großen Thallus aus praktisch nicht weiter differenzierten Zellen haben. Die am stärksten entwickelten Gametophyten kommen bei den Bryatae vor.

Sporophyt. Die einfachsten Typen findet man bei den Marchantiatae, wo bei einigen Vertretern alle Zellen außer der Wand zu Sporen werden. Der Grundtyp des Sporophyten mit seiner Differenzierung in Fuß, Stiel (fehlt bisweilen) und Kapsel ist jedoch bei den Moosen ziemlich konstant. Die verschiedenen Teile unterscheiden sich in der Form und anderen Details. Am weitesten ging die Spezialisierung bei den Bryatae.

Gametophyt (n)	Sporophyt (2n)
Marchantiatae Protonema schwach entwickelt. Moospflanze entweder thallusähnlich, oder mit Stämmchen und einfachen, oft zweizipfeligen, ungeteilten Blättchen ohne Mittelrippe, in 3 Reihen. Einzellige, unverzweigte Rhizoide. Antheridien und Archegonien bei Lebermoosen ohne Thallus direkt auf diesem sitzend oder in besonderen, gestielten Ständen, bei Lebermoosen mit Stämmchen und Blättchen auf oder unterhalb der Stammspitze. Reste der Archegonienwand in Form eines Kragens.	Differenziert in Fuß, Stiel (kann fehlen) und kugelförmiger oder zylindrischer Kapsel. Öffnet sich mit 4 Klappen oder durch Zerfall. Columella fehlt. Sporenbildendes Gewebe füllt die Kapsel. Elateren vorhanden. Spaltöffnungen und Chlorophyll fehlen.
Sphagnatae Protonema gut entwickelt, thallusähnlich, scheibenförmig, gelappt. Moospflanze differenziert in Stämmchen und Blättchen, regelmäßig verzweigt. Blätter ungeteilt, ohne Mittelrippe, mit Assimilationszellen, resp. toten Wasserzellen. Wenige, mehrzellige Rhizoide. Antheridien in Blattachseln und Archegonien an den Spitzen der Stämmchen. Stiel, der den Sporophyten trägt. Reste der Archegonienwand in Form eines Kragens.	Differenziert in Fuß und kugelförmige Kapsel. Öffnet sich mit einem Deckel (ohne Peristom). Sporenbildendes Gewebe rings um eine gewölbte Columella. Elateren fehlen. Spaltöffnungen und Chlorophyll kommen vor.
Bryatae Protonema gut entwickelt, fadenförmig, verzweigt. Moospflanze mit Stämmchen und Blättchen. Blättchen ungeteilt, ganzrandig oder gezähnt und meist mit Mittelrippe. Antheridien und Archegonien endständig, zusammen mit sterilen Auswüchsen. Reste der Archegonienwand in Form einer Haube.	Differenziert in mehr oder weniger deutlichen Fuß, Stiel und gewöhnlich zylindrische Kapsel. Öffnet sich mit Deckel. Einfaches oder doppeltes Peristom. Sporenbildendes Gewebe rings um eine zylindrische Columella. Elateren fehlen. Spaltöffnungen und Chlorophyll vorhanden.

Abteilung Pteridophyta (Farnpflanzen)

ca. 10 000 Arten

Die ältesten bekannten Fossilien von Farnpflanzen datieren aus dem Kambrium. Die Gruppe war ein wichtiger Bestandteil der Karbonflora. Sie differenzierte sich sehr früh, und die Entwicklung ging in verschiedene Richtungen. Aus diesem Grunde ist es bisweilen schwierig, bestimmte Zusammenhänge innerhalb der Gruppe festzustellen. Besonders unsicher ist die systematische Stellung der sogenannten Wasserfarne.

Lebenszyklus und Morphologie

Man pflegt die Abteilung Pteridophyta als „Gefäßpflanzen ohne Früchte" zu bezeichnen und trennt sie auf diese Weise von den Bryatae unter anderem aufgrund der vorhandenen Leitbündel und von den Spermatophyta wegen der fehlenden Samen. Von den Moosen unterscheiden sie sich auch dadurch, daß der Sporophyt selbständig lebt und in Wurzel (mit wenigen Ausnahmen), Stamm und Blatt gegliedert ist. Der Gametophyt hingegen ist klein und wenig differenziert. Bei einem Teil der Sippen kommen unterirdische Stammteile (*Rhizome*) vor. Bei einigen Gruppen sind die Blätter verhältnismäßig klein, ungestielt, ungeteilt und mit einem einfachen Leitbündel versehen, sogenannte *Mikrophylle,* bei anderen sind sie größer, häufig zusammengesetzt und mit verzweigten Leitbündeln (Nervatur), sogenannte *Makrophylle.* Die Blätter sind mehrere Zellschichten dick und bestehen aus unterschiedlichen Gewebetypen. Die Epidermis, die Spaltöffnungen enthält, ist mit einer Cuticula bedeckt (s. S. 86) und durchwegs vorhanden.

Die Sporen werden in Sporangien in Tetraden gebildet. Die Mehrzahl der Gruppen sind *isospor,* das heißt, sie produzieren morphologisch gleiche Sporen. Die anderen sind *heterospor,* das heißt, es werden zwei Typen Sporen gebildet, nämlich kleine *Mikrosporen,* aus denen männliche Gametophyten mit Antheridien hervorgehen, und große *Makrosporen,* aus denen weibliche Gametophyten mit Archegonien heranwachsen.

Der Gametophyt wird als *Prothallium* bezeichnet. Bei isosporen Farnen wächst er oberirdisch, ist grün und assimiliert oder er lebt unterirdisch, ist farblos, und saprophytisch. Das Prothallium der heterosporen Farne ist stark reduziert und entwickelt sich zum größeren Teil innerhalb der Sporenwand. Antheridien und Archegonien sind oft einfacher gebaut als bei den Bryophyta und normalerweise im Gametophyten eingebettet.

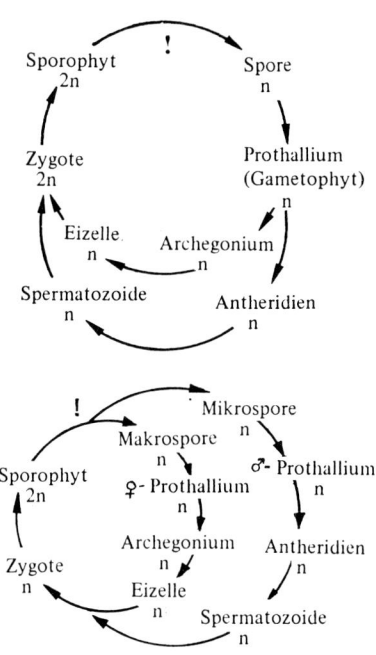

Abb. 133. Lebenszyklus, *oben* einer isosporen und *unten* einer heterosporen Farnpflanze

Cytologie

Die Gestalt der Chromosomen und ihre Anzahl variiert bei den verschiedenen Gruppen. Von einigen sind sehr hohe Zahlen bekannt. Zum Beispiel werden für die Gattung *Ophioglossum* (S. 99) Zahlen von über 1200 angegeben, für *Huperzia selago* (S. 92) und *Equisetum*-Arten Zahlen in der Größenordnung von 200–300. Bei der Gattung *Selaginella* hingegen ist die häufigste Zahl niedrig, nämlich 2n = 18. Die Sippen mit nur hohen Chromosomenzahlen sind vermutlich in der Evolution stagniert und deshalb seit langem mehr oder weniger unverändert.

Telomtheorie

Der einfachste Verzweigunstyp bei den Gefäßpflanzen ist die *Dichotomie*, eine gabelige Verzweigung, mit zwei gleichwertigen Ästen an jeder Verzweigungsstelle. Dichotomie kommt bei Algen vor, aber auch bei primitiven Landpflanzen wie Bryophyta, Rhyniophytina und Lycopodiophytina. Für die einfachen Gabeltriebe wurde derBegriff *Telom* eingeführt. Nach der sogenannten *Telomtheorie*, erstmals 1930 vom Tübinger Botaniker Zimmermann vorgelegt, entstanden die Organe der Höheren Pflanzen aus Telomen, das heißt aus einfachen dichotomen Gabeltrieben. Dies geschah mittels eines oder mehrerer der fünf Elementarprozesse, *Übergipfelung, Planation, Verwachsung, Reduktion* und *Einkrümmung*.

Abb. 134. Telomtheorie, *von links* Übergipfelung, Planation, Verwachsung, Reduktion und Einkrümmung

 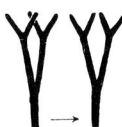 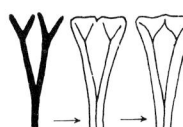  

Systematik

Die Pteridophyta werden in vier Unterabteilungen gegliedert, Rhyniophytina, Lycopodiophytina, Equisetophytina und Polypodiophytina.

Unterabteilung Rhyniophytina

Die Rhyniophytina umfassen primitive Landpflanzen aus dem Silur und Devon.

Der *Sporophyt* besaß keine Wurzeln. Er bestand aus einem unterirdischen Teil mit Rhizoiden und einem oberirdischen, der oft dichotom verzweigt war. Entweder fehlten Blätter oder es waren kleine, mittelrippenlose blattähnliche Organe vorhanden. Der Stamm war mit Spaltöffnungen versehen. Die Leitbündel waren von einem einfachen Typ. Sämtliche Rhyniophytina waren isospor und trugen endständige Sporangien.

Der *Gametophyt* ist unbekannt. Möglicherweise könnte das Organ, welches beim Sporophyten von *Rhynia* als rhizomähnliches Gebilde dargestellt wird, der Gametophyt sein.

Rhynia ist die am besten bekannte Gattung. Die Sprosse waren 20 – 50 cm hoch und circa 0,5 cm dick. Einige davon trugen circa 1 cm lange Sporangien. Blattähnliche Organe fehlten.

Zosterophyllum besaß im Unterschied zu *Rhynia* Sporangien in endständigen, 1 – 5 cm langen Ähren. Jedes Sporangium war kurzgestielt und öffnete sich mit einer Querspalte, was eine Verbindung zu den Lycopodiophytina bedeutet.

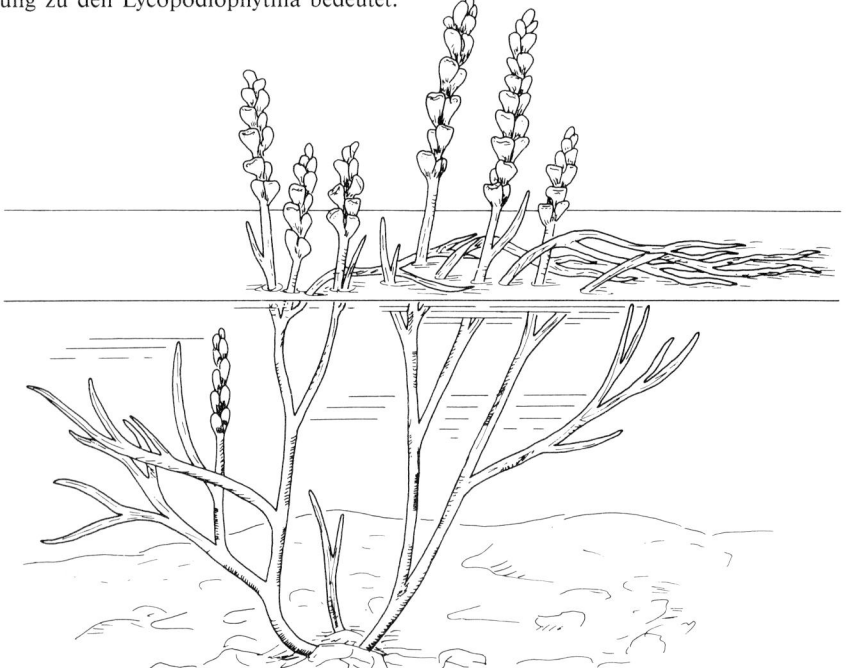

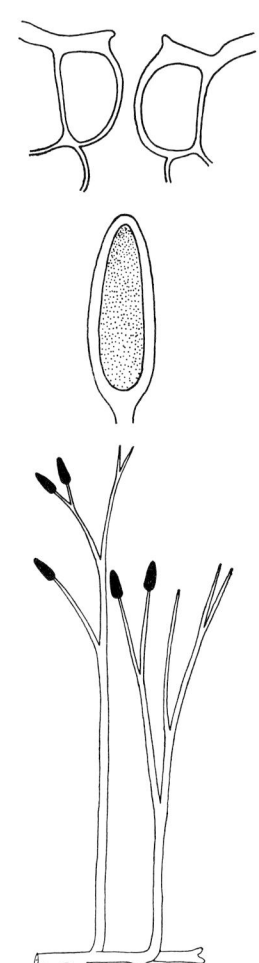

Abb. 136. *Rhynia,* Rekonstruktion des Sporophyten, ×0,2; *ganz oben* Spaltöffnung, Querschnitt, *darunter* Sporangium, Längsschnitt, ×10

◁ **Abb. 135.** *Zosterophyllum,* ×0,1

Unterabteilung Lycopodiophytina (Bärlappgewächse)

ca. 950 rezente Arten

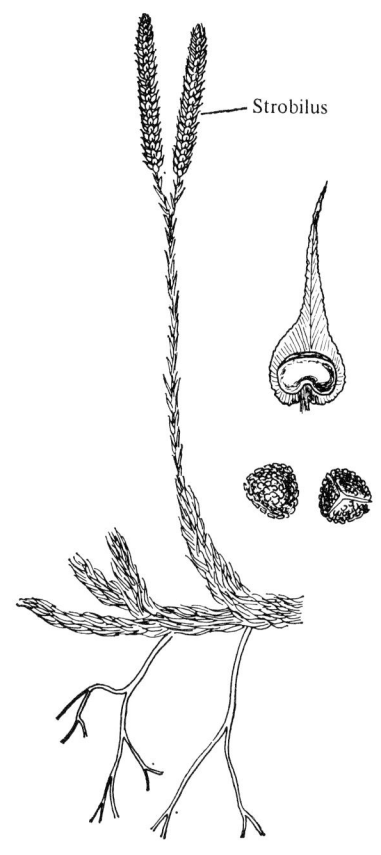

— Strobilus

Abb. 137. *Lycopodium clavatum, links* Teil des Sporophyten, ×0,5; *rechts oben* Sporophyll, ×18, und *unten* Sporen in verschiedenen Lagen, ×160

Die Gruppe umfaßt noch lebende und fossile Pflanzen. Die bekannten fossilen reichen mindestens bis zum Silur zurück; sie dominierten im Karbon.

Der *Sporophyt* ist in Wurzel, Stamm und schraubig angeordnete Blätter (Mikrophylle) gegliedert. Sekundäres Dickenwachstum ist von fossilen Gruppen bekannt.

Die Sporangien sitzen einzeln, meist auf der Oberseite und in der Nähe des Blattgrundes spezieller Blätter, der *Sporophylle*. Bei den meisten sind die Sporophylle zu ährenähnlichen Ständen, *Strobili* (Sing. Strobilus), vereint. Sowohl Iso- als auch Heterosporie kommen vor.

Die Gestalt des *Gametophyten* variiert bei den verschiedenen Ordnungen stark und wird bei diesen beschrieben.

Baragwanathia mit dichtstehenden, langen Blättchen ist ein alter Vertreter, der im Unter-Devon Australiens nachgewiesen wurde. Das früher angegebene silurische Alter ist zweifelhaft geworden.

Unter den fossilen Bärlappen aus dem Karbon sind 40 m hohe Bäume bemerkenswert. Sie besaßen lange, schmale Blättchen, die auf den Stämmen charakteristische Blattnarben zurückließen.

Bei einigen fossilen Gruppen kam eine sehr extreme Form von Heterosporie vor; z. T. wurden sogar samenähnliche Organe gebildet.

Die Unterabteilung Lycopodiophytina wird gewöhnlich in die Ordnungen Lycopodiales, Selaginellales und Isoetales gegliedert.

Ordnung Lycopodiales

Aufgrund der Fossilien sind die Lycopodiales als die ursprünglichste der noch lebenden Ordnungen der Lycopodiophytina zu beurteilen. *Lycopodium* ist mit ca. 200 Arten die größte Gattung. Der Hauptteil ist in den Tropen verbreitet, doch gibt es auch einige Arten in gemäßigten, arktischen und alpinen Regionen.

Lycopodium wächst in klimatisch unterschiedlichen Gebieten und auch in sehr verschiedenen Biotypen. Das führt zu variierenden Wuchstypen und ihrerseits zu einer großen Vielfalt im anatomischen Bau.

Der Sporophyt ist in der Regel ziemlich stark verzweigt. Die Sporophylle sind bei der Mehrzahl der Arten zu Strobili vereint. Bei den übrigen sitzen sie in Zonen, in denen sie mit vegetativen Blättern abwechseln.

Die Sporangien springen entlang einer Querlinie, bestehend aus dünnwandigen Zellen, auf. Alle Arten sind isospor.

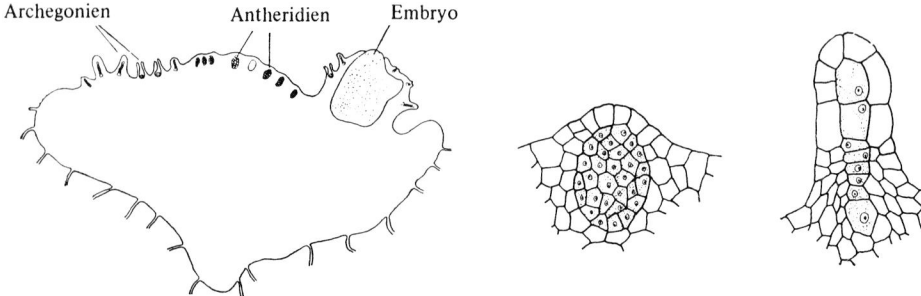

Archegonien   Antheridien   Embryo

Abb. 138. *Lycopodium, links* Gametophyt, ×10; *in der Mitte* Antheridium,
Längsschnitt, ×100; *rechts* Archegonium, Längsschnitt, ×100

Gametophyt. Die Prothallien der mitteleuropäischen Arten wachsen unterirdisch,
knollenförmig und tragen Rhizoide. Für ihre Entwicklung sind sie von einer Mykorrhiza abhängig. Die Sporen bleiben, bevor sie keimen, oft lange in der Erde (bisweilen mehrere Jahre). Bei einigen tropischen Arten aber keimen sie ohne Ruheperiode
und wachsen dann zu oberirdischen, grünen Prothallien aus. Die Antheridien sind
in den Thallus eingesenkt, wogegen die Archegonien einen vorstehenden Hals besitzen. Die Spermatozoiden tragen zwei Geißeln.

Huperzia selago (Tannen-Bärlapp) hat viele für die Gattung ursprüngliche Merkmale bewahrt.
Sie besitzt dichotom verzweigte, aufrechte Sprosse ohne spezialisierte Strobili. Die Sporophylle
finden sich in bestimmten Zonen, wo sie mit vegetativen Blättern abwechseln. Der Tannen-
Bärlapp vermehrt sich, im Unterschied zu den folgenden Arten auch vegetativ, mit Brutknospen. Diese werden in Blattachseln gebildet.

Lycopodium annotinum (Wald-Bärlapp) und *L. clavatum* (Keulen-Bärlapp) besitzen meter-
lange, kriechende Sprosse mit kurzen aufsteigenden Seitenästen. Beide Arten haben klar abgegrenzte Strobili, deren Sporophylle sich von den sterilen Blättern deutlich unterscheiden. Beim
Wald-Bärlapp sitzen die Strobili an den Spitzen vegetativer Sprosse, beim Keulen-Bärlapp an
besonderen, aufrechten Zweigen, deren vegetative Blätter deutlich kleiner als die übrigen sind.
Sie sitzen auch weniger dicht und sind eng an den Stamm angedrückt.

Ordnung Selaginellales

Die rezente Gattung *Selaginella* hat über 700 Arten. Die meisten sind tropisch und
subtropisch. Ein Teil kommt aber auch in den gemäßigten Breiten vor. Sie wachsen
an schattigen Stellen, z. B. auf dem Erdboden in Regenwäldern. Einige kommen in
Wüsten vor, andere sind Epiphyten.

Abb. 139. *Selaginella mertensii, von
links* Sporophyt, ×2; Mikrosporophyll
mit Mikrosporangium und Mikrosporen,
×16; Makrosporophyll mit Makrosporangium und Makrospore, ×16; Strobilus mit Mikrosporangien (die *oberen*)
und Makrosporangien (die *unteren*),
Längsschnitt, ×15

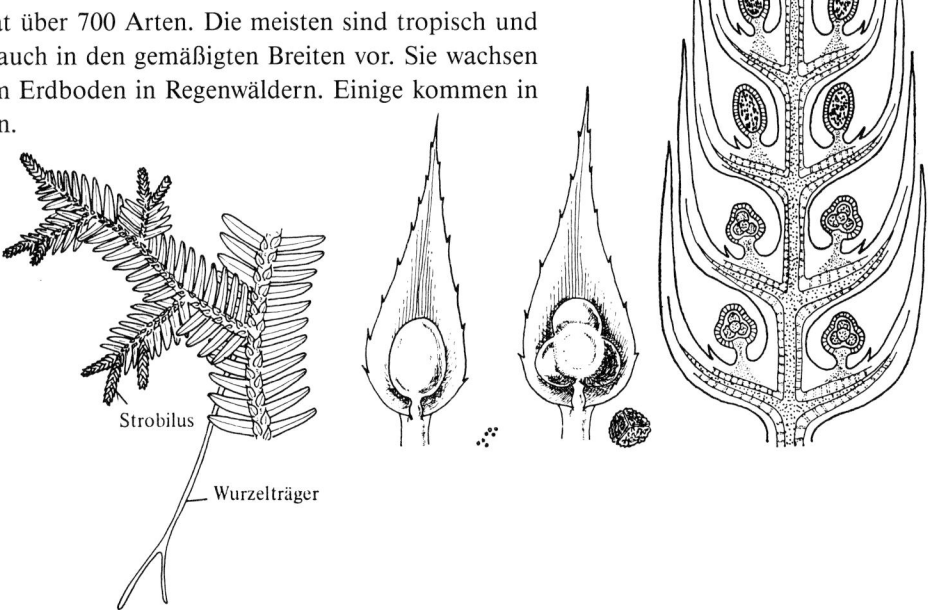

Strobilus

Wurzelträger

Sporophyt. Die Wuchsform variiert von kissenförmig bis kletternd. Der Sproß ist häufig meterlang und kriechend, bisweilen abgeplattet. An den Stämmen entstehen bei vielen Arten sogenannte *Wurzelträger*, wurzelähnliche Organe, die anatomisch sowohl Wurzel- als auch Stammcharakter zeigen. Die Wurzeln entwickeln sich entweder an den Wurzelträgern oder direkt an den Stämmen. Die Blätter stehen schraubig oder an kriechenden Sprossen in vier Reihen, nämlich zwei Reihen kleinere Oberblätter auf der Oberseite und zwei Reihen seitlich gestellte Unterblätter.

Die Sporophylle sind an Sproßspitzen zu Strobili vereint. Die Sprosse wachsen aber weiter und produzieren in Zonen längs des Stammes abwechselnd Sporophylle und sterile Blätter. Die Sporophylle sind gleich gestaltet wie die vegetativen Blätter, aber etwas heller. Ein jedes trägt an seiner Basis ein gestieltes Sporangium. Sämtliche Arten sind heterospor. *Mikro-* und *Makrosporophylle* befinden sich gewöhnlich im selben Strobilus, die Mikrosporophylle oft an der Spitze.

Die Mikrosporangien sind nierenförmig und enthalten viele Mikrosporen. Die Makrosporangien sind 4-lappig. In jeder Ausbuchtung entwickelt sich normalerweise eine Makrospore.

Gametophyt. Die Prothallien sind stark reduziert und entwickeln sich innerhalb der Sporenwand. Die Entwicklung beginnt bereits während sich die Sporen noch im Sporangium befinden. Das männliche Prothallium enthält eine einzige Prothalliumzelle und gewöhnlich ein Antheridium, in dem Spermatozoiden mit zwei Geißeln gebildet werden.

Die weiblichen Prothallien bestehen aus einem vielzelligen Prothalliumgewebe, bedeckt von Rhizoiden, zwischen denen sich ein paar wenige Archegonien entwickeln. Auch die weiblichen Prothallien verbleiben zum großen Teil innerhalb der Sporenwand.

Selaginella selaginoides (Dorniger Moosfarn) wächst zerstreut in subalpinen und alpinen Magerrasen, Rieselfluren und auf Flachmooren. Er besitzt abwechselnd kriechende und aufrechte Sprosse. Symbiose mit Pilzhyphen wurde nachgewiesen. Die Blätter stehen schraubig.

Ordnung Isoetales

Die Ordnung umfaßt vor allem die Gattung *Isoetes* (Brachsenkraut) mit zwei Arten in Mittel- und Nordeuropa (*I. lacustris* und *I. setacea*) und ansonsten weltweiter Verbreitung. Sie wachsen entweder, wie die beiden erwähnten Arten, im Wasser untergetaucht oder auf zeitweilig überschwemmten Böden.

Der *Sporophyt* besitzt einen kurzen, knollenförmigen Stammteil, an dessen oberem Abschnitt die sichelförmigen, dm-langen Blätter in einer dichten rosettenähnlichen Spirale sitzen. Die Blätter dürfen als Sporophylle aufgefaßt werden. Die Blattbasen sind ausgeweitet. Auf ihrer inneren Seite werden die Sporangien gebildet und zwar Makrosporangien an den äußeren und Mikrosporangien an den inneren Blättern. In jedem Makrosporangium entwickeln sich relativ viele Makrosporen.

Der *Gametophyt* ist, ähnlich wie bei *Selaginella,* stark reduziert und zwar auf der männlichen und auf der weiblichen Seite. Die Spermatozoiden besitzen einen Kranz von Geißeln.

Isoetes ist innerhalb der rezenten Lycopodiophytina eine isolierte Sippe. Sie ist vermutlich am ehesten an baumförmige heterospore Lycopodiophytina anzuknüpfen, die im Karbon eine dominierende Rolle spielten.

Isoetes lacustris (See-Brachsenkraut) wächst in bis 2 m Wassertiefe auf sandigem Grund nährstoffarmer Seen (Fundorte z. B. Vogesen, Schwarzwald, Schleswig-Holstein, in der Schweiz Binntal, San Bernardino-Paß). *I. setacea* (Stachelsporiges Brachsenkraut) gedeiht in ähnlicher Wassertiefe nährstoffarmer Seen, benötigt aber sandig-torfigen Grund (Fundorte: Vogesen, Schwarzwald, Schleswig-Holstein, aus der Schweiz nur noch Herbarbelege). Beide Arten waren früher weiter verbreitet.

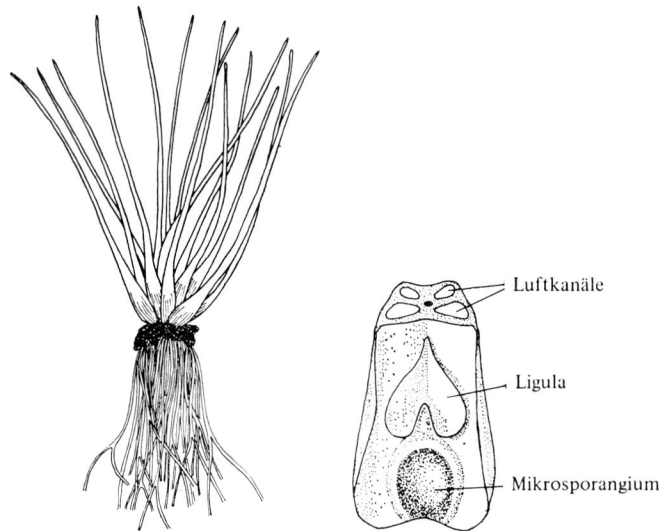

Luftkanäle

Ligula

Mikrosporangium

Abb. 140. *Isoetes, links* Sporophyt, ×0,5; *rechts* Mikrosporophyll, basaler Abschnitt ×3,5

Unterabteilung Equisetophytina (Schachtelhalmgewächse)

ca. 25 rezente Arten

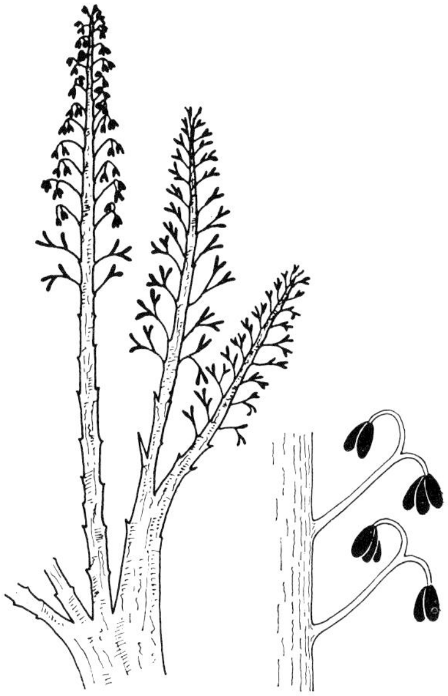

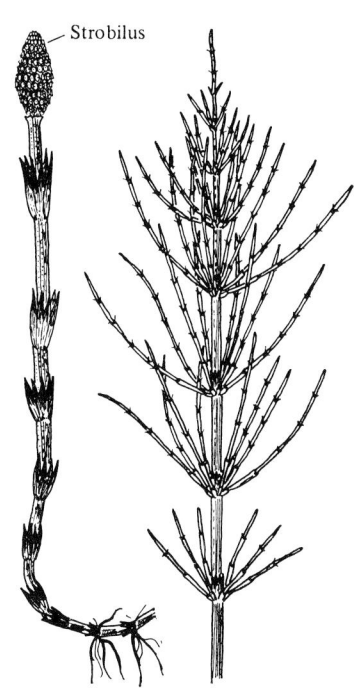

Abb. 141. Rekonstruktion einer primitiven fossilen Gattung *(Hyenia), links* Sporophyt, ×0,5; *rechts* Sporangiophor, ×2

Die Gattung *Equisetum* ist der klägliche Rest einer ehemals großen Gruppe, die in früheren geologischen Perioden, insbesondere im Karbon und Perm, die Vegetation beherrschte. Einige Vertreter wuchsen zu hohen Bäumen heran.

Der Sporophyt ist differenziert in Wurzel, gegliedertem Stamm mit Seitensprossen und Mikrophyllen in Wirteln. Einige fossile Sippen besaßen größere Blätter mit gabelig verzweigter Nervatur, das heißt Blätter, die deutlich an ein Telomsystem erinnern.

Isosporie ist für *Equisetum* typisch; doch wurde bei fossilen Gruppen auch Heterosporie gefunden. Die Sporangien befinden sich an spezialisierten Seitensprossen, sogenannten *Sporangiophoren* (Sporangienträger), die wirtelig angeordnet und in der Regel zu Strobili vereinigt sind.

Bei primitiven fossilen Sippen war die Anordnung in Wirteln noch nicht voll durchgeführt, und die Stämme waren nicht deutlich gegliedert. Die Sporangien waren zylindrisch, die Sporangiophoren 1−2 mal dichotom verzweigt, die äußersten Abschnitte gekrümmt und mit einem Sporangium versehen. Bei anderen Sippen konzentrierten sich die Sporangien an bestimmten fertilen Teilen der Pflanze und ihre Zahl reduzierte sich. Die Entwicklung ging dann in Richtung Strobili weiter, die für alle späteren Equisetophytina charakteristisch sind.

Die Unterabteilung umfaßt eine rezente Ordnung, die Equisetales.

Ordnung Equisetales

Die Ordnung fand ihre reichste Entwicklung im Mesozoikum. Die einzige rezente Gattung ist *Equisetum.* Sie kommt auf nahezu der ganzen Welt vor, mit Ausnahme von Australien und Neuseeland. Alle Arten sind ausdauernde Kräuter.

Sporophyt. Von einem horizontalen Rhizom wächst ein oberirdischer, geriefter Halm aus, der hohl und gegliedert ist und schuppenförmige Blätter trägt. Diese sind im basalen Teil wirtelweise zu einer den Halm umfassenden Scheide verwachsen. Die Seitenäste entspringen ebenfalls in Wirteln zwischen den Blättern. Die vertikalen Halme sind normalerweise zwischen 10 und 60 cm hoch. Die größte lebende Art, *E. giganteum,* besitzt Sprosse von bis zu 10−20 m Länge. Sie sind allerdings nur 2 cm dick und klimmen an anderen Pflanzen empor.

Strobilus

Abb. 142. *Equisetum, links* Frühjahrstrieb, ×0,3; *rechts* Sommertrieb, ×0,3

Abb. 143. *Equisetum, links* Sporangien,
×10; *in der Mitte* Spore mit aufgerollten
Hapteren; *rechts* Spore mit entrollten
Hapteren, ×250

 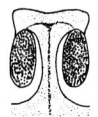  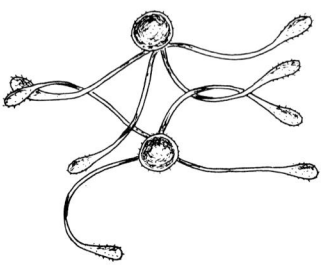

Die Sporangiophoren sind schildförmig und sitzen ebenfalls wirtelig in Strobili an der Spitze der Hauptachse oder von Seitenachsen. Ein schildförmiges Sporangiophor kann nach der Telomtheorie aus gekrümmten, dichotom verzeigten Sporangienständen abgeleitet werden, wie sie bei einigen fossilen Sippen gefunden wurden. Jeder Schild trägt auf der Unterseite 5 – 10 herunterhängende, sackförmige Sporangien, die sich mit einer Längsspalte nach innen öffnen. Die innere Schicht der Sporangienwand löst sich auf, dringt zwischen die Sporen ein und bildet deren äußerste Wandschicht. Wenn die Sporen reif sind, wird diese Schicht in zwei schmale Bänder mit spatenförmig verbreiterten Enden (*Hapteren*) aufgeschlitzt. Die Hapteren sind hygroskopisch beweglich. Im feuchten Zustand sind sie spiralig aufgerollt, im trockenen entrollt.

Gametophyt. Das Prothallium besteht aus einem oberirdischen, grünen, platten oder schalenförmigen Thallus mit aufrechten Lappen und mit Rhizoiden auf der Unterseite. Für die Assimilation sind hauptsächlich die Lappen verantwortlich. Die eingesenkten Antheridien befinden sich an den basalen Teilen des Thallus oder auf den Lappen. Die Archegonien sitzen zwischen den Lappen im Thallus und haben einen vorstehenden Hals.

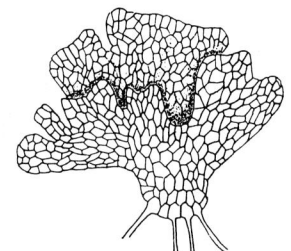

Equisetum (Schachtelhalm). Einige Arten, z. B. *E. arvense* (Ackerschachtelhalm), besitzen Strobili an den Spitzen von besonderen bleichbraunen Frühjahrstrieben. Der grüne, assimilierende Sommersproß entwickelt sich später. Bei anderen, z. B. *E. fluviatile* (Teichschachtelhalm), bildet sich nur ein Sproßtyp, der sowohl assimilierend als auch fertil ist.

Während bei einem Teil der Arten, z. B. *E. hyemale* (Winterschachtelhalm), die Halme kaum oder gar nicht verzweigt sind, besitzen die meisten, z. B. *E. arvense,* wirtelig angeordnete Seitenäste. Bei einzelnen Arten, z. B. *E. sylvaticum* (Waldschachtelhalm), sind die Seitenäste der obersten Wirtel nochmals verzweigt.

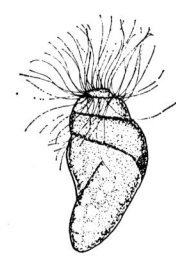

Abb. 144. *Equisetum, oben* Gametophyt,
×12; *unten* Spermatozoid, ×1500

Unterabteilung Polypodiophytina (Farne)

ca. 9000 Arten

Abb. 145. *Cladoxylon, links* Rekonstruktion des Sporophyten, ×0,5; *rechts* Sporangienstand, ×1,5

Abb. 146. *Archaeopteris,* Rekonstruktion des Sporophyten mit Fiedern und Sporangien, ×0,7

Die Farne sind auf der ganzen Erde verbreitet und besonders reich in feuchten, schattigen Biotopen vertreten.

Sporophyt. Dieser unterscheidet sich von dem Sporophyten der Bärlapp- und Schachtelhalmgewächse vor allem dadurch, daß er wenige, große und sehr oft geteilte oder gelappte, schraubig angeordnete Blätter mit zahlreichen Nerven besitzt. Es sind typische Makrophylle mit kompliziert gebautem Leitungsgewebe. Des weiteren befinden sich pro Blatt zahlreiche Sporangien an der Unterseite oder an den Blatträndern. Die Sporangien sind auf verschiedene Weise über die Blattfläche verteilt und bisweilen auf spezialisierte Sporophylle konzentriert. Oft sind sie zu Gruppen, *Sori* (Sing. Sorus) vereinigt. Die Sporangienwand ist gewöhnlich mit einer ringförmigen Zone, *Annulus,* oder mit einer auf eine andere Art angeordneten Gruppe dickwandiger Zellen versehen. Das Sporangium öffnet sich bei der Reife über einen, durch diese Zellen bedingten, Spannungsmechanismus. Die meisten Arten sind isospor. Wenige stark abweichende heterospore Sippen (Wasserfarne) mit unsicherer systematischer Stellung werden meist an die Polypodiophytina angehängt.

Die Gestalt des *Gametophyten* ist unterschiedlich. Sowohl unterirdische als auch oberirdische, gut entwickelte oder reduzierte Prothallien kommen vor. Die Spermatozoiden besitzen immer viele Geißeln.

Fossile Farne sind ab dem Mittleren Devon bekannt. Im Karbon hatten sie ihre Blütezeit. Die ältesten bekannten Gruppen (*Protopteridales, „Urfarne“*) sind die Ahnen der jetzigen Farne und wahrscheinlich auch der Gymnospermen. Sie nehmen eine intermediäre Stellung zwischen Rhyniophytina und Polypodiophytina ein.

Ein früher Vertreter ist die Gattung *Cladoxylon* aus dem Devon, dessen vegetative Teile mehrfach wiederholt dichotom verzweigt waren. Einzelne Zweige trugen zentimeterlange Seitenzweige, auch diese mit Dichotomie. Die letzteren können als primitive Blattsegmente aufgefaßt werden. Auf anderen Seitenzweigen saßen endständige Sporangien. Bei dieser Sippe kam ein Typ von sekundärem Dickenwachstum vor.

Bereits im Oberen Devon tauchte der heterospore *Archaeopteris* auf, von dem vermutet wird, daß er ein Vorgänger der sogenannten Samenfarne (S. 108) ist. Von der Hauptachse des Makrophylls gingen Seitenäste aus, die unteren waren abgeplattet und blattähnlich, die darüber stehenden trugen Mikro- und Makrosporangien und die obersten waren oft wiederum abgeflacht.

Die Systematik der Polypodiophytina ist umstritten. In diesem Buch werden als Ordnungen die Marattiales, die Ophioglossales und die Polypodiales mitsamt den sogenannten Wasserfarnen behandelt. Diese werden oft auch wieder in drei Ordnungen gegliedert.

Ordnung Marattiales

Die Marattiales umfassen Gattungen, die vor allem in den Tropen heimisch sind. Zu dieser Ordnung werden auch fossile Sippen mit einem Schwerpunkt im Karbon gezählt. Die Gruppe ist isospor.

Sporophyt. Viele fossile Vertreter waren baumförmig. Sie besaßen Stämme mit bemerkenswert komplex gebauten Leitbündeln. Die gefiederten Blätter waren bis zu 3 m lang. Rezente Arten erreichen im allgemeinen kleinere Ausmaße, doch werden bei einzelnen Vertretern große Wedel gefunden, größer als bei allen anderen noch lebenden Farnen. Sie können bis ca. 6 m lang werden, sind fiederförmig zusammengesetzt und haben eine gabelig verzweigte oder netzförmige Nervatur. Letzteres ist ein abgeleitetes Merkmal.

Die Sporangien sind zu langgestreckten Sori vereinigt. Je Sporangium werden 2000–7000 Sporen gebildet, die passiv verbreitet werden.

Gametophyt. Die Prothallien wachsen oberirdisch, sind dunkelgrün, fleischig und erinnern an bestimmte Lebermoose. Sie vermögen mehrere Jahre zu leben, normalerweise in Symbiose mit Pilzhyphen.

Marattia besitzt einen schwach fleischigen Stamm mit großen langgestielten Blättern an der Spitze. Die Sporangien sind derb, stehen in Sori und verwachsen zu kapselförmigen *Synangien*, die bei der Reife in zwei Hälften aufspringen, so daß die einzelnen Sporangien ihre Sporen abgeben können.

Abb. 147. Vertreter der Marattiales, Sporophyt, ×0,01

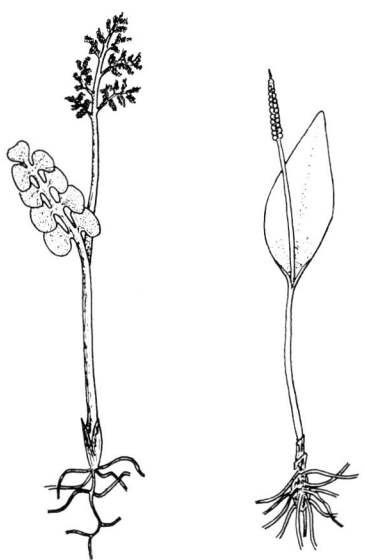

Abb. 148. *Links Botrychium,* Sporophyt, ×0,7; *rechts Ophioglossum,* Sporophyt, ×0,5

Mit den Marattiales ist die Ordnung *Ophioglossales* mit zwei Gattungen, *Botrychium* (Mondraute) und *Ophioglossum* (Natternzunge) verwandt. Diese sind fast weltweit verbreitet und beide in Mitteleuropa vertreten. Die Blätter bestehen aus zwei Hauptabschnitten. Der eine ist flach und assimiliert, der andere trägt die Sporangien. Die Ordnung ist isospor. Die Prothallien leben unterirdisch.

Ordnung Polypodiales

Die Polypodiales sind die sippenreichste Ordnung der Farne.

Die Zahl der fossilen Vertreter ist groß. Deshalb kann durch den Vergleich mit rezenten Gattungen mit größerer Wahrscheinlichkeit als in anderen Gruppen festgestellt werden, welche Züge primitiv und welche abgeleitet sind. Rezente Sippen umfassen sowohl Kräuter als auch bis zu 25 m hohe Bäume. Viele Arten leben epiphytisch. Die Verbreitung ist weltweit; der Schwerpunkt liegt in den Tropen.

Beispiele von Merkmalen, die als primitiv aufgefaßt werden, sind: kriechendes, dichotom verzweigtes Rhizom mit Blättern in zwei Reihen entlang der Oberseite; große, dichotom verzweigte Blätter mit offener Nervatur (das heißt, die Blattadern sind nicht vernetzt); Sporangien ohne gut entwickelten Annulus und mit sehr vielen Sporen; Antheridien mit vielen Spermatozoiden; Archegonien mit langem Hals.

Die einzelnen Gruppen zeigen gewöhnlich sowohl primitive als auch abgeleitete Züge.

Sporophyt. Ein Teil der rezenten Sippen zeigt eines oder mehrere der oben angeführten primitiven Merkmale. Abgeleitete Merkmale sind aufrechter Stamm mit einer Krone von Blättern an seiner Spitze, relativ kleine Blätter mit einfacher, ganzrandiger Spreite und geschlossener Nervatur (Netznervatur). Die Sori sind oft von einem Schleier bedeckt, dem *Indusium.* In der Regel tragen alle voll entwickelten Blätter Sporangien. Eine Aufteilung in assimilierende und sporangientragende Makrophylle (*Trophophylle,* resp. *Sporophylle*) kommt selten vor. Sporen werden in großer Zahl gebildet. Sie werden aktiv ausgestreut.

Gametophyt. Das typische Prothallium wächst oberirdisch, ist scheibenähnlich, dunkelgrün und herzförmig, 5 – 8 mm im Durchmesser und trägt auf der Unterseite zahlreiche Rhizoide. Eine Symbiose mit Pilzen kommt gewöhnlich nicht vor. Die Antheridien entwickeln sich zuerst an den Rändern des Prothalliums und dann unregelmäßig auf dessen Unterseite. Sie sind nicht in den Thallus eingebettet, sondern bilden kleine Erhebungen. Die Archegonien entwickeln sich im mittleren Teil nahe der Wachstumszone. Sie sind in das Prothallium eingesenkt, besitzen aber einen vorstehenden Hals.

Dryopteris (Wurmfarn u. a.) kommt in den verschiedensten Biotopen vor und umfaßt ziemlich großgewachsene Farne, mit grobem, schuppigem Rhizom und Wedel mit wiederholt geteilter Spreite und schuppigem Stiel. Die rundlichen Sori sitzen auf der Blattunterseite den Nerven entlang und sind von einem nierenförmigen Indusium bedeckt.

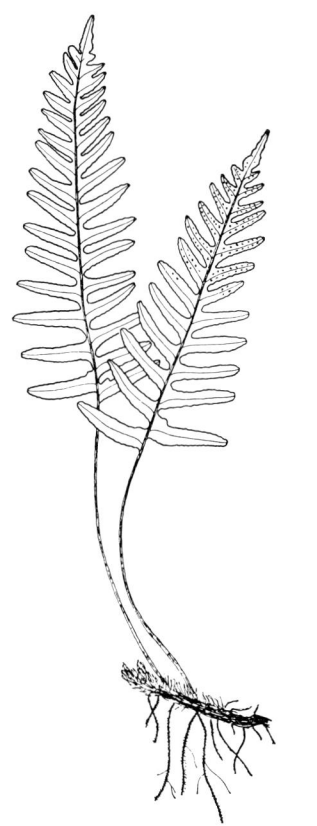

Abb. 149. *Polypodium,* Sporophyt, ×0,4

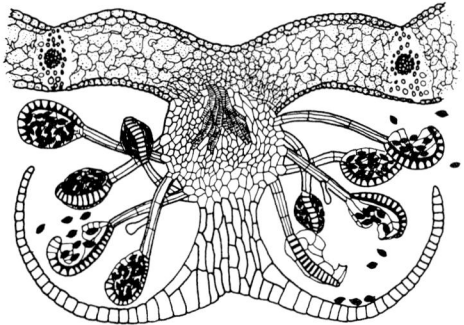

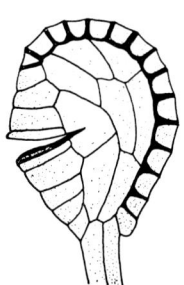

Athyrium (Waldfarn) wächst in Wäldern, auf Steinhaufen und auf feuchteren Stellen im Gebirge. Die Wedel sind vom gleichen Typ wie bei *Dryopteris,* tragen aber langgestreckte Sori.

Asplenium (Streifenfarne u. a.) kommt an Felsen, Mauern und in ähnlichen Biotopen vor. Die Basis des Blattstieles ist meist dünn und schwarzbraun. Die Spreite, gefiedert oder gelappt, trägt langgestreckte linealische Sori, die von einem ebenfalls langgestreckten Indusium bedeckt sind.

Polypodium vulgare (Tüpfelfarn) wird auf Felsen und Mauern, aber auch in Wäldern angetroffen. Die Blätter wachsen an einem fleischigen, beschuppten Rhizom. Ein Indusium ist nicht vorhanden.

Matteucia struthiopteris (Straußfarn) kommt außer entlang Bächen auch an halbschattigen bewaldeten Hängen vor. Die Blätter sind an der Spitze des Rhizoms straußförmig angeordnet. Zwei Typen sind vorhanden, nämlich schmale, sporangientragende Wedel inmitten von breiten, rein vegetativen.

Abb.151. *oben* Querschnitt durch einen Sorus, ×20; *unten* geöffnetes Sporangium mit Annulus, ×100

Wasserfarne

Die Wasserfarne sind vor allem Wasser- und Feuchtbodenpflanzen und unterscheiden sich von den übrigen rezenten Farnen durch Heterosporie. In jedem Makrosporangium entwickelt sich nur eine einzige Makrospore (vgl. Selaginellales und Isoetales). Der Gametophyt ist wie bei den übrigen heterosporen Pflanzen reduziert und entwickelt sich innerhalb der Sporenwand.

Im übrigen wird auch die Ansicht vertreten, daß die Wasserfarne näher an die Lyginopteridatae (Samenfarne) der Gymnospermae als an isospore Farngruppen anzuschließen seien.

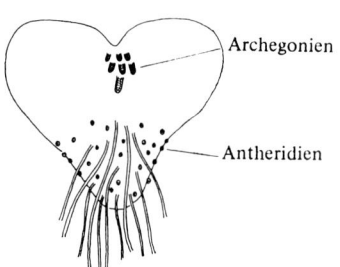

Archegonien

Antheridien

Abb. 152. *Polypodium,* Gametophyt, ×10

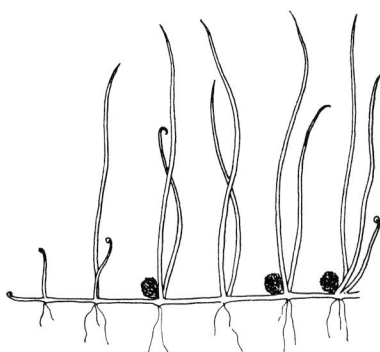

Abb. 153. *Salvinia,* Sporophyt, ×0,7

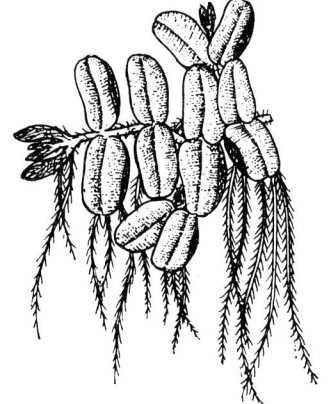

Abb. 154. *Pilularia,* Sporophyt, ×0,6

Abb. 155. *Azolla caroliniana,* Sporophyt, ×4

Pilularia globulifera (Pillenfarn) wächst an Seeufern und auf Sumpfböden. An einem kriechenden Rhizom entwickeln sich an den Nodien Wurzeln und sichelförmige Blätter. Bestimmte Blätter tragen an ihrer Basis kleine behaarte, kugelrunde Gebilde. Diese werden als *Sporokarpe* bezeichnet und enthalten Sorusstände.

Salvinia natans (Schwimmfarn) schwimmt auf dem Wasser. Die Pflanze besteht aus einer horizontalen Achse, an der in Quirlen je drei Blätter entspringen. Von den drei Blättern sind zwei schwimmende Luftblätter. Das dritte ist als herunterhängendes, fein zerschlitztes Wasserblatt entwickelt. Die Sori sind von einer ballonförmigen Haut umgeben, die aus umgestalteten Indusien gebildet wird.

Azolla (Algenfarn), eine vorwiegend tropische Gattung, ist nicht zuletzt aus ökologischer Sicht für die tropische Landwirtschaft von besonderem Interesse. Die Pflänzchen leben auf dem Wasser schwimmend. Sie sind zweizeilig beblättert, wobei jedes Blatt in zwei Lappen geteilt ist, nämlich in einen grünen, assimilierenden und schwimmenden Oberlappen und in einen untergetauchten, wasseraufnehmenden Unterlappen. Der Oberlappen beherbergt in Höhlungen *Anabaena azollae,* eine Stickstoff fixierende Blaualge. *Azolla* wird deshalb zur Düngung von Reisfeldern verwendet. *Azolla filiculoides* (Großer Algenfarn) und *Azolla caroliniana* (Carolina-Algenfarn) sind aus dem subtropischen Amerika nach Westeuropa eingeschleppt worden und stellenweise eingebürgert.

Schematische Übersicht über die Pteridophyta

Sporophyt (2n)	Gametophyt, Prothallium (n)

Rhyniophytina

Wurzeln fehlen. Sowohl unterirdische als auch oberirdische Teile mit mehr oder weniger dichotomer Verzweigung. Eigentliche Blätter fehlen. Schuppenähnliche Organe können vorkommen. Strobili fehlen. Sporangien einzeln und terminal. Isospor.

Unbekannt, entspricht eventuell dem rhizomähnlichen Teil

Lycopodiophytina

Stamm unverzweigt oder dichotom verzweigt. Mikrophylle spiralig angeordnet. Gewöhnlich Strobili. Sporangien einzeln, auf der Oberseite von Sporophyllen. Lycopodiales isospor. Selaginellales und Isoetales heterospor.

Isospore: Unterirdisch, mit Pilzhyphen, knollenförmig, zweigeißelige Spermatozoiden. Heterospore: Reduziert, entwickelt sich innerhalb der Sporenwand, mit schwach ausgebildetem vegetativem Gewebe. Wenige Archegonien und 1 bis wenige Antheridien. Spermatozoiden mit 2 oder vielen Geißeln.

Equisetophytina

Stamm gegliedert, hohl, gefurcht. Mikrophylle quirlständig, pfriemlich, schuppenförmig, an der Basis zu einer Scheide verwachsen. Strobili. Sporangien auf Sporangiophoren. Isospor oder (fossile Gruppen) heterospor.

Isospore: Oberirdisch, thallusähnlich, gelappt, grün. Spermatozoiden mit vielen Geißeln. Heterospore: Unbekannt.

Polypodiophytina

Stamm einfach, unverzweigt oder dichotom verzweigt. Makrophylle, relativ wenige, groß, mehr oder weniger zusammengesetzt, spiralig angeordnet. Strobili fehlen. Zahlreiche Sporangien auf jedem Sporophyll, oft vereint in Sori. Isospor oder (fossile Gruppen und Wasserfarne) heterospor.

Isospore: Oberirdisch, thallusähnlich, ±herzförmig, grün, oder unterirdisch mit Pilzhyphen, flach oder zylindrisch. Spermatozoiden mit vielen Geißeln. Heterospore: Reduziert, 1 − wenige Archegonien, 1 − 2 Antheridien mit wenigen Spermatozoiden mit vielen Geißeln.

Abteilung Spermatophyta (Samenpflanzen)

ca. 220 000 Arten

Die Spermatophyta bilden die am reichsten differenzierte Gruppe der Landpflanzen und unterscheiden sich von allen anderen dadurch, daß sie Samen bilden (griechisch „sperma" = Samen). Abhängig davon, ob die Samen frei sind oder ob sie von einer Fruchtwand umschlossen sind, werden die Samenpflanzen in zwei Unterabteilungen gegliedert: *Gymnospermae* (nomenklatorisch konsequent: *Pinophytina*) oder Nacktsamer und *Angiospermae (Magnoliophytina)* oder Bedecktsamer. Die letztere umfaßt ungefähr gleich viele bekannte Arten wie alle anderen Pflanzensippen zusammen, ist somit die artenreichste Gruppe der Pflanzenwelt.

Die Samenpflanzen kommen fast überall auf der Welt vor, sogar, allerdings wenige, im Meer.

Lebenszyklus

Bei den Samenpflanzen hat die Heterosporie einen extremen Grad der Entwicklung erreicht. Die Gametophytengeneration ist stärker reduziert als bei den früher behandelten Gruppen. Der weibliche Gametophyt entwickelt sich ganz innerhalb des Sporophyten, ist von ihm in Bezug auf die Ernährung vollständig abhängig. Der Sporophyt ist baum-, strauch- oder krautartig.

Die Samenanlage besteht aus einem Makrosporangium, umgeben von ein oder zwei Hüllen, den *Integumenten.* Diese könnten durch Fusion von fingerähnlichen, quirlständigen Telomen entstanden sein oder durch Umwandlung und Vereinigung peripherer Makrosporangien in einem Makrosporangienstand. Das zentrale Makrosporangiengewebe, in dem sich die Makrosporen bilden und wo später der Gametophyt eingebettet ist, heißt *Nuzellus.* Im Nuzellus entwickeln sich nur eine bis wenige Makrosporenmutterzellen. Diese bilden nach einer Meiose 4 Makrosporen, von denen sich sehr oft nur eine weiterentwickelt. Bei den Gymnospermen entsteht so allmählich ein vielzelliges Prothallium, bei den Angiospermen ein wenigzelliges, welches Embryosack genannt wird. Diese Organe verbleiben bei den Samenpflanzen immer in der Samenanlage auf der Mutterpflanze.

Die Mikrosporangien, die bei den Samenpflanzen Pollensäcke genannt werden, stehen meistens in mehreren Gruppen. In jedem Mikrosporangium werden viele Mikrosporen gebildet; sie entwickeln sich zu männlichen Prothallien, die noch mehr reduziert sind als die weiblichen. Die Entwicklung geht innerhalb der Sporenwand vor sich. Den männlichen Gametophyten, umgeben von der Sporenwand, stellt das *Pollenkorn* der Samenpflanzen dar. Ein Antheridium entsteht nicht. Bei jedem männlichen Gametophyten funktionieren zwei plasmaarme Zellen als Gameten. Spermatozoiden werden nur von wenigen noch lebenden Sippen der Gymnospermae gebildet. Die Befruchtung geschieht innerhalb der Samenanlage, zu der somit bei den Gymnospermen die Pollenkörner transportiert werden müssen. Bei den Angiospermen befindet sich die Samenanlage im *Pistill*. Hier muß der Pollen auf dessen *Narbe* gelangen.

Bei der Befruchtung entsteht die Zygote, die sich zu einem jungen Sporophyten, dem *Embryo* weiterentwickelt. Zumindest bei den heutigen Samenpflanzen durchläuft dieser seine erste Entwicklung innerhalb der Samenanlage. Bei einigen Gymnospermen entwickelt sich die Zygote zu einem sogenannten *Proembryo*, aus dem mehrere Embryonen entstehen können. Nach einer gewissen Zeit stockt das Wachstum des Embryos und eine Ruheperiode tritt ein. Der Embryo ist dann meist von einem Nährgewebe (*Endosperm*) und zuäußerst immer von einer trockenen Hülle umgeben (*Samenschale, Testa*), gebildet von den Integumenten. Dieses gesamte Organ stellt den *Samen* dar. Pflanzen überleben ungünstige Perioden, wie den Winter, oft als Samen. Der Samen löst sich von der Mutterpflanze und wird einzeln für sich oder von der Fruchtwand und eventuellen anderen Hüllen umgeben, verbreitet. Während des Keimens nimmt der Samen sehr viel Wasser auf, sprengt die Samenschale und der Sporophyt entwickelt sich weiter. Unter bestimmten Bedingungen können die Samen ihre Keimfähigkeit mehrere oder bisweilen gar viele Jahre behalten.

Ursprung und Systematik

Die teilweise sehr komplizierte Systematik der Samenpflanzen wird bei den Gymnospermae, respektive den Angiospermae behandelt. Die ersteren sind bedeutend älter und heterogener als die letzteren, die wahrscheinlich aus irgendeiner inzwischen ausgestorbenen Gruppe der Gymnospermae entstanden sind (s. weiter dazu S. 116).

Unterabteilung Gymnospermae (Pinophytina)

Nacktsamer, ca. 600 rezente Arten

„Gymnospermae" ist eine Sammelbezeichnung für verschiedene Gruppen, die sich sehr früh, wahrscheinlich bereits im Devon, in getrennte Richtungen entwickelt haben. Sie stellen deshalb eher eine Entwicklungsstufe als eine phylogenetische einheitliche Gruppe dar. Ihre Ahnen, die „Progymnospermen", dürften eine Gruppe gewesen sein, die an die älteren heterosporen Farnpflanzen anschließt. Davon sind mehrere bekannt, z. B. *Archaeopteris* (S. 97). Die Gymnospermen erreichten ihren größten Formenreichtum in der Zeit vom Perm bis zur Kreide, als sie zusammen mit den Farnpflanzen die Vegetation in großem Maße beherrschten. Während der Kreide wurde ihre Rolle schrittweise von den Angiospermen übernommen.

Ein hypothetisches Schema über den Umfang und die Beziehung der Gymnospermengruppen während der geologischen Perioden wird auf Seite 106 widergegeben.

Die rezenten Gymnosporen sind Bäume und Sträucher. Alle sind verholzt. Sie sind, wie auch die fossilen Formen, dadurch gekennzeichnet, daß die Samen nicht von einer Fruchtwand umschlossen sind, sondern mehr oder weniger frei liegen, auch wenn sie bisweilen von Schuppen oder anderen Auswüchsen des Samenstandes oder der Samenbasis geschützt sind. *Zapfen* (s. S. 110) und zapfenähnliche Bildungen sind verbreitet.

Die Gymnospermen sind sowohl über die nördliche als auch über die südliche Halbkugel verbreitet und kommen in gemäßigten und tropischen Gebieten vor.

Lebenszyklus

Samenanlagen und Mikrosporangien (Pollensäcke) liegen oft auf blattähnlichen Organen, *Makro-* resp. *Mikrosporophyllen*. In bestimmten Fällen befinden sie sich aber auch an Stielen oder Zweigen, die nicht blattähnlich sind, sondern die ganz einfach als Telomsysteme (s. S. 89) aufgefaßt werden können. Bei den rezenten und größtenteils auch bei den fossilen Gymnospermen sind Samenanlagen und Mikrosporangien je für sich in getrennten Ständen gruppiert. Diese befinden sich entweder auf demselben oder auf verschiedenen Individuen.

Die Entwicklung des weiblichen Gametophyten folgt dem Muster, wie es für die Samenpflanzen auf S. 103 beschrieben wurde. Nach der Meiose entwickelt sich eine der Makrosporen zu einem vielzelligen Prothallium, dem Gametophyten, mit zwei oder mehreren, stark reduzierten Archegonien. Diese besitzen wenige Halszellen. Halskanalzellen fehlen vollständig. Bei einzelnen rezenten Sippen bildet sich kein Ar-

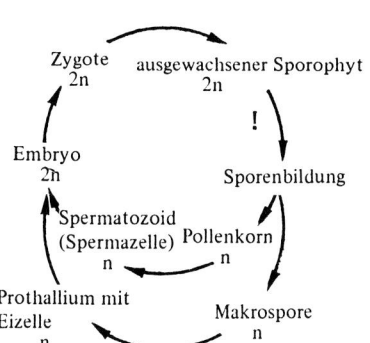

Abb. 156. Generationswechsel der Gymnospermen

chegonium aus. Das Prothallium funktioniert als Nährgewebe (*primäres Endosperm*) für den werdenden Embryo.

Die Entwicklung des männlichen Gametophyten wird dadurch eingeleitet, daß sich der Kern der Mikrospore teilt und eine oder zwei linsenförmige, sogenannte *Prothalliumzellen* abgibt. Durch wenige Zellteilungen werden sodann unter anderem eine *Pollenschlauchzelle* und zwei *Spermatozoiden* oder plasmaarme *Spermazellen* (oft auch *Spermakerne* genannt, da deren Zellwand schwierig auszumachen ist) gebildet. Bei der Mehrzahl der rezenten Gymnospermen wandern die Spermazellen direkt durch einen auswachsenden sogenannten Pollenschlauch zu den Archegonien. Dies wird als *Siphonogamie* bezeichnet. Die Befruchtung kann dadurch vollkommen unabhängig von äußerem freiem Wasser vor sich gehen.

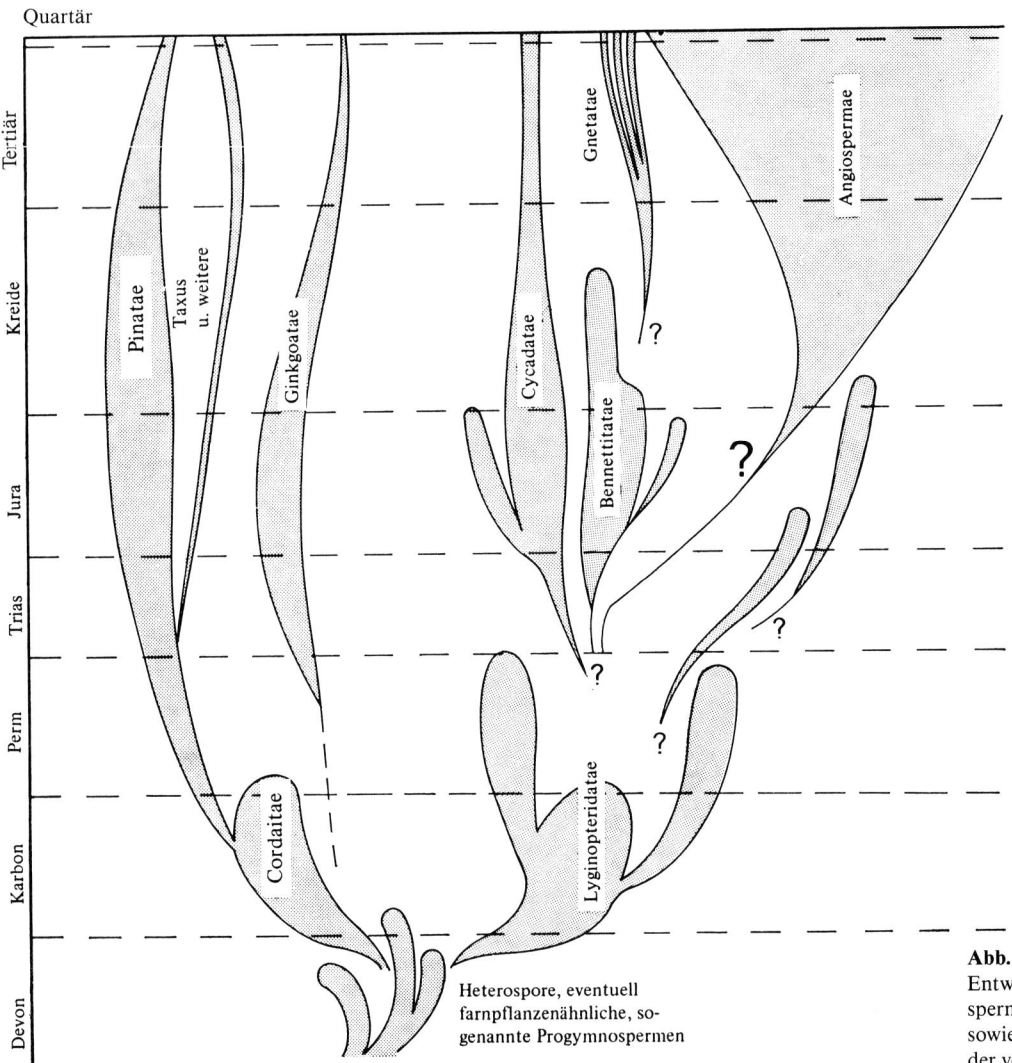

Abb. 157. Hypothetisches Schema der Entwicklung der verschiedenen Gymnospermengruppen und der Angiospermen, sowie ihrer relativen Entfaltung während der verschiedenen geologischen Perioden.

Bei der Befruchtung verschmilzt einer der Spermatozoidenkerne oder der Spermakerne mit dem Kern der Eizelle zur Zygote. Der andere degeneriert. Die Zygote entwickelt sich zu einem oder mehreren Embryonen. Der Samen ist bei den Gymnospermen nicht in einer von Karpellen gebildeten Frucht eingeschlossen. Nach einer Ruheperiode von unterschiedlicher Länge, während der die Samen ausgestreut werden, keimt der Samen, und der Embryo wächst zum Sporophyten heran.

Dieser Lebenszyklus ist im Prinzip derselbe wie bei den Pteridophyta. Doch ist die Gametophytengeneration bei den Gymnospermen noch weiter reduziert. Der Sporophyt hingegen ist im allgemeinen größer und komplexer gebaut.

Systematik

Die Gymnospermen werden gewöhnlich in 7 Gruppen gegliedert, die hier als Klassen behandelt werden (s. Abb. 157). Drei davon bestehen nur aus fossilen Arten, die anderen vier umfassen auch rezente.

Die Klasse Pinatae entstand wahrscheinlich im Karbon-Perm, vermutlich aus einer verwandten, seit langem ausgestorbenen Klasse, den Cordaitatae, oder aus Verwandten davon. Die Cordaitatae hatten ihre Blütezeit während des Karbons. Eine andere Gruppe (Ginkgoatae) mit einem einzigen noch lebenden Vertreter, dem *Ginkgo biloba* (Ginkgo) (Abb. 158), erreichte, wie auch die Pinatae, im Jura und der Kreide eine große Vielfalt. Die genannten Gruppen sind unter anderem durch sehr oft abgeflachte Samen gekennzeichnet.

Parallel zu den erwähnten Gruppen entwickelte sich ein anderer Hauptstamm, bei dem die Blätter meist größer und die Samen selten abgeplattet waren. Dazu gehören die Samenfarne, Klasse Lyginopteridatae, und andere Gruppen, die alle ausgestorben sind, wohingegen sich ein Zweig während der Trias und im Jura zu den fiederblättrigen Nacktsamern, Klasse Cycadatae, weiterentwickelte. Die Angiospermen dürften ebenfalls in diesem Hauptstamm entstanden sein. Bei einer ausgestorbenen Gruppe der Klasse Bennettitatae, wurden oft zwittrige Kurztriebe mit Samenanlage und Mikrosporophyll in einem zapfenähnlichen Stand auf derselben Achse gefunden. Eine derartige Struktur kann mit gewisser Berechtigung als „Blüte" bezeichnet werden. Ob die Angiospermen allerdings gerade aus dieser Gruppe entstanden sind, ist jedoch fraglich.

Von den ca. 600 rezenten Arten gehören ungefähr 500 zur Klasse Pinatae (Nadelbäume und andere), während die Mehrzahl der übrigen zu den Cycadatae gehört. Überdies gibt es noch wenige andere kleinere Gruppen.

Cytologie

Die Chromosomenzahl der Gymnospermen zeigt im großen und ganzen eine geringe Variation und ist gewöhnlich ziemlich niedrig. Bei den Pinatae findet man oft $2n = 22$ oder 24, bei den Cycadatae häufig $2n = 16$ oder 18.

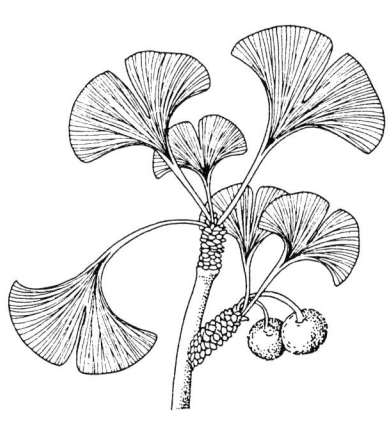

Abb. 158. *Ginkgo biloba,* Blätter und Früchte, $\times 1,0$

Klasse Lyginopteridatae („Samenfarne")

Diese Gruppe erreichte ihre größte Mannigfaltigkeit zwischen dem Oberen Devon und dem Jura. Sie differenzierte sich in den verschiedenen Teilen der Erde unterschiedlich. Bei einigen Formen sind die Blätter groß und ähnlich denen der Farne. Teilweise waren sie Blättern isosporer Farne so ähnlich, daß nicht mit Sicherheit entschieden werden kann, ob sie zu den Farnen oder zu den Gymnospermen gehören, außer wenn sie mit Samenanlagen oder Sporangien gefunden werden.

Die Samenanlagen waren von einem schalenähnlichen Organ umgeben, der sogenannten *Cupula*, die oft tief zerschlitzt war und von der man glaubt, daß sie durch seitliches Verwachsen primitiver Zweige, „Telome", entstanden seien. Aus einer Makrospore entwickelte sich ein vielzelliges Prothallium. Die Samen waren gewöhnlich radiärsymmetrisch. Es ist unsicher, ob sie ebenfalls, wie bei den meisten heutigen Samenpflanzen, eine Ruheperiode mitmachten. Bei einigen Gruppen war die Cupula mit dem Samen vollständig verwachsen und bildete um diesen herum eine harte Schale. Unter den Lyginopteridatae dürften wahrscheinlich die Ahnen der Cycadatae und auch anderer Gymnospermengruppen sein, von denen irgendeine die Stammform der Angiospermen gewesen sein könnte.

Klasse Cycadatae (Palmfarne)

ca. 100 rezente Arten

Die Klasse zeigt eine tropische und subtropische Verbreitung. Sie besteht aus Holzpflanzen mit wenig verzweigtem, oft klumpigem und dickem Stamm. An der Spitze des Stammes entwickelt sich eine Krone von großen, dicht schraubig gestellten Fiederblättern, die bis zu 3 m lang werden können.

Mikro- und Makrosporophylle wachsen auf verschiedenen Individuen.

Zwei oder mehrere Samenanlagen sitzen an der Basis, respektive am Rand der Makrosporophylle, die sehr oft verdickt und ungeteilt, bisweilen aber (z. B. bei *Cycas*) an der Spitze zerschlitzt sind. Bei der Samenanlage führt eine enge Öffnung, die *Mikropyle*, von der Spitze des Integuments zur sogenannten *Pollenkammer*, die durch Abbau des oberen Teils des Nuzellusgewebes gebildet wird. Auf der Oberfläche des vielzelligen Prothalliums entstehen einfach gebaute Archegonien, jedes mit zwei Halszellen und einer sehr großen Eizelle.

Zahlreiche Mikrosporangien befinden sich in kleinen Gruppen auf der Unterseite von schuppenförmigen oder prismatischen Mikrosporophyllen, die zu zapfenförmigen Organen, Strobili, vereint sind. Die Mikrosporangien öffnen sich mit einem Längsspalt und entlassen die Pollenkörner, die im 3-Zellstadium verbreitet werden.

Die Pollenkörner keimen auf der Samenanlage mit einem *Pollenschlauch*. Zwei Zellen wandern in diesen hinein und entwickeln sich zu vergleichsweise großen,

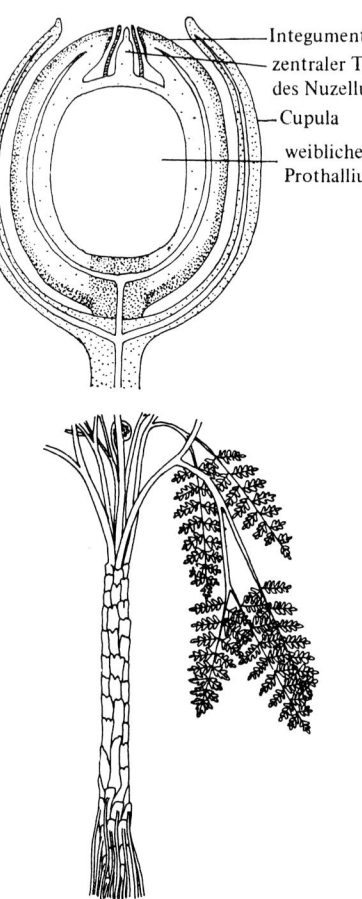

Abb. 159. *Lyginopteris,* oben Samenanlage mit Cupula, schematischer Längsschnitt; *unten* Rekonstruktion eines Individuums (*Medullosa*), ×0,03

schneckenförmig gewundenen Spermatozoiden mit vielen Geißeln. Die Pollenkörner werden durch Austrocknen eines Pollinationstropfens an der Mikropyle in die Pollenkammer hineingezogen. Der Pollenschlauch wächst von der Pollenkammer durch den oberen Teil des Nuzellus hindurch und gibt die Spermatozoiden in die Flüssigkeit ab, die den Boden einer Mulde oberhalb des weiblichen Prothalliums bedeckt. Der Pollenschlauch ist bei den Cycadatae schwach verzweigt und nimmt vom Nuzellus Nährstoffe auf. Dies und die Verankerung des männlichen Gametophyten im Nuzellus sind möglicherweise die ursprünglichen Funktionen des Pollenschlauches. Die Spermatozoiden bewegen sich aktiv in der Flüssigkeit, die über dem Prothallium gebildet wurde, zu den Archegonien hin. Eines der Spermatozoiden verliert seine Geißeln, dringt in die Eizelle ein und befruchtet sie.

Die Zygote entwickelt sich zu einem Embryo, der im Unterschied zu denen der anderen heutigen Samenpflanzen, ohne Ruheperiode zu einem neuen Sporophyten heranwächst.

Cycas, mit ca. 15 Arten, besitzt große Blätter. Die Makrosporophylle, die oft an der Spitze zerschlitzt sind und die Samenanlagen seitlich tragen, werden an der Spitze des Sprosses gebildet, der später weiterwächst und normale vegetative Blätter bildet. Bei anderen Sippen der Cycadatae sitzen die Makrosporophylle an zapfenähnlichen Organen mit begrenztem Zuwachs.

Abb. 160. *Cycas, oben* Habitus, ×0,02; *unten links* Makrosporophyll mit Samen, ×0,2, *rechts* Mikrosporophyll mit Mikrosprangien, ×0,7

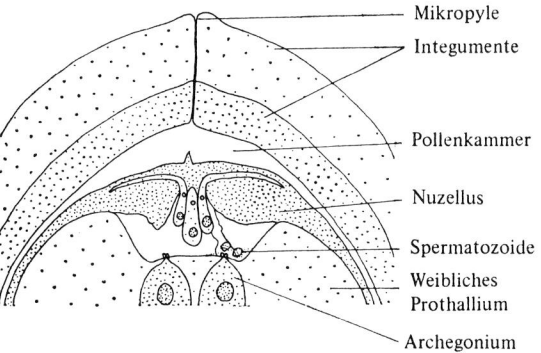

— Mikropyle
— Integumente

— Pollenkammer

— Nuzellus

— Spermatozoide
— Weibliches Prothallium

— Archegonium

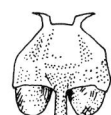

Abb. 161. *Links* oberer Teil einer Samenanlage (*Dioon*); *rechts* Gruppe von Mikrosporangien (*Zamia*), ×5, Spermatozoid (*Zamia*), ×50, Makrosporophyll (*Ceratozamia*), ×0,6

Klasse Pinatae (Nadelhölzer)

ca. 500 rezente Arten

Pinatae traten erstmals im Oberen Karbon auf. Ihre Blütezeit war im Mesozoikum bis zur Kreide, das heißt, bis die Angiospermen immer häufiger wurden.

Die Gruppe kommt vor allem in den gemäßigten Gebieten vor, hat aber auch Vertreter in den Tropen. Viele sind von außerordentlicher ökonomischer Bedeutung.

Die Pinatae gehören zu den Bäumen und Sträuchern mit sekundärem Dickenwachstum. Das sekundäre Holz besteht aus einfachen Leitelementen, Tracheiden. Eigentliche Gefäße, d. h. Tracheen, fehlen. Die Blätter stehen in Schrauben oder in Wirteln, sind sehr oft nadel- oder schuppenförmig, seltener weich, flach und breit.

Sie fallen normalerweise nicht regelmäßig ab, d. h. die Bäume gehören zu den immergrünen Pflanzen. Sowohl Stamm und Blätter weisen meist Harzkanäle auf.

Die Samenanlagen sitzen auf einer abgeplatteten Schuppe, *Samen-* oder *Fruchtschuppe* genannt. Sie entspringt einer verkrüppelten Achse zweiter Ordnung in der Achsel einer anderen Schuppe, der *Trag-* oder *Deckschuppe*. Jede Samenschuppe wird somit einer reduzierten Seitenachse zugehörig aufgefaßt. Samen- und Deckschuppe sind oft stark miteinander verwachsen. Sie stehen schraubig angeordnet in einem kompakten Stand oder Strobilus, dem *weiblichen Zapfen*. Auf der Oberseite der Samenschuppe befinden sich normalerweise zwei Samenanlagen. Im Unterschied zu den Cycadatae fehlt ihnen eine Pollenkammer. Eine tief innen im Nuzellus liegende Zelle wird zur Makrosporenmutterzelle.

Die Mikrosporangien befinden sich normalerweise zu zweit an der Unterseite eines einfach gebauten Mikrosporophylls, das oft einen deutlichen Stiel aufweist und bisweilen an der Spitze zu einem Stachel ausgezogen ist. Im *männlichen Zapfen* sind die Mikrosporophylle in einer engen Schraube an einer einfachen Achse inseriert.

Bei den meisten Nadelbaumarten findet man männliche und weibliche Zapfen auf demselben Individuum; es gibt aber auch diözische Arten.

Die Pollenkörner machen ein paar Zellteilungen mit, wobei sich zuerst zwei linsenförmige Prothalliumzellen abtrennen. Die männlichen Gameten bestehen aus 2 Spermazellen, bei denen der Kern fast die gesamte Zelle ausfüllt. Die Pollenkörner werden sehr oft im 4-Zellstadium durch den Wind verbreitet und sind bei vielen Sippen mit Luftsäcken versehen. Falls sie an der Mikropyle einer Samenanlage haften bleiben, keimen sie bald. Doch oft stockt das Wachstum des Pollenschlauches eine gewisse Zeit. Es wird dann im folgenden Jahr wieder aufgenommen. Der Pollenschlauch erreicht schließlich die Eizelle und diese wird befruchtet. Aus einer bestimmten der 4 Makrosporen entsteht ein vielzelliges Prothallium mit meist 2 – 5 Archegonien. Die Archegonien der Pinatae haben, wie die der Cycadatae, ganz wenige Halszellen und eine sehr große Eizelle.

Die befruchtete Eizelle entwickelt sich zum *Proembryo*, aus dessen unterem Teil ein oder mehrere Embryonen entstehen.

Bei mehreren fossilen Ahnen der Nadelbäume findet man weibliche Zapfen, bei denen in den Achseln von Deckschuppen kleine Zweige sitzen, die aus mehreren schuppenähnlichen Blättern und einer variierenden Zahl von geraden oder gekrümmten Samenanlagen bestehen. Bei diesen Sippen ist deutlicher als bei den rezenten ersichtlich, daß der weibliche Zapfen einen verzweigten Sproß darstellt. Serien

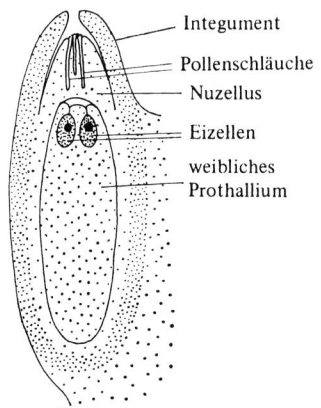

Abb. 162. *Pinus,* Samenanlage, schematisch

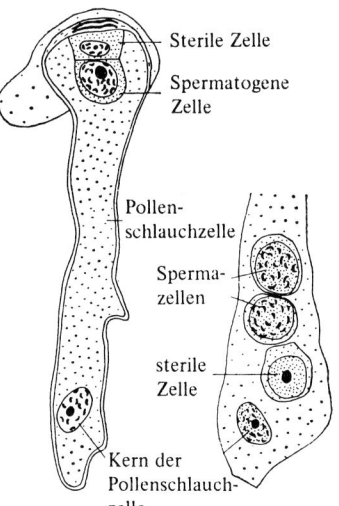

Abb. 163 *Pinus,* Entwicklung des männlichen Gametophyten. Die beiden Figuren *rechts* zeigen den wachsenden Pollenschlauch, respektive seinen unteren Teil, wo sich die spermatogene Zelle in zwei Spermazellen teilt, ×450

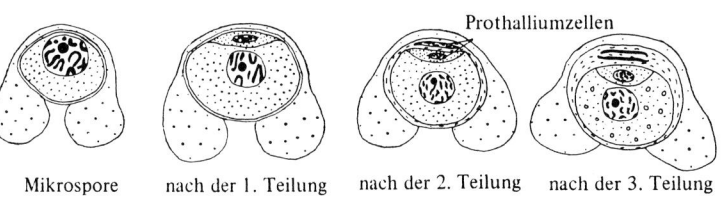

Mikrospore   nach der 1. Teilung   nach der 2. Teilung   nach der 3. Teilung

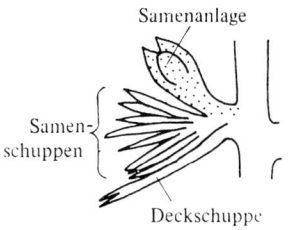

Abb. 164. Vielblättriger Kurztrieb im weiblichen Zapfen eines fossilen Vertreters der Pinatae

Abb. 165. *Pinus,* Zweig mit „blühenden" weiblichen Zapfen (*oben*) und männlichen Zapfen (*unten rechts*) sowie zwei einjährige und ein zweijähriger Zapfen, ×0,5

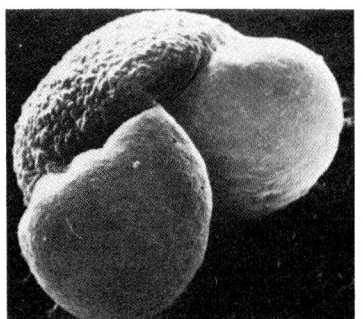

Abb. 166. *Pinus,* Pollenkorn, ×600 (Photo: Palynologiska laboratoriet, Stockholm)

von fossilen Sippen sind gefunden worden, die die Entwicklung bis zu den jetzigen Verhältnissen illustrieren, bei denen die Zapfen aus wenigen, reduzierten Samenschuppen mit ebenfalls wenigen und abgeplatteten Samenanlagen bestehen.

Pinus (Kiefer, Föhre) mit ca. 90 Arten in Eurasien und Nordamerika weist eine klare Gliederung in *Lang-* und *Kurztriebe* (s. S. 123) auf. Die Langtriebe tragen kleine schuppenförmige Blätter, in deren Achseln sich die Kurztriebe entwickeln. An diesen sitzen ihrerseits an der Basis braune schuppenähnliche Blätter und innerhalb von diesen grüne, schmale, linealische Blätter (Nadeln) und zwar in Büscheln zu je 2–5 (2 z. B. bei *P. sylvestris*, Waldföhre, und bei *P. mugo*, Bergföhre, 5 bei *P. cembra*, Arve). Mit der Bildung der Nadeln ist das Längenwachstum des Kurztriebes abgeschlossen. Die weiblichen Zapfen, die für ihre Entwicklung 2 Jahre benötigen, tragen dicke prismatische Samenschuppen und kurze Deckschuppen.

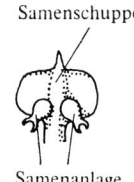
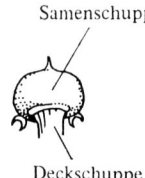

Abb. 165.

Abb. 167. *Pinus, links* weiblicher Zapfen, ×0,5; *unten von links* Deckschuppe und Samenschuppe, *von oben* respektive *von unten,* ×6; geflügelter Samen, ×1; männlicher Zapfen, ×0,8

Larix (Lärche) umfaßt etwa 10 Arten mit nordhemisphärischer Verbreitung. In den Zentralalpen ist *L. decidua* heimisch und bildet zusammen mit *Pinus cembra* den Klimaxwald der subalpinen Stufe. *Larix* zeigt, wie *Pinus*, eine klare Gliederung in Lang- und Kurztriebe. Lärchennadeln sind weich, fallen im Herbst ab und werden im Frühjahr darauf wieder erneuert.

Picea und *Abies* (Fichte, respektive Tanne) haben jede etwa 40 Arten. Die Verbreitung beider Gattungen ist im großen und ganzen wie bei den bereits angeführten nordhemisphärisch. Bei *Picea* und *Abies* fehlt eine Gliederung in Lang- und Kurztriebe. Heimisch in Mitteleuropa sind *Picea abies* und *Abies alba*.

Die vier vorgestellten Gattungen enthalten ökonomisch sehr wichtige Waldbäume. Sie beherrschen zusammen einen großen Teil der Vegetation, der borealen und der gemäßigten Gebiete auf der nördlichen Halbkugel.

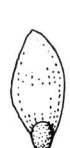

Abb. 168. *Picea, von links,* weiblicher Zapfen, ×0,5; Deck- und Samenschuppe, ×2; Samen, ×0,5; Zweig mit männlichen Zapfen, ×0,5; Mikrosporophyll, ×6

Sequoia (Redwood) und *Sequoiadendron* (Mammutbaum) gehören zu den höchsten Bäumen des gesamten Pflanzenreiches. Beide kommen in Nordamerika vor und werden sehr alt.

Juniperus (Wacholder) und *Cupressus* (Zypresse) besitzen quirl- oder gegenständige Nadeln und Zapfenschuppen. Bei den anderen bereits erwähnten Sippen sind sie schraubig gestellt. Beim Gewöhnlichen Wacholder *(J. communis)* sind die Samenanlagen auf die Spitze des weiblichen Zapfens beschränkt. Die Zapfenschuppen werden bei der Reife fleischig und verwachsen miteinander zu einem Beerenzapfen („Wacholderbeere"), der im ersten Jahr grün ist und im zweiten blauschwarz wird. Der Wacholder ist im Unterschied zur Mehrzahl der anderen Nadelgehölze zweihäusig.

Taxus und einige andere Gattungen nehmen eine von den übrigen Nadelbäumen abweichende Stellung ein. In Zentraleuropa ist die Gruppe durch *Taxus baccata* (Eibe) vertreten. Sie besitzt flache, schraubig gestellte Blätter. Die Pollensäcke befinden sich an der Unterseite von schildförmigen Mikrosporangiophoren, die etwas den Sporangiophoren von *Equisetum* gleichen. Überdies stehen die Samenanlagen einzeln an der Spitze kleiner Sprosse mit kreuzgegenständigen Schuppen. Während die Samen reifen, wächst an ihrer Basis ein ringförmiger Wulst zu einem roten, fleischigen *Arillus* heran (s. S. 132). Dadurch fungiert der Samen wie eine Beere; sie wird durch Vögel verbreitet. Alle Teile der Eibe mit Ausnahme des Arillus enthalten das giftige Alkaloid *Taxin*.

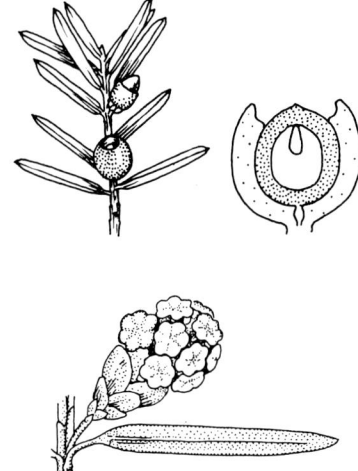

Abb. 169. *Juniperus, oben links* Zweig mit Beerenzapfen, ×0,5; *rechts* reifer Beerenzapfen, ×2; *unten links* weiblicher Zapfen, ×10; *rechts* männlicher Zapfen, ×8

Abb. 170. *Taxus, oben links* Zweig mit Samen, dieser vom Arillus umgeben, ×0,7; *rechts* Samen mit Arillus, Längsschnitt, ×2; *unten* männlicher Zapfen, ×2

Schematische Übersicht

Sporophyt (2n)	Gametophyt (n)
Lyginopteridatae Bäume mit schmalen, mehr oder weniger langgestreckten Stämmen mit begrenztem sekundärem Dickenwachstum. Blätter groß, oft farnähnlich. Mikro- und Makrosporophyll oft farnähnlich, gewöhnlich nicht in Strobili. Samenanlage in einer Cupula. Samen normalerweise radiärsymmetrisch.	wenig bekannt
Cycadatae Bäume mit kaum verzweigtem Stamm; sekundäres Dickenwachstum, palmenähnliche Krone aus gefiederten, schraubig gestellten, bis zu 3 m langen Blättern. Mikrosporophylle in Strobili, mit Pollensäcken in Gruppen auf der Unterseite. Makrosporophylle in Strobili, schild- oder federähnlich. Diözisch. Samenanlage mit Pollenkammer. Samen radiärsymmetrisch, keimen ohne Ruheperiode.	♂: Pollenkorn mit einer Prothalliumzelle: männliche Gameten sind Spermatozoide. ♀: Die Makrospore entwickelt sich zu einem Prothalliumgewebe mit Archegonien mit einer Eizelle und 2 Halszellen.
Pinatae Bäume, Büsche oder Lianen mit monopodialem Sproßsystem, oft Gliederung in Kurz- und Langtriebe. Gut entwickeltes sekundäres Holz. Blätter schraubig- oder quirlständig, einfach, gewöhnlich nadel- oder schuppenförmig, bei den meisten immergrün. Strobili heißen Zapfen. Männliche Zapfen unverzweigt mit vielen flachen Mikrosporophyllen, von denen jedes auf der Unterseite 2 oder mehrere Pollensäcke trägt. Weibliche Zapfen zusammengesetzt. Hauptachse mit Deckschuppen, in deren Achsel Samenschuppen mit zwei oder mehreren Samenanlagen an der Basis. Pollenkammer fehlt. Männliche und weibliche Zapfen oft auf demselben Individuum. Samen flach, keimen nach einer Ruheperiode.	♂: Pollenkorn mit 2 Prothalliumzellen; Pollenschlauch; die männlichen Gameten sind plasmaarme Spermazellen. ♀: im Prinzip wie bei den Cycadatae, aber Archegonien mit mehreren Halszellen.

Unterabteilung Angiospermae (Magnoliophytina)

Bedecktsamer, ca. 220000 Arten

Die Angiospermen sind, gemessen an der Artenzahl, die größte Pflanzengruppe. Sie umfassen sowohl Bäume, Sträucher und Zwergsträucher als auch Kräuter und sind weltweit verbreitet (siehe unter Spermatophyta).

Lebenszyklus

Der Lebenszyklus stimmt in seinen Hauptzügen mit dem der Gymnospermen überein; aber die Gametophytengeneration ist auf der männlichen und auf der weiblichen Seite noch mehr reduziert als bei der Mehrzahl der Gymnospermen. Der weibliche Gametophyt besteht nur aus dem *Embryosack*. Ein Archegonium wird nicht gebildet. Der männliche Gametophyt, der sich vollständig innerhalb der Mikrospore entwickelt, besteht nur aus 3 Zellen, wovon 2 Spermazellen sind. Es werden keine Spermatozoiden gebildet. Die Spermazellen werden durch einen Pollenschlauch zur Eizelle des Embryosacks geleitet.

Kennzeichen, Entstehung und Systematik

Folgende Eigenschaften kennzeichnen unter anderem die Angiospermen und trennen sie von den Gymnospermen:

1. Im Holz sind Gefäße vorhanden.
2. Die Siebröhren haben Geleitzellen.
3. Die Pollensäcke, das heißt die Mikrosporangien, sind in Gruppen von je 2 oder meistens 4 zu einem Staubbeutel (*Anthere*) vereinigt. Der Staubbeutel sitzt auf einem Staubfaden (*Filament,* Mikrosporangiophor); Staubbeutel und Staubfaden bilden das Staubblatt (*Stamen*); Die Gesamtheit der Staubblätter einer Blüte werden als *Androeceum* bezeichnet.
4. Der männliche Gametophyt besteht aus nur 3 Zellen. Davon sind 2 plasmaarme Spermazellen. Sie können sich nicht aktiv bewegen.
5. Die Samenanlagen sind von einem oder mehreren Fruchtblättern (*Karpellen*) (= Wand des Stempels, *Pistill*) umschlossen; die Gesamtheit der Karpelle mit Samenanlagen einer Blüte bilden das *Gynoeceum*; Die Karpelle weisen gewöhnlich an der Spitze eine papillöse Narbenoberfläche auf; die reifen Samen sind von den Karpellen umschlossen, die dann die Frucht bilden.

6. Der weibliche Gametophyt ist zum Embryosack reduziert. Er besteht aus einer begrenzten Zahl von Zellen und Zellkernen (normalerweise 8).

7. Charakteristisch ist Doppelbefruchtung; die befruchtete Eizelle bildet den Embryo; der andere Spermakern verschmilzt mit den beiden Polkernen. Daraus entwickelt sich ein spezielles, triploides Nährgewebe, das *sekundäre Endosperm*.

8. Androeceum und Gynoeceum befinden sich meistens beieinander (Gynoeceum über dem Androeceum oder vom Androeceum umgeben) und sind überdies sehr oft von Blättern (*Blütenhülle*, S. 130) umhüllt; diese Organe sitzen auf einer gemeinsamen Achse und bilden zusammen die *Blüte*.

Bei einzelnen dieser Kriterien für die Angiospermen gibt es jedoch hie und da Ausnahmen.

Die Angiospermen sind ab der Älteren Kreide bekannt, entstanden aber wahrscheinlich früher, vermutlich im Jura. Während der Kreide expandierte die Gruppe kräftig und machte eine Differenzierung ohnegleichen mit.

Mehrere Anpassungen können bei dieser Expansion zusammengewirkt haben. Besonders die unten angeführten dürften von großem Gewicht gewesen sein.

Siphonogamie („Befruchtung mit Hilfe eines Pollenschlauches"). Die schrittweise Entwicklung bei den Gymnospermen in Richtung einer Unabhängigkeit von freiem Wasser im Zusammenhang mit der Befruchtung führte zur Ausbildung eines Pollenschlauches, der zum Embryosack hin wuchs. Siphonogamie kann in mehr als nur einer Entwicklungslinie aufgekommen sein. Spermatozoiden wurden unnötig, denn undifferenzierte plasmaarme Spermazellen konnten direkt zum Embryosack hin wandern. Die Siphonogamie war eine Voraussetzung dafür, daß die Samenanlagen von Karpellen umhüllt werden konnten. Sie dürfte sich deshalb zu der Zeit gebildet haben, als der letztere Entwicklungsschritt vor sich ging.

Endosperm. Doppelbefruchtung (S. 139) mit nachfolgender Bildung eines sekundären Endosperms ist nur von den Angiospermen bekannt. Das Endosperm entwickelt sich aus den befruchteten Polkernen. Bei der Mehrzahl der Angiospermen dient dieses als Nährgewebe für den gleichzeitig heranwachsenden Embryo. Die frühen Angiospermen hatten vermutlich ein mehr oder weniger gut ausgebildetes Nuzellusgewebe. Die Tatsache jedoch, daß das Endosperm bei praktisch allen neuzeitlichen Angiospermengruppen vorkommt, deutet darauf hin, daß es bereits bei den frühesten Ursprungsformen der Angiospermen entstand, vielleicht im Zusammenhang mit oder vor dem Einschluß der Samenanlagen in ein Pistill. In einem geschlossenen Raum (wie dem Fruchtknoten des Stempels) mit mehreren Samenanlagen dürften wohlausgebildete Prothallien zu einer sperrigen Belastung geworden sein. Da ein Prothallium vor der Befruchtung entsteht, bedeutete seine Entwicklung überdies eine unnötige Verschwendung von Energie, insbesondere in den Fällen, in denen eine Befruchtung ausblieb. Ein sekundäres Endosperm, das nur nach einer Befruchtung ausgebildet wird, bedeutet hingegen größtmögliche Ökonomie. Es wurde auch angenommen, daß der doppelte Ursprung des sekundären Endosperms, das ja genetisch Vater- und Mutterindividuum repräsentiert, dem Embryo und seiner Entwicklung ein besonders günstiges Milieu bietet. Die doppelte Befruchtung und das Endosperm dürften vermutlich bei den ersten Angiospermen einen positiven Selektionswert gehabt haben.

Fruchtknotenwand. Die Wand des Fruchtknotens, in Kombination mit den die Knospe umschließenden Hüllblättern, bot einen Schutz der Samenanlagen gegen Austrocknung und gegen Insekten, insbesondere vielleicht gegen Käfer, die sich von Samenanlagen ernährt haben. Das letztere dürfte ebenfalls wichtig gewesen sein, da die frühen Angiospermen, wie auch die heutigen, überwiegend insektenblütig gewesen zu sein scheinen. Überdies bedeutete die Ausbildung einer Fruchtwand für gewisse Gruppen neue Vorteile bei der Ausbreitung (Fruchtfleisch, Stacheln, Flugvorrichtungen etc.).

Darüber hinaus schützt die Fruchtwand, z. B. bei Nüssen und Steinfrüchten, Samenanlagen und Samen auch nach der Reife und während einer ungünstigen Periode.

Bestäubungseinrichtungen. Die Blütenhülle entwickelte sich wahrscheinlich bei primitiven Angiospermen. Zudem entstanden Nektarien (S. 131). Dies machte die Blüten für Insekten attraktiv, welche dann eine relativ sichere und für die Pflanzen „ökonomische" Fremdbestäubung besorgten. Insektenbestäubung erleichtert eine effektive Fremdbestäubung. Diese ermöglicht eine Neukombination des Erbgutes der Angiospermen. Das wiederum liegt deren ökologischen und morphologischen Plastizität zugrunde. Bei der Mehrzahl der windblütigen Angiospermen ist die Windbestäubung wahrscheinlich nicht ursprünglich, sondern entstand sekundär.

Die bei den Angiospermen dominierenden Zwitterblüten dürften größere Chancen für eine Befruchtung gehabt haben als die eingeschlechtigen Strobili, die bei den meisten Gymnospermengruppen überwiegen. Viele andere Umstände könnten zur raschen Expansion der Angiospermen beigetragen haben. Dadurch, daß innerhalb der Gruppe eine reiche Vielfalt von krautartigen Pflanzen entstand , konnten neue ökologische Nischen ausgenutzt werden. Die gute Fähigkeit zur vegetativen Vermehrung erleichterte die Verbreitung der Pflanzen ebenfalls.

Bis jetzt konnten noch keine sicheren Zwischenformen zwischen Angiospermen und anderen Gruppen von Samenpflanzen gefunden werden. Fossilfunde primitiver Angiospermen ergeben ebenfalls keine Hinweise auf den Ursprung der Angiospermen. Nadelbäume (Pinatae) können als mögliche Ahnen für die Angiospermen sicher ausgeschlosssen werden, und zwar wegen des andersartigen Baues der reproduktiven Sprosse (das heißt der Zapfen, die überdies eingeschlechtig sind). Die Anatomie ihres Holzes ist ebenfalls anders und ihre weiblichen Gametophyten sind bedeutend stärker entwickelt. Die vollständig ausgestorbene Klasse der Bennettitatae, wo blütenähnliche zwittrige Strobili mit einer Hülle vorkamen (und vermutlich meistens Insektenbestäubung), stellen eine wahrscheinlichere Ursprungsform dar. Doch spezielle Züge in ihren Blüten erschweren es, sie ganz als Ahnen der Angiospermen zu akzeptieren. Eine Herkunft aus irgendeiner Gruppe der Lyginopteridae im weiteren Sinn ist denkbar. In Abhängigkeit von der Gruppe, aus der die Angiospermen entstanden gedacht werden, und welche Merkmale als primitiv aufgefaßt werden, wurden verschiedene Hypothesen für die Entstehung der Angiospermenblüte entwickelt. Zwei der meistdiskutierten sollen hier angeführt werden.

Euanthientheorie. Es zeigte sich früh, daß die Magnoliaceae und nahestehende Familien mehr primitive Züge als die übrigen Angiospermenfamilien aufweisen. Unter anderem haben ihre Pollenkörner eine einzige *Apertur* (s. S. 147). Einigen fehlen Gefäße im Holz und ihre Pistille sind manchmal unvollständig geschlossen. Nach der Euanthientheorie dürften sie den Ahnen der Angiospermen nahestehen, und Merkmale, die bei ihnen reichlich vertreten sind, müßten sich bei der Gymnospermengruppe, aus denen sie entstanden sind, wiederfinden lassen. Diese Gymnospermen müßten somit zwittrige, blütenähnliche Sprosse besitzen, mit einer langgestreckten Blütenachse, an welcher die einzelnen Teile der Blüte in einer Schraube inseriert wären. Ihre Mikrosporangien (Pollensäcke) und Samenanlagen müßten auf flachen, blattähnlichen Organen sitzen. Einige dieser Eigenschaften finden sich bei den Cycadatae und der fossi-

Abb. 171. Euanthientheorie

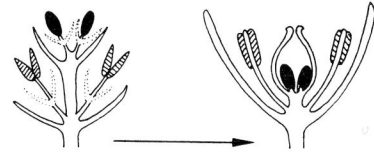

Abb. 172. Pseudanthientherorie

len Gruppe Bennettitatae, andere bei verschiedenen Gruppen der ebenfalls fossilen Lyginopteridatae. Die Stempel denkt man sich nach der Euanthientheorie aus blattähnlichen Organen, die die Samenanlagen trugen, dadurch entstanden, daß sich die Blattränder nach innen krümmten und längs der Kanten verwuchsen.

Pseudanthientheorie. Nach dieser Theorie denkt man sich die Angiospermenblüte entstanden aus einem kleinen verzweigten Sproß mit gestielten Mikrosporangiengruppen (Staubblätter) und darüber kleine Seitenachsen, die Samenanlagen trugen. Alle Seitenachsen lagen in Achseln von schuppenförmigen Hochblättern. Die Blüte sollte dadurch entstanden sein, daß sich die unteren dieser Schuppen zur Hülle und die oberen durch Zusammenwachsen zur Fruchtknotenwand entwickelten. Die Vertreter dieser Auffassung betrachten Gruppen der Hamamelidae (unter anderem Fagaceae und Betulaceae) als primitiv und suchen die Ahnen der Gymnospermen in oder nahe der kleinen Gymnospermengruppe Gnetatae, wo sich solche Verhältnisse finden, und wo unter anderem der weibliche Gametophyt bisweilen kräftig reduziert ist, und die Blätter manchmal sehr denen der Angiospermen ähneln.

Möglicherweise spielte die sogenannte *Neotenie* bei der Entstehung der Angiospermen eine wichtige Rolle. Mit Neotenie bezeichnet man eine genetische Veränderung, die zur Folge hat, daß ein Teil der Organismen in einem embryonalen, oder jedenfalls nicht vollständig entwickelten Stadium stehen bleibt, ohne daß die Entwicklung der Reproduktionsorgane gleichermaßen gehemmt wird. Die genetischen Veränderungen, die zur Neotenie geführt haben sollen, können vergleichsweise gering sein, habe aber einen drastischen Effekt in bezug auf die Gestalt. Darin liegt, wie einige Forscher meinen, die Bedeutung der Neotenie aus dem Blickwinkel der Evolution. Die Blüte wäre ein solcher in seiner Entwicklung gehemmter Sproß, wobei die zusammengerollten (das heißt nicht voll entfalteten) Karpellen und die undifferenzierten Blütenblätter dazu gezählt werden.

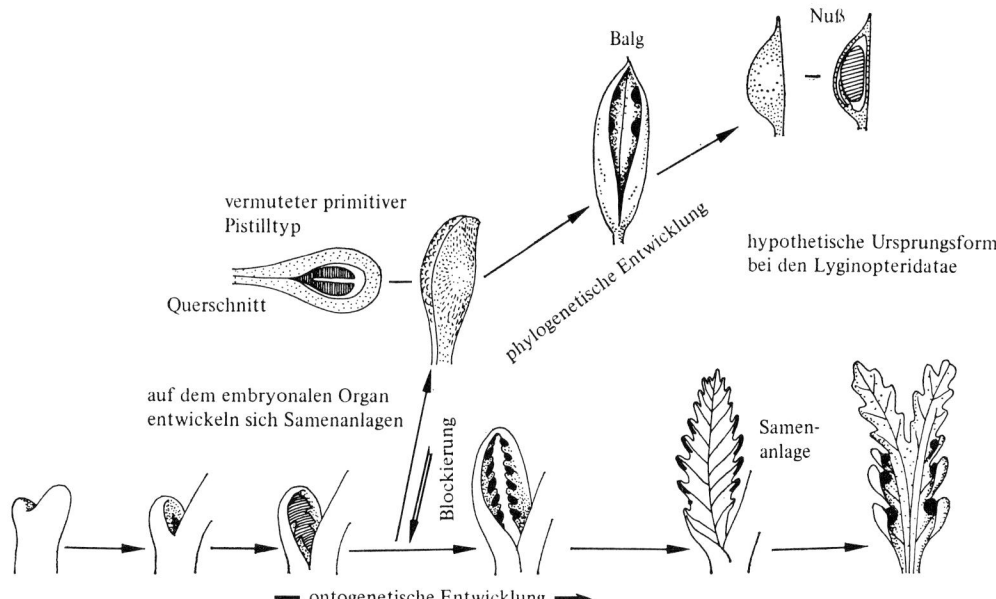

Abb. 173. Hypothese zur Neotenie bei der Entstehung und der Entwicklung der Angiospermen. Die horizontale Serie bezieht sich auf die ontogenetische Entwicklung einer hypothetischen Ursprungsform. Diese Entwicklung stockte, außer in Bezug auf die Reife der Samenanlage. Die in ihrer Entwicklung blockierte Form hat sich dann im Laufe der Zeit entlang den *nach oben weisenden Pfeilen* weiterentwickelt.

Einige Forscher waren der Ansicht, daß die Angiospermen aus zwei oder mehr Entwicklungslinien mit verschiedenem Ursprung in den Gymnospermen bestehen könnten, und somit eine sogenannte *polyphyletische* Gruppe darstellen. Betrachtet man jedoch die sehr spezielle Kombination von Eigenschaften, die die Angiospermen im Großen kennzeichnen (Pistill, Doppelbefruchtung, reduzierter weiblicher Gametophyt, Ausbildung der Staubblätter, Entwicklung der Pollenkörner usw.), so erscheint es doch sehr unwahrscheinlich, daß sie sich in zwei oder mehr vollständig unabhängigen Linien entwickelt haben.

Das Aufkommen der Angiospermen, ihre früheste und auch spätere Evolution war in hohem Maße abhängig von den Insekten und deren Entwicklung.

Während des Juras und der Kreide waren die Blütenpflanzen zu Beginn vor allem durch die Gymnospermenklasse Bennettitatae vertreten. Diese hatten radiärsymmetrische, offene Blüten. Sie wurden wahrscheinlich von Käfern und Hautflüglern bestäubt, also Insektengruppen, die dominiert haben müssen, als die Angiospermen im Entstehen begriffen waren. Die Fossilien, die man von Angiospermen aus der Unteren und der Mittleren Kreide kennt, zeigen meist radiärsymmetrische und offene Blütentypen. Lippenförmige, röhrenähnliche oder mit Spornen versehene Blüten dürften zu jener Zeit keine große Chance gehabt haben, bestäubt zu werden. Mit dem allmählichen Aufkommen derartiger Blütentypen, veränderten sich die Insekten schrittweise, denn diese Blütentypen werden von Hautflüglern (insbesondere Bienen) und Schmetterlingen bestäubt, also Gruppen, die ähnlich wie die Angiospermen sich während der Kreide und im Tertiär entwickelten und stark expandierten.

Die Angiospermen werden in die Klassen Magnoliatae (Dicotyledoneae), Zweikeimblättrige Pflanzen und Liliatae (Monocotyledoneae), Einkeimblättrige, unterteilt.

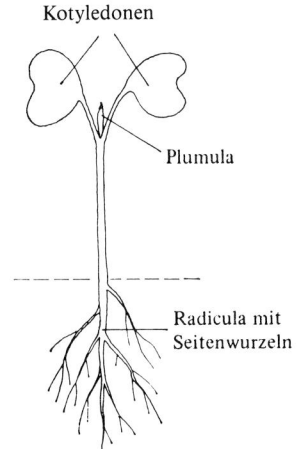

Abb. 174. Keimling

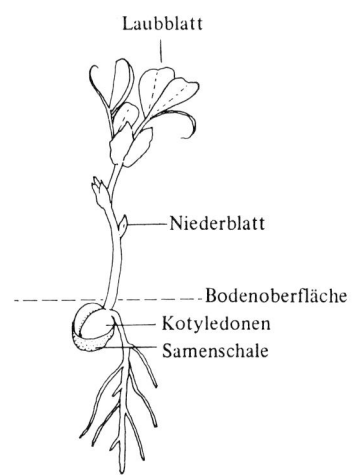

Abb. 175. *Sinapis,* ×1,5

Morphologie

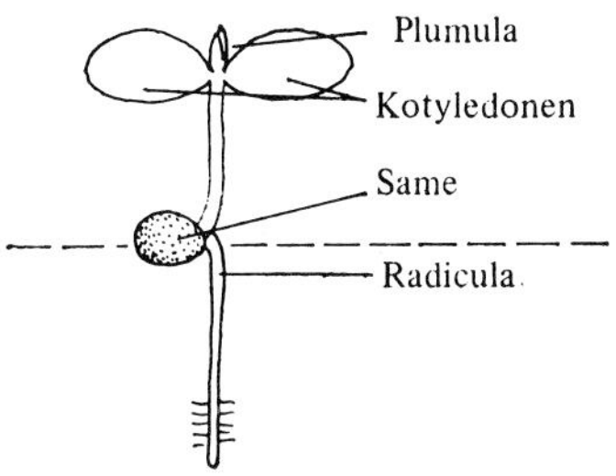

Die vegetativen Organe der Höheren Pflanzen bestehen im allgemeinen aus *Wurzel,* *Stamm* und *Blatt.* Stamm und Blatt bilden zusammen den *Sproß.* Die Blüte, die als Sproß aufgefaßt wird, besteht außer dem Stamm und Blatteilen noch aus den reproduktiven Organen *Androeceum* und *Gynoeceum.*

Keimung und Keimling

Die Keimung wird dadurch eingeleitet, daß der Samen Wasser aufnimmt, und die Fruchtschale gesprengt wird. Die erste Wurzel, die bei der Keimung angelegt wird, ist die Primärwurzel oder *Radicula.* Die ersten Blätter heißen Keimblätter, Kotyledonen. Sie unterscheiden sich im Aussehen stark von den später entwickelten Blättern. Aus der Sproßknospe gehen die dauerhaften oberirdischen Teile, Stamm und Blatt, hervor.

Die *Dikotylen* (auch Dikotyledonen; di = zwei, kotyledon = Keimblatt) haben ihren Namen deswegen, weil sie normalerweise zwei Keimblätter ausbilden. Diese sind oberirdisch und infolgedessen grün und assimilierend, z. B. bei *Sinapis* (Senf), *Phaseolus vulgaris* (Gartenbohne) und *Fagus* (Buche), oder sie bleiben unter der Erdoberfläche. Im letzteren Falle sind sie dick und mit Reservestoffen gefüllt, wie z. B. bei *Pisum* (Erbse) und *Aesculus* (Roßkastanie). Normalerweise sehen die beiden Keimblätter gleich aus. Sie sind meist ganzrandig und gegenständig.

Die Radicula entwickelt sich zu einer ausdauernden Hauptwurzel weiter.

Die *Monokotylen* (auch Monokotyledonen; mono = eins) bilden normalerweise ein einziges Keimblatt aus. Meist ist es röhrenförmig und seine Spitze so ausgebildet, daß sie Nährstoffe aus dem Endosperm auszusaugen vermag, wie z. B. bei *Allium* (Lauch).

Bei den Gräsern sind die Homologieverhältnisse in Bezug auf die Blattorgane der Keimpflanze kompliziert und noch nicht vollständig geklärt.

Das Wachstum der Radicula stockt gewöhnlich in einem frühen Stadium. An ihrer Stelle werden am basalen Teil des Stammes Wurzeln *(Adventivwurzeln)* angelegt.

Abb. 176. *Pisum,* ×1,0

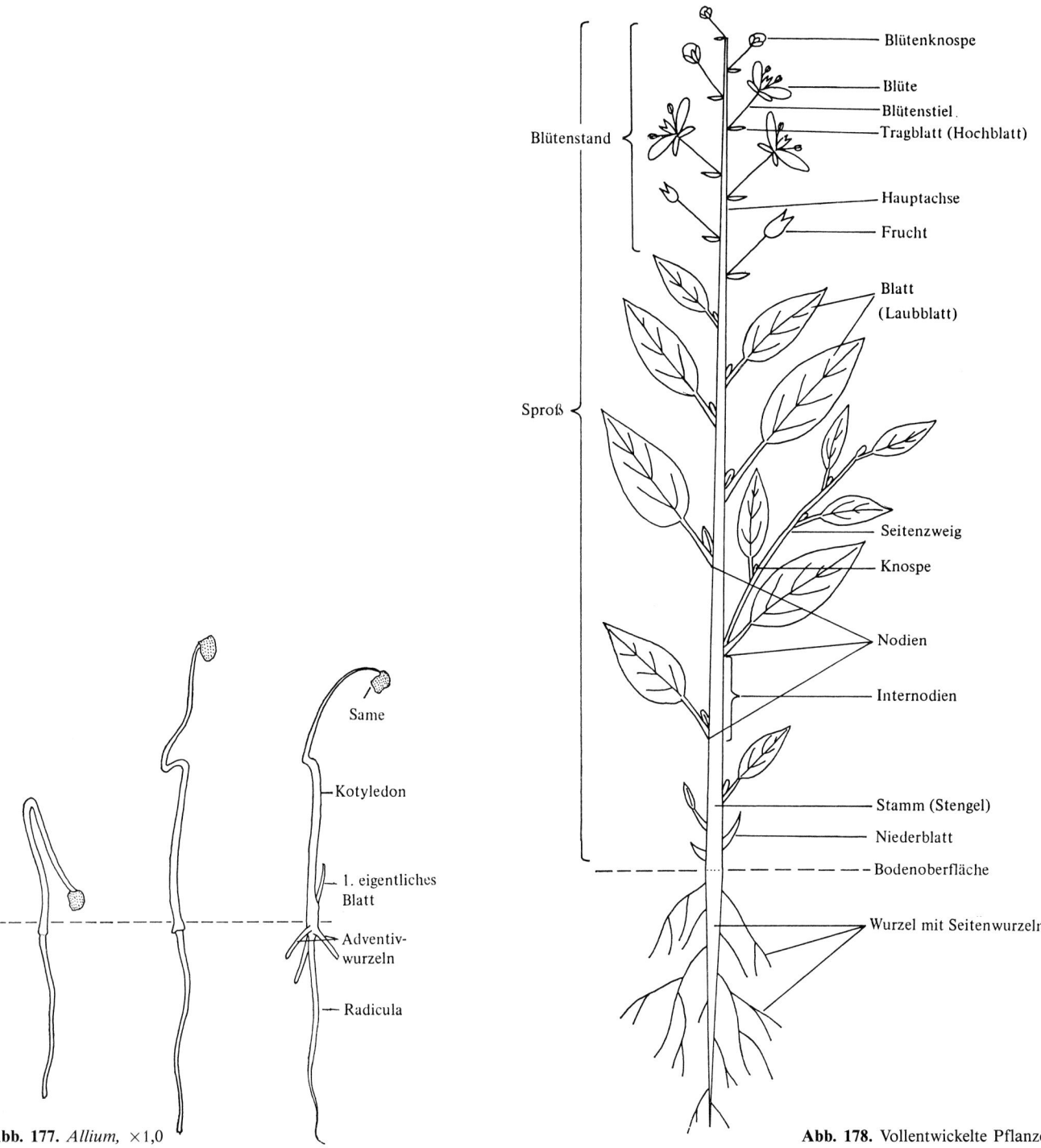

Abb. 177. *Allium,* ×1,0

Abb. 178. Vollentwickelte Pflanze

Die Wurzel

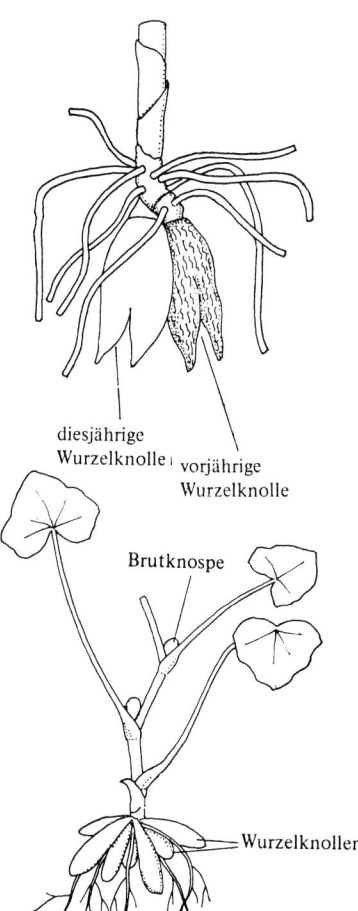

diesjährige
Wurzelknolle vorjährige
Wurzelknolle

Brutknospe

Wurzelknollen

Abb. 179. Nährstoffspeichernde Organe; *oben Dactylorhiza; unten Ranunculus ficaria*, ×0,5

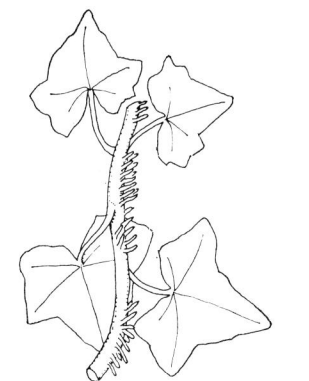

Abb. 180. Kletterwurzeln, *Hedera helix*, ×0,5

Im Unterschied zu den Organen des Stengels trägt die Wurzel nie Blätter oder Blattanlagen. Ein Mark fehlt normalerweise. Wenn ein Same keimt, ist die *Radicula* oftmals der erste Teil der Keimpflanze, der aus der Samenschale hervordringt. Sowohl Hauptwurzel als auch sekundär angelegte Wurzeln können sich verzweigen. Die Verzweigungen, *Seitenwurzeln*, befinden sich in Reihen entlang der Hauptwurzel. Wurzeln können auch an anderen Teilen der Pflanze entspringen, sogenannte *Adventivwurzeln*, z. B. aus dem unteren Teil des Stammes und, in selteneren Fällen, an Verzweigungsstellen oder an Blattspreiten. Der jüngste, das heißt der unterste Abschnitt einer Wurzel heißt *Wachstumszone*. Diese besteht aus der *Zellteilungszone* und, ihr folgend, der *Zellstreckungszone*. Die erstere wird von der *Wurzelhaube* bedeckt.

In geringer Entfernung von der Wurzelspitze entsteht bei den Dikotylen (und auch bei den Gymnospermen) im Leitgewebe eine Zone, in der die Teilungsaktivität beibehalten wird, ein *Kambium*. Dieses bildet ein sogenanntes *sekundäres Gewebe*, welches insbesondere bei den ausdauernden Pflanzen den Hauptteil der Wurzel ausmacht. Ein derartiges Wachstum wird als *sekundäres Dickenwachstum* (vgl. S. 78) bezeichnet.

Die Hauptfunktion der Wurzel ist die Aufnahme von Wasser und der darin gelösten Salze, sowie die Verankerung der Pflanze im Boden.

Wurzeln findet man mit wenigen Ausnahmen bei allen Farn- und Samenpflanzen, außer bei einigen saprophytischen Orchideen. Die Wurzeln können unterschiedlich spezialisiert sein, z. B. angeschwollen dienen sie zur Nährstoffspeicherung wie bei *Dactylorhiza* (Knabenkraut), *Daucus carota* (Karotte) und *Ranunculus ficaria* (Scharbockskraut). Sie können aber auch zu Kletterorganen umgestaltet sein wie bei *Hedera helix* (Efeu).

Das Wurzelsystem ist, abhängig von der Lebensdauer der Pflanze, unterschiedlich gut ausgebildet. Einjährige, *annuelle*, Gewächse, besitzen gewöhnlich ein schwach ausgebildetes Wurzelsystem mit dünnen, drahtähnlichen Wurzeln. Zweijährige, *bienne*, Pflanzen bilden im ersten Jahr ein reiches Wurzelsystem. Außerdem ist die Hauptwurzel oft angeschwollen und speichert Nährstoffe, eine sogenannte *Pfahlwurzel*, wie z. B. bei der Karotte. Bei einigen Pflanzen ist außer der Wurzel auch der Abschnitt des Stengels unterhalb der Keimblätter in die Anschwellung , respektive *Rübe*, miteinbezogen, wie z. B. bei der Zuckerrübe. Damit können etwa Futterrübe und Rote Beete verglichen werden, bei denen fast der gesamte Rübenanteil aus dem Stamm hervorgeht. Mehrjährige, *perenne*, Pflanzen besitzen ein gut entwickeltes Wurzelsystem und überdies oft Überwinterungsknospen.

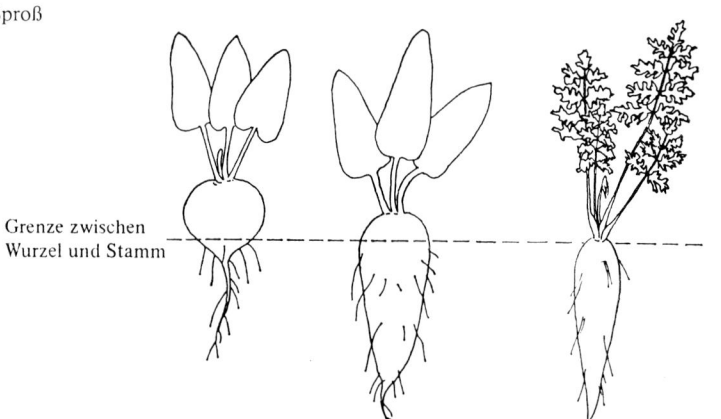

Abb. 181. Nährstoffspeichernde Organe, *von links* Rote Beete, Zuckerrübe und Karotte, ×0,3

Grenze zwischen
Wurzel und Stamm

Der Sproß

Der Sproß besteht aus einer Achse (Stengel, Stamm) mit den daran sitzenden Blättern. Die Sproßanlage heißt *Knospe*.

Der Sproß hat, wie die Wurzel, an seiner Spitze eine Zone mit intensiver Zellteilung, eine Teilungszone (ergibt das sogenannte *apikale Wachstum*). In den äußeren Schichten dieser Teilungszone werden Blatt- und Blütenorgane angelegt. Die Blattanlagen wachsen zu Beginn schneller als die Stengelspitze, so daß diese in die jungen Blätter eingehüllt wird. Falls sich an der Sproßspitze eine Blüte oder ein Blütenstand entwickelt, wird das apikale Wachstum beendet, es ist *begrenzt*. Falls sich hingegen an der Sproßspitze nur Blattanlagen bilden, wird das vegetative Wachstum fortgesetzt; das apikale Wachstum wird dann als *unbegrenzt* bezeichnet.

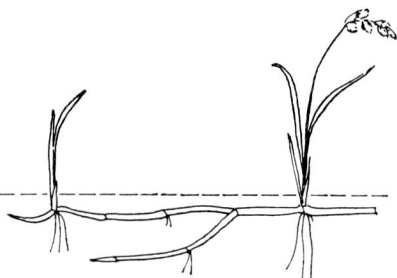

Abb. 182. Rhizom, *Carex arenaria*, ×0,1

Der Stengel

Der Stengel ist normalerweise beblättert. Die Stellen, an denen die Blätter inseriert sind, heißen Knoten, *Nodien*. Der Abschnitt zwischen zwei Nodien wird als *Internodium* bezeichnet. Die Sproßachse kann ober- oder unterirdisch sein.

Die oberirdische Achse ist krautig (Stiel, Stengel, Halm) oder holzig (Baumstamm). An niederliegenden Ausläufern, *Stolonen*, bilden sich bisweilen an den Nodien Wurzeln und neue Sprosse. Als Beispiel kann *Fragaria vesca* (Walderdbeere) und *Ranunculus repens* (Kriechender Hahnenfuß) angeführt werden.

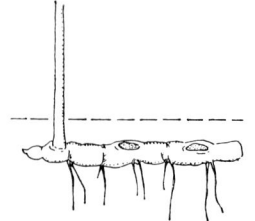

Abb. 184. Rhizom, *Polygonatum*, ×0,4

Abb. 183. Ausläufer, *Fragaria vesca*, ×0,5

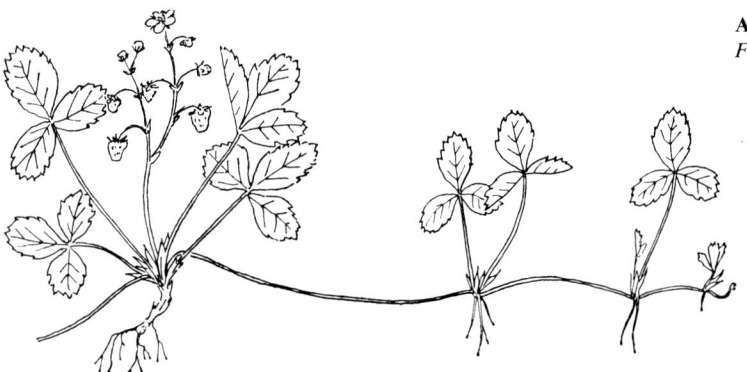

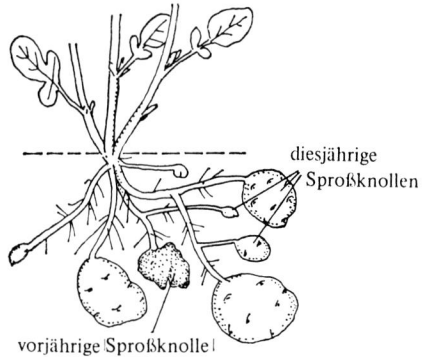

diesjährige
Sproßknollen

vorjährige Sproßknolle

Abb. 185. Sproßknolle, *Solanum tuberosum*, ×0,1

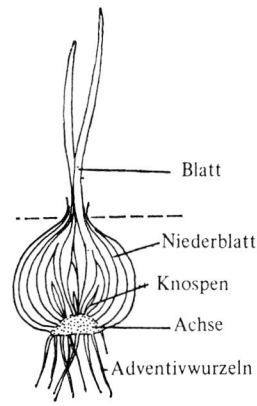

Abb. 186. Zwiebel, *Allium,* ×0,4

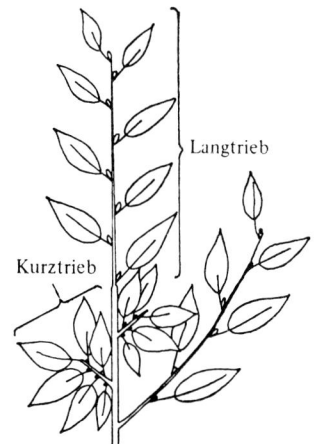

Abb. 187. Kurz- und Langtrieb

Ein unterirdischer Stamm, *Rhizom*, kommt bei vielen Pflanzen vor. Er kann mehr oder weniger langgestreckt sein, und trägt gewöhnlich schuppenförmige Blätter. Das Rhizom enthält oft Reservestoffe, wie z. B. bei *Anemone nemorosa* (Buschwindröschen) und *Polygonatum* (Salomonssiegel). Diese können aber auch fehlen, beispielsweise bei *Carex arenaria* (Sandsegge). Bei *Solanum tuberosum* (Kartoffel) sind die äußeren Internodien des unterirdischen Sprosses zu einer sogenannten *Sproßknolle*, der Kartoffelknolle, verdickt. Die *Zwiebel* besteht aus einem kurzen, oft verbreiteten Achsenteil mit stark verkürzten Internodien und verdickten Niederblättern, die Reservestoffe lagern.

Knospenanlage und Sproßtypen. Die Achse wächst und verzweigt sich bei den Samenpflanzen durch Anlage und Entwicklung von Knospen an der Achsenspitze und in Blattachseln. Die Knospen in den Blattachseln heißen Seitenknospen, *axilläre Knospen*, und der darauf basierende Verzweigungstyp *axilläre Verzweigung*. Gewöhnlich wird in jeder Blattachsel nur eine Knospe gebildet.

Beim Wachstum der Knospe wird ein Sproß gebildet, der abhängig von der Länge der Internodien als *Langtrieb* oder *Kurztrieb* bezeichnet wird. Der Langtrieb besitzt vergleichsweise lange Internodien und ist dadurch locker beblättert. Er ist für den Längenzuwachs, z. B. bei Bäumen, verantwortlich. Der Kurztrieb hat kurze Internodien und somit dicht sitzende Blätter oder Blattnarben. Die Triebe können Blätter, Blüten oder Dornen tragen. Kurztriebe findet man neben Langtrieben bei vielen Büschen und Bäumen. Bei der Berberitze trägt der Kurztrieb gewöhnlich grüne Blätter. Die Blätter der Langtriebe hingegen sind als Dornen ausgebildet. Beim Beschneiden der Obstbäume wird beabsichtigt, soviel blütentragende Kurztriebe wie nur möglich hervorzubringen. Der Übergang zwischen vegetativen Kurztrieben und Langtrieben ist oft undeutlich, kann aber in einigen Fällen sehr markant sein.

Zwei Typen von Sproßsystemen können entstehen, nämlich monopodiale oder sympodiale. Beim *Monopodium* setzen die Hauptachse und die früh angelegten Seitentriebe ihr apikales Wachstum fort (unbegrenztes apikales Wachstum). Die Hauptachse entwickelt sich deshalb oft stärker als die Seitenachse. Beispiele dazu sind Nadelbäume, aber auch viele Laubbäume wie die junge *Fraxinus* (Esche), *Quercus* (Eiche), *Fagus* (Buche), *Populus* (Pappel) und junge Bäume von *Acer* (Ahorn). Wenn die Seitenachsen sich ähnlich kräftig wie die Hauptachse entwickeln, ist der monopodiale Charakter nicht so deutlich sichtbar.

Beim *Sympodium* stellt die Spitze der Hauptachse jeder Zweiggeneration ihr Wachstum ein, und einer oder mehrere Seitentriebe setzen es jeweils fort (begrenztes apikales Wachstum).

Sympodiale Sproßsysteme sind bei laubwerfenden Bäumen und Sträuchern verbreitet, z. B. *Ulmus* (Ulme), *Tilia* (Linde), *Corylus* (Hasel), *Betula* (Birke), *Salix* (Weide) und *Syringa* (Flieder). Sie kommen auch bei vielen mehrjährigen Kräutern vor, beispielsweise bei *Pulsatilla vulgaris* (Gemeine Küchenschelle), *Tulipa* (Tulpe) und *Crocus* (Krokus).

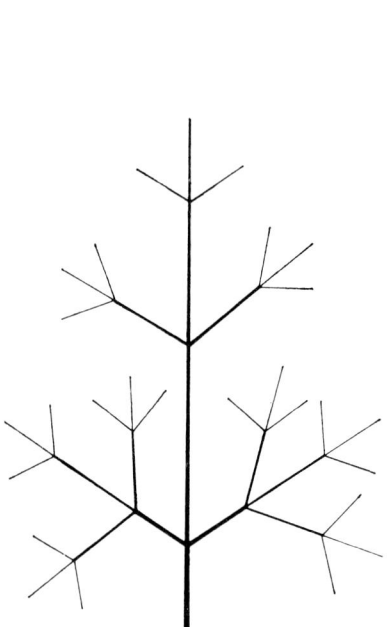

Abb. 188. Monopodiales Sproßsystem

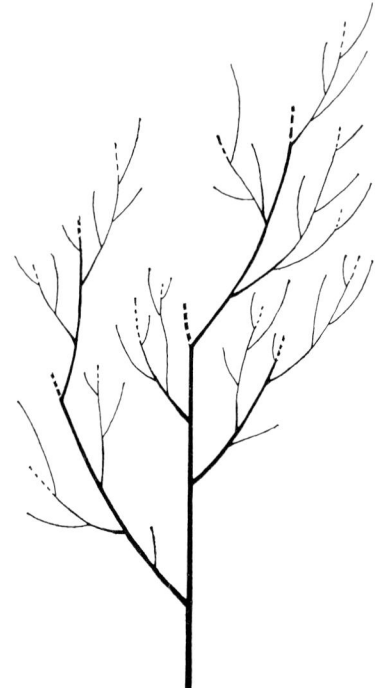

Abb. 189. Sympodiales Sproßsystem

Das Blatt

Die Hauptteile des Blattes sind Blattgrund, Blattstiel und Blattspreite. Bereits an der Blattanlage kann ein oberer Teil, der die Spreite und den Stiel bildet, von einem unteren unterschieden werden, der zum Blattgrund wird.

Das Blatt verfügt nur über ein begrenztes Wachstum. Die Spreite ist in der Regel dorsiventral abgeflacht, kann aber auch anders gebaut sein.

Der Blattgrund und seine Organe. Der Blattgrund ist oft schwach entwickelt und besteht dann nur aus einer Anschwellung an der Basis des Blattstiels. Im Zusammenhang mit dem Blattfall wird am Blattgrund gegen den Stengel hin eine umgrenzte Zellschicht gebildet. Beim Zerfall dieser Schicht fällt das Blatt ab.

Spezielle Organe des Blattgrundes sind Scheide und Nebenblätter (Stipeln).

Die *Scheide* ist eine oft rinnenförmige Erweiterung und Verlängerung des Blattgrundes. Gewöhnlich ist sie stengelumfassend. Am besten ist sie bei Monokotylen wie Poaceae (Süssgräser) und Cyperaceae (Riedgräser) entwickelt.

Beim Übergang von der Blattscheide zur Blattspreite entwickelt sich bei den Gräsern in der Fortsetzung der Scheide ein gestutztes oder spitz ausgezogenes Häutchen, *Blatthäutchen* oder *Ligula* genannt. Bei einigen Sippen, wie etwa *Phragmites* (Schilfrohr), ist es zu einem Haarkranz umgebildet.

Unter den Dikotylen findet man beispielsweise bei Ranunculaceae und Apiaceae deutliche Scheiden.

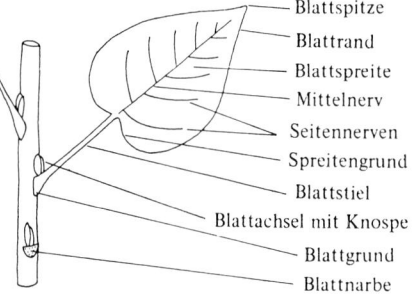

Blattspitze
Blattrand
Blattspreite
Mittelnerv
Seitennerven
Spreitengrund
Blattstiel
Blattachsel mit Knospe
Blattgrund
Blattnarbe

Abb. 190. Teile des Blattes

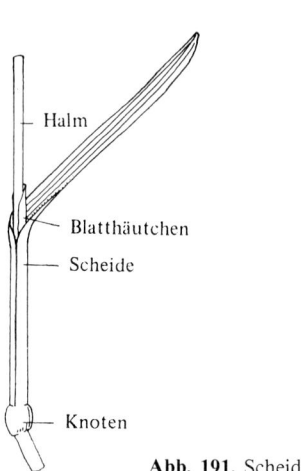

Halm
Blatthäutchen
Scheide
Knoten

Abb. 191. Scheide, Gras

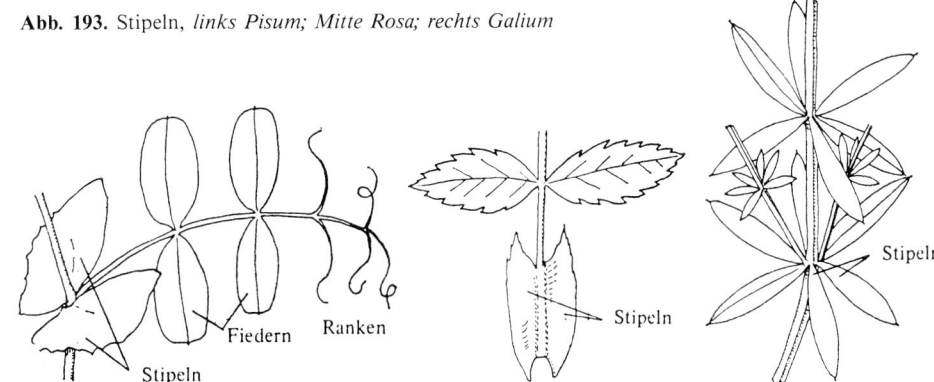

Abb. 193. Stipeln, *links Pisum; Mitte Rosa; rechts Galium*

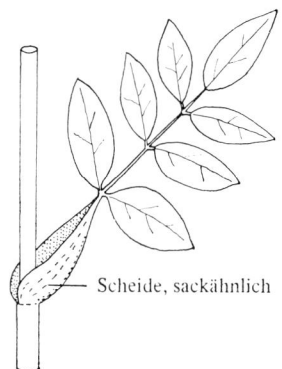

Abb. 192. Scheide, Apiaceae

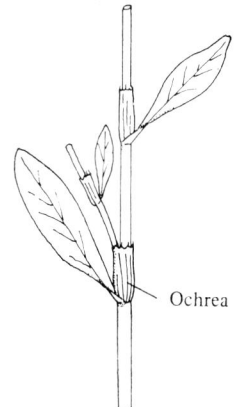

Abb. 194. Ochrea, *Polygonum*

Stipeln (Nebenblätter) sind paarweise vorkommende, sehr oft blattähnliche Bildungen des Blattgrundes. Sie werden fast ausschließlich bei Dikotylen gefunden. Ihre Form variiert in Abhängigkeit davon, ob sie von einem langgestreckten Blattgrund ausgehen, wie bei *Rosa*, von einem kurzen Abschnitt des Blattgrundes, wie bei vielen Fabaceae, oder scheinbar vom Stamm seitlich des Blattgrundes wie bei *Galium* (Labkraut). Bei *Galium* sind die Stipeln den Blattspreiten der eigentlichen Blätter ähnlich. Unter anderem bei *Rumex* (Ampfer) verwachsen die beiden Nebenblätter zu einer Röhre, die sowohl die Achse als auch die axilläre Knospe umschließt. Diese Röhre wird als Stipelscheide oder *Ochrea* bezeichnet.

Der Blattstiel. Die Gestalt des Blattstiels variiert sehr stark. Er kann sogar ganz fehlen. Bei der Mehrzahl der Monokotylen sind die Blätter nicht in Stiel und Spreite differenziert, sondern insgesamt linealisch oder lanzettlich.

Ihre „Spreite" scheint nicht der Spreite dikotyler Gewächse zu entsprechen, sondern eher einem abgeflachten Blattstiel. Demnach würde die Spreite überhaupt nicht ausgebildet. Bei einigen Gruppen der Monokotylen, wie bei Alismataceae, Arecaceae und Araceae, sind die Blätter jedoch wie bei den meisten Dikotylen in Stiel und Spreite gegliedert.

Die Blattspreite. Auch die Gestalt der Blattspreite zeigt eine große Vielfalt hinsichtlich ihrer Gliederung und Form, wie auch der Nervatur und des Blattrandes. Die Spreite kann *einfach* oder *zusammengesetzt* sein. Bei zusammengesetzten Blättern ähneln die Teilblätter (*Blättchen*) selbständigen Blättern. Die zusammengesetzten Blätter werden in *gefiederte* und *gefingerte* gegliedert. Die Formenvielfalt der Blätter und Blättchen geht aus den untenstehenden Abbildungen hervor.

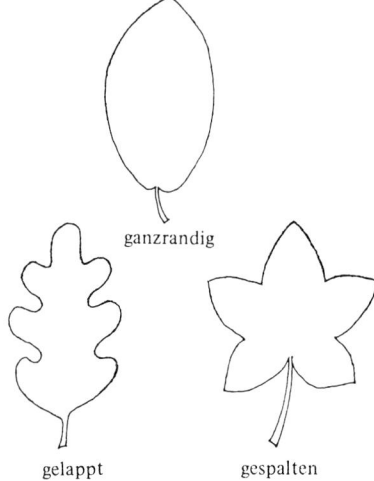

Abb. 195. Einfache Blätter

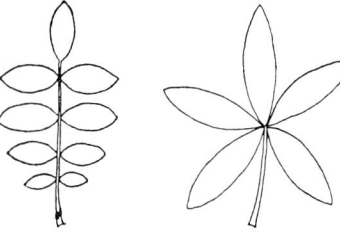

Abb. 196. Zusammengesetzte Blätter

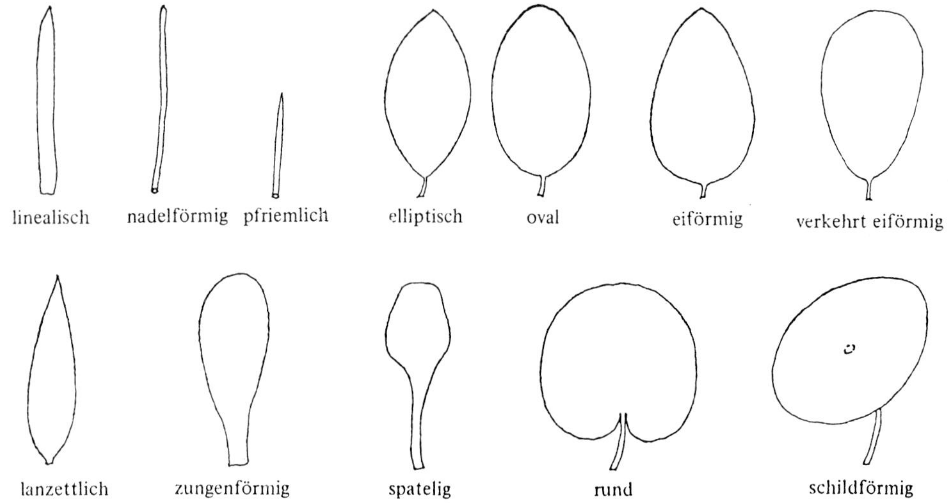

linealisch   nadelförmig   pfriemlich   elliptisch   oval   eiförmig   verkehrt eiförmig

lanzettlich   zungenförmig   spatelig   rund   schildförmig

Abb. 197. Form der Blattspreite

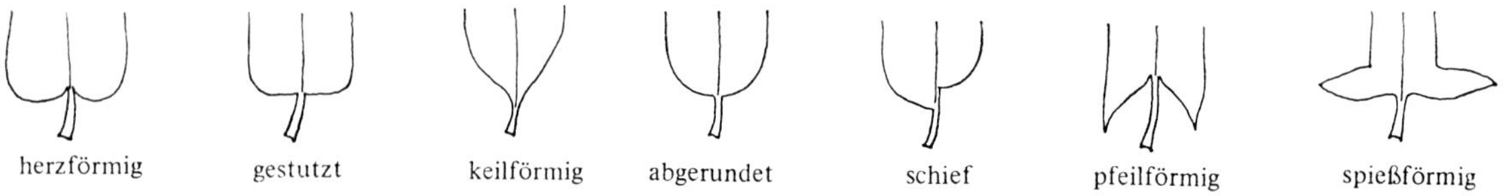

herzförmig   gestutzt   keilförmig   abgerundet   schief   pfeilförmig   spießförmig

Abb. 198. Form des Spreitengrundes

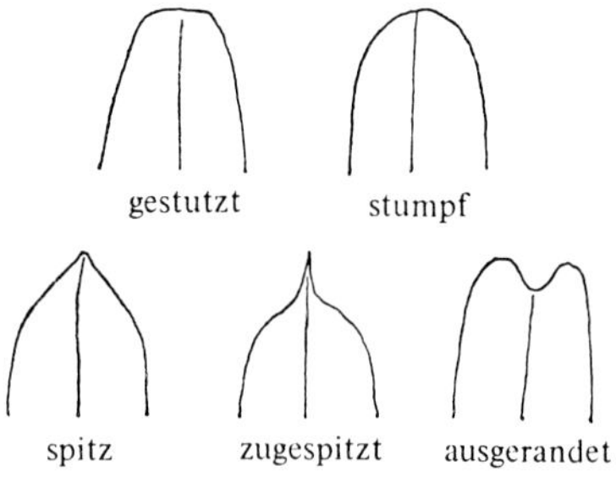

parallelnervig   bogennervig   fiedernervig   handnervig

Abb. 200. Blattnervatur

gestutzt   stumpf

spitz   zugespitzt   ausgerandet

Abb. 199. Form der Spreitenspitze

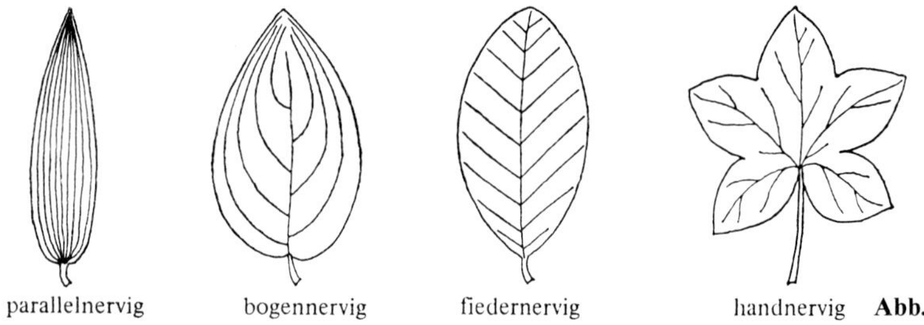

Die häufigsten Typen der Nervatur sind *parallelnervig, bogennervig, fiedernervig* und *handnervig*.

Der Blattrand kann *ganzrandig, gesägt, gekerbt* oder *gezähnt* sein.

Blattfolge. Mit Blattfolge ist die Gestalt der Blätter in Abhängigkeit von ihrer Lage am Sproß gemeint. Danach werden die Blätter gegliedert in Keimblätter, Niederblätter, Laubblätter und Hochblätter. Übergänge zwischen diesen Typen kommen nicht selten vor. Besonders die Bezeichnungen Niederblatt und Hochblatt werden oft für Blätter unterschiedlicher Natur verwendet.

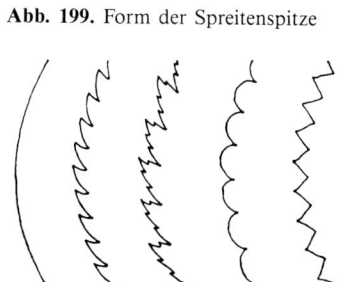

Abb. 201. Form des Blattrandes. 1. ganzrandig, 2. gesägt, 3. doppelt gesägt, 4. gekerbt, 5. gezähnt

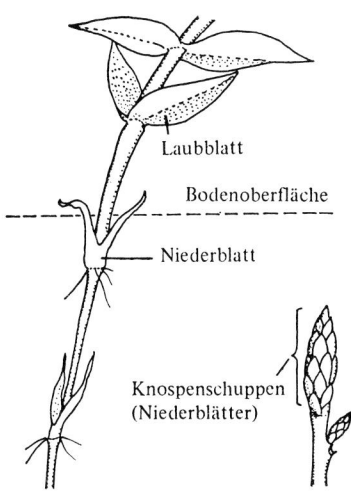

Abb. 202. Beispiele von Niederblättern, *links* am Rhizom von *Honckenya* (Salzmiere) und *rechts* als Knospenschuppen bei *Fagus*, ×0,8

Die *Keimblätter* sind im allgemeinen einfach und gegenständig. Sie leben normalerweise nur kurze Zeit (s. S. 119).

Niederblätter befinden sich, falls sie vorhanden sind, grundsätzlich unterhalb der Laubblätter. Sie sind einfacher als diese gebaut. Chlorophyll fehlt ihnen oft. Die Blätter der Rhizome, wie auch die Knospenschuppen, werden als Niederblätter aufgefaßt. Bei laubwerfenden Bäumen fungiert jede Sproßgeneration in dieser Hinsicht als eine Einheit und besitzt ihre spezielle Blattfolge.

Die *Laubblätter* sind die „normalen Blätter" der Pflanzen. Sie sind meist die eigentlichen assimilierenden Organe und im allgemeinen gut entwickelt. Bisweilen sind die Laubblätter der verschiedenen Abschnitte des Sprosses unterschiedlich gestaltet (sogenannte *Heterophyllie),* wie etwa bei *Ranunculus aquatilis* (Wasserhahnenfuß) und *Hedera helix* (Efeu).

Die *Hochblätter* sind, wie die Niederblätter, gewöhnlich einfacher als die Laubblätter gebaut. Sie sind oft Bestandteil des Blütenstandes oder umhüllen diesen und können auch bunt gefärbt sein. Es muß jedoch darauf hingewiesen werden, daß unterschiedliche Hochblattypen nicht notwendigerweise homolog sein müssen. Zu den Hochblättern werden unter anderem die Blätter gerechnet, in deren Achseln Blüten entspringen, wie z. B. die Hülle bei Apiaceae und die „Blütenblätter" bei *Bougainvillea*; aber auch der sogenannte Außenkelch bei Malvaceae (vgl. Abschnitt Systematik S. 163), die Hüllblätter (*Involucrum*) der Köpfchen von Asteraceae, die *Spatha* (Blütenscheide) von *Calla* und die roten oberen Blätter des Weihnachtssternes sind Beispiele von Hochblättern.

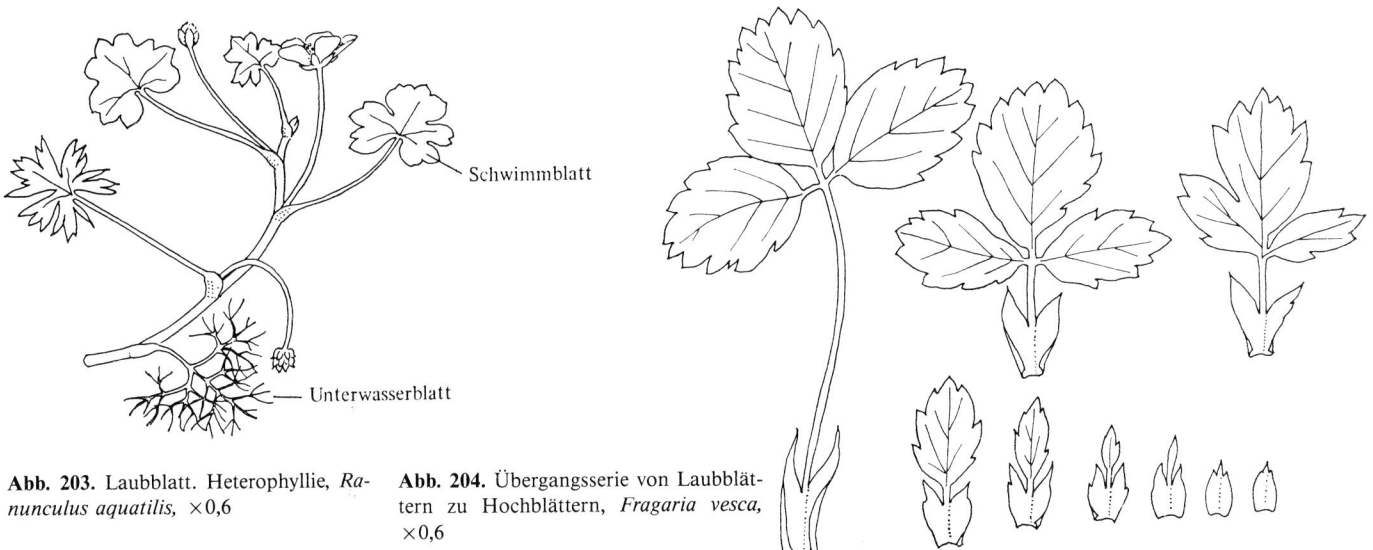

Abb. 203. Laubblatt. Heterophyllie, *Ranunculus aquatilis,* ×0,6

Abb. 204. Übergangsserie von Laubblättern zu Hochblättern, *Fragaria vesca,* ×0,6

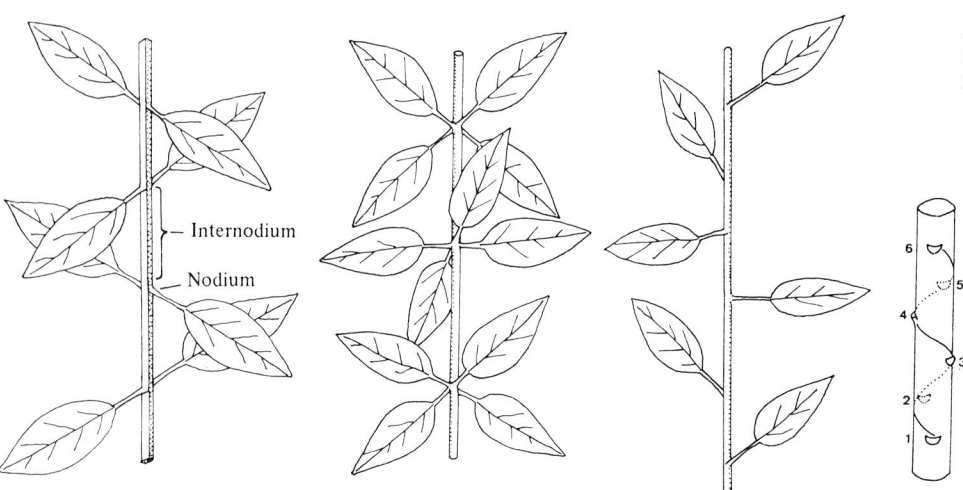

Abb. 205. Blattstellungen: *von links,* kreuzgegenständige Blätter, quirlständige Blätter und wechselständige Blätter

Internodium

Nodium

Abb. 205.

Abb. 206.

Abb. 206. Blattstellung: 2/5-Stellung

Blattstellungen. Mit Blattstellung ist die Beziehung der Ansatzstellen der Blätter am Stengel gemeint. Diese folgt einem bestimmten geometrischen Schema, das für jede Art und oft auch für höhere taxonomische Einheiten kennzeichnend ist. Zwei Haupttypen können unterschieden werden, nämlich gegenständige und quirlständige (wirtelige) Blätter einerseits, sowie wechselständige (spiralige, schraubige) Blätter andererseits.

Im Falle, wo zwei Blätter vom selben Knoten ausgehen, sind sie *gegenständig (opponiert)* angeordnet. Ist jedes Blattpaar gegenüber den benachbarten Paaren oben und unten um 90° verschoben, spricht man von *kreuzgegenständig* oder *dekussiert.* Diese Anordnung findet man beispielsweise bei *Acer* (Ahorn) und Lamiaceae. Beim *Wirtel (Quirl)* gehen drei oder mehr Blätter vom selben Knoten aus. Die Blätter eines Wirtels alternieren mit denen der benachbarten. Beispiele dazu sind *Lysimachia* (Weiderich), *Hippuris* (Tannenwedel) und *Nerium* (Oleander).

Für *spiralige (wechselständige)* Blätter wird oft der weniger geeignete Ausdruck „zerstreut" verwendet. An jedem Knoten entspringt nur ein Blatt. Die gedachte Linie um die Achse der Pflanze, die die Ansatzpunkte der nacheinander gebildeten Blätter miteinander verbindet, bildet in der Projektion eine Spirale, die sogenannte *Grundspirale,* in Wirklichkeit aber eine Schraube. Die Winkel zwischen den einander folgenden Blättern *(Divergenzwinkel)* sind ungefähr gleich. Der Anteil dieses Winkels am gesamten Kreisumfang von 360° wird durch die *Blattstellung* angegeben, also durch einen Bruch. Eine häufige Blattstellung ist 2/5, (144/360), die zum Beispiel bei *Quercus* (Eiche) vorkommt. Poaceae (Gräser) haben die angenäherte Blattstellung 1/2, (180/360) und Cyperaceae (Riedgräser) 1/3, (120/360). Der Zähler im sogenannten *Divergenzbruch* gibt die Zahl der Umläufe um die Achse entlang der Grundspirale von einem Blatt bis zum genau darüber inserierten an und der Nenner die Zahl der dabei angetroffenen Blattansatzstellen inklusive die, von der ausgegangen wurde.

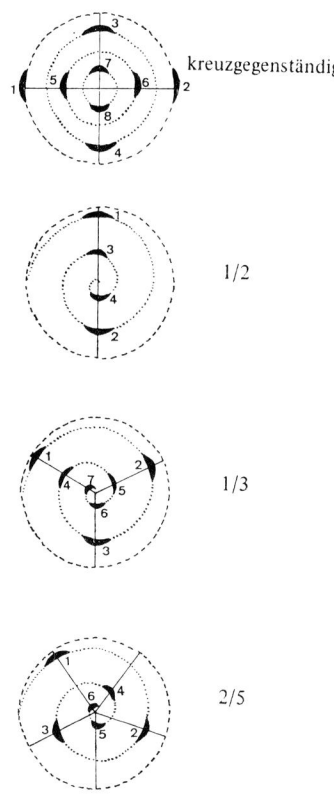

kreuzgegenständig

1/2

1/3

2/5

Abb. 207. Diagramme verschiedener Blattstellungen. Die Blätter sind in der Folge ihrer Anlage *numeriert. Von oben:* Kreuzgegenständig, 1/2-, 1/3- und 2/5-Stellung.

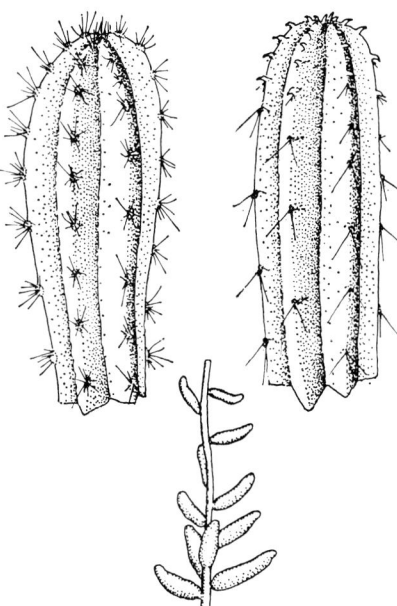

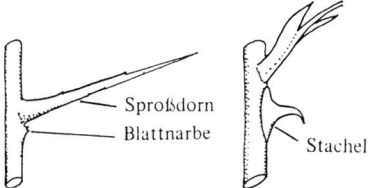

Abb. 208. *Oben* Stammsukkulenz, *Cereus* (Cactaceae) und *Euphorbia* (Euphorbiaceae) ×0,3; *unten* Blattsukkulenz, *Sedum* (Crassulaceae), ×0,5

Abb. 209. *Links* Dorn, *Crataegus; rechts* Stachel, *Rosa*, × 0,8

Abb. 210. Blattfolge am Sproß von *Berberis,* mit Übergang vom Laubblatt bis zum Dornblatt, ×0,8

Umbildungen und Spezialisierungen des Sprosses

Funktionelle Umbildungen, die erbliche Anpassungen an spezielle Umweltbedingungen darstellen, kommen bisweilen vor. Oft sind sie mit teilweise durchgreifenden morphologischen Veränderungen gekoppelt.

Der Hauptteil der Assimilation ist bei einigen Kräutern wie *Asparagus officinalis* (Spargel), aber auch bei Sträuchern, z. B.. *Cytisus scoparius* (Besenginster), von *Zweigen* übernommen worden. Diese sind grün und assimilieren, während die Blätter klein und für die Assimilation praktisch bedeutungslos sind.

Sukkulenz wird vor allem bei vielen Strand-, Wüsten- und Steppenpflanzen gefunden. Sie bedeutet, daß der Stamm und die Zweige (z. B. bei verschiedenen Cactaceae und Euphorbiaceae) oder die Blätter (etwa bei *Sedum,* Fetthenne) Wasser und Schleim speichern, wodurch sich die relative Oberfläche und dadurch die Transpiration vermindern. Sukkulenz kann auch Nährstoffeinlagerung oder eine Kombination von Wasser- und Nährstoffeinlagerung bedeuten.

Dornen können sein: z. B. umgebildete Kurztriebe, wie bei *Crataegus* (Weißdorn) und *Prunus spinosa* (Schlehe), die Spitze eines Langtriebes, wie bei *Rhamnus cathartica* (Purgier-Kreuzdorn) oder umgestaltete Blätter, wie bei *Berberis* (Berberitze).

Stacheln sind einfache Auswüchse aus der Rinde von Sprossen, z. B. bei *Rosa* (Rose) und *Ribes uva-crispa* (Stachelbeere).

Kletterpflanzen. Beispiele für eine Spezialisierung, die das Klettern ermöglicht, sind Blattranken wie bei *Pisum* (Erbse) und *Lathyrus* (Platterbse) und Sproßranken bei *Vitis* (Weinrebe).

Spezialisierungen des Sprosses, die die vegetative Vermehrung begünstigen, sind bereits angeführt worden (S. 123). Weitere Beispiele sind *Brutknospen,* sehr oft umgestaltete Kurztriebe, die z. B. in Blattachseln vorkommen können, wie bei *Dentaria bulbifera* (Zwiebel-Zahnwurz), oder in Blütenständen, wie bei einigen Arten von *Allium* (Lauch). Bei *Ranunculus ficaria* (Scharbockskraut) sind nur die *Bulbillen* umgewandelte Sprossen, die unterirdischen Knollen werden von Wurzeln gebildet (Wurzelknollen).

Die Blüte

Blütenorgane

Die Blüte kann als Sproß mit begrenztem Wachstum, spezialisiert für die Vermehrung, definiert werden. Manchmal befindet sie sich an der Spitze des Sprosses wie bei *Papaver* (Mohn), doch entspringt sie normalerweise, wie andere Sprosse, seitlich in der Achsel eines Blattes. Dieses Blatt wird dann *Tragblatt* oder *Braktee* genannt.

Die verschiedenen Organe der Blüte sind:

Vorblätter oder *Brakteolen,* sehr oft kleine Blätter am *Blütenstiel.* Bei den Dikotylen sind es meist zwei transversal angeordnete, bei den Monokotylen hingegen eines (bisweilen mehrere) in der Mediane.

Blütenachse, der normalerweise sehr kurze, bisweilen aber verbreiterte Stammabschnitt, dann oft *Blütenboden* genannt. Die Blütenachse stellt die Verlängerung des Blütenstieles in die Blüte hinein dar. Am Blütenboden entwickelt sich manchmal ein dicker, ringförmiger Wulst, ein *Diskus.*

Blütenhülle oder *Perianth.*

Staubblätter, bilden insgesamt das Androeceum, die männlichen Organe der Pflanze.

Karpelle („Fruchtblätter"), bilden insgesamt das Gynoeceum, die weiblichen Organe der Pflanze.

Die einzelnen Organe der Blüte können entweder durchgehend schraubig angeordnet sein, was als ursprünglich aufgefaßt wird, z. B. bei *Calycanthus,* oder sie sitzen alle in Quirlen, beispielsweise bei *Galium.* Bei anderen stehen z. B. die Kelchblätter in einer Schraube, Kronblätter und die weiteren Organe jedoch in Quirlen.

Bei den meisten Dikotylen liegen zwei Kreise von Blütenhüllblättern vor, nämlich Kelchblätter (*Sepalen*) und Kronblätter (*Petalen*). Bei anderen findet sich nur ein Kreis, der nicht immer mit Sicherheit dem Kelch oder der Krone zugeordnet werden kann. Bei den Monokotylen besteht die Hülle sehr oft aus zwei Kreisen gleichgestalteter Blätter. Sind die Blütenhüllblätter alle gleichgestaltet, spricht man, unabhängig von der Zahl der Kreise, von einem *Perigon,* und die einzelnen Blätter heißen *Tepalen.*

Kelchblätter sind normalerweise grün, manchmal aber deutlich gefärbt, wie z. B. bei *Fuchsia* (Fuchsie). Bei einem Teil der Pflanzen, etwa bei *Papaver* (Mohn), fallen sie bereits ab, während sich die Krone entfaltet. Der Kelch der Asteraceae ist häufig als Haarkranz (*Pappus*) ausgebildet und dient der Samenverbreitung.

Kronblätter sind im allgemeinen gefärbt. Wenn sie voneinander getrennt sind, spricht man von freiblättriger (*choripetaler*) Krone, wenn sie miteinander verwachsen sind, von verwachsenblättriger (*sympetaler*) Krone. Die Kronblätter sind manchmal mit Spornen versehen, z. B. bei *Linaria* (Leinkraut) und *Viola* (Veilchen). In den Spornen sind oft *Nektarien* vorhanden, d. h. Drüsen, die *Nektar* (eine vor allem zuckerhaltige Flüssigkeit) produzieren. In anderen Fällen dienen die Sporen nur als Behälter für den Nektar, der anderswo gebildet wird.

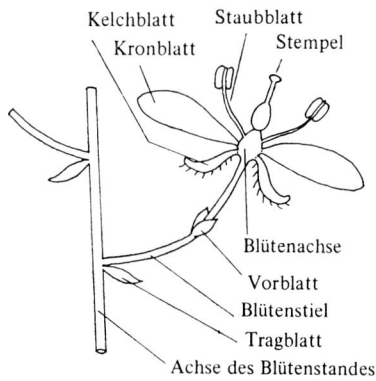

Abb. 211. Organe der Blüte

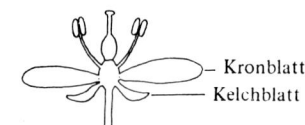

Abb. 212. Doppelte Blütenhülle

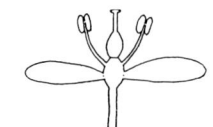

Abb. 213. Einfache Blütenhülle

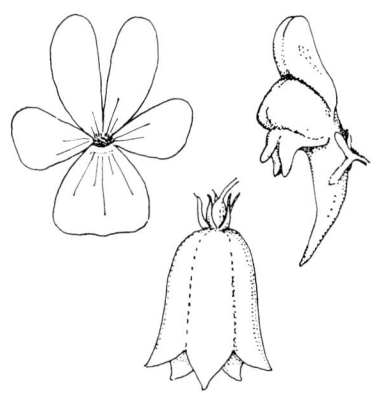

Abb. 214. *Von links* freiblättrige Krone, *Viola,* ×1, verwachsenblättrige Krone, *Campanula,* ×0,8, lippenförmige, verwachsenblättrige Krone mit Sporn, *Linaria,* ×1

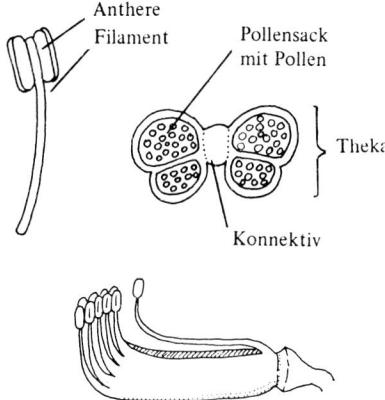

Anthere
Filament
Pollensack
mit Pollen
Theka
Konnektiv

Abb. 215. *Oben links* Staubblatt; *rechts* Anthere im Querschnitt; *unten* Staubblätter bei *Lathyrus* (9 vereinigt und eins frei), ×1,8

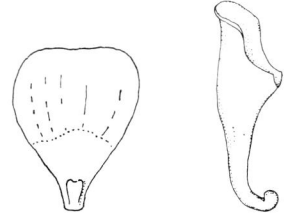

Abb. 216. Honigblätter, *links Ranunculus,* mit basalem Nektarium, ×1,0; *rechts Aquilegia,* gesporntes Honigblatt, ×0,8

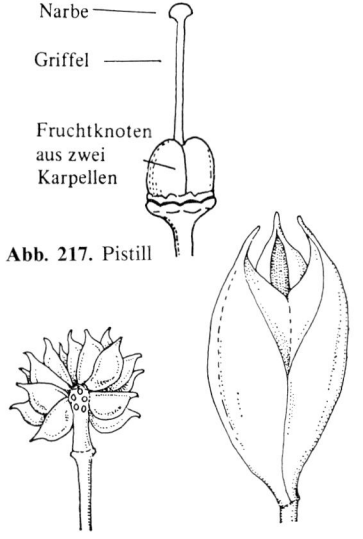

Narbe

Griffel

Fruchtknoten
aus zwei
Karpellen

Abb. 217. Pistill

Abb. 218. *Links* Apokarpie: Nüsse, *Ranunculus* ×3; *rechts* Synkarpie: Kapsel aus 3 Karpellen, *Colchicum,* ×1,5

Das *Staubblatt* (*Stamen,* Plur. Stamina) besteht aus *Staubfaden* (*Filament*) und *Staubbeutel* (*Anthere*). Die Anthere wird durch zwei Hälften, die *Theken* (Sing. Theka), gebildet. Jede dieser Theken enthält normalerweise zwei *Pollensäcke,* die sich bei der Mehrzahl der Angiospermen mit längs verlaufenden Spalten öffnen. Die beiden Theken sind durch das *Konnektiv* mit dem Filament verbunden. Der Bau und die Gestalt der Staubblätter kann aber sehr variieren. Beispielsweise öffnen sich die Antheren bei vielen Ericaceae mit Poren. Sie besitzen überdies hornähnliche Anhängsel. Bei der Mehrheit der Fabaceae sind die Staubfäden untereinander zu einer Röhre oder einer Rinne verwachsen, bei vielen Cucurbitaceae und bei allen Asteraceae sind hingegen die Antheren miteinander verbunden.

Ein Staubblatt ohne funktionstüchtige Anthere heißt *Staminodium.* Dieses besteht gewöhnlich aus dem abgeflachten Filament, manchmal mit einem Rudiment der Anthere. Es ist wahrscheinlich, daß die *Honigblätter,* die z. B. bei großen Gruppen der Ranunculaceae vorkommen, aus Staminodien entstanden sind. Sie ähneln in vielen Fällen Kronblättern. Es wird angenommen, daß viele Kronblätter der Dikotylen durch Umbildung von Staubblättern entstanden sind. Dasselbe gilt für die Kronblätter von sogenannten gefüllten Blüten, wie bei Rosen, *Paeonia* (Pfingstrose) und *Philadelphus* (Pfeifenstrauch).

In Blüten mit zahlreichen Staubblättern werden die Staubblätter zeitlich entweder *vom* Zentrum der Blüte ausgehend, *zentrifugal,* oder *gegen* das Zentrum der Blüte hin, *zentripetal,* angelegt.

Die *Karpelle,* in der älteren Literatur oft als „Fruchtblätter" bezeichnet, sind mehr oder weniger flache, blattähnliche Organe, die die Samenanlagen enthalten. Sie können voneinander getrennt sein, *Apokarpie,* wobei jedes einzelne Karpell ein *Pistill* (Stempel), respektive eine Frucht, durch Einkrümmen und Verwachsen der Ränder bildet. Die Karpelle können aber auch zu zwei oder mehreren vereint sein, *Synkarpie,* und gemeinsam ein Pistill, respektive eine Frucht bilden. Jedes Pistill besteht aus *Fruchtknoten, Griffel* (kann fehlen) und *Narbe.* Die Karpelle (das Pistill, die Pistille) einer Blüte bilden zusammen das Gynoeceum.

Staubblätter und Karpelle wurden früher als Blattbildungen aufgefaßt. Sie entsprechen jedoch kaum oder mindestens nur teilweise Achsen- und Blattelementen. Sie entwickelten sich vielleicht am ehesten aus sporangientragenden Telomsystemen.

Nach der Gestalt der Blütenachse und der Stellung des Gynoeceums im Verhältnis zu ihr lassen sich *hypogyne (oberständige)* und *epigyne (unterständige)* Blüten unterscheiden. Die Namen beziehen sich auf die Lage der Blütenhülle zum Fruchtknoten (respektive des Fruchtknotens zur Blütenhülle, in den deutschen Bezeichnungen). Bei hypogynen Blüten entspringt die Blütenhülle unterhalb des Fruchtknotens. Die Blütenachse ist kurz oder erhaben. Der Fruchtknoten ist oberständig. Beispiel: Fabaceae, Brassicaceae. Bei den epigynen Blüten sitzt die Hülle oberhalb des Fruchtknotens. Der Fruchtknoten (oder das gesamte Gynoeceum) ist dabei in die Blütenachse eingesenkt und mit ihr, eventuell auch mit der Blütenhülle und Teilen der Staubblätter, verwachsen. Die Blütenachse geht dann mit in die Frucht ein. Der

Fruchtknoten ist unterständig. Beispiele sind: Rubiaceae, Campanulaceae und Asteraceae. Zwischenformen (mittelständige Fruchtknoten) kommen ebenfalls vor (z. B.
Saxifraga, Steinbrech).

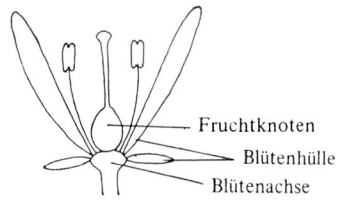

Abb. 219. Hypogyne Blüte

Samenanlage, Plazenta und Samen

Betreffend des Baues der Samenanlage vgl. S. 137 und 148. Die Stelle, an der die Samenanlage mit ihrem Stiel (*Funiculus*) am Karpell angewachsen ist, heißt *Plazenta.*
Die Lage der Plazenten im Fruchtknoten, respektive am Karpell ist von großem systematischem Wert (s. auch S. 147). Drei Haupttypen werden unterschieden: 1) *Parietale* (wandständige) Plazentation, hier sind die Samenanlagen an der Innenseite der
Außenwand des Fruchtknotens inseriert, z. B. bei Brassicaceae, 2) *zentralwinkelständige* Plazentation, die Karpellwände ziehen bis ins Zentrum des Fruchtknotens und
die Samenanlagen stehen in den dadurch gebildeten Winkeln, z. B. Liliaceae, und
3) *zentrale* Plazentation, bei der die Samenanlagen von einem Gewebe im Zentrum
des Fruchtknotens ausgehen, wie bei den Caryophyllaceae. Hinsichtlich der Anordnung der Samenanlagen auf den einzelnen Karpellen können folgende Fälle unterschieden werden: Samenanlagen an den Rändern der Karpelle (*marginal*), seltener
auf ihren Flächen (*laminal*) oder an deren Basen (*basal*).

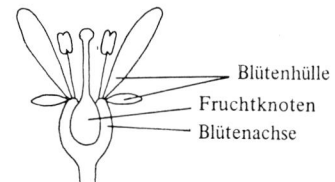

Abb. 220. Epigyne Blüte

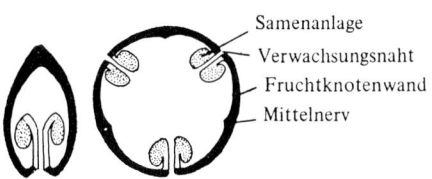
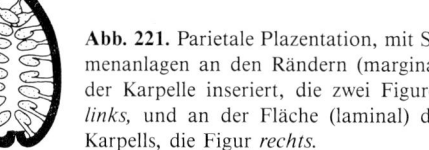
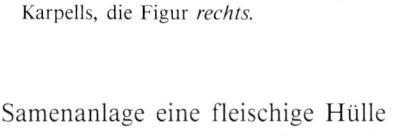

Abb. 221. Parietale Plazentation, mit Samenanlagen an den Rändern (marginal)
der Karpelle inseriert, die zwei Figuren
links, und an der Fläche (laminal) des
Karpells, die Figur *rechts.*

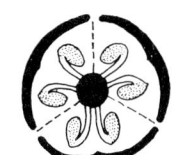

Abb. 222. *Links* zentralwinkelständige
Plazentation, Samenanlage an den Rändern der Karpelle inseriert; *rechts* zentrale Plazentation, Samenanlage in der Mitte frei auf einem Säulchen

Manchmal entwickelt sich an der Basis der Samenanlage eine fleischige Hülle
oder ein Wulst, *Arillus,* der den Samen ganz oder teilweise umhüllt. Er ist häufig
kräftig gefärbt und bei der Samenausbreitung von Bedeutung, z. B. bei *Euonymus*
(Pfaffenhütchen).

Die Organe des Samens sind: *Embryo* (Keimling), *Endosperm* (Nährgewebe) und
Testa (Samenschale) (vgl. S. 139–140). Der Embryo besteht aus der Anlage der Primärwurzel (Radicula), der Sproßknospe und den Keimblättern (vgl. S. 119). Das Endosperm bildet ein Nährgewebe, das, sippenabhängig, Fett, Eiweiß, Stärke und/oder
Hemizellulose enthält. Bei vielen Gruppen wird das Endosperm ganz oder fast ganz
aufgebraucht, bevor der Samen ausgereift ist. In diesen Fällen lagert sehr oft der Embryo selber die Reservestoffe. Samen, reich an Endosperm, findet man etwa bei Gräsern, bei denen es aus Stärke besteht und bei Palmen, bei denen es sehr oft hart ist
und aus Fett und Hemizellulose aufgebaut ist. Die Samenschale ist häufig dickwandig und kann mit verschiedenen Einrichtungen versehen sein, welche die Verbreitung
erleichtern: Haare, Auswüchse, Schleimhüllen etc. (s. Kapitel Reproduktionsbiologie).

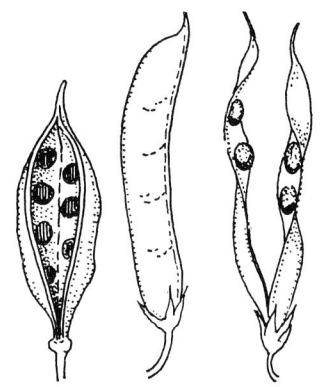

Abb. 223. *Links* Balg, *Delphinium; rechts* Hülse, ungeöffnet und geöffnet, *Vicia,* ×1,0

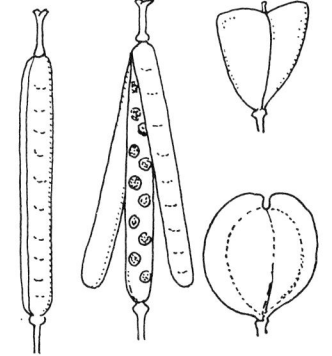

Abb. 224. *Links* Schote von *Barbarea,* ungeöffnet und geöffnet; *rechts oben* Schötchen von *Capsella; rechts unten* von *Thlaspi,* ×1,3

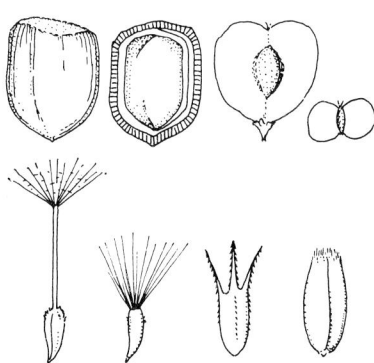

Abb. 226. Nußtypen. *Obere Reihe,* Nuß, *Corylus,* ganz und Längsschnitt, ×1; geflügelte Nuß, *Ulmus, Betula,* ×0,8. *Untere Reihe* spezielle Nußtypen der Asteraceae und Poaceae. *Von links Taraxacum, Carduus, Bidens* und *Triticum.*

Frucht

Die große Vielfalt der Fruchttypen ist schwierig in ein logisches System einzuordnen. Dies hängt unter anderem damit zusammen, daß in eine Frucht auch andere Teile außer den Karpellen eingehen können, wie etwa die Blütenachse. Man kann zwischen Einzelfrüchten und Sammelfrüchten unterscheiden. *Einzelfrüchte* werden aus einem Pistill gebildet, bei *Sammelfrüchten* sind mehrere beteiligt. Bei der Klassifizierung der Früchte wird weiter darauf Rücksicht genommen, ob sie sich bei der Reife öffnen oder nicht, und auf die Beschaffenheit der verschiedenen Schichten der Fruchtwand. Folgende Haupttypen können unterschieden werden:

I. Einzelfrüchte

1. Früchte, die sich bei der Reife öffnen. Sie besitzen fast alle eine trockene Fruchtwand und mehrere Samen.

Balg und *Hülse* werden beide aus einem Karpell gebildet und sind normalerweise einfächerig. Der Balg öffnet sich längs der Verwachsungsnaht, z. B. bei *Caltha* (Sumpfdotterblume) und *Delphinium* (Rittersporn), die Hülse hingegen längs der Verwachsungsnaht und der Mittelrippe. Dies ist für die Mehrzahl der Fabaceae-Sippen charakteristisch.

Die *Schote* inkl. *Schötchen* ist ein Fruchttyp, der aus zwei Karpellen gebildet wird und durch eine membranartige Scheidewand in zwei Fruchtfächer geteilt wird. Die Karpelle lösen sich bei der Reife entlang der Ränder und fallen ab. Die Schote ist typisch für Brassicaceae.

Die *Kapsel* wird aus 2 – mehreren Karpellen gebildet und ist ein- oder mehrfächerig. Nach dem Öffnungsmechanismus unterscheidet man zwischen Poren-, Zahn-, Spalt- und Deckelkapseln.

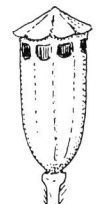  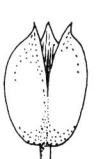 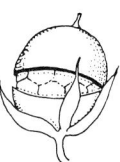

Abb. 225. Kapseltypen. *Von links* Porenkapsel, *Papaver,* ×0,8, Zahnkapsel, *Silene,* ×1, Spaltkapsel, *Hypericum,* ×1,2, und Deckelkapsel, *Anagallis,* ×1,5

2. Früchte, die sich bei der Reife nicht öffnen. Es kommen sowohl Typen mit trockener als auch fleischiger Fruchtwand vor, wie auch ein- und mehrsamige.

Die *Nuß* besitzt eine trockene Fruchtwand und ist normalerweise einsamig. Sie wird aus einem oder mehreren Karpellen gebildet. Beispiele sind *Urtica* (Brennessel), *Corylus* (Hasel) und Sippen der Cyperaceae. Manchmal sind die Nüsse mit Flügeln versehen, wie etwa bei *Betula* (Birke). Spezielle Nußtypen kommen bei Poaceae (*Karyopse*) und bei Asteraceae (*Achaene*) vor. Bei der Karyopse und der Achaene verwach-

sen Fruchtwand und Samenschale miteinander; die Karyopse geht aus einem oberständigen, die Achaene aus einem unterständigen Fruchtknoten hervor.

Die *Spaltfrucht* hat eine trockene Fruchtwand und zerfällt bei der Reife in einsa-
mige Teilfrüchte, die sehr oft nußähnlich sind. Jede Teilfrucht entspricht einem Karpell, wie bei den Apiaceae, oder einem halben Karpell, wie etwa bei der *Klause* der
Lamiaceae.

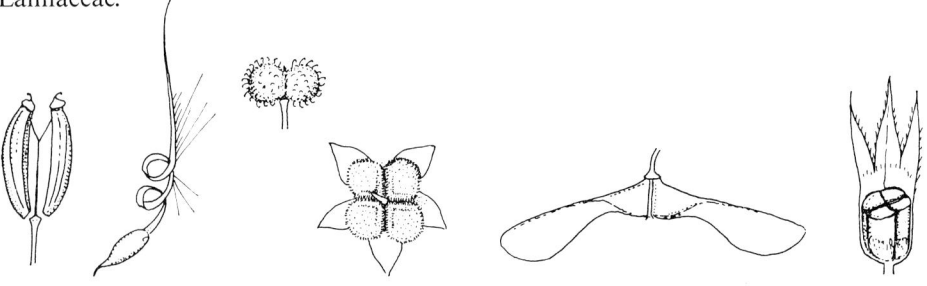

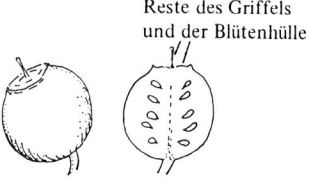

Abb. 227. Spaltfrucht. *Von links* Apiace-
ae-Frucht, ×1,7, *Erodium,* Teilfrucht,
×1,3, *Galium,* ×1,5, *Acer,* ×0,5, *Cynoglossum,* ×0,8 und *Lamium,* ×1, die beiden letzten Klausenfrüchte.

Die *Beere* besitzt eine fleischige Fruchtwand und im allgemeinen viele Samen.
Der innerste Teil der Fruchtwand ist weich (vgl. Steinfrucht, unten). Beispiele sind
die *Vaccinium*-Arten (Heidelbeere, Preiselbeere, Moosbeere u. a.), *Cucumis sativus*
(Gurke), *Cucumis melo* (Melone) und *Vitis vinifera* (Weinrebe).

Die *Steinfrucht* hat eine fleischige Fruchtwand, mit Ausnahme der innersten
Wandschicht, die hart und reich an Steinzellen ist. Die Steinfrucht ist ein-, manchmal
wenigsamig. Beispiele sind *Prunus* (Kirsche, Zwetschge u. a.), *Crataegus* (Weißdorn),
Arctostaphylos (Bärentraube), *Juglans* (Walnuß) und *Sambucus* (Holunder).

Die *Apfelfrucht* ähnelt der Steinfrucht; doch ist die innere Schicht der Fruchtwand pergamentartig und das Fruchtfleisch entsteht aus Achsengewebe. Beispiele
sind *Malus* (Apfel) und *Pyrus* (Birne).

Abb. 228. Beere, *Vaccinium myrtillus,*
×1,3

II. Sammelfrüchte

Sammelfrucht bedeutet, daß mehrere Früchte zusammen verbreitet werden.

Die einzelnen Früchte können miteinander vereint sein und lösen sich als Einheit
von der Mutterpflanze, wie etwa die Himbeere, wo jedes Karpell zu einer kleinen
Steinfrucht wird. Bei der Erdbeere befinden sich die nußähnlichen Früchte auf einem
erhöhten, gewölbten Blütenboden und sind mit diesem fest verbunden. Die Teilfrüchte der Brombeere sind Steinfrüchte, die untereinander und überdies mit der Blütenachse zusammenhängen. Die Blütenachse geht im Unterschied zur Himbeere in die
Sammelfrucht ein.

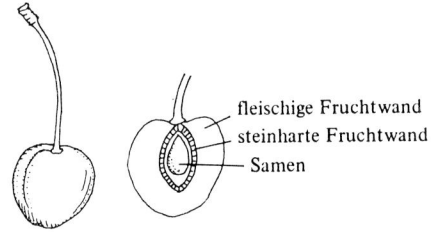

Abb. 229. Steinfrucht, *Prunus,* ×0,8

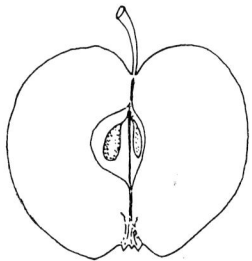

Abb. 230. Apfelfrucht, *Malus,* ×0,5

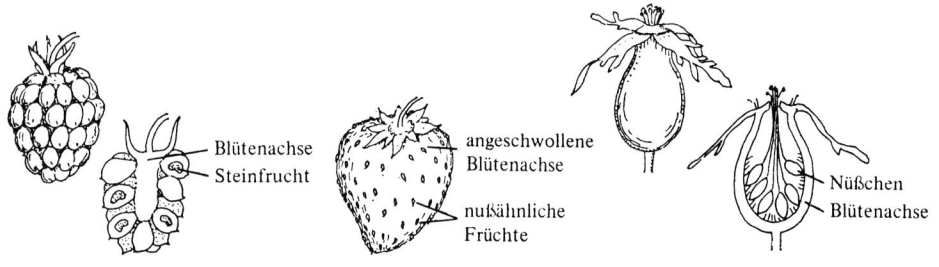

Abb. 231. Sammelfrucht, *von links Rubus idaeus,* ×0,8, *Fragaria,* ×0,5 und
Rosa (Hagebutte), ×0,8

Die einzelnen Früchte können aber auch frei in einem fleischigen, urnenähnlichen Blütenboden eingesenkt sein, wie bei der Hagebutte. Dort sind die Teilfrüchte Nüßchen.

Während bei den angeführten Beispielen die Sammelfrucht von *einer* Blüte gebildet wird, umfaßt sie beispielsweise bei der Ananas und der Feige den *gesamten* Blütenstand.

Blütensymmetrie

Falls mindestens drei Symmetrieebenen durch die Blütenachse gelegt werden können, wird die Blüte als *radiärsymmetrisch* bezeichnet, z. B. *Sedum* (Fetthenne). Blüten mit zwei Symmetrieebenen sind *bisymmetrisch* und Blüten mit einer Symmetrieebene *zygomorph*. Die Zygomorphie kann verschieden ausgeprägt sein: In Form der Lippenblüte bei den Lamiaceae, der Schmetterlingsblüte bei Fabaceae und der Zungenblüte bei Asteraceae.

Abb. 232. *Von links,* radiärsymmetrische Blüte, *Sedum,* ×1,6; bisymmetrische Blüte, *Brassica,* ×1,8; zygomorphe: Lippenblüte, *Galeopsis,* ×1,0, Zungenblüte, *Leucanthemum,* ×1,2 und Schmetterlingsblüte, *Lathyrus,* ×1,0

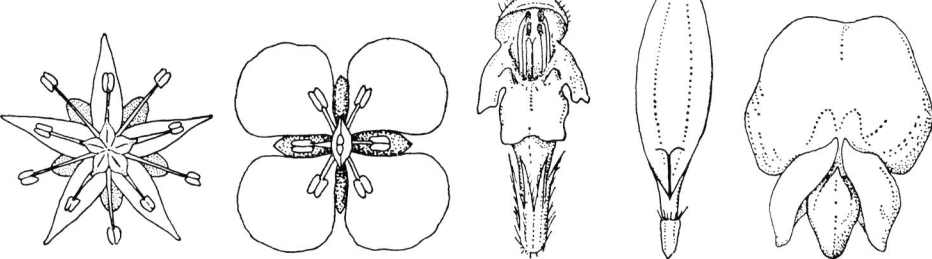

Blütenstände

Blütenstand (*Infloreszenz*) ist die Bezeichnung für ein zusammenhängendes, blütentragendes Sproßsystem. Die Blätter der Infloreszenzen sind gewöhnlich klein und schuppenförmig (Brakteen und Brakteolen) können aber auch gut entwickelt, ähnlich Laubblättern sein. Blütenstände ohne Endblüte (Terminalblüte) sind *offen,* solche mit einer Endblüte hingegen *geschlossen.* [1]

Razemöse Blütenstände tragen die Blüten seitlich an einer Hauptachse. Das Wachstum findet zumindest zu Beginn der Entwicklung an der Spitze statt. Die Blühfolge ist normalerweise von unten nach oben und/oder von außen nach innen.

Abhängig von der Länge und der Gestalt der Blütenstandsachse und der Blütenstiele wird zwischen folgenden Typen razemöser Infloreszenzen unterschieden: *Traube, Ähre, Kätzchen, Kolben, Dolde, Köpfchen* und *Korb.*

---

[1] Anmerkung des Übersetzers: Die Begriffe *razemös* und *zymös* werden hier als Synonyme für offen, resp. geschlossen verwendet. Das Kriterium der Übergipfelung, das in anderen Lehrbüchern verwendet wird, spielt dabei keine Rolle.

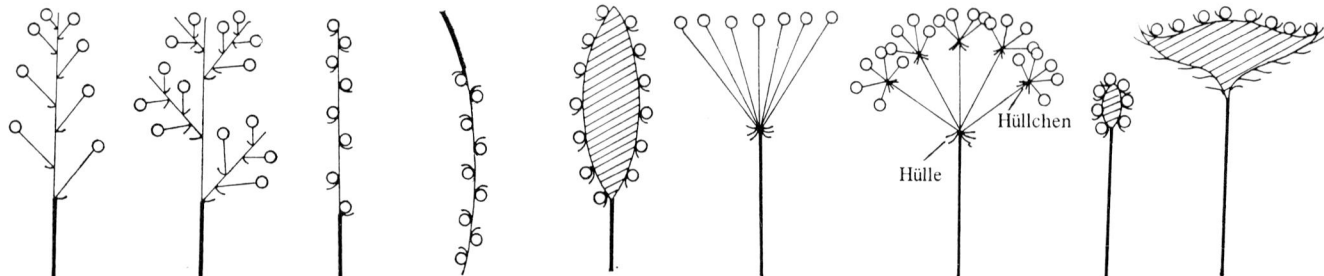

Zymöse Blütenstände. Der Sproß schließt mit einer Blüte ab und der Blütenstand wächst dadurch weiter, daß allmählich neue Blüten in Achseln von Tragblättern oder in den Achseln der Vorblätter der vorherigen Blüte entstehen.

Beim *Monochasium* entspringt unterhalb jeder entwickelten Terminalblüte nur eine Seitenblüte. Wenn die Vorblätter median stehen (wie bei den Monokotylen), liegen die Blüten in einer Ebene. Sind sie jedoch transversal gestellt (wie bei den Dikotylen), so entstehen Monochasien mit Blüten in mehreren Ebenen. Dabei bilden sich Seitenblüten nur in der Achsel eines der beiden Vorblätter. Beispiele dazu sind der *Schraubel* etwa bei *Hypericum* (Johanniskraut) und der *Wickel* von beispielsweise *Myosotis* (Vergißmeinnicht).

Das *Dichasium* kommt nur bei Dikotylen vor. Es ist dadurch gekennzeichnet, daß in der Achsel aus jedem der beiden Vorblätter eine Seitenblüte entspringt. Diese sind gegenständig, wie bei Caryophyllaceae, z. B. *Silene* (Leimkraut). Sind die beiden Vorblätter wechselständig, so wird von *Zyme* gesprochen. Beispiele dazu finden sich bei *Ranunculus* (Hahnenfuß) und *Linum* (Lein).

Pleiochasien sind nach dem Prinzip der Dichasien aufgebaut, nur entspringen nicht zwei, sondern mehrere Seitenblüten aus den Vorblattachseln. Dazu gehören unter anderen die Blütenstände von *Sedum* (Fetthenne) und *Sempervivum* (Hauswurz).

Rispe bezeichnet einen wiederholt verzweigten, oft traubigen Blütenstand, bei dem im zymösen Falle jede Achse von einer Blüte abgeschlossen wird (s. Abb. 235). Der Begriff wird auch für Blütenstände von Gräsern verwendet, wobei aber dort die Achsen nicht mit Blüten abgeschlossen werden, sondern mit Ährchen.

Häufig sind die Blütenstände bedeutend stärker zusammengesetzt und komplizierter gebaut, als aus dem obenstehenden hervorgeht. Siehe etwa *Verbascum* (S. 145) und *Euphorbia* (S. 163).

Abb. 233. Razemöse Blütenstände. *Von links* einfache Traube, zusammengesetzte Traube, Ähre, Kätzchen, Kolben, einfache und zusammengesetzte Dolde, Köpfchen, Korb

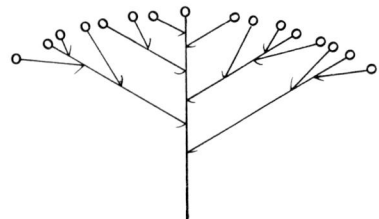

Abb. 234. *Schirmrispe (*Corymbus) ist ein Blütenstand, der ähnlich einer geschlossenen Rispe aufgebaut ist; die Blüten sind jedoch in eine Ebene gerückt. Beispiel: *Sorbus aucuparia* (Vogelbeere)

Abb. 235. Zymöse Blütenstände; *von links* Schraubel, Wickel, Dichasium, Pleiochasium und geschlossene Rispe

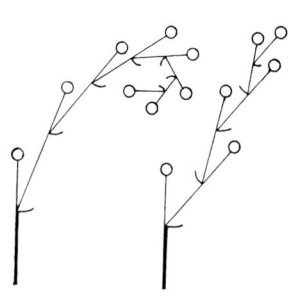
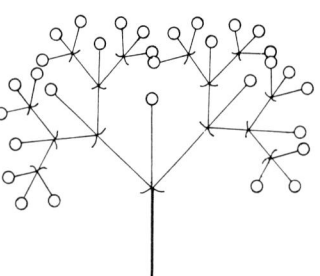
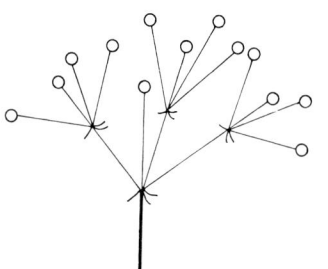
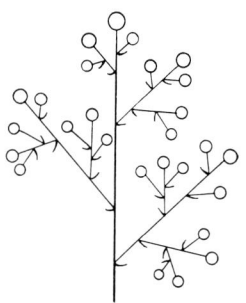

Embryologie

Bei den Moosen ist die Gametophytengeneration am besten entwickelt, und der Sporophyt lebt parasitisch auf dieser. Bei den Farnpflanzen dominiert die Sporophytengeneration, und der Gametophyt (das Prothallium) ist mehr oder weniger stark reduziert. Noch mehr wurde der Gametophyt der Samenpflanzen reduziert. Die Embryologie behandelt die Entwicklung dieses sehr vereinfachten Gametophyten, aber auch das sporogene Gewebe , die Sporenbildung, die Befruchtung, die Bildung des Endosperms und die erste Entwicklung des neuen Sporophyten.

Einige Sippen der Moose haben bereits getrenntgeschlechtliche Gametophyten. Die Geschlechtsbestimmung findet während der Meiose statt, das heißt während der Bildung der Sporen. In Einzelfällen sind die Sporen morphologisch unterschiedlich: Große Makrosporen, aus denen weibliche Individuen mit Archegonien hervorgehen, respektive kleine Mikrosporen, aus denen männliche Individuen mit Antheridien werden. Heterosporie kommt auch, wie schon ausgeführt, bei den Pteridophyta vor (etwa bei *Selaginella* und *Isoetes*). Die Prothallien sind bei diesen Taxa so sehr reduziert, daß sie sich vollständig, oder zum großen Teil, innerhalb der Sporenwand entwickeln.

Die Spermatophyten bilden immer Mikro- und Makrosporen. Bei den Angiospermen entspricht das1-Kernstadium der Pollenkörner den Mikrosporen. Die Entwicklung des männlichen Gametophyten geschieht innerhalb der Sporenwand und wird vor dem Ausstreuen des Pollens begonnen. Die Makrosporen entstehen innerhalb des Makrosporangiums, dem Nuzellus. Drei der vier gebildeten Makrosporen degenerieren sehr oft. Dies ist auch bei einigen Farnpflanzen der Fall. Normalerweise entwickelt sich nur eine Makrospore zum weiblichen Gametophyten (bei den Gymnospermen Prothallium, bei den Angiospermen Embryosack genannt). Auch dies geht innerhalb der Sporenwand vor sich. Die Makrospore verläßt den Nuzellus nie.

Embryo- und Pollenentwicklung der Angiospermae

Die Samenanlage (vgl. S. 132). Im zentralen Teil der Samenanlage, dem *Nuzellus,* liegt das sporogene Gewebe, in dem sich aus einer Zelle der Embryosack bildet. Der Nuzellus wird von einem oder zwei *Integumenten* umhüllt. Sie gehen von dessen basalem Teil, der *Chalaza,* aus. Die Integumente bilden an der Spitze der Samenanlage einen kleinen Durchgang, die *Mikropyle,* durch der Pollenschlauch gewöhnlich

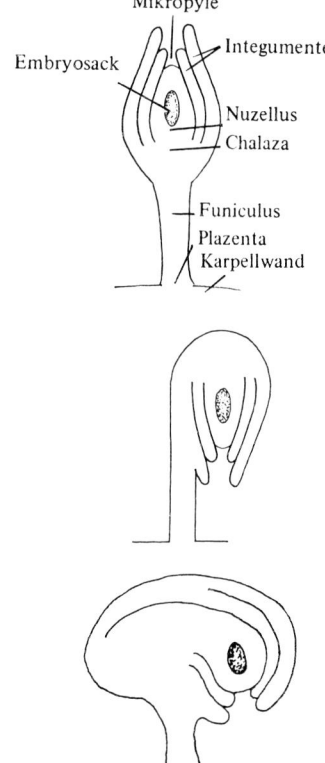

Abb. 236. Samenanlage, *oben* orthotrop, *Mitte* anatrop, *unten* kampylotrop

eindringt. Die Samenanlage ist entweder gestreckt (*orthotrop*) oder gekrümmt (Krümmung im Funiculus: *anatrop;* Krümmung im Nuzellus: *kampylotrop*).

Normaltyp der Bildung der Makrosporentetrade und der Entwicklung des Embryosackes. Im allgemeinen entwickelt sich in jeder Samenanlage nur eine Zelle zur Makrosporenmutterzelle, oft auch *Embryosackmutterzelle* (EMZ) genannt. Diese bildet meiotisch durch zwei aufeinander folgende Teilungen eine *Makrosporentetrade.* Die Makrosporen, die somit haploid sind, liegen im allgemeinen in einer Reihe. Die drei oberen (mikropylären) Sporen degenerieren meist, indes die untere wächst und vakuolisiert wird. Dies stellt das 1-Kernstadium des *Embryosackes* (ES) dar. Durch drei synchrone Kernteilungen wird der 8kernige ES gebildet. Je vier Kerne ordnen sich an den Enden des mehr oder weniger langgestreckten Embryosackes an. Erst jetzt beginnen sich Zellwände zu bilden. Drei Zellen am mikropylären Ende werden zum sogenannten Eiapparat, der aus einer *Eizelle* und zwei *Synergiden* besteht. Alle drei Zellen besitzen Vakuolen. Am entgegengesetzten Ende bilden sich ebenfalls drei Zellen, die *Antipoden,* deren Gestalt und Lebensdauer sehr variabel ist.

Die zwei übrigen Kerne des Embryosackes, die *Polkerne,* werden nicht von Zellwänden umhüllt. Sie wandern von beiden Enden her gegen die Mitte des Embryosackes, verschmelzen miteinander zu einem großen Kern, dem *sekundären Embryosackkern,* der somit diploid ist.

Außer diesem Normaltyp, kommen auch andere Entwicklungsformen vor. Bei einigen gehen zwei oder alle 4 Makrosporen in die Bildung des Embryosackes ein. Auch die Anzahl der Kerne im Embryosack kann variieren. Sehr oft sind es 4, 8 oder 16.

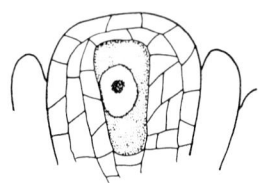

Abb. 237. Embryosackmutterzelle (EMZ)

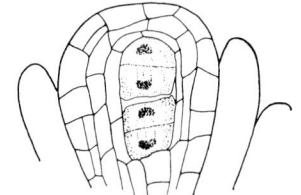

Abb. 238. Frisch gebildete Tetrade

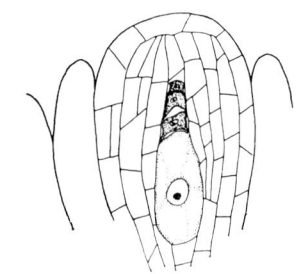

Abb. 239. 1-kerniger Embryosack (ES) mit degenerierenden Makrosporen

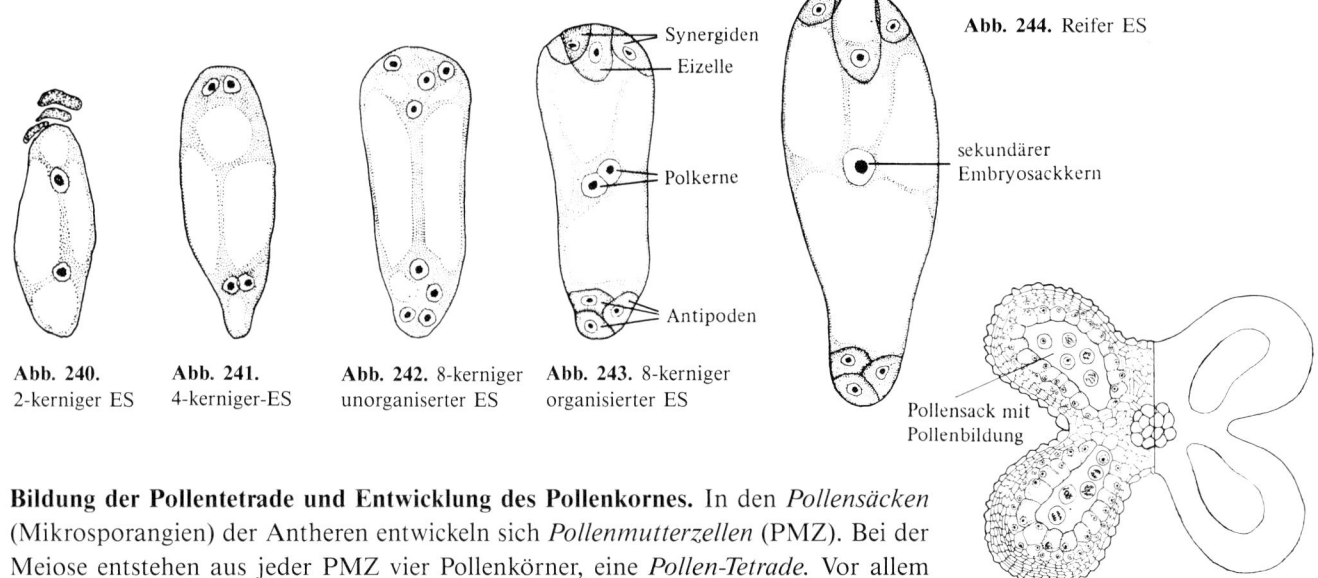

Abb. 240. 2-kerniger ES

Abb. 241. 4-kerniger-ES

Abb. 242. 8-kerniger unorganiserter ES

Abb. 243. 8-kerniger organisierter ES

Synergiden

Eizelle

Polkerne

Antipoden

Abb. 244. Reifer ES

sekundärer Embryosackkern

Pollensack mit Pollenbildung

Abb. 245. Querschnitt durch die Anthere von *Lilium,* schematisch

Bildung der Pollentetrade und Entwicklung des Pollenkornes. In den *Pollensäcken* (Mikrosporangien) der Antheren entwickeln sich *Pollenmutterzellen* (PMZ). Bei der Meiose entstehen aus jeder PMZ vier Pollenkörner, eine *Pollen-Tetrade.* Vor allem bei den Dikotylen werden die Wände oft erst nach der zweiten Teilung angelegt, während sie bei den meisten Monokotylen direkt nach jedem Teilungsschritt gebildet

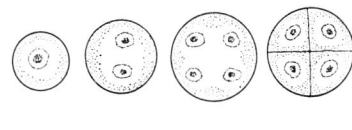

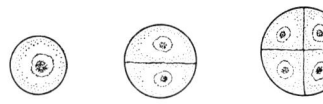

Abb. 246. Enstehung einer Pollentetrade. *Oben* mit Anlage der Wand erst nach der zweiten Kernteilung; *unten* mit Wandbildung nach jeder Kernteilung

Abb. 247. Entwicklung des Pollenkornes; *von links* 1-kerniges, 2-kerniges und 3-kerniges Pollenkorn, Pollenkorn mit Pollenschlauch, in den die Kerne eingewandert sind

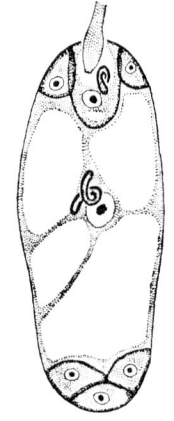

Abb. 248. Doppelbefruchtung *(Lilium)*

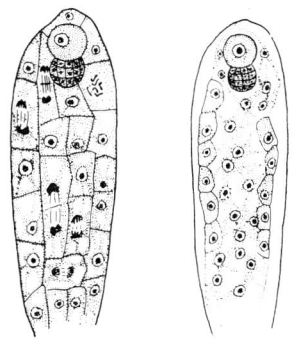

Abb. 249. Endosperm, *links* zellulär; *rechts* nukleär

werden. In einigen Fällen werden die Pollenkörner als Tetraden ausgestreut, doch lösen sie sich gewöhnlich voneinander und werden als Einzelkörner verbreitet. Sie sind von einer Wand umgeben. Diese besteht aus zwei Hauptschichten, einer inneren (*Intine*) aus Zellulose und einer äußeren (*Exine*) aus *Sporopollenin* (verwandt mit Cutin), wodurch sie Trockenheit und Fäulnis besser widerstehen. Dies führt auch dazu, daß Pollen unter anderem in Torfen über Millionen von Jahren konserviert bleibt.

Der Inhalt des Pollenkornes teilt sich in eine *generative* und eine *vegetative* Zelle. Die generative Zelle ist relativ klein und oftmals linsenförmig. Sie besitzt einen kleinen Kern und wenig Plasma und dringt in die vegetative ein, die groß ist und einen großen Kern besitzt. Die generative Zelle teilt sich dann. Dadurch werden die Pollenkörner 3kernig. Dies geschieht bei einigen Gruppen bereits vor dem Ausstreuen des Pollens, bei anderen erst beim Keimen des Pollens oder im Pollenschlauch. Durch die erwähnte Teilung der generativen Zelle entstehen zwei Spermazellen.

 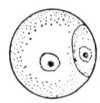  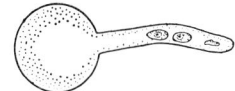

Keimung des Pollens und Befruchtung. Wenn ein Pollenkorn auf einer Narbe keimt, wächst ein Pollenschlauch aus, meist durch eine der *Aperturen* (s. S. 148). Durch den Griffel gelangt der Pollenschlauch zur Samenanlage und dringt dort im allgemeinen über die Mikropyle ein.

Die Zeit, während der der Pollenschlauch durch den Griffel des Pistills zur Samenanlage hinunterwächst und eindringt, variiert sehr stark, ist aber im Vergleich mit den Verhältnissen bei den Gymnospermen kurz.

Der eine der beiden Spermakerne vereinigt sich mit dem Kern der Eizelle und der andere verschmilzt mit dem sekundären Embryosackkern. Dieser Vorgang wird als *Doppelte Befruchtung* bezeichnet und ist allein auf die Angiospermen begrenzt.

Endosperm- und Embryoentwicklung. Die weitere Entwicklung der Kerne im Embryosack wird normalerweise dadurch eingeleitet, daß sich der befruchtete diploide sekundäre Embryosackkern, nun triploid und *sekundärer Endospermkern* genannt, zu teilen beginnt. Daraus entsteht das *sekundäre Endosperm,* das Nährgewebe des Samens. Die Zellwände werden entweder sofort nach jeder Kernteilung angelegt (*zelluläre* Endospermbildung) oder erst in einem späteren Stadium, schrittweise von außen nach innen (*nukleäre* Endospermbildung).

Die verschiedenen Endospermtypen sind typisch für verscheidene taxonomische Gruppen.

In der Regel teilt sich die befruchtete Eizelle erst, wenn das Endosperm eine gewisse Entwicklung mitgemacht hat. Eine oder mehrere Querwände werden angelegt, wodurch der *Proembryo* entsteht. Aus dessen unterem Teil entsteht der eigentliche *Embryo,* der sich sehr rasch differenziert. Der obere Teil bildet oft einen *Suspensor*

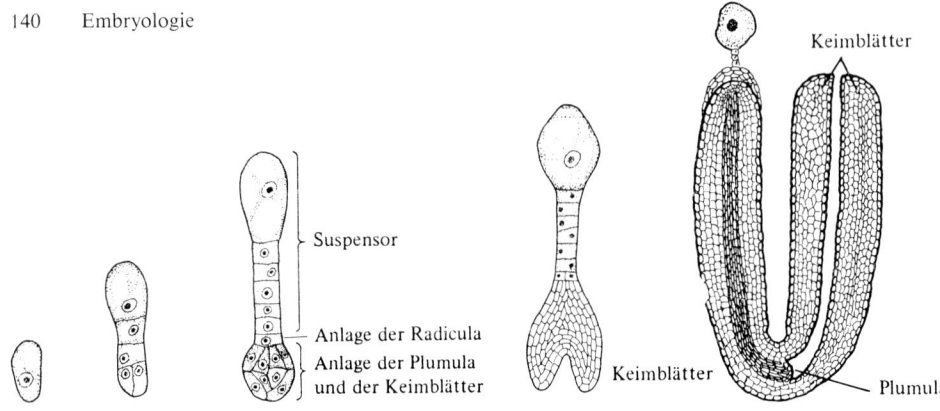

Suspensor

Anlage der Radicula

Anlage der Plumula
und der Keimblätter

Keimblätter

Keimblätter

Plumula

Abb. 250. Embryoentwicklung bei Dikotylen *(Capsella), von links* Zygote, Proembryo und verschiedene Stadien des jungen Embryo

(Embryoträger), der den Embryo ins Endosperm hineinschiebt, wodurch seine Ernährung erleichtert wird.

Die Kerne im Embryosack sind ursprünglich haploid. Beim Verschmelzen der Polkerne wird jedoch ein diploider sekundärer Embryosackkern gebildet. Nach der Befruchtung degenerieren alle Zellen mit haploiden Kernen, das heißt, die Synergiden und Antipoden. Der Samen enthält somit einen Embryo mit diploider Kernphase (den neuen Sporophyten), ein Endosperm mit triploider Kernphase (eine Neubildung), sowie die umhüllenden Integumente und eventuelle Reste des Nuzellus mit diploider Kernphase (Organe des alten Sporophyten).

Entwicklung des Samens. Der Samen entwickelt sich aus der Samenanlage, wodurch dessen ursprüngliche Teile zerstört oder umgewandelt werden. Der Nuzellus, der bei den verschiedenen Gruppen unterschiedlich groß sein kann, wird im allgemeinen bei der Weiterentwicklung des Embryos resorbiert, kann sich aber auch intensiv teilen und ein Nährgewebe *(Perisperm)* bilden, wie etwa bei Caryophyllaceae (Nelkengewächse). Die Hauptmenge der Nährstoffe wird dem Samen von der Mutterpflanze über den Funiculus und die Chalaza zugeführt. Oft bleibt der Embryo klein. In diesem Falle ist er fast immer von einem gut entwickelten Endosperm umgeben. Im anderen Fall wachsen die Keimblätter, lagern Reservestoffe und füllen den gesamten Samen aus. Dies trifft bei Fabaceae zu. Die umhüllende Samenschale *(Testa)* wird aus den Integumenten gebildet.

Apomixis

Apomixis kann definiert werden als Vermehrung, in deren Zusammenhang die geschlechtliche Fortpflanzung vollständig oder nahezu vollständig außer Funktion gesetzt wurde. Hier wird nur der Typ Apomixis dargestellt, bei dem Embryonen gebildet werden, nicht hingegen die Vermehrung mit Brutknospen, Ausläufern etc.

In den meisten Fällen wird ein Embryosack gebildet. Dieser kann aus einer Zelle des sporogenen Gewebes entstehen, z.B. bei *Taraxacum* (Löwenzahn) und in der Gattung *Hieracium* (Habichtskraut), oder aus einer vegetativen Zelle des Nuzellus, wie bei *Alchemilla* (Frauenmantel) und der *Hieracium pilosella*-Gruppe (Langhaariges Habichtskraut). In diesen Fällen entwickelt sich der Embryo aus der unbefruch-

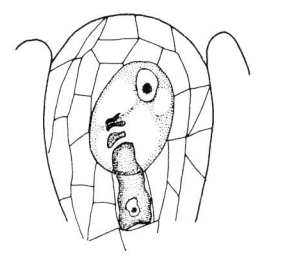

Abb. 251. Nuzellus mit degenerierenden Makrosporen und 1-kernigem Embryosack, entstanden durch Apomixis

teten Eizelle, die aufgrund gestörter Meiose diploid ist (*Parthenogenese*). Bei anderen Apomikten geht der Embryo aus einer anderen Zelle des Embryosackes hervor.

Der Embryosack besitzt in diesen Fällen im allgemeinen die Chromosomenzahl des vegetativen Gewebes, weil die Meiose normalerweise ausbleibt oder nicht vollständig durchgeführt wird.

Bei einigen Pflanzen gibt es neben Embryosäcken, die nach einer Meiose gebildet wurden, solche, die ohne Meiose entstanden. Falls sich die Eizelle in einem der letzteren Fälle zu einem Embryo entwickelt, liegt Apomixis vor. Apomixis, auf diese Weise mit normaler geschlechtlicher Fortpflanzung kombiniert, kommt bei *Poa pratensis* (Wiesenrispengras) und einigen *Rubus*- und *Hieracium*-Arten vor.

Falls sich der Embryo direkt aus einer Zelle des Nuzellus oder eines Integumentes bildet, das heißt, ohne daß irgendeine Zelle des Embryosackes mitbeteiligt ist, spricht man von *Adventivembryonie*. Der Embryo wächst dann in den Embryosack hinein. Mehrere Adventivembryonen können zum Beispiel bei *Citrus* (Orange, Zitrone) entstehen.

Systematik

Verschiedene Merkmalstypen und ihre systematische Bedeutung

(Vgl. das Kapitel Morphologie, S. 119).

Die Morphologie liefert eine große Menge mehr oder weniger leicht erkennbarer Merkmale, auf denen die Klassifikation der Angiospermen noch immer in hohem Maße aufbaut.

Im Zusammenhang mit modernen Methoden und Hilfsmitteln, die für das Studium der Inhaltsstoffe von Pflanzen, ihren anatomischen Feinstrukturen, der Zahl und Gestalt der Chromosomen etc. verwendet werden, wurde jedoch die früher allzu dominierende Beurteilung der Verwandschaftsverhältnisse allein aufgrund äußerer Ähnlichkeiten etwas zugunsten einer umfassenderen Beurteilung gemildert. Dadurch wurden die Ansichten über die Verwandschaftsverhältnisse oftmals stark verändert.

Morphologische Unterschiede können auf *konvergenter* Entwicklung beruhen, das heißt, daß Organe in getrennten Entwicklungslinien große Ähnlichkeiten in Funktion und Bau erhalten. Anderseits können Unähnlichkeiten auf einer Differenzierung eines der Ursprungsform gemeinsamen Organs in verschiedene Richtungen basieren. Die letztere Entwicklung wird mit *Divergenz* bezeichnet.

In der Systematik legt man sehr oft größeres Gewicht auf Merkmale an Blüten und Früchten als an den vegetativen Teilen. Die Erfahrung zeigt, daß die Form und Größe der vegetativen Organe bei eng begrenzten Sippen, z. B. Gattungen, innerhalb ziemlich weiter Grenzen variieren kann. Der Bau der Blüte und der Frucht zeigt größere Konstanz, und Details der Blütenstruktur haben oft eine direkte Bedeutung für die Reproduktion und den Fortbestand der Sippen.

Obwohl der Blütenbau oft sogar in sehr großen Familien, wie Apiaceae und Fabaceae, einheitlich ist, ist er manchmal sehr variabel, wie etwa bei den Ranunculaceae und Caryophyllaceae. Bei den Ranunculaceae kann die Symmetrie beispielsweise vom normalen radiären Bauplan abweichen. Bei den Caryophyllaceae sind sowohl Sippen mit Kelch und Krone vorhanden, als auch solche mit einfacher Blütenhülle (das heißt, nur mit Kelch). Andere Formen derselben Familie besitzen verwachsene, wieder andere freie Kelchblätter, einige haben zwei Kreise von Staubblättern, andere nur einen. Das Pistill besteht bei verschiedenen Gruppen aus 2, 3 und 5 Karpellen.

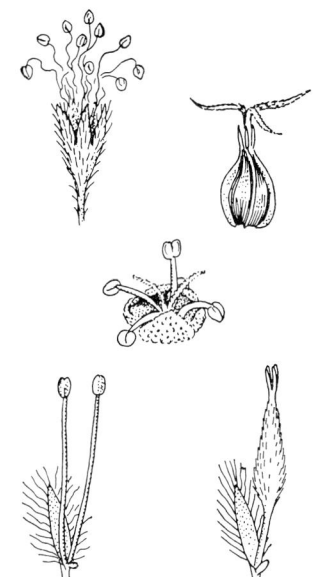

Abb. 252. Beispiele von Pflanzen mit einfachem oder fehlendem Perianth. *Von oben Fagus* (Fagaceae), männliche und weibliche Blüte, ×4 resp. ×3; *Chenopodium* (Chenopodiaceae), ×6; *Salix* (Salicaceae), männliche und weibliche Blüte mit ihren Tragblättern, ×3 resp. ×2,5

Die Zahl der Blütenhüllblattkreise wurde in einigen älteren Systemen als Grundmerkmal für das System der Angiospermen verwendet. Familien mit einfacher oder fehlender Blütenhülle wie Piperaceae (Pfeffergewächse), Fagaceae (Buche, Eiche und andere), Chenopodiaceae (Gänsefußgewächse) und Salicaceae (Weidengewächse) wurden früher in ein und dieselbe große Gruppe gestellt („Monochlamydeae" = Sippen mit einfacher oder fehlender Hülle). Eine allzu starke Betonung einzelner morphologischer Merkmale, besonders bei Gruppen mit einfachen oder vermutlich stark reduzierten Organen, wie das Perianth bei den erwähnten Familien, kann zu einem künstlichen System führen. Beispielsweise werden die oben angeführten Familien in neueren Systemen in unterschiedliche Angiospermen-Hauptgruppen gestellt. Um ein natürliches System zu schaffen, sind allseitige Fakten aus der Morphologie und von sovielen Wissenschaftszweigen wie nur möglich notwendig.

Ein Organ, das hinsichtlich seiner Gestalt bei einer Gruppe sehr variabel sein kann, kann bei einer anderen relativ fixiert sein. Der systematische Wert eines bestimmten Merkmals darf deshalb nicht für das gesamte Angiospermensystem verallgemeinert werden. Als Beispiel kann die Blütensymmetrie angeführt werden, die in einigen Familien wie etwa den Ranunculaceae (S. 150), sehr stark variiert, während sie in anderen von einem bestimmten Typus ist, wie die Schmetterlingsblüte der Fabaceae, die in ihren Grundzügen für die gesamte Familie charakteristisch ist (S. 167). Ein anderes Beispiel ist die Zahl der Staubblätter, die in einigen Fällen, etwa bei den Rosaceae (S. 166) sehr verändert ist, während sie in anderen fixiert oder nahezu fixiert ist, wie bei der Mehrzahl der Familien aus der Unterklasse Asteridae (S. 171), insbesondere etwa bei den Riesenfamilien Apiaceae und Asteraceae.

Die Variation eines Organkomplexes bei einer bestimmten Gruppe beruht unter anderem darauf, in welchem Maße das Organ an irgendeine spezialisierte Funktion angepaßt ist (beispielsweise im Zusammenhang mit der Bestäubung), die wiederum eine direkte selektive Bedeutung für die Pflanzengruppe hat.

Im folgenden werden Beispiele von Merkmalen dargestellt, die für die Gruppierung in irgendeinem Teil des Systems von Bedeutung sind.

Die Gestalt der Wurzel kann manchmal systematisch wichtig sein, wie etwa für die Abtrennung von *Orchis* von nahestehenden Gattungen (vgl. auch die Lebensdauer der Radicula bei Di- und Monokotylen S. 119). Im übrigen werden Wurzelmerkmale in der Taxonomie selten verwendet.

Stengel und *Blätter*. Der Verzweigungstyp ist oft sowohl in der Großsystematik, als auch auf der Gattungsebene, von taxonomischem Wert. Die Verteilung von Gehölzen und Kräutern ist ebenso von systematischer Bedeutung. Es wurden sogar Versuche unternommen (Hutchinsons System), die Ordnungen der Dikotylen in zwei Hauptgruppen zu gliedern, die eine vor allem mit Gehölzen und die andere vor allem mit Kräutern. Eine derartige Einteilung hat sich aber als nicht natürlich erwiesen. Einige Familien, z. B. Fagaceae und Salicaceae, bestehen tatsächlich ausschließlich aus verholzten Pflanzen und andere wie etwa Ranunculaceae, Cucurbitaceae und viele Familien der Monokotylen sind ausschließlich oder zum größten Teil aus Kräutern zusammengesetzt. Dagegen sind in anderen Familien, etwa Rubiaceae und Fabaceae, Kräuter und zugleich Gehölze reich vertreten.

Die frühesten Angiospermen waren wahrscheinlich Gehölze. Aus diesen entstanden die krautigen Formen und zwar in vielen verschiedenen Entwicklungslinien, so weit das beurteilt werden kann.

Die Blattstellung zeigt innerhalb einer Gruppe sehr oft eine große Konstanz. Gräser und andere haben z. B. die charakteristische Blattstellung 1/2, Carex und weitere Cyperaceae 1/3 (s. S. 178). Bei z. B. den Lamiaceae sind die Blätter stets kreuzgegenständig, bei den im Fruchttyp gleichen Boraginaceae (Vergißmeinnicht und andere) jedoch wechselständig. Bei den Scrophulariaceae hingegen variiert die Blattstellung bedeutend. Für Sträucher und Bäume beispielsweise kann sie auch bei der Artbestimmung von praktischem Nutzen sein.

Die Form der Blätter, ihre Nervatur, die Gliederung in Stiel und Spreite, sowie insbesondere das Vorhanden- oder Nichtvorhandensein von Stipeln sind in einigen Teilen des Systems wichtige Merkmale. Bei Fabaceae sind die Blätter normalerweise gefiedert oder gefingert und bei Apiaceae gewöhnlich doppelt gefiedert bis tief geteilt. Stipeln, die am Stengel zwischen gegenständigen Blättern inseriert sind, findet man besonders in der großen Familie Rubiaceae, zu der auch die Labkräuter gehören. Rosaceae und Fabaceae haben gewöhnlich Stipeln, die seitlich der Basis des Blattstiels entspringen. Ihre Gestalt kann von großem Wert auf Gattungs- oder Artniveau sein. Eine Ochrea ist für die Polygonaceae (Ampfer, Rhabarber und andere) charakteristisch.

Von besonderem Interesse sind die Blätter der Monokotylen, deren Natur auf Seite 125 diskutiert wurde. Die Form des Blatthäutchens ist bei Poaceae auf der Gattungs- und Artebene kennzeichnend. In Einzelfällen ist es als Haarkranz ausgebildet.

In drei getrennten Familien (Nepenthaceae, Sarraceniaceae und Cephalotaceae) kommen speziell geformte, insektenfangende, sogenannte *Kannenblätter* vor. Die drei Familien sind deswegen oft als Einheit aufgefaßt worden. Die Blätter entstehen jedoch auf unterschiedliche Weise und unterscheiden sich auch in vielen Details; auch die Blüten der drei Familien sind verschieden. Allem Anschein nach entstanden die Kannenblätter in getrennten Entwicklungslinien und können als extremes Beispiel einer konvergenten Entwicklung betrachtet werden. Die systematische Stellung der Familien ist umstritten. Klar ist aber, daß die Gestalt des Kannenblatts in diesem Falle keinen Grund dafür liefert, die drei Familien in dieselbe Gruppe zu stellen.

Die Blätter können bei systematisch weit entfernten Gruppen aufgrund eines bestimmten ökologischen Druckes ein sehr ähnliches Aussehen erhalten. Beispielsweise sind die Blattränder von Pflanzen der Hartlaubflora, also in Gegenden, in denen die Sommer trocken und warm sind, die Winter hingegen kühl und feucht, eingerollt oder die ganzen Blätter nadelförmig und hart und dies bei ganz verschiedenen Familien wie etwa Ericaceae, Fabaceae und Rosaceae. Innerhalb desselben Formationstyps gibt es auch flache und lederige Blätter. Blatt- und Stammsukkulenz entstanden ebenfalls in verschiedenen Gruppen, die in Trockengebieten vorkommen. Eines der markantesten Beispiele sind die säulenförmigen sukkulenten Stämme, die bei Cactaceae der trockeneren Gebiete Amerikas, aber auch bei Euphorbiaceae in Afrika gefunden werden (vgl. S. 129 und S. 217).

Abb. 253. Beispiele für konvergente Entwicklung. Insektenfangende Kannenblätter in drei verschiedenen Familien. *Von links Nepenthes,* Blatt mit flachem assimilierendem Basalabschnitt, ×0,4, männliche Blüte, ×2, und weibliche Blüte, ×3; *Sarracenia,* Habitus, ×0,2, Staubblätter und Pistill sowie Pistill im Längsschnitt, ×0,3; *Cephalotus,* normales Blatt und Kannenblatt, ×0,5, Blütenstand, ×0,3, und Blüte im Längsschnitt, ×3

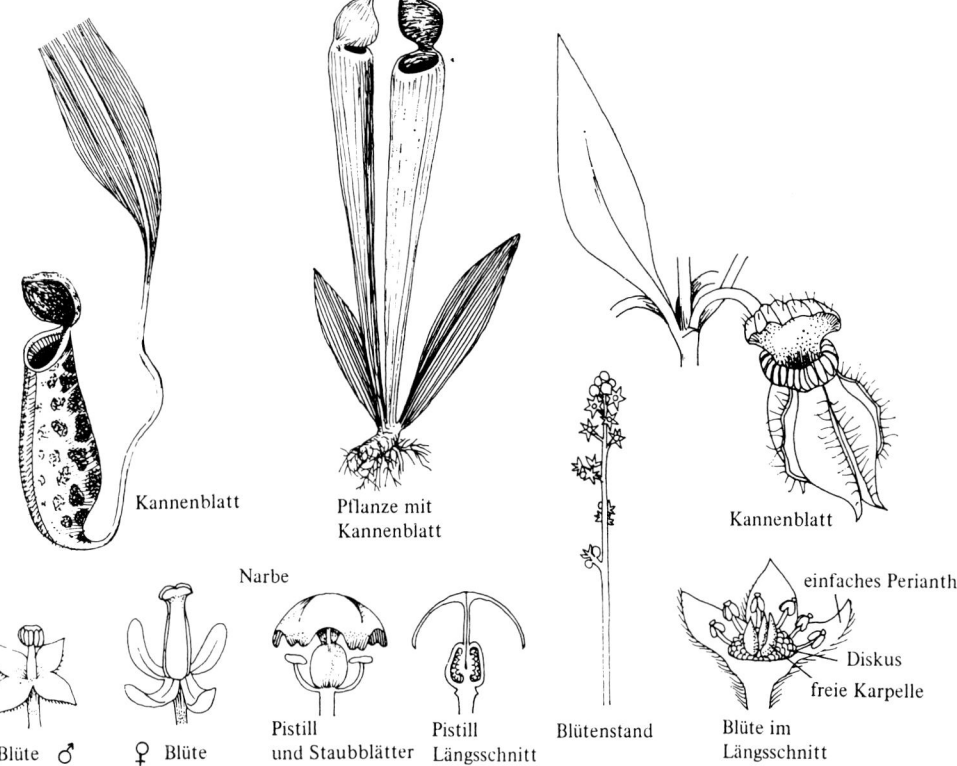

Kannenblatt

Pflanze mit Kannenblatt

Kannenblatt

Narbe

einfaches Perianth

Diskus

freie Karpelle

Blüte ♂   ♀ Blüte

Pistill und Staubblätter

Pistill Längsschnitt

Blütenstand

Blüte im Längsschnitt

Abb. 254. *Verbascum,* ährenförmiger, zusammengesetzter Blütenstand mit ungestielten zymösen Teilblütenständen, ×0,3

Die Gestalt des Blütenstandes ist auf verschiedenen Ebenen des Systems von systematischer Bedeutung. Die geschlossenen Blütenstände sind unter den Angiospermen weit verbreitet. Man findet z. B. Zymen sowohl bei Ranunculaceae als auch bei Linaceae. Die offenen Blütenstände, z. B. bei Lamiaceae und Scrophulariaceae, besitzen oft seitliche Teilblütenstände, die denen des Haupttriebes ähneln, aber geschlossen sind. Dasselbe gilt für die Kätzchen der Betulaceae. Die Grenzen zwischen offenen und geschlossenen Typen sind manchmal fließend, z. B. rispen- oder traubenähnliche Blütenstände mit unregelmäßig vorkommender Terminalblüte.

Eine Regel mit nur wenigen Ausnahmen ist, daß zygomorphe Blüten sich an razemösen Blütenständen befinden, also an Blütenständen, bei denen der Hauptachse eine Terminalblüte fehlt. Radiärsymmetrische Blüten hingegen gibt es in Blütenständen verschiedenen Typs.

Typisch razemös sind die Trauben der Brassicaceae und Fabaceae, sowie die Ähre bei Orchidaceae. Der Korb der Asteraceae zeigt mit dem fortschreitenden Aufblühen von der Peripherie zum Zentrum hin ebenfalls razemöse Eigenschaften. Bei vielen Formen ist der Blütenstand komplizierter gebaut, als dessen äußere Form andeutet. Untersucht man beispielsweise die Aufblühfolge im ährenähnlichen Blütenstand von *Verbascum* (Königskerze), findet man, daß das Aufblühen an vielen Stellen der „Ähre" gleichzeitig beginnt, und daß diese Blüten von Knospen umgeben sind. Eine nähere Untersuchung zeigt dann, daß es sich um abgesetzte, zymöse Teilblütenstände an einer gemeinsamen Hauptachse ohne Terminalblüte handelt. Auf ähnliche Weise sind z. B. die büschelförmigen Blütenstände von *Allium* (Lauch) aus zymenartigen Komponenten aufgebaut.

Der Ursprung der Blüte ist noch immer nur teilweise bekannt, ebenso die Frage, ob z. B. die Kronblätter bei verschiedenen Gruppen einander stets homolog sind.

Das *Perianth* kann doppelt, einfach oder fehlend sein. Die Zahl der Blütenhüllblätter variiert, ebenso die Knospenlage von Kelch- und Kronblättern. Von systematischer Bedeutung ist die Lage der Perianthkreise im Verhältnis zu den Kreisen der Staubblätter, wie auch die Struktur, Farbe, Form und Symmetrieverhältnisse des Perianths. Bei einfachem Perianth stellt sich die Frage, ob dieses dem Kelch oder der Krone anderer Gruppen entspricht, und ob es ursprünglich einfach ist, oder ob es sich um eine Reduktion handelt. Die doppelte Blütenhülle von *Alchemilla* (Frauenmantel) kann durch Vergleich mit anderen Rosaceae, wie etwa *Potentilla* (Fingerkraut) auf Kelch und Außenkelch zurückgeführt werden, während die Blütenhülle bei *Galium* (Labkraut) der Krone anderer Gruppen aus der Unterklasse Asteridae entspricht. Bei *Galium* ist der Kelch noch als kleiner Wulst erkennbar. In anderen Fällen, z. B. bei Fagaceae, kann das einfache Perianth nicht als Kelch oder als Krone klassifiziert werden. Die Kronblätter sind wahrscheinlich nicht in allen Gruppen einander homologe Organe. Die bisweilen schwierige Gliederung in Kelch und Krone kann in zugespitzter Form mit dem S. 156 diskutierten Beispiel aus den Ranunculaceae illustriert werden. Bei einigen Familien der Monokotylen sind die zwei 3-zähligen Perianthkreise in Kelch und Krone gegliedert, z. B. bei *Alisma* (Froschlöffel). Bei anderen Familien sind beide Perianthkreise kronblattähnlich, wie die Blütenblätter etwa bei Liliaceae (Liliengewächse) und Orchidaceae (Orchideen) oder kelchblattähnlich wie bei Arten der Juncaceae (Binse, Hainsimse).

Die Kronblätter sind wahrscheinlich sehr oft homologe Organe zu den Staubblättern. Beispielsweise sind die Staubblattkreise bei *Zingiber* (Ingwer) zum größten Teil in Schauorgane in Form von kronblattähnlichen Staminodien umgewandelt. Ein jedes davon entspricht lagemäßig einem Staubblatt anderer Gruppen aus nahestehenden Familien, wie etwa bei *Musa* (Banane).

Der *Bau* der *Staubblätter* wurde auf S. 131 beschrieben. Es konnte oft nachgewiesen werden, daß die Staubblätter, wenn sie in Gruppen oder im Verband vorkommen, wie etwa bei *Malva* (Malve) und *Hypericum* (Johanniskraut), abgeleitet sind und sich sekundär aus einfachen Staubblättern durch Teilung oder Verdoppelung der Anlagen entwickelt haben.

Der Entwicklungsfolge von Staubblättern im Androeceum einer einzelnen Blüte (bei der mehr als ein Kreis von Staubblättern vorkommt) wird bisweilen eine große Bedeutung zugemessen. Bei der Pfingstrose etwa werden die Staubblätter zentrifugal angelegt, bei der Magnolie hingegen zentripetal. Eine spezielle Form des Androeceums haben beispielsweise die zygomorphen Blüten von Orchideen. Die Staubblätter und der Griffel sind hier zu einem säulenartigen Organ (*Gynostemium, Griffelsäule*) verschmolzen. Der Polleninhalt der Pollensäcke ist in unterschiedlichem Grad zu sogenannten *Pollinien* vereinigt, die zusammen mit zusätzlichen Teilen spezielle Bestäubungseinheiten bilden. Eine ähnliche Entwicklung ist in der Familie Asclepia-

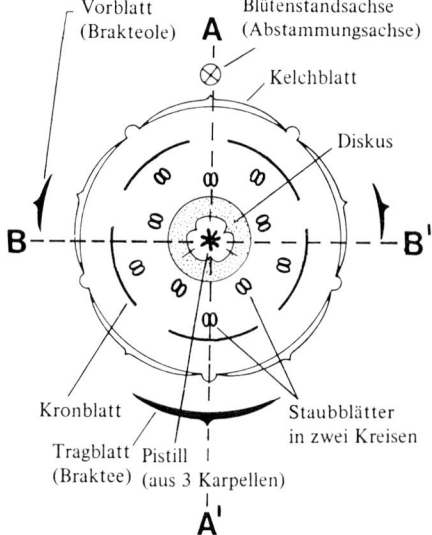

Abb. 255. *Blütendiagramm.* Wird oft verwendet, um auf eine einheitliche Weise den Blütenbau verschiedener Pflanzengruppen zu illustrieren. Im Diagramm sind die Blütenorgane mit *Symbolen* in ihrer richtigen Stellung zueinander auf eine Ebene projiziert. Die hier verwendeten *Symbole* erscheinen in den Blütendiagrammen der Angiospermen auf den folgenden Seiten wieder. Die Ebene $A–A'$ ist die *Mediane*, die Ebene $B–B'$ die *Transversale*.

Blütenformel. Gibt formelhaft die Stellungsverhältnisse, die Verwachsung und die Zahl der Blütenorgane an. Es bedeuten: ⊚ schraubig, ★ radiärsymmetrisch, + bisymmetrisch, ↓ zygomorph, *P* Perigon, *K* Kelch, *C* Krone (Corolla), *A* Androeceum, *G* Gynoeceum, ( ) verwachsen. Fruchtknotenstellung z. B. $G(5)$ oberständig, G -(5)- mittelständig, $G(\underline{5})$ unterständig. Blütenformel zum obenstehenden Blütendiagramm: ★ $K(5)$ $C5$ $A5+5$ $G(\underline{3})$

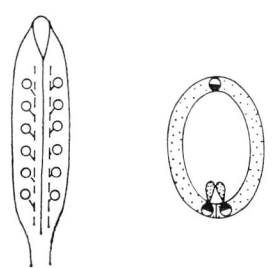

Abb. 256. Pistill bestehend aus einem Karpell mit umgerollten und verwachsenen Rändern. Marginale Plazentation. Beispiel, Fabaceae.

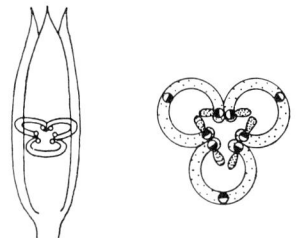

Abb. 257. Pistill bestehend aus 3 Karpellen, deren Ränder nicht bis ins Zentrum reichen. Parietale Plazentation, Beispiel, *Viola*.

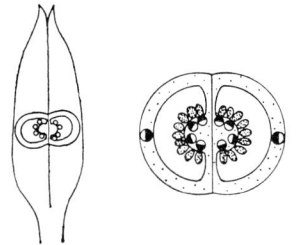

Abb. 258. Pistill bestehend aus 2 Karpellen, deren Ränder bis ins Zentrum reichen. Zentralwinkelständige Plazentation. Beispiel, Solanaceae.

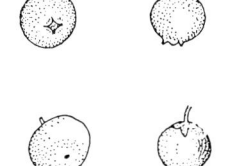

Abb. 259. *Oben* Epigynie bei *Vaccinium*, ×1; *unten* Hypogynie bei *Arctostaphylos*, ×1

daceae (Dicotyledoneae) verwirklicht worden, aber dort innerhalb eines radiärsymmetrischen Blütenbaus.

Die Beschaffenheit des *Gynoeceums* spielt in der Systematik der Angiospermen eine wichtige Rolle. Ein apokarpes Gynoeceum findet man in mehreren Unterklassen, unter den hier behandelten Familien etwa bei Magnoliaceae, Ranunculaceae und Rosaceae. Die Mehrzahl der Angiospermenfamilien hat jedoch ein synkarpes Gynoeceum. Bei den Brassicaceae sind die Karpelle am Rande miteinander verwachsen und die Plazentation ist parietal. Andererseits sind beispielsweise bei den Scrophulariaceae die Karpelle nach innen gekrümmt und über einen großen Teil der Seite hinweg miteinander verwachsen. Hier ist die Planzentation zentralwinkelständig. Bei den Caryophyllaceae wiederum findet man eine freistehende Plazentation und einen einfächerigen Fruchtknoten. Dieser Typ hat sich wahrscheinlich aus einem mehrfächerigen Pistill mit Trennwänden entwickelt.

Aus dem systematischen Abschnitt geht die besondere Gestaltung des Gynoeceums bei einigen Pflanzengruppen hervor. Dort werden auch Beispiele dargestellt, wie Pistille mit grundsätzlich gleichartigem Bau innerhalb derselben Gruppe zu ganz verschiedenen Früchten führen können. Bei den Fabaceae etwa ist ein einziges Karpell vorhanden, das sich zu verschiedenartigen Hülsentypen entwickelt. In vergleichbarer Weise bilden bei den Brassicaceae die zwei Karpelle eine Schote, die aber ganz verschieden gestaltet sein kann.

Ursache der reichen Formenvielfalt der Fruchttypen der Rosaceae sind die freien oder zum Teil verwachsenen Karpelle und die unterschiedliche Umbildung der Blütenachse. Hypogynie und Epigynie sind oft sehr klare systematische Merkmale und wurden sogar als eines der wenigen familientrennenden Merkmale zwischen den Liliaceae im weiteren Sinn und den Amaryllidaceae verwendet. Innerhalb einzelner Familien wechseln die Verhältnisse selten, aber bei den Ericaceae beispielsweise kommt Epigynie und Hypogynie in verschiedenen Gattungen vor: Die Blüte von *Vaccinium* (Heidelbeere u. a.) etwa ist epigyn, die von *Arctostaphylos* (Bärentraube) hypogyn.

Wie bereits angedeutet wurde, ist die Zahl der Karpelle pro Blüte in einigen Familien fixiert (z. B. 2 bei den Lamiaceae und Apiaceae, 1 bei den Fabaceae), variiert aber in anderen sehr (z. B. Rosaceae). In einigen Fällen, in denen der Fruchtknoten einfächerig ist (etwa bei den Poaceae), kann es schwierig werden, die Zahl der beteiligten Karpelle zu bestimmen.

Die Form des Griffels und der Narben ist oft ebenfalls von taxonomischer Bedeutung.

Palynologie

Palynologie ist die Bezeichnung für die Wissenschaft, die die Morphologie der Pollenkörner behandelt, sowie ihre Physiologie, Biochemie etc. Die äußere, sehr resistente Schicht der Pollenwand zeigt meist eine spezielle, bisweilen sehr komplexe Skulptur. Sie besitzt auch ausgedünnte Stellen oder Öffnungen, *Aperturen.* Die Aperturen sind als Spalten (*Colpen,* Sing. Colpus) oder als *Poren* ausgebildet. Ihre Zahl und Anordnung ist oft von großem Interesse für die Taxonomie, ebenso die Details des Wand-

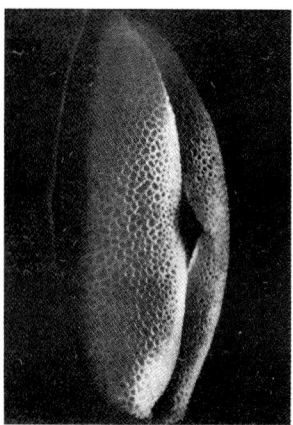 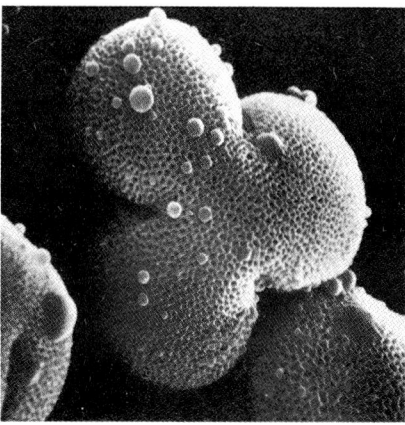 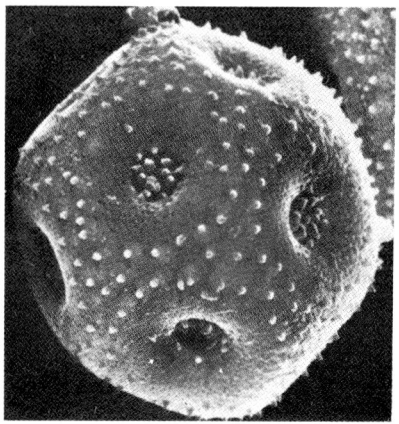

baues. Die Mehrzahl der Monokotylen und auch einige Dikotylen, etwa Magnoliaceae, sind dadurch gekennzeichnet, daß ihre Pollenkörner eine einzige Apertur besitzen, indes drei äquatorial angeordnete, spaltenförmige Aperturen bei den Dikotylen weit verbreitet sind. Pollenkörner mit mehreren, oft runden, über die Oberfläche hinweg verteilten Aperturen findet man bei verschiedenen (nicht immer verwandten) Dikotylen, unter anderem bei Caryophyllaceae, Chenopodiaceae und Malvaceae. Dieser Typ wird als abgeleitet betrachtet.

Ein Merkmal, das in neueren wissenschaftlichen Arbeiten eine gewisse Aufmerksamkeit auf sich gezogen hat, ist, ob die Pollenkörner im 2- und 3-Zell-Stadium verbreitet werden. Diese beiden Typen haben innerhalb der Angiospermenfamilien eine bestimmte Verteilung.

Abb. 260. Beispiele von Pollenkörnern mit einem Colpus (eine Monokotyle, *Iris*), ×600; mit 3 äquatorial angeordneten Colpen (eine Dikotyle, *Gunnera*), ×1900; und mit mehreren, über die Oberfläche zerstreuten Poren (eine Dikotyle, *Scleranthus*), ×1900. REM-Aufnahmen Palynologiska Laboratoriet, Stockholm

Embryologie

Die Gestalt der Samenanlage ist oft für Familien und größere Gruppen charakteristisch. Die meisten Angiospermen haben eine mehr oder weniger gekrümmte (anatrope) Samenanlage, während eine gerade (orthotrope) relativ selten ist. Einige Familien, beispielsweise die Caryophyllaceae, werden durch einen besonderen Typ der Krümmung der Samenanlage (Krümmung im Nuzellus, kampylotrop) gekennzeichnet (s. dazu S. 137, 138). Die Anzahl der Integumente ist ebenfalls von systematischem Wert. Viele Familien, besonders aus der Unterklasse Asteridae (S. 171) zeichnen sich durch ein einziges Integument aus. Die meisten übrigen Familien haben zwei, was sicherlich ursprünglicher ist. Auch der Bau des Nuzellus ist systematisch bedeutend, besonders ob der Embryosack im frühesten Stadium von einer oder mehreren Zellschichten bedeckt ist, oder ob er direkt unter der Epidermis liegt. Samenanlagen mit mehreren Schichten werden als ursprünglicher aufgefaßt und kommen bei vielen Gruppen, z. B. bei Magnoliidae und den meisten Familien der Dilleniidae vor.

Eine gewisse systematische Regelmäßigkeit ist auch bei der Verteilung der verschiedenen Embryosacktypen zu beobachten.

Schließlich ist auch die Bildung des Endosperms (nukleär, zellulär, s. S.139, oder ein anderer Typ) oft innerhalb verschiedener Gruppen von Familien von einheitlichem Charakter. Bei einigen wenigen Sippen, etwa den Orchideen, stockt die Bildung des Endosperms bald oder bleibt gar ganz aus.

Die Entwicklung des Embryos und sein Umfang im reifen Samen, wie auch das Vorkommen verschiedener Typen von Nährgewebe schwankt in Abhängigkeit von der Familie.

Anatomie

Anatomische Merkmale tragen zur Beurteilung der Verwandschaftsverhältnisse sehr wertvolle Informationen bei.

Systematisch wichtige Merkmale liegen im Bau der Haare und ihrer Zellzahl, im Bau der Spaltöffnungen, der Anordnung der Nebenzellen, den Zelltypen der Blätter (Festigungselemente, milchsaftführende Zellen, Schleimzellen, Steinzellen, eingeschlossene Kristalle etc.), im Bau des Holzes und der daran beteiligten Holzelemente.

Chemie

Es ist seit langem bekannt, daß bestimmte chemische Substanzen auf bestimmte Gruppen Höherer Pflanzen konzentriert sind. Beispiele dazu sind die Senfölglykoside bei Brassicaceae und verschiedene Typen von Alkaloiden bei Papaveraceae und Solanaceae.

Viele chemische Stoffklassen haben sich in den letzten Jahren als taxonomisch von Bedeutung erwiesen. Dazu gehören Flavonoide, Polyphenole, Gerbstoffe, Betalaine, Polyacetylene, Chinone, ätherische Oele, bestimmte sogenannte aucubinartige Glykoside, Inulin und verschiedene Typen von Alkaloiden, zum Beispiel Benzylisochinolin-Alkaloide.

Chemische Substanzen können heute mit papier-, dünnschicht- und gaschromatograhischen Methoden und durch Massenspektrometrie und Elektrophorese nachgewiesen werden.

Die Daten, die auf diese Weise zu den chemischen Inhaltsstoffen der Pflanzensippen gewonnen werden, werden, wie auch serologische Untersuchungen, in naher Zukunft die Auffassungen über die Verwandtschaftsverhältnisse sicher stark beeinflussen.

Cytologie

Die Chromosomenverhältnisse sind bei den Angiospermen außerordentlich variabel. Die Chromosomen variieren in der Größe von weniger als 1 µm (etwa bei einigen Arten der Gattung *Juncus)* bis zu mehr als 30 µm (beispielsweise bei einigen Liliaceae und Amaryllidaceae). Die Chromosomenzahl (2 n) schwankt zwischen 4 (*Haplopappus gracilis*, Asteraceae) und mehreren Hundert (etwa in der Familie Crassulaceae).

Polyploide Sippen sind besonders verbreitet bei einigen Familien, z. B. Poaceae und Rosaceae, während sie bei anderen, etwa Apiaceae, selten sind. Das mag damit zusammenhängen, daß bei der letzteren Familie Arthybriden kaum vorkommen und somit die Voraussetzungen für Allopolyploidie fehlen. Bei mehrjährigen Kräutern ist die Polyploidie besonders häufig, weniger verbreitet bei Bäumen und einjährigen Kräutern. Apomiktische Sippen sind fast immer auch polyploid. Weiter sind Polyploide vermutlich in arktischen und kalttemperierten Gebieten stärker verbreitet als in warmtemperierten und tropischen.

Bei einigen Angiospermengruppen ist die Grundzahl relativ konstant. Bei den Gräsern dominieren die Zahlen $\times = 5$ und $\times = 7$ vollständig. Bei anderen Gruppen schwanken sie aber doch stark. Oft werden einzelne Gattungen durch eine einzige Grundzahl gekennzeichnet. Viele Ausnahmen sind jedoch vorhanden. Bei *Trifolium* (Klee) beispielsweise sind die Grundzahlen $\times = 5, 6, 7, 8$ und 9 vertreten.

Paläobotanik

Es gibt nur wenige Fossilien, die zur Kenntnis über die Herkunft der Angiospermen beitragen können. Offensichtlich haben diese sich während eines, geologisch gesehen, relativ kurzen Zeitabschnittes, nämlich in der ersten Hälfte der Kreide, von einer unbedeutenden zu einer beherrschenden Gruppe entwickelt. Unter den frühen Makrofossilien glaubt man bestimmte Sippen wiederzuerkennen. Doch bestehen die Funde oft nur aus beispielsweise Blattabdrücken und die Bestimmung bleibt unsicher. Bei den fossilen Pollenkörnern werden in Sedimenten der Untersten Kreide vor allem Typen mit einer Apertur gefunden. Diese gehören teils zu Gymnospermen, teils aber auch zu primitiven Angiospermen.

Phylogenetische und phänetische Angiospermensysteme

Ein *phylogenetisches* System versucht die Pflanzen aufgrund der genetischen Verwandtschaft und damit hinsichtlich gemeinsamer Ursprungsformen zu gruppieren. Ein *phänetisches* System hingegen basiert auf Ähnlichkeiten in der Gestalt.

Wenn die morphologischen Merkmale mit Merkmalen anatomischer, embryologischer, palynologischer, chemischer oder anderer Art vervollständigt werden, ist es möglich, die Auffassung über den Grad der Verwandtschaft abzusichern. Deshalb ist ein gewisser Zusammenhang zwischen phylogenetischen und phänetischen Systemen vorhanden. Man gewichtet morphologische Merkmale und betrachtet einen Teil davon, oft diejenigen, die weniger von Außenfaktoren beeinflußt werden, als phylogenetisch wichtiger als andere (s. S. 142). Ähnlichkeiten in sowohl der Blüte als auch in vegetativen Teilen können indessen durch konvergente Entwicklung aus verschiedenen Ursprungstypen entstanden sein. Dasselbe gilt auch umgekehrt, das heißt, Unähnlichkeiten können auf divergenter Entwicklung gemeinsamer Ursprungsformen

Abb. 261. Phylogenetische und phäneti-sche Systeme. Das Beispiel zeigt, wie Ab-kömmlinge von zwei verschiedenen Stäm-men (phylogenetisch getrennte Gruppen) teilweise in das gegenseitige Gestaltsum-feld (phänetische Gruppen, durch *punk-tierte Linien* gekennzeichnet) zu liegen kommen.

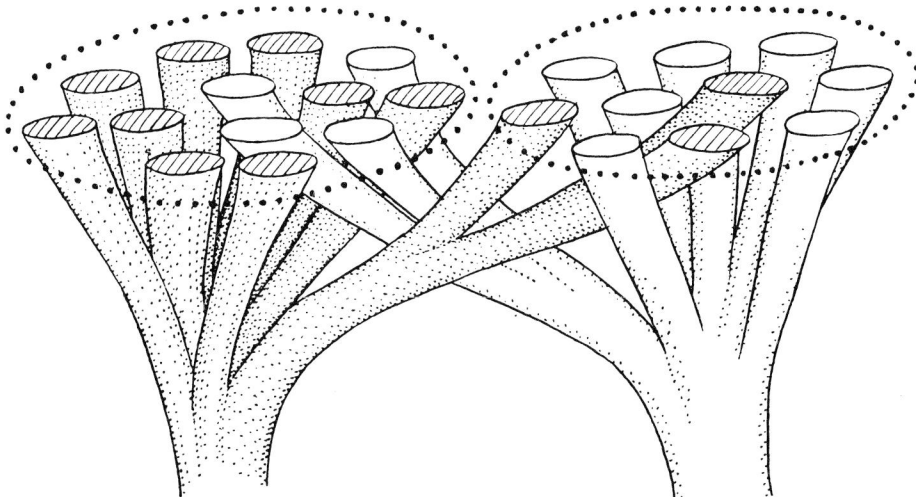

beruhen. Ein phänetisches System wird dem phylogenetischen nur dann ähnlich, wenn viele Eigenschaften berücksichtigt werden. Alle Angiospermensysteme, die in der letzten Zeit postuliert wurden, haben zum Ziel, die natürlichen Verwandtschafts-verhältnisse widerzugeben.

Weil Vertreter von Gruppen, zu denen unter anderem die Magnoliaceae gehören, Merkmale aufweisen (Pollenkörner mit einer Apertur, gut entwickelter Nuzellus, Fehlen von Gefäßen u. a.), die bei rezenten und fossilen Gymnospermen wiederge-funden werden, wurden auch andere Eigenschaften dieser Gruppen, wie etwa Apo-karpie, Balgfrucht, angeordnete Blütenorgane, als „primitiv", d. h. ursprünglich be-trachtet.

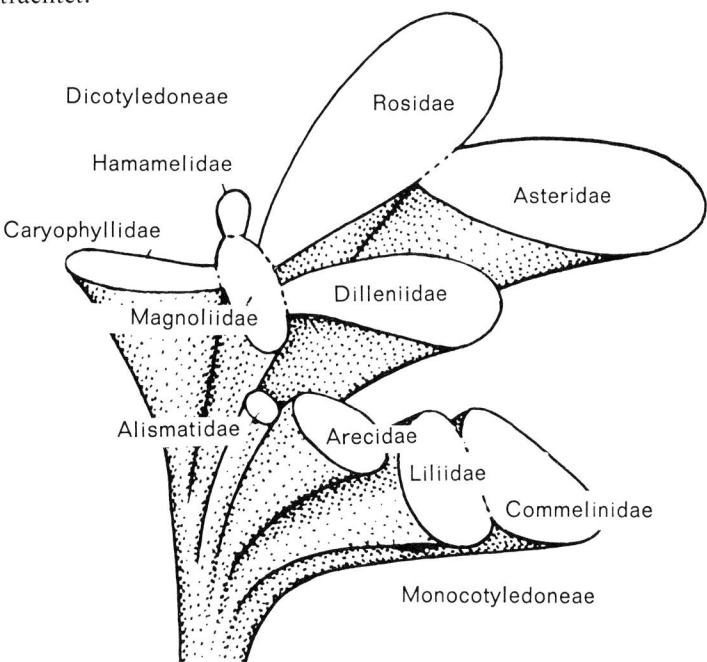

Abb. 262. Stark vereinfachte Darstellung des Angiospermensystems, gegliedert in 10 Unterklassen nach Takhtajan. Der *Schnitt* soll die heutigen Verhältnisse zei-gen, die *verzweigten Äste* den stammes-geschichtlichen Zusammenhang.

Für die Angiospermen wurden schon früher viele verschiedene Systeme vorgeschlagen. Diese bauten zum größten Teil auf leicht erkennbaren morphologischen Merkmalen auf und haben sich in der Zwischenzeit in vielen Zügen als künstlich erwiesen.

Die Familien der Angiospermen werden unten einerseits in die Klasse Magnoliatae oder Dicotyledoneae mit sechs Unterklassen und in die Klasse Liliatae oder Monocotyledoneae mit vier Unterklassen gruppiert. Dieses System, im großen und ganzen nach Cronquist (1968) und Takhtajan (1969), wurde in mehreren modernen Lehrbüchern akzeptiert.

Die Klassen der Angiospermae (Magnoliophytina)

Die *Dikotylen (Dikotyledonen)* (S. 153) umfassen ca. 165000 Arten und sind wie folgt gekennzeichnet:

1. Ungefähr die Hälfte ist verholzt, das heißt, es sind Bäume, Sträucher oder Zwergsträucher.
2. Das Leitgewebe des Stammes bildet normalerweise entweder einen Zylinder rund um ein zentrales Mark oder einen mehr oder weniger netzförmig durchbrochenen Zylinder. Die Leitbündel sind vom sogenannten offenen Typ. Das bedeutet, daß zwischen dem zuerst gebildeten Holzteil und dem zuerst gebildeten Siebteil eine Schicht, das Kambium, teilungsaktiv bleibt, welche sekundäres Dickenwachstum ermöglicht.
3. Die Radicula entwickelt sich zur Hauptwurzel.
4. Es sind zwei Keimblätter vorhanden.
5. Die Blätter sind gewöhnlich deutlich netznervig und in Blattgrund, Stiel und Spreite differenziert.
6. Falls Vorblätter vorhanden sind, sind es normalerweise zwei, die seitlich, d. h. transversal, gestellt sind.
7. Die Blütenhülle ist gewöhnlich in 4- oder 5-zählige Kreise gegliedert.
8. Die Pollenkörner haben sehr oft 3 – mehrere Aperturen, die äquatorial angeordnet oder über die gesamte Oberfläche hinweg verteilt sind.

Die *Monokotylen (Monokotyledonen)* (S. 176) umfassen ca. 55000 Arten und sind wie folgt gekennzeichnet:

1. Sie sind überwiegend Kräuter.
2. Das Leitgewebe in den Achsen liegt oft in Form von achsenparallelen Strängen vor. Der Stammquerschnitt zeigt infolgedessen isolierte Leitbündel, die überdies geschlossen, d. h. ohne bleibendes Kambium, sind. Aus diesem Grunde kann kein normales sekundäres Dickenwachstum vorkommen.
3. Die Lebensdauer der Radicula ist sehr oft relativ kurz. Ihre Funktion wird von Adventivwurzeln übernommen.

4. Sie haben ein Keimblatt.

5. Die Blätter sind meist parallelnervig und mehr oder weniger bandförmig, eine eigentliche Spreite fehlt; Blätter, die wie die der Dikotylen differenziert sind, kommen jedoch bei einigen Sippen vor.

6. Wenn überhaupt, ist nur ein Vorblatt vorhanden und es liegt in der Medianebene der Blüte.

7. Die Blütenhülle ist gewöhnlich in zwei 3-zählige Kreise gegliedert. Die meisten Familien haben Blüten, die mehr oder weniger direkt auf einen *Grundtyp* mit 3 + 3 Perigonblättern, 3 + 3 Staubblättern und 3 Karpellen zurückgeführt werden können.

8. Die Pollenkörner haben gewöhnlich eine Apertur.

Es wird angenommen, daß sich die Monokotylen und die Dikotylen früh aus gemeinsamen Stammformen differenziert haben. Diese waren vermutlich dikotylenähnlich. Eigenschaften, die denen der Monokotylen ähneln, findet man unter den Dikotylen besonders bei Magnoliaceae, Nymphaeaceae, Ranunculaceae und diesen nahestehenden Familien der Magnoliidae. Hier kommen bei verschiedenen Vertretern zerstreut angeordnete Leitbündel, Pollenkörner mit einer Apertur, 3-Zähligkeit im Perianth, Unregelmäßigkeiten im Bau der Keimblätter und in einigen Fällen ein einziges medianes Keimblatt vor. Diese Familien, die überwiegend apokarp sind, zeigen deutliche Beziehungen zu bestimmten Familien der Monokotylen, etwa zu den Alismataceae, Araceae und Liliaceae.

Dicotyledoneae (Magnoliatae)

Zweikeimblättrige Pflanzen, ca. 165 000 Arten

Unten werden für jede Unterklasse ein paar besonders charakteristische Eigenschaften angegeben.

Magnoliidae: Viele Züge der Gruppe sind von „primitivem" Gepräge; Blüten gewöhnlich gut entwickelt, mit freien Perianthblättern; Staubblätter oft zahlreich, mit zentripetaler Entwicklung; Pollenkörner normal 2-kernig, oft mit *einer* Apertur (bei den übrigen Dikotylen fast immer mehrere); Apokarpie verbreitet; Samenanlagen gewöhnlich mit 2 Integumenten und gut entwickeltem Nuzellus; Bildung des Endosperms zellulär oder nukleär; Nährgewebe des Samens ganz verschiedenartig; Benzylisochinolinalkaloide verbreitet (diese fehlen bei den übrigen Dikotylen fast vollständig); Zellen mit ätherischen Ölen verbreitet, besonders bei verholzten Vertretern.

Hamamelidae: Blüten häufig in Kätzchen; sehr oft einfach gebaut und eingeschlechtig; Blütenhülle gewöhnlich einfach oder fehlend; in der Regel wenige Staubblätter; Windbestäubung sehr verbreitet; Pollenkörner gewöhnlich 2-kernig; Synkarpie überwiegt; Samenanlagen eine oder wenige, mit 1 oder 2 Integumenten und gut ent-

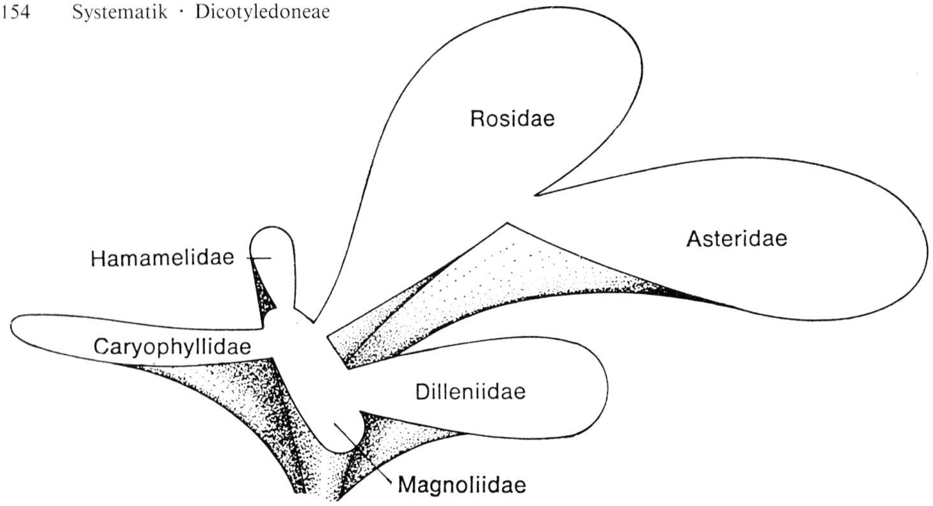

Abb. 263. Sehr schematisierte Darstellung der Unterklassen der Dicotyledoneae

wickeltem Nuzellus; Endospermentwicklung gewöhnlich nukleär; sehr oft Nüsse oder Steinfrüchte; Samen oft ohne Endosperm; Gerbstoffe sehr verbreitet.

Caryophyllidae: Blüten variierend von einfach gebauten, oft ohne oder mit einfachem Perianth, bis zu gut entwickelten, mit doppelter, bisweilen vielzähliger Blütenhülle; Kronblätter frei oder fehlend; Staubblätter in einem oder zwei Kreisen, seltener zahlreich, wobei sie sich zentrifugal entwickeln; Pollenkörner 3-kernig; Synkarpie überwiegt; Fruchtknoten sehr oft einfächerig; Samenanlagen eine oder zahlreiche, sehr oft an frei zentraler Plazenta; Samenanlagen gewöhnlich kampylotrop und mit 2 Integumenten; Nuzellus gut entwickelt; Endospermentwicklung nukleär; Frucht sehr oft eine Nuß oder Kapsel; Samen mit stärkereichem Nährgewebe, gewöhnlich aus dem Nuzellus gebildet; die meisten Familien mit einem speziellen Typ von Farbstoffen, Betalaine, die den übrigen Angiospermen fehlen.

Dilleniidae: Blüten gewöhnlich gut entwickelt, sehr oft mit Kelch und Krone; Kronblätter gewöhnlich frei; Staubblätter in einem oder zwei Kreisen oder oft zahlreich, wobei sie sich zentrifugal entwickeln; Pollenkörner sehr oft 2-kernig (3-kernig jedoch z. B. bei Brassicaceae); überwiegend Synkarpie; Fruchtknoten ein- bis mehrfächerig; Plazentation parietal oder zentralwinkelständig (aber nicht frei zentral wie bei den Caryophyllidae); Samenanlage mit 2 Integumenten und sehr oft mit gut entwickeltem Nuzellus; Endospermentwicklung sehr oft nukleär; Früchte sehr variierend; in einigen Gruppen Senfölglykoside, die bei den übrigen Angiospermen nahezu ganz fehlen.

Rosidae: Blüten gewöhnlich gut entwickelt, sehr oft mit Kelch und Krone; Kronblätter sehr oft frei (untereinander verwachsen z. B. bei Ericaceae und Primulaceae); Staubblätter in einem, zwei oder mehreren Kreisen oder zahlreich, im letzteren Fall mit zentripetaler Entwicklung; Pollenkörner 2- oder 3kernig; Apokarpie oder Synkarpie, im letzteren Fall normalerweise mit 2-mehrfächerigem Fruchtknoten und zentralwinkelständiger Plazentation; Samenanlagen mit 1 oder meistens 2 Integumenten; Nuzellus sehr oft, aber nicht immer, gut entwickelt; Endospermentwicklung nukleär oder zellulär; Frucht sehr variierend; Samen mit oder ohne Endosperm; chemische Inhaltsstoffe der Pflanzen variierend. – Diese Unterklasse ist von der vorhergehenden und besonders von der folgenden sehr unscharf abgegrenzt.

Asteridae: Blüten gewöhnlich gut entwickelt, aber oft klein und in kompakten Blütenständen; Kelch und Krone kommen meistens vor, der Kelch ist aber sehr oft reduziert und bisweilen zu einem Pappus umgewandelt; Kronblätter miteinander verwachsen; Staubblätter gewöhnlich ähnlich viele wie Kronblätter oder weniger, in der Lage mit diesen alternierend; Pollenkörner 2- oder 3-kernig; Synkarpie; Karpelle meist 2; Fruchtknoten sehr oft ein- oder zweifächerig, Plazentation im letzteren Fall meist zentral; Samenanlage durchweg mit 1 Integument und wenig entwickeltem Nuzellus; Endospermentwicklung nukleär oder zellulär; Frucht variierend; Samen sehr oft ohne Endosperm; Inhaltsstoffe variierend.

Unterklasse Magnoliidae
Umfaßt ca. 35 Familien und mehr als 10 000 Arten

Fam. Magnoliaceae, ca. 200 Arten, umfaßt zum großen Teil tropische Bäume und Sträucher. Sie hat, wie auch kleinere Familien mit ähnlichen Eigenschaften, den Schwerpunkt ihrer Verbreitung im Laufe der Zeit nach Ostasien verlegt. Die Blätter sind einfach und tragen Stipeln. Die Blüten sind oft groß, einzeln und haben ein relativ großes schraubiges bis quirlständiges Perianth. Innerhalb von diesem folgen zahlreiche, oft flache und blattähnliche Staubblätter, die wie die zahlreichen Stempel in einer Schraube an einer mehr oder weniger langgestreckten Blütenachse sitzen. Jeder Stempel besteht aus einem Karpell und entwickelt sich zu einem Balg oder einer kleinen balgähnlichen Frucht. Bei den Magnoliaceae und nahestehenden Familien gibt es Zellen mit ätherischen Ölen und Pollenkörner mit nur einer Apertur. Ein paar kleine, nahverwandte Familien, haben keine Gefäße im Holz. Die Ansicht überwiegt, daß Magnoliaceae und angrenzende Familien mehrere primitive Merkmale zeigen, und daß sie den Ahnen der Angiospermen näher stehen als andere Gruppen.

Liriodendron (Tulpenbaum)   *Magnolia* (Magnolie)

Fam. Nymphaeaceae, ca. 90 Arten, ist weit verbreitet. Sie umfaßt krautige Wasserpflanzen, mit normalerweise großen, langgestielten Blüten und Schwimmblättern. Das Perianth ist oft schraubig, bei einigen Sippen deutlich 3-zählig. Gegen das Zentrum der Blüte hin gehen die Perianthblätter manchmal allmählich in die abgeflachten Staubblätter über, die lange, oft randständige, Pollensäcke tragen. Die Pollenkörner besitzen eine Apertur. Das Gynoeceum besteht aus 3 – vielen Karpellen, gewöhnlich lose miteinander verwachsen. Sie sind meist von der Blütenachse umhüllt. Die Samenanlagen stehen laminal und sind in der Regel sehr zahlreich.

Nuphar lutea (Gelbe Teichrose)   *Nymphaea alba* (Weiße Seerose)

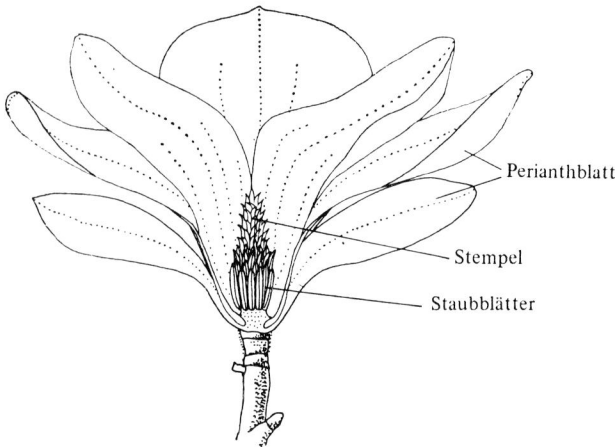

Abb. 264. *Magnolia,* Blüte. Längsschnitt, ×0,8; *rechts* balgähnliche Früchte, ×0,5

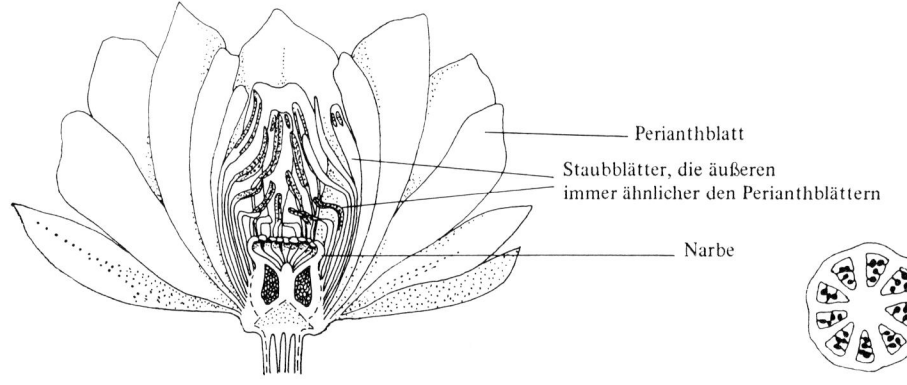

Abb. 265. *Nymphaea,* Blüte, Längsschnitt, ×0,8; *rechts* Fruchtknoten, Querschnitt, schematisch

Fam. Ranunculaceae, ca. 2000 Arten, kommt hauptsächlich in borealen Gebieten vor. Die Familie besteht zum größten Teil aus Kräutern, ein paar wenige Vertreter sind Holzpflanzen, z. B. die Gattung *Clematis* (Waldrebe). In den meisten Fällen sind die Blätter wechselständig und geteilt. Stipeln fehlen. Der Blattgrund ist aber gewöhnlich gut entwickelt und kann als Scheide ausgebildet sein. Die Blüten stehen einzeln oder sind zu Blütenständen verschiedenen Typs vereinigt. Das Perianth ist oft leuchtend gefärbt und zuweilen in kelch- und kronblattähnliche Kreise differenziert. Die Kronblätter besitzen manchmal basale Nektarien und werden dann als Honigblätter bezeichnet. Bei *Ranunculus* (Hahnenfuß) z. B. sind diese breit und kronblattähnlich, bei *Aquilegia* (Akelei) trichterförmig und bei *Trollius* (Trollblume) schmal, unscheinbar und spatenförmig.

Es ist von besonderem Interesse, die Perianthkreise einiger Gattungen miteinander zu vergleichen. *Ranunculus* besitzt kronblattähnliche Honigblätter und überdies außerhalb von diesen noch kelchähnliche Perianthblätter. *Trollius* hingegen hat schmale, staubblattähnliche Honigblätter und kronblattähnliche äußere Perianth-

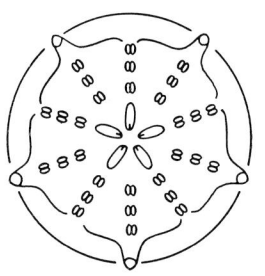

Abb. 266. *Aquilegia,* Blütendiagramm

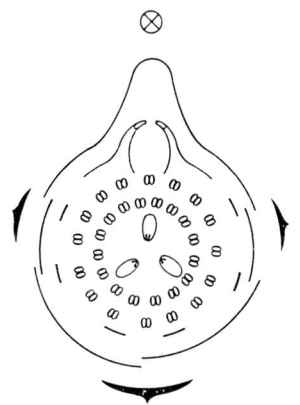

Abb. 267. *Aconitum,* Blütendiagramm

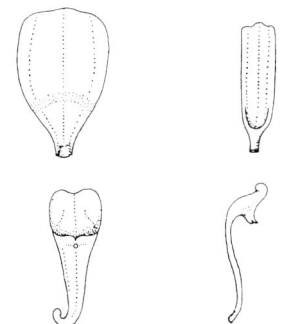

Abb. 268. Honigblätter bei verschiedenen Gattungen, *von links Ranunculus,* ×1,5; *Trollius,* ×2,5; *Aquilegia,* ×1; *Aconitum,* ×1

blätter. Die letzteren sind den Honigblättern von *Ranunculus* sehr ähnlich. *Hepatica nobilis* (Leberblümchen) soll diesem Vergleich hinzugefügt werden. Das Leberblümchen hat keine Honigblätter; dafür ist das Perianth kronblattähnlich. Unmittelbar darunter sitzen drei kelchähnliche Hochblätter. Diese sind den drei geteilten Stengelblättern etwa bei *Anemone nemorosa* (Buschwindröschen) homolog. Die Beispiele zeigen die offensichtlichen Schwierigkeiten, generell Kelchblätter und Kronblätter verschiedener Sippen miteinander zu vergleichen. Man kann hier klar erkennen, daß homologe Organe einander nicht immer ähnlich sind.

Bci dcr Mchrzahl der Gattungen ist die Blüte radiärsymmetrisch, zygomorph jedoch die von *Aconitum* (Eisenhut) und *Consolida* (Rittersporn), bei denen einige Honigblätter sehr reduziert sind und bestimmte Perianthblätter mit einem Sporn oder einer sackförmigen Ausstülpung versehen sind. Bei *Aquilegia* sind alle Honigblätter gespornt, und die Blüte ist radiärsymmetrisch.

Ranunculaceae haben gewöhnlich zahlreiche Staubblätter. Das Gynoeceum besteht aus einem bis vielen Karpellen, die meist frei sind. Perianth, Staubblätter und Karpelle sind oft deutlich schraubig angeordnet. Die Früchte sind entweder Bälge, wie bei *Caltha* (Dotterblume) und *Aconitum,* oder Nüßchen, wie bei *Ranunculus* und *Anemone,* oder schließlich Beeren, wie bei *Actaea* (Christophskraut). Jede einzelne dieser Früchte wird von einem Karpell gebildet.

Die Mehrzahl der Arten enthalten scharfe oder giftige Stoffe, so daß sie von weidenden Tieren gemieden werden. Die giftigen Alkaloide einiger Arten können in schwachen Dosen medizinisch genutzt werden (z. B. Aconitin aus *Aconitum*)

Aconitum variegatum (Bunter Eisenhut)
Actaea spicata (Ähriges Christophskraut)
Anemone nemorosa (Buschwindröschen)
Aquilegia vulgaris (Gemeine Akelei)
Caltha palustris (Sumpfdotterblume)
Clematis alpina (Alpenrebe)
Consolida regalis (Feld-Rittersporn)
Hepatica nobilis (Leberblümchen)

Pulsatilla vulgaris (Gemeine Küchenschelle)
Ranunculus acris (Scharfer Hahnenfuß)
Ranunculus ficaria (Scharbockskraut)
Ranunculus fluitans (Flutender Hahnenfuß)
Trollius europaeus (Trollblume)

Abb. 269. Blüten *von links Consolida,* ×1; *Ranunculus,* ×1,5; *Hepatica nobilis,* ×1,5

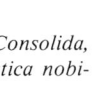
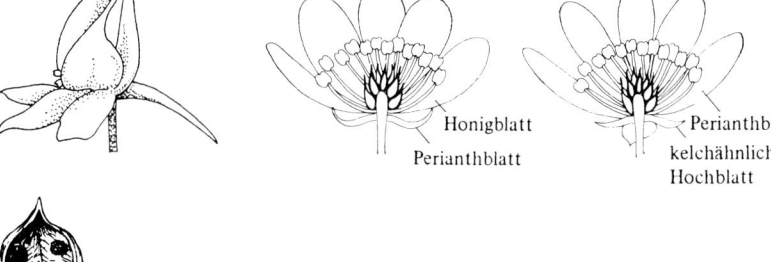

Honigblatt
Perianthblatt

Perianthblatt
kelchähnliches Hochblatt

Abb. 270. Fruchttypen von Ranunculaceae. *Von links Consolida,* Balg, ×2; *Caltha,* Bälge, ×0,6; *Ranunculus,* Nüßchen, ×1; *Actaea,* Beere, ×1,2

Fam. Papaveraceae, ca. 600 Arten, mit nahezu weltweiter Verbreitung. Die Familie besteht zum großen Teil aus Kräutern, die in langgestreckten Zellen oder Röhren einen weißen oder rot- bis gelbgefärbten Milchsaft oder eine hyaline Flüssigkeit mit u. a. Benzylisochinolin-Alkaloiden enthalten. Die Blüten sind oft groß mit kräftig gefärbten Kronblättern in 3- oder 2zähligen Kreisen. Die Staubblätter schwanken von 4 bis vielen. Sie sind bisweilen gespalten und eigentümlich gruppiert (s. Blütendiagramme unten). Die Frucht ist sehr oft eine Kapsel oder eine schotenähnliche Frucht, die aus zwei bis mehreren Karpellen besteht, die an den Rändern miteinander verwachsen sind. Die Familie zeigt im Blütenbau offensichtliche Ähnlichkeiten mit u. a. den Brassicaceae (S. 165), und wurde in den meisten älteren Systemen in deren Nähe plaziert. Die Eingliederung in die Magnoliidae ist mehr durch chemische als durch morphologische Merkmale begründet.

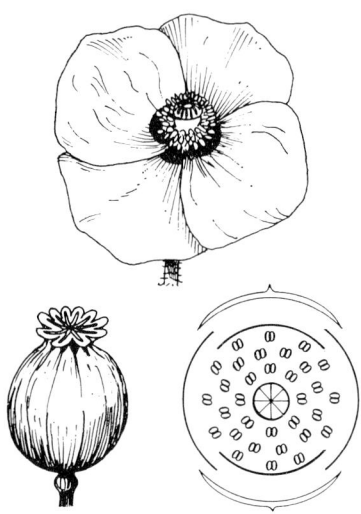

Abb. 271. *Papaver*, oben Blüte, ×0,7; *unten links* Kapsel, ×0,5; *rechts* Blütendiagramm

Chelidonium majus (Schöllkraut)
Corydalis bulbosa (Hohler Lerchensporn)
Dicentra spectabilis (Herzblume)

Fumaria officinalis (Echter Erdrauch)
Papaver alpinum (Alpenmohn)
Papaver rhoeas (Klatschmohn)

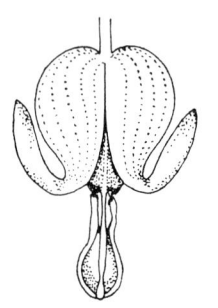
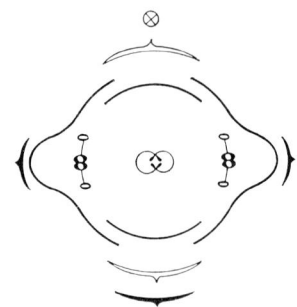

Abb. 272. *Dicentra*, Blüte, bisymmetrisch, ×1,5, und Blütendiagramm

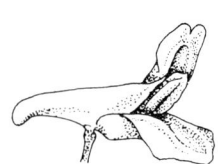

Abb. 273. *Corydalis*, Blüte, zygomorph in der Transversalebene ×1,5, und Blütendiagramm

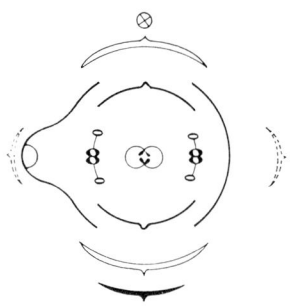

Unterklasse Hamamelidae

Die Unterklasse umfaßt wenige Familien mit zusammen ca. 3000 Arten. Es sind zum großen Teil Bäume mit windbestäubten Blüten.

Fam. Fagaceae hat ca. 600 Arten in den nördlichen und südlichen außertropischen Gebieten. Die Vertreter sind größtenteils *monözische* Bäume oder Sträucher. Monözisch bedeutet, daß männliche und weibliche Blüten auf demselben Individuum vorkommen. Die Blätter sind einfach und haben Stipeln, die sehr früh abfallen. Die weiblichen Blüten sind epigyn und in kleinen Dichasien angeordnet, die im Grundtyp 3-blütig sind, wobei aber häufig nur 2 oder gar eine einzige Blüte entwickelt wird. Die Blüten sind 3-zählig. Ihr Perianth ist unscheinbar. Das Pistill entwickelt sich zu einer Nuß. Die kleinen Dichasien und ihre Früchte werden von einer verholzten Schale, der *Cupula*, umhüllt, die auf der Außenseite sehr oft mit Schuppen, Stacheln oder anderen Auswüchsen bedeckt ist. In diesem Fruchtbecher liegt bei *Quercus* (Eiche) eine einzige Nuß, bei *Fagus* (Buche) zwei und bei *Castanea* (Edelkastanie) drei. Die

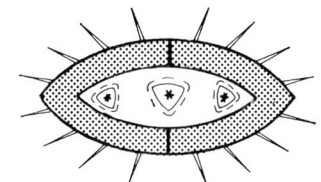

Abb. 274. *Castanea*, Diagramm des weiblichen Blütenstandes; dichasial angeordnete Blüten in einer Cupula (in der Abb. *grau*)

männlichen Blüten sitzen in Kätzchen oder in einer Ähre. Die Zahl der Perianthblätter und der Staubblätter schwankt.

Castanea sativa (Edelkastanie)   *Quercus petraea* (Traubeneiche)
Fagus sylvatica (Rotbuche)   *Quercus robur* (Stieleiche)

Abb. 275. *Fagus,* ♂-Blüte, ×6

Abb. 276. *Fagus,* ♀-Blüten umhüllt von einer stacheligen Cupula, ×2

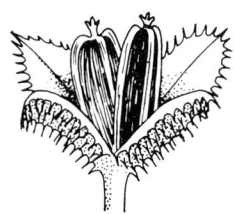

Abb. 277. *Fagus,* Nüsse und Cupula, ×1

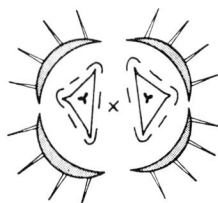

Abb. 278. *Fagus,* Diagramm des weiblichen Blütenstandes in der Cupula, die mittlere Blüte entwickelt sich nicht

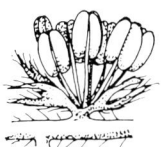

Abb. 279. *Quercus,* ♂-Blüte, ×5

Abb. 280. *Quercus,* ♀-Blüten umhüllt von einer schuppigen Cupula, ×4,5

Abb. 281. *Quercus,* Eicheln mit Cupula, ×0,8

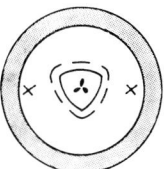

Abb. 282. *Quercus,* Diagramm des weiblichen Blütenstandes in der Cupula, nur die mittlere Blüte entwickelt sich

Fam. Betulaceae (inkl. Corylaceae), ca. 100 Arten, kommt vor allem in borealen und arktischen Gebieten vor. Die Familie stimmt in mehrerlei Hinsicht mit den Fagaceae überein. Die weiblichen Blüten befinden sich jedoch oft in Kätzchen und werden nicht von einer Cupula umhüllt. Die männlichen und auch die weiblichen Blüten sind zu kleinen Dichasien gruppiert. Die *männlichen* Blüten haben bei *Alnus* (Erle) 4 kleine Perianthblätter und gleich viele Staubblätter. Bei *Betula* (Birke) sind die Blüten weiter reduziert und haben nur noch 2 zweispaltige Staubblätter und 2 Perianthblätter. Bei *Corylus* (Hasel) und *Carpinus* (Hainbuche) fehlt das Perianth vollständig.

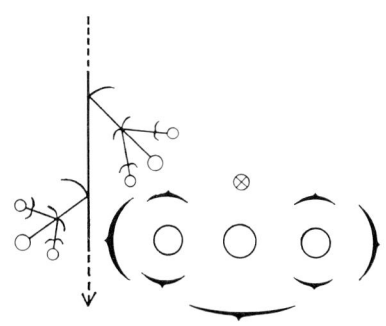

Abb. 283. Schematische Diagramme der Dichasien im Kätzchen der Betulaceae

Abb. 284. *Alnus,* ♂-Dichasium, von zwei verschiedenen Seiten, ×3

Abb. 285. *Alnus,* ♀-Dichasium, ×15

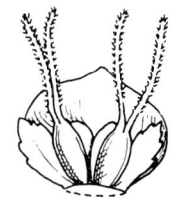

Abb. 286. *Alnus,* Ganzer Fruchtstand (Erlenzäpfchen), ×1

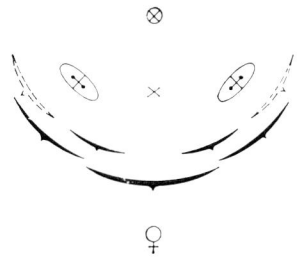

Abb. 287. Diagramm des Dichasiums eines weiblichen *Alnus*-Kätzchens

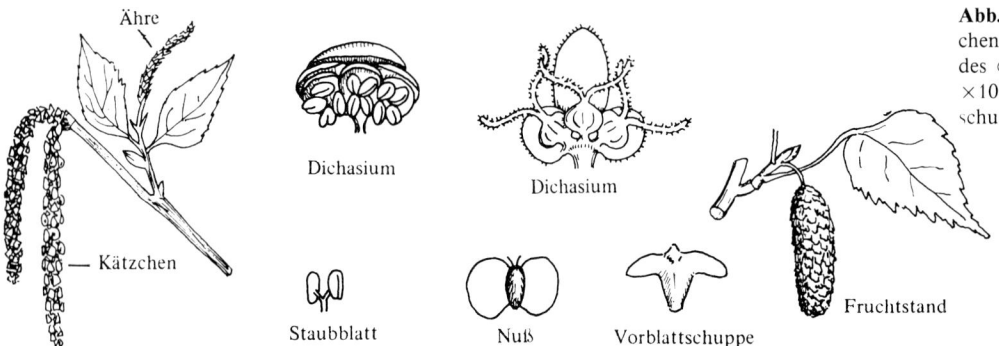

Abb. 288. *Betula,* Zweig mit 2 ♂ Kätzchen und einer ♀ Ähre, ×0,7; Dichasium des ♂ Kätzchens, ×7, und der ♀ Ähre, ×10; Staubblätter, Nuß und Vorblattschuppe, ×2; Fruchtstand, ×0,7

Die *weiblichen* Blüten von *Alnus* und *Betula* haben kein deutliches Perianth. Sie bestehen aus einem Pistill, gebildet von 2 Karpellen, das sich zu einer kleinen geflügelten Nuß entwickelt. Bei *Corylus* und *Carpinus* ist ein unscheinbares Perianth vorhanden und die Frucht wird zu einer relativ großen Nuß. Diese ist von einer 3-zipfeligen Hülle umgeben, die aus den Trag- und Vorblättern des Blütenstandes entsteht.

Alnus glutinosa (Schwarz-Erle)
Betula nana (Zwerg-Birke)
Betula pubescens (Moor-Birke)

Betula pendula (Hänge-Birke)
Carpinus betulus (Hainbuche)
Corylus avellana (Hasel)

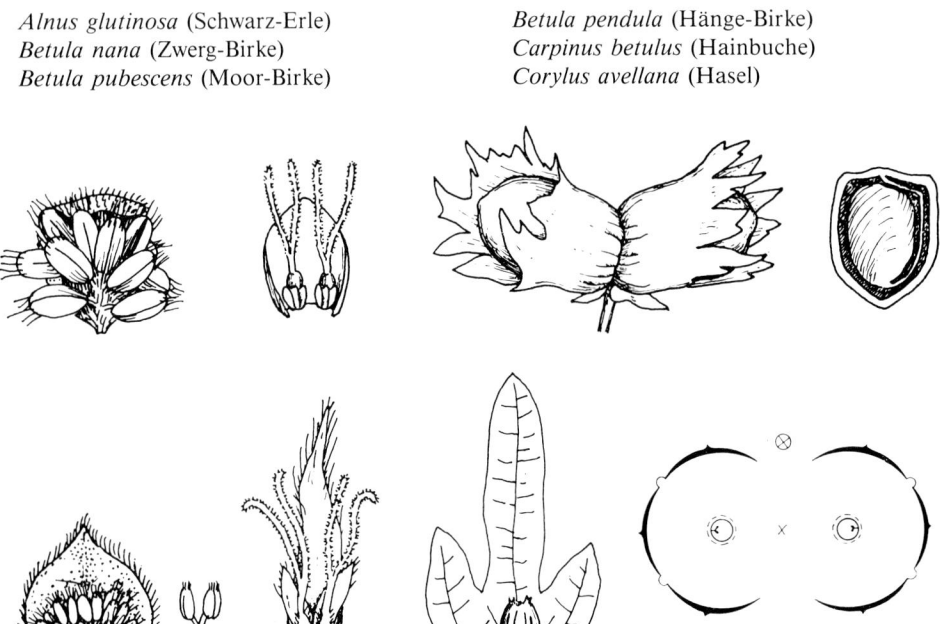

Abb. 289 *Corylus,* ♂ Dichasium, ×8; ♀ Dichasium, ×5; reifer Fruchtstand, ×1; Nuß, Längsschnitt, ×1

Abb. 290. *Carpinus,* ♂ Dichasium und Staubblatt, ×3; ♀ Dichasium, ×7; Nuß mit Trag- und Vorblättern, ×1; Diagramm des ♀ Dichasiums

Unterklasse Caryophyllidae

Die Unterklasse umfaßt ca. 14 Familien mit zusammen etwa 11 000 Arten. Es sind meist Kräuter, oft mit gegenständigen Blättern.

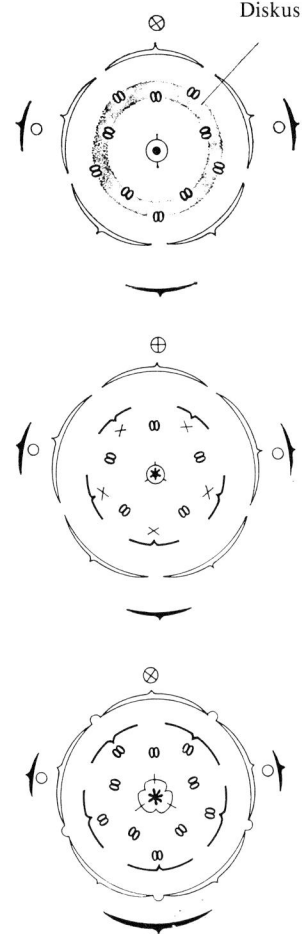

Diskus

Abb. 291. Blütendiagramme, *ganz oben Scleranthus; in der Mitte Stellaria; unten Silene*

Fam. Caryophyllaceae, ca. 2000 Arten mit weltweiter Verbreitung. Die Familie besteht zum überwiegenden Teil aus Kräutern mit ungeteilten gegenständigen Blättern, Stipeln. Die Blüten sind zu zymösen Ständen vereinigt, oft Dichasien. Sie sind zwittrig und normalerweise 5-zählig. In den meisten Fällen besitzen sie Kelch und Krone. Die Staubblätter liegen in einem oder zwei Kreisen vor. Im letzten Fall steht der äußere Staubblattkreis auf dem Kronblattkreis (*obdiplostemon*). Die Kronblätter sind häufig weiß oder rötlich. Die Pollenkörner sind sehr variabel, oft mit zahlreichen runden Aperturen versehen. Das Pistill besteht aus 2–5 Karpellen. Der Fruchtknoten ist einfächerig und besitzt eine zentrale, von der Fruchtknotenwand freie Plazenta mit einer einzigen bis zahlreichen, gewöhnlich kampylotropen Samenanlagen. Die Frucht ist gewöhnlich eine Zahnkapsel. Der Embryo ist, wie bei den meisten anderen Familien dieser Gruppe, gekrümmt und von einem stärkereichen Nährgewebe umgeben, das aus dem Nuzellus hervorgeht, ein *Perisperm*.

Einige Gattungen, z. B. *Scleranthus* (Knäuel), haben keine Kronblätter. Ihre Frucht ist eine Nuß, während andere z. B. *Spergula* (Spark), weiße Kronblätter und eine Kapsel haben. Bei *Spergula* und weiteren Gattungen sind hautartige Stipeln vorhanden, die bei den meisten anderen fehlen.

Die Kronblätter der Gattungen *Cerastium* (Hornkraut) und *Stellaria* (Miere), die beide in Mitteleuropa allgemein verbreitet sind, sind weiß und mehr oder weniger tief gespalten. Die Frucht ist eine Zahnkapsel. Die erwähnten Gattungen besitzen einen freiblättrigen Kelch. Bei z. B. *Dianthus* (Nelke), *Lychnis* (Pechnelke) und *Silene* (Leimkraut) sind die Kelchblätter miteinander verwachsen, der Kelch oft deutlich nervig und bisweilen aufgeblasen. Die Kronblätter sind oft gefärbt, in Nagel und Platte gegliedert und tragen an der Basis der Platte eine Nebenkrone.

Cerastium arvense (Acker-Hornkraut)
Dianthus caryophyllus (Garten-Nelke)
Dianthus deltoides (Heide-Nelke)
Lychnis viscaria (Gewöhnliche Pechnelke)

Scleranthus annuus (Einjähriger Knäuel)
Silene vulgaris (Gewöhnliches Leimkraut)
Spergula arvensis (Acker-Spark)
Stellaria media (Vogelmiere)

Abb. 292. *Cerastium,* Dichasium, ×0,8, und Zahnkapsel; *rechts* aufgeschnitten, ×2,5

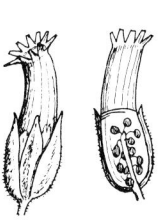

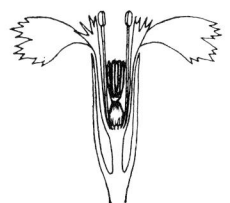

Abb. 293. *Silene,* Blüte, Längsschnitt, ×1,6

Fam. Chenopodiaceae, ca. 1500 Arten mit weiter Verbreitung, besonders reich vertreten in Salzsteppen und an Meeresstränden. Sie umfaßt Kräuter und Sträucher mit kleinen unscheinbaren Blüten mit einem einfachen, gewöhnlich grünlichen, Perianth, das auch ganz fehlen kann. Bei *Beta* (Rübe) und *Chenopodium* (Gänsefuß) sind die Blüten zwittrig; *Atriplex* (Melde) hat eingeschlechtige Blüten und ein Pistill, das von zwei relativ großen Vorblättern umgeben ist.

Atriplex hortensis (Gartenmelde)
Beta vulgaris (Rübe, mit mehreren wichtigen Kulturformen)

Chenopodium album (Weißer Gänsefuß)
Spinacia oleracea (Spinat)

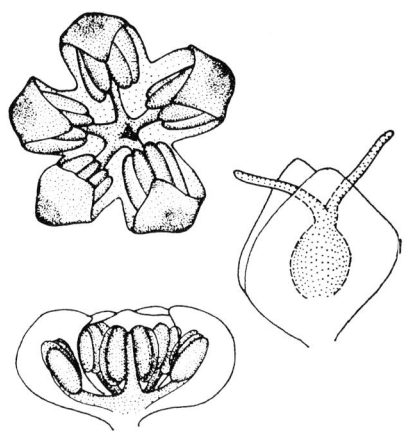

Abb. 294. *Atriplex, links* ♂ Blüte, *von unten* und im Längsschnitt, ×12; *rechts* nackte ♀ Blüte umgeben von ihren beiden Vorblättern, ×4

Fam. Cactaceae, ca. 2000 Arten, ist praktisch ganz auf Amerika, besonders auf die Trockengebiete beschränkt. Jedoch hat u. a. die Gattung *Opuntia* inzwischen mit Hilfe des Menschen eine große Verbreitung erreicht. Die Familie besteht hauptsächlich aus Stammsukkulenten, deren Stammteile abgeflacht (z. B. *Opuntia*), rundlich und mehr oder weniger schlank (einige Arten von *Rhipsalis*) oder dick und kräftig und mit Höckern und Rippen versehen (*Mammillaria, Cereus*) sein können. Normale Laubblätter fehlen den meisten Arten. Gruppen von Dornen sitzen sehr oft auf besonderen Flächen, die wahrscheinlich Kurztrieben in den Achseln von wegreduzierten Blättern entsprechen. Die Blüten sind gewöhnlich kräftig gefärbt. Sie besitzen wenige bis relativ viele Perianth-Blätter und zahlreiche Staubblätter. Die Frucht ist normalerweise eine Beere.

Cereus (Säulenkaktus)
Mammillaria (Warzenkaktus)

Opuntia ficus-indica (Feigenkaktus)
Rhipsalis (Binsenkaktus)

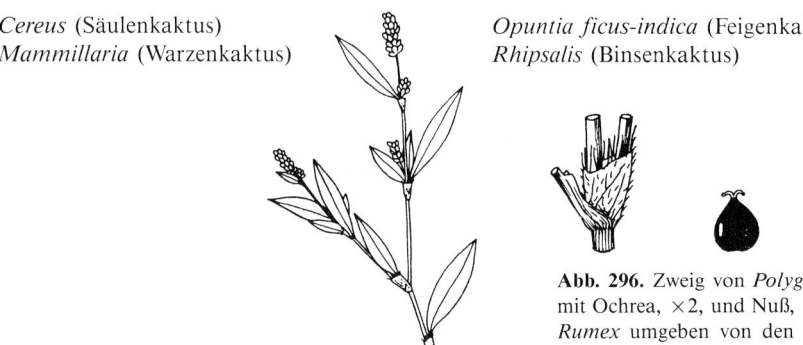

Abb. 296. Zweig von *Polygonum*, ×0,5, mit Ochrea, ×2, und Nuß, ×2; Nuß von *Rumex* umgeben von den 3 gefransten, dicht anliegenden, inneren Perigonblättern, ×1,5

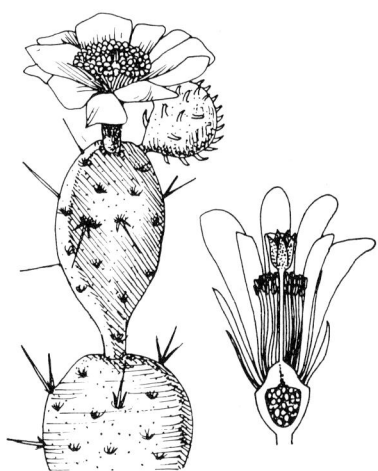

Abb. 295. *Opuntia,* blühender Sproß, ×0,3; *rechts* Blüte, Längsschnitt, ×0,7, parietale Plazentation

Fam. Polygonaceae, mit ca. 800 Arten, ist von den Tropen bis in die gemäßigten Gebiete verbreitet. Sie umfaßt Kräuter, Sträucher oder Lianen, deren Blätter wechselständig und durch eine Ochrea (s. 125) gekennzeichnet sind. Das Perianth ist 3-zählig (z. B. *Rumex*) oder 5-zählig (z. B. *Polygonum*). Der Fruchtknoten hingegen wird fast immer von 3 Karpellen mit 3 oft gefransten Narbenästen gebildet. Trotzdem ist er einfächerig und hat eine basale orthotrope Samenanlage. Die Frucht ist eine Nuß, an der die Perianthblätter oft dicht anliegen. Der Samen enthält reichlich Stärke, wie bei den Caryophyllaceae, hier aber im Endosperm.

Fagopyrum esculentum (Buchweizen)
Polygonum bistorta (Schlangenknöterich)

Rheum rhaponticum (Rhabarber)
Rumex acetosa (Sauerampfer)

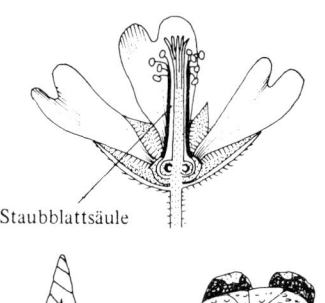

Staubblattsäule

Abb. 297. *Malva, oben* Blüte, Längs-schnitt, ×1,2; *unten* Blütenknospe, ×1, und Fruchtstand, ×2

Unterklasse Dilleniidae

Umfaßt nahezu 24000 Arten, verteilt auf ca. 70 Familien. Die Unterklasse ist z. B. gegen die Rosidae sehr diffus abgegrenzt. Sie ist sicherlich keine natürliche Einheit. Der Formenreichtum ist groß.

Fam. Malvaceae, ca. 1500 Arten, ist vor allem in den Tropen weit verbreitet. Die Familie besteht aus Kräutern, aber auch Bäumen und Sträuchern, wie etwa in der Gattung *Gossypium* (Baumwollpflanze). Die Blätter sind einfach und tragen Stipeln. Die Kronblätter sind oft kräftig gefärbt und in der Knospenlage gedreht. Unterhalb des Kelches kann oft ein Außenkelch beobachtet werden, der meistens aus 3 Hochblättern besteht. Die Staubblätter sind über die Filamente zu einem Rohr vereinigt, das das Gynöceum umschließt. Einige Gattungen, wie etwa *Hibiscus* und *Gossypium*, bilden Kapseln, andere, z. B. *Malva*, Spaltfrüchte, die aus radförmig angeordneten kleinen Nüssen bestehen.

Althaea rosea (Stockrose)   Hibiscus trionum (Stundenblume)
Gossypium (Baumwolle)   Malva sylvestris (Wilde Malve)

Fam. Euphorbiaceae, ca. 7500 Arten, ist über die ganze Welt verbreitet, inbesondere in den tropischen und subtropischen Gebieten. In dieser Familie gibt es sowohl Bäume und Sträucher als auch Kräuter und sukkulente, kaktusähnliche Formen. Blätter fehlen oder sind einfach und bisweilen mit Stipeln versehen. Bei einigen sukkulenten Arten sind die Stipeln hart und stachelähnlich. In der gesamten Pflanze finden sich normalerweise verzweigte Röhren mit giftigem Milchsaft. Der Blütenbau der Euphorbiaceae ist außerordentlich variabel. Die Blüten sind jedoch immer eingeschlechtig. Bei einigen Gattungen besitzt die Blüte Kelch und Krone, z. B. bei *Hevea* (Gummibaum), bei anderen ein einfaches Perianth, wie bei *Ricinus* (Wunderbaum) und *Mercurialis* (Bingelkraut). Es sind jedoch noch weiter reduzierte Blüten ohne Perianth vorhanden, wie bei *Euphorbia* (Wolfsmilch). Hier besteht die ♀ Blüte nur aus einem 3-fächerigen Pistill. Die ♂ Blüten, in Wickeln um die weibliche Blüte gruppiert, bestehen aus einem einzigen Staubblatt. Die Blütenstände sind von nektarientragenden Hochblättern umgeben, ähneln außerordentlich stark Einzelblüten und werden als *Cyathium* bezeichnet. Diese „biologischen Blüten" stellen ein extremes Beispiel von Reduktion kombiniert mit Spezialisierung dar.

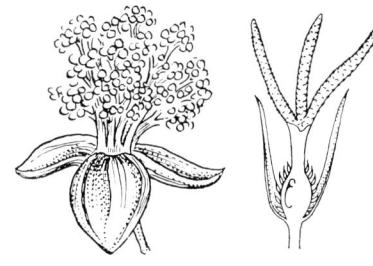

Abb. 298. *Ricinus,* ♂ Blüte, ×1,5, und ♀ Blüte, ×3

Euphorbia cyparissias (Zypressen-Wolfs-milch)   Mercurialis perennis (Ausdauerndes Bingel-kraut)
Euphorbia pulcherrima (Weihnachtsstern)   Ricinus communis (Wunderbaum)
Hevea brasiliensis (Gummibaum)

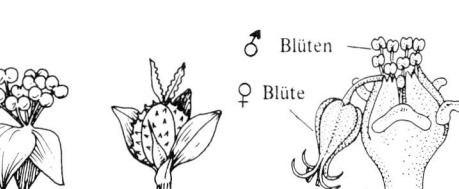

♂ Blüten

♀ Blüte

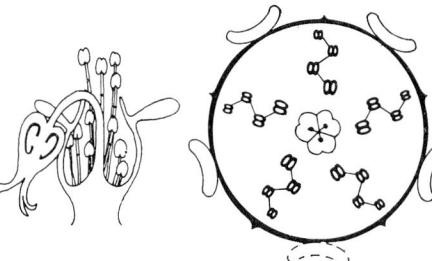

Abb. 299. *Von links Mercurialis,* ♂ und ♀ Blüte, ×3; *Euphorbia,* Blütenstand („biologische Blüte"), ganz und im Längsschnitt, ×3,5, Blütendiagramm

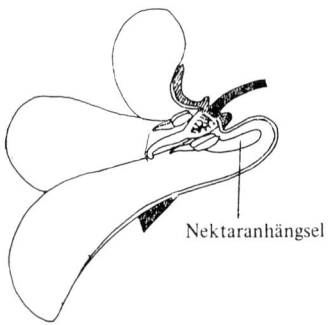

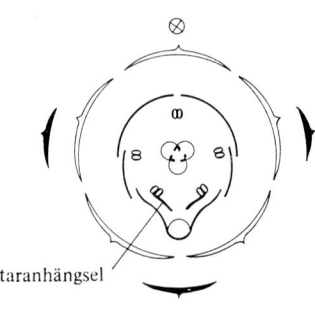

Nektaranhängsel

Nektaranhängsel

Abb. 300. *Viola, von links* Blüte, Längsschnitt, ×2,5; von vorn, ×1; geöffnete Kapsel, ×1; Blütendiagramm

Fam. Violaceae, ca. 850 Arten, ist weit verbreitet. Die Familie besteht hauptsächlich aus Kräutern oder Sträuchern mit einfachen Blättern, die meist Stipeln tragen. Die Blüten sind zwittrig und oft, wie bei *Viola* (Veilchen), zygomorph. Das unterste Kronblatt des Veilchens ist relativ groß und gespornt. 5 Staubblätter umgeben das Pistill. Der Fruchtknoten besteht aus 3 Karpellen und entwickelt sich zu einer Kapsel. Die beiden untersten Staubblätter senden ein rückwärtsgerichtetes Nektaranhängsel in den Sporn.

Viola canina (Hunds-Veilchen)   *Viola tricolor* (Stiefmütterchen)

Fam. Cucurbitaceae, ca. 650 Arten, ist vor allem eine tropische Familie mit vorwiegend krautigen Kletterpflanzen. Die Blätter sind oft handförmig gespalten, die Blüten eingeschlechtig und meist sympetal. Die epigynen weiblichen Blüten bilden sehr häufig eine Beere, die ansehnlich groß werden kann, wie etwa bei *Cucumis* (Gurke, Melone). Manchmal ist die äußerste Schicht der Fruchtwand hartschalig, z. B. bei Kürbis und Kalebasse. Zur Familie gehören mehrere Gemüsepflanzen.

Cucumis melo (Melone)   *Cucurbita pepo* (Kürbis)
Cucumis sativus (Gurke)   *Lagenaria siceraria* (Kalebasse)

Abb. 301. *Cucumis sativus,* Teil eines Individuums, ×0,5

Fam. Salicaceae umfaßt ca. 350 Arten mit Bäumen, Sträuchern und Zwergsträuchern. Die Blätter stehen schraubig und sind einfach. Sie tragen Stipeln, die aber oft frühzeitig abfallen. Die Blüten sind eingeschlechtig und periantlos. Männliche und weibliche Blüten wachsen auf verschiedenen Individuen an Ähren oder Kätzchen. Die Ähren enthalten einzelne Blüten, und keine Dichasien wie etwa bei den Betulaceae. Jede einzelne Blüte sitzt in der Achsel eines Tragblattes, das bei *Salix* (Weide) einfach und bei *Populus* (Pappel) gefranst ist. Die männlichen Blüten von *Salix* besitzen 2 Staubblätter. Bei *Populus* sind es mehrere. Im Unterschied zu *Populus* und den Be-

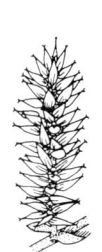

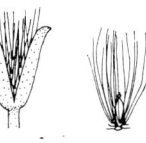

Abb. 302. *Salix, links* männliche und weibliche Ähre, ×1; *oben von links* männliche Blüte, ×2,5; weibliche Blüte, ×2; geöffnete Kapsel, ×1,5; Samen, ×5

Abb. 303. *Populus,* männliche Blüte, ×5, und weibliche Blüte, ×8

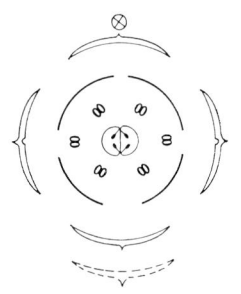

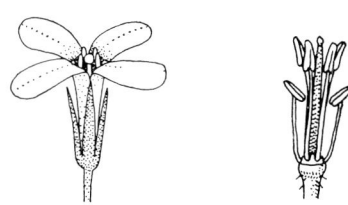

Abb. 304. *Oben* Blütendiagramm der Brassicaceae; *unten Brassica,* Blüte, ×1,2; *rechts* ohne Perianth

Abb. 305. Fruchttypen der Brassicaceae, *von links Cardamine,* ungeöffnete und geöffnete Schote, ×15; *Sinapis,* ungeöffnete Schote, ×1,5; *Crambe,* Nuß, ganz und Längsschnitt, ×1,2; *Erophila,* Schötchen mit abgefallenen Seitenwänden, ×2,5; *Thlaspi,* Schötchen, ganz und ohne Seitenwände *(senkrecht* zu denen von *Erophila),* ×1,5; *Capsella,* Schötchen, das sich gerade öffnet, ×2,5

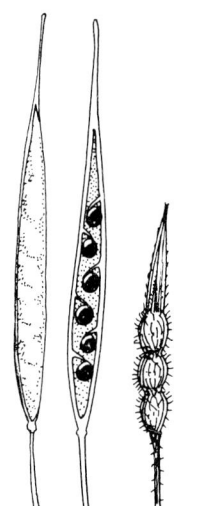

  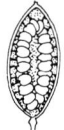 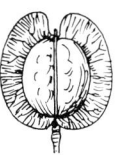 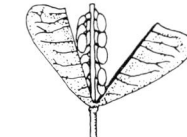

tulaceae ist *Salix* nicht windblütig, sondern überwiegend insektenblütig. Das Pistill besteht aus zwei Karpellen. Bei *Salix* sitzen nahe der Basis des Pistills, respektive der Staubblätter, eine oder wenige Nektardrüsen. Bei *Populus* sind die Staubblätter, respektive das Pistill, an einem scheibenförmig ausgeweiteten Blütenboden angewachsen. Bei beiden Gattungen ist die Frucht eine kleine Kapsel und die Samen sind mit Haaren versehen.

Populus tremula (Zitter-Pappel)
Salix caprea (Sal-Weide)

Salix repens (Kriechende Weide)
Salix reticulata (Netz-Weide)

Fam. Brassicaceae (Cruciferae), ca. 3000 Arten, ist vor allem auf die gemäßigten Breiten der nördlichen Halbkugel konzentriert. Mehrere Arten sind allgemein vorkommende Unkräuter. Die Familie besteht überwiegend aus Kräutern mit wechselständigen Blättern ohne Stipeln. Der Blütenstand ist razemös, meistens eine Traube. Die Blüten sind hypogyn, durch 2- oder 4-zählige Kreise gekennzeichnet und haben 2 + 2 Kelchblätter, 4 diagonal gestellte Kronblätter, 2 + 4 Staubblätter und ein Pistill aus 2 (eventuell 4) Karpellen. Die beiden äußeren Staubblätter sind relativ kurz, die inneren 4 länger und oft etwas aufrechter stehend (Klasse Tetradynamia von Linné). Die Plazentation ist parietal, der Fruchtknoten trotzdem durch eine sekundäre („falsche") Scheidewand 2-fächerig. Die Gestalt der Frucht variiert sehr. Sie ist normalerweise eine Schote, respektive, wenn sie weniger als 2–3mal so lang wie breit ist, ein Schötchen. Die Schote ist lang und lineal, z. B. *Arabis* (Gänsekresse) und *Cardamine* (Schaumkraut); das Schötchen hingegen ist elliptisch und parallel zur Scheidewand abgeflacht, z. B. bei *Erophila* (Hungerblümchen), oder rund und rechtwinklig zur Scheidewand abgeflacht, etwa bei *Thlaspi* (Hellerkraut). Die Frucht von Crambe (Strandkohl) beispielsweise öffnet sich bei der Reife nicht, sondern fungiert als Nuß.

Brassicaceae haben spezielle Inhaltsstoffe, nämlich Senfölglykoside, aus denen mit Hilfe des Enzyms Myrosinase durch Abspaltung der Glukose Senföle gebildet werden können. Unter anderem unterscheidet sich die Familie durch diese Eigenschaften erheblich von den Papaveraceae, die ihrerseits durch einen Reichtum an Benzylisochinolin-Alkaloiden gekennzeichnet sind. Trotz der chemischen Unterschiede haben die beiden Familien einen sehr ähnlichen Blütenbau. Dies beruht wahrscheinlich auf konvergenter Entwicklung.

Arabis alpina (Alpen-Gänsekresse)
Armoracia rusticana (Meerrettich)
Brassica (Kohlarten, Raps, Rübse, Kohlrübe, Schwarzer Senf)
Cakile maritima (Meersenf)
Capsella bursa-pastoris (Hirtentäschel)
Cardamine pratensis (Wiesenschaumkraut)
Crambe maritima (Strandkohl)

Draba muralis (Mauer-Felsenblümchen)
Erophila verna (Frühlings-Hungerblümchen)
Lepidium campestre (Feld-Kresse)
Raphanus sativus (Radieschen)
Sinapis arvensis (Ackersenf)
Sinapis alba (Weißer Senf)
Thlaspi arvense (Acker-Hellerkraut)

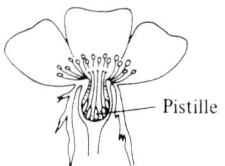  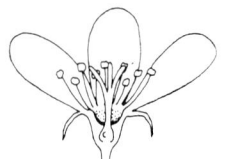 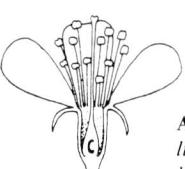

— Pistille

Abb. 306. Blütentypen von Rosaceae, *von links, Rosa,* ×0,6; *Alchemilla,* ×5; *Malus,* ×1,2; *Prunus,* ×1,2

Unterklasse Rosidae

Umfaßt ca. 60000 Arten, verteilt auf gegen 100 Familien. Die Rosidae sind eine formenreiche Unterklasse mit Holzpflanzen und Kräutern.

Fam. Rosaceae, ca. 3000 Arten, ist kosmopolitisch und hat den Verbreitungsschwerpunkt in den gemäßigten und borealen Gebieten. Die Familie ist sehr variabel und umfaßt sowohl Bäume als auch Sträucher und Kräuter. Die Blätter sind normalerweise wechselständig und einfach oder zusammengesetzt. Stipeln sind vorhanden. Die Blüten sind sehr oft zwittrig und 5-zählig. Weiter sind sie radiärsymmetrisch, mit Kelch und oft auch mit Krone versehen. Manchmal sind außerhalb des Kelches ein oder mehrere Kreise von kelchähnlichen Blättern vorhanden, ein „Außenkelch".

Alchemilla (Frauenmantel) beispielsweise hat keine Krone, mit Außenkelch und Kelch jedoch trotzdem eine „doppelte Blütenhülle". Gewöhnlich sind viele Staubblätter vorhanden. Sie sind in 2 oder mehreren konzentrischen Kreisen zu je 5, 10 oder mehreren angeordnet. Die Blütenachse (Blütenboden) ist ganz unterschiedlich, aber fast immer gut entwickelt. Sie trägt wenige bis zahlreiche Karpelle. Bei vielen Gattungen ist der Blütenboden aufgewölbt, bisweilen aber urnenähnlich und fleischig und die Karpelle umschliessend. Diese sind meistens frei. Bei *Malus* (Apfel) und nahestehenden Sippen sind sie jedoch miteinander verwachsen und vom Blütenboden umschlossen (Epigynie).

Bei *Spiraea* (Spierstrauch) entstehen aus den Pistillen kleine Bälge, *Potentilla* (Fingerkraut) und *Fragaria* (Erdbeere) bilden Nüßchen oder nußähnliche kleine Steinfrüchte, die bei der letzteren Gattung auf einer aufgewölbten fleischigen Blütenachse sitzen. Bei *Rosa* (Rosen) ist der Blütenboden urnenähnlich und fleischig (Hagebutte) und umschließt die Pistille, die sich zu kleinen Nüßchen entwickeln. In einigen Fällen sind nur wenige Pistille oder gar ein einziges vorhanden, und auch dieses kann dann, wie bei *Alchemilla,* vom Blütenboden umhüllt sein. Bei der Gattung *Rubus* (Himbeere, Brombeere etc.) ist der Blütenboden säulenähnlich oder konisch, und die Pistille bilden Steinfrüchte, die seitlich zusammenhängen.

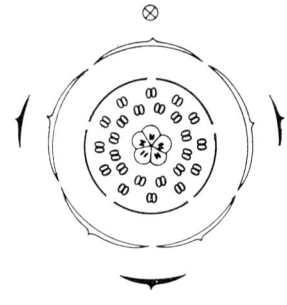

Abb. 307. *Pyrus,* Blütendiagramm

Abb. 308. Fruchttypen von Rosaceae, schematisiert; *von links, Spiraea,* ×3; *Potentilla,* ×1,0; *Fragaria,* ×1,5; *Rosa,* ×0,8; *Rubus,* ×1,0; *Malus,* ×0,3; *Prunus,* ×0,3

     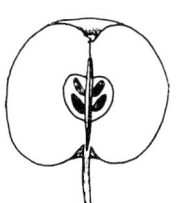 

Pyrus (Birne), *Malus* (Apfel), *Crataegus* (Weißdorn) und einige andere Gattungen haben Karpelle, die untereinander und mit dem Blütenboden verwachsen sind. Bei den ersten beiden besitzt die Frucht eine pergamentartige Innenwand und wird als Apfelfrucht bezeichnet (vgl. S. 134). Die Gattung *Prunus* schließlich bildet eine eigene Gruppe, die durch oberständigen Fruchtknoten, bestehend aus einem Karpell, gekennzeichnet ist. Das Pistill entwickelt sich zu einer Steinfrucht (Kirsche, Pflaume, Pfirsich, Aprikose, Schlehe etc.).

Alchemilla vulgaris coll. (Frauenmantel)
Crataegus monogyna (Eingriffliger Weißdorn)
Filipendula ulmaria (Echtes Mädesüß)
Fragaria vesca (Wald-Erdbeere)
Malus sylvestris (Wildapfel)
Potentilla anserina (Gänsefingerkraut)
Potentilla erecta (Blutwurz)
Prunus avium (Vogelkirsche)
Prunus cerasus (Sauerkirsche)
Prunus domestica (Zwetschge)
Prunus dulcis (Mandel)
Prunus padus (Traubenkirsche)

Prunus persica (Pfirsich)
Prunus spinosa (Schlehe)
Pyrus communis (Birne)
Rosa canina (Hunds-Rose)
Rubus chamaemorus (Moltebeere)
Rubus fruticosus coll. (Brombeere, viele apomiktische Kleinarten)
Rubus idaeus (Himbeere)
Sanguisorba officinalis (Echter Wiesenknopf, Großer Wiesenknopf)
Sorbus aucuparia (Vogelbeere)
Spiraea salicifolia (Weidenblättriger Spierstrauch)

Fam. Fabaceae (Papilionaceae), ca. 9000 Arten, ist eine der größten Pflanzenfamilien überhaupt. Sie besteht sowohl aus Sträuchern und Bäumen, wie auch aus Kräutern. Die Blätter sind sehr oft fiederig oder gefingert und tragen gewöhnlich Stipeln. Die Endfiederchen sind bei einigen Sippen (*Vicia*, *Lathyrus*) zu Ranken umgestaltet. Die Blüten sind zu razemösen Blütenständen, sehr oft Trauben, vereint. Sie sind 5-zählig und bestehen aus einem verwachsenblättrigen Kelch und einer oft leuchtend gefärbten Krone, mit einer „Fahne", zwei „Flügeln" und einem „Schiffchen", das aus zwei seitlich verwachsenen Kronblättern hervorgegangen ist. Abgesehen von diesen beiden medianen, verwachsenen Kronblättern, ist die Krone freiblätterig. Eine derartig gebaute Blüte wird als schmetterlingsähnlich bezeichnet (Schmetterlingsblüte). Daher rührt der oft verwendete alte Name Papilionaceae; *Papilio*, eine Schmetterlingsgattung.

Es sind 10 Staubblätter vorhanden. Die Filamente sind sehr oft verwachsen, entweder zu einem geschlossenen Rohr, wie bei *Laburnum* (Goldregen) und *Lupinus* (Lupine), oder zu einer Rinne, bei der das oberste Staubblatt gewöhnlich frei bleibt; so bei den meisten Schmetterlingsblütlern unserer Flora. Am Blütenboden wird Nektar abgesondert und die Bestäubung wird meistens von Hautflüglern wie Hummeln und Bienen besorgt. Das Pistill besteht aus einem einzigen Karpell, dessen Griffel gewöhnlich nach oben gebogen ist. Die Samenanlagen sind entlang des oberen Randes des Fruchtknotens inseriert. Die Frucht ist eine Hülse, d. h. sie springt bei der Reife sowohl entlang der Bauch- als auch der Rückenseite auf. Bei einigen Arten geschieht dies explosionsartig. Oftmals ist die Frucht jedoch wenig- oder einsamig und bleibt dann geschlossen. In diesem Falle fungiert sie als Nuß (z. B. bei *Arachis*, Erdnuß, und einigen Arten von *Trifolium*, Klee). Die Samen besitzen dicke, nährstoffreiche Keimblätter. Ein Endosperm fehlt im großen und ganzen.

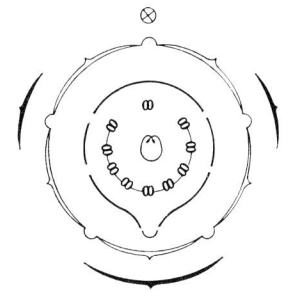

Abb. 309. *Pisum,* Blütendiagramm

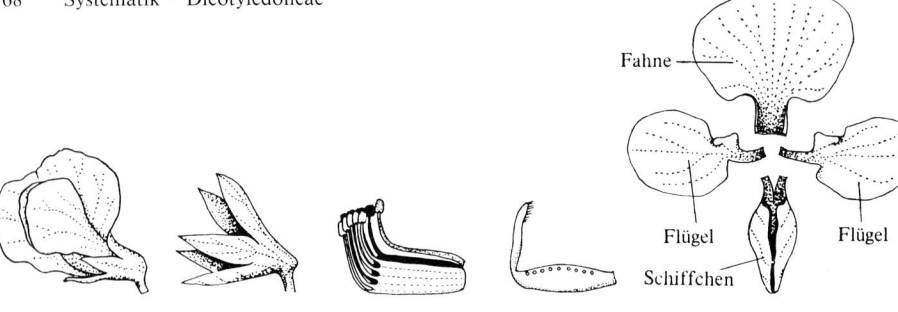

Fahne

Flügel   Flügel

Schiffchen

Abb. 310. *Pisum, von links,* Blüte, ×1; Kelch, Staubblätter, Pistill und Kronblätter, die letzteren ×1,2. S. auch S. 135

Abb. 311. *Pisum,* Hülse, ×0,7

Zur Familie gehören mehrere der wichtigsten Nutzpflanzen der Erde (s. unten und S. 191, 194, 197).

Die Fabaceae werden oft weiter gefaßt und dann meistens mit dem Namen *Leguminosae* bezeichnet. Dabei werden ein paar weitere, hauptsächlich tropische Familien miteinbezogen, zu denen unter anderem die große Baumgattung *Acacia* gehört, deren Blüten radiärsymmetrisch und mit vielen Staubblättern versehen sind. Bei allen Leguminosen ist jedoch die Frucht eine Hülse oder eine damit vergleichbare Frucht.

Acacia (Akazie)
Arachis hypogaea (Erdnuß)
Astragalus alpinus (Alpen-Tragant)
Cytisus scoparius (Besenginster)
Glycine max (Sojabohne)
Lathyrus montanus (Berg-Blatterbse)
Lathyrus pratensis (Wiesen-Platterbse)
Lathyrus vernus (Frühlings-Platterbse)
Lens culinaris (Linse)
Lotus corniculatus (Hornklee)

Lupinus albus (Weiße Lupine)
Medicago lupulina (Hopfenklee)
Phaseolus (Gartenbohnen)
Pisum sativum (Erbse)
Trifolium pratense (Rotklee)
Trifolium repens (Weißklee)
Vicia cracca (Vogel-Wicke)
Vicia faba (Saubohne)
Vicia sativa (Futter-Wicke)

Abb. 312. Frucht *von links Arachis,* ×0,7; *Medicago,* ×2; *Trifolium,* ×2

Fam. Myrtaceae, ca. 3000 Arten, hat ihre größte Verbreitung in Australien und im tropischen Amerika und gehört nicht zur mitteleuropäischen Wildflora. Sie umfaßt Holzpflanzen mit Öldrüsen in den Blättern. Die Blüten haben meistens zahlreiche Staubblätter. Zu den Myrtaceae gehört die Riesengattung *Eucalyptus* (ca. 500 Arten) mit unter anderem den höchsten Bäumen der Welt. Mehrere Arten ergeben wertvolles Holz. *Myrtus communis* (Gemeine Myrte) ist eine mediterrane Leitpflanze, in der Südschweiz angepflanzt und gelegentlich verwildert.

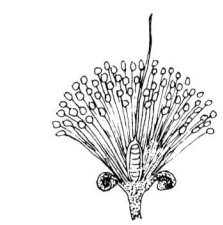

Abb. 313. *Acacia,* Blüte, Längsschnitt, schematisch, ×4

Eucalyptus globulus (Eukalyptusbaum)   *Myrtus communis* (Gemeine Myrte)

Fam. Ericaceae, etwas über 2500 Arten, kommt überwiegend in den gemäßigten und arktischen Gebieten vor. Die Familie umfaßt hauptsächlich Sträucher und Zwergsträucher, selten Bäume (etwa *Arbutus,* Erdbeerbaum). Die Blätter sind meistens schmal und nadelähnlich und besitzen oft nach unten eingerollte Blattränder ("ericoide Blätter"); in anderen Fällen sind sie flach und lederartig. Die Blüten sind oft glockenähnlich mit einer verwachsenblättrigen und gewöhnlich 5-zähligen Krone. Staubblätter sind doppelt soviele wie Kronblätter vorhanden; sie sind in zwei Kreisen angeordnet. Der äußere Staubblattkreis steht auf den Kronblättern (*obdiplostemon*). Die Staubbeutel öffnen sich mit Spalten oder, meistens, mit Poren und tragen bei den meisten Sippen horn- oder schwanzähnliche Anhängsel.

Abb. 314. *Myrtus, links* blühender Zweig, ×0,5; *rechts* Blüte, Längsschnitt, ×2,5

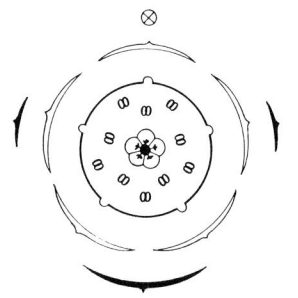

Abb. 315. *Vaccinium,* Blütendiagramm

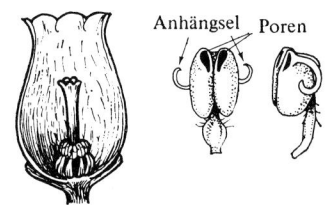

Abb. 316. *Arctostaphylos,* Blüte, ×4; Staubblatt, ×20

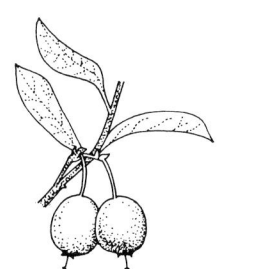

Abb. 317. *Vaccinium uliginosum,* Zweig mit Beeren, ×0,7

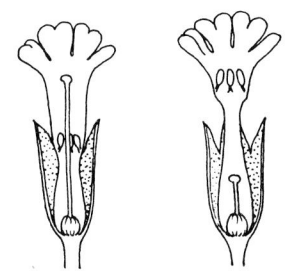

Abb. 318. *Primula,* Blüten, Längsschnitt, mit langem respektive kurzem Griffel, ×1

Diese sind so angeordnet, daß ein Insekt, das die Blüte besucht, dagegen stößt und der Pollen ausgeleert wird. Die Pollenkörner werden in Tetraden verbreitet. Bei einigen Gattungen ist der Fruchtknoten unterständig, z. B. bei *Vaccinium* (Heidelbeere, Preiselbeere etc.), bei anderen oberständig, z. B. bei *Rhododendron* (Alpenrose, Rhododendron), *Erica* (Erika) und *Arctostaphylos* (Bärentraube). Er besitzt gewöhnlich 5 Fächer und zentralwinkelständige Plazentation. Die Frucht ist sehr oft eine Kapsel oder eine Beere.

Die Wurzelzellen der Ericaceae sind normalerweise mit Pilzhyphen durchwoben (endotrophe Mykorrhiza). Mehrere Sippen der Familie dominieren in Heidegebieten (z. B. *Calluna*-Heiden), oder sind in Nadelwäldern allgemein verbreitet (*Vaccinium*, mit mehreren wichtigen Beerensträuchern).

Arbutus unedo (Erdbeerbaum)
Arctostaphylos uva-ursi (Immergrüne Bärentraube)
Calluna vulgaris (Besenheide)
Erica herbacea (Schneeheide)
Erica tetralix (Glockenheide)
Ledum palustre (Sumpf-Porst)

Oxycoccus palustris (Moosbeere)
Rhododendron ferrugineum (Rostblättrige Alpenrose)
Vaccinium myrtillus (Heidelbeere)
Vaccinium uliginosum (Moorbeere)
Vaccinium vitis-idaea (Preiselbeere)

Fam. Primulaceae, ca. 1000 Arten, ist vor allem in den gemäßigten Breiten der nördlichen Halbkugel verbreitet. Sie besteht aus Kräutern, die sehr oft eine Blattrosette haben. Die Blüten besitzen eine verwachsenblättrige Krone, in deren Röhre 5 Staubblätter angeheftet sind, die auf den Kronblattzipfeln stehen. Das Pistill zeigt, wie bei den Caryophyllaceae, eine zentrale, von der Pistillwand freie Plazentation, mit wenig bis zahlreichen Samenanlagen. Die Frucht ist eine Kapsel. Primula ist die größte Gattung und umfaßt ungefähr die Hälfte der Arten der Familie. Viele von ihnen sind Zierpflanzen.

Anagallis arvensis (Acker-Gauchheil)
Lysimachia vulgaris (Gewöhnlicher Gilbweiderich)
Primula auricula (Fluhblümchen)

Primula elatior (Hohe Schlüsselblume)
Primula farinosa (Mehlprimel)
Primula veris (Echte Schlüsselblume)

Fam. Apiaceae (Umbelliferae), ca. 3000 Arten, ist vor allem in den gemäßigten Gebieten der nördlichen Halbkugel verbreitet. Die Familie besteht zum größten Teil aus zwei- bis mehrjährigen, bisweilen sehr großen Kräutern. Der Stengel ist innen gewöhnlich hohl, oft gerippt und von Gängen mit Harzen und ätherischen Ölen durchzogen. Die Nodien treten häufig deutlich zum Vorschein. Die Blattbasis ist meistens als mehr oder weniger ausgeweitete Scheide geformt. Bei den meisten Arten ist die Spreite gefiedert oder mehrfach geteilt, selten einfach. Die Blüten stehen gewöhnlich in Dolden, respektive Döldchen, falls diese wiederum zu Dolden vereinigt sind (Doppeldolden), wobei die Tragblätter der Blüten das Hüllchen und die der Döldchen die Hülle bilden. Die Doppeldolden befinden sich an der Spitze der Pflanze, deren Bau im oberen Teil sympodial ist.

Die Blüten sind epigyn, 5-zählig und radiärsymmetrisch (die Randblüten der Dolden jedoch oft zygomorph). Der Fruchtknoten ist häufig gerippt. Die Kelchblätter

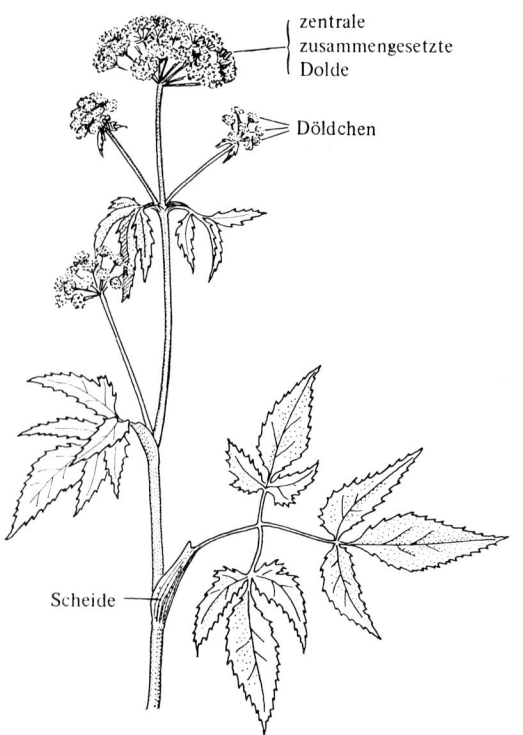

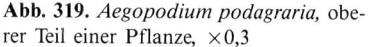

Abb. 319. *Aegopodium podagraria,* oberer Teil einer Pflanze, ×0,3

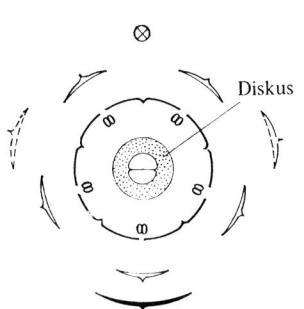

Abb. 320. Apiaceae, Blütendiagramm

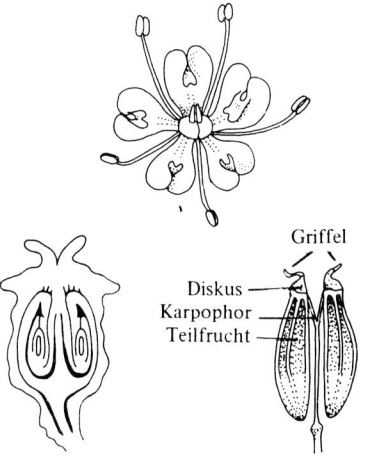

Abb. 321. Apiaceae, Blüte, ×7; Pistill, Längsschnitt, ×15; Spaltfrucht, ×6

sind klein. Die Kronblätter stehen zu ihnen auf Lücke und sind meistens weiß oder gelb gefärbt. Die Staubblätter stehen in einem Kreis, wiederum auf Lücke zu den Kronblättern. Das unterständige Pistill besteht aus zwei Karpellen und ist zweifächerig. Über dem Fruchtknoten befindet sich ein gut entwickelter, nektarproduzierender Diskus, der die beiden freien Griffeläste umfaßt. In jedem Fruchtfach ist eine Samenanlage mit einem einzigen Integument (wie bei der Unterklasse Asteridae) vorhanden. Die Frucht ist eine Spaltfrucht, die sich bei der Reife in zwei nußähnliche Teilfrüchte spaltet (Doppelachäne). Sie hat sehr oft längslaufende Rippen oder Leisten, manchmal hakenförmige Borsten, die die Verbreitung erleichtern.

Der Habitus, der für die Familie am typischsten ist, wird etwa durch *Anthriscus* (Kerbel) und *Daucus* (Karotte) vertreten, während *Hydrocotyle* (Wassernabel) kleine, köpfchenförmige Blütenstände und langgestielte, schildförmige Blätter besitzt. Zu dieser Familie gehören viele Gewürz- und Gemüsepflanzen (s. 193, 197). Mehrere Arten sind jedoch sehr giftig, z. B. *Conium* (Schierling).

Abb. 322. *Hydrocotyle,* Habitus, ×0,4

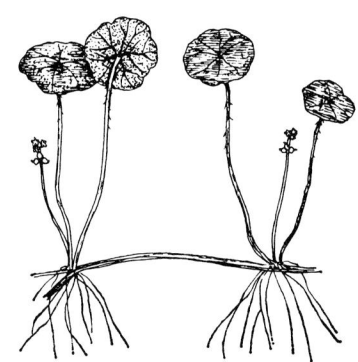

Aegopodium podagraria (Giersch)
Anethum graveolens (Dill)
Angelica sylvestris (Wald-Engelwurz)
Anthriscus sylvestris (Wiesen-Kerbel)
Astrantia major (Große Sterndolde)
Conium maculatum (Gefleckter Schierling)

Daucus carota (Karotte, Möhre)
Hydrocotyle vulgaris (Gewöhnlicher Wassernabel)
Pastinaca sativa (Pastinak)
Petroselium crispum (Petersilie)

Unterklasse Asteridae

Umfaßt ca. 56 000 Arten, verteilt auf 55 Familien. Mehr als ein Drittel der Arten gehört zur Familie Asteraceae.

Fam. Asteraceae (Compositae), ca. 19 000 Arten, ist die größte Familie der Angiospermae. Sie ist kosmopolitisch und von der Arktis bis zu den Tropen reich vertreten, auch wenn sie den tropischen Urwald in einem gewissen Grade meidet. Die Familie umfaßt Kräuter und Sträucher und auch einige Bäume (z. B. baumartige *Senecio*-Arten in den Gebirgen Zentralafrikas). Die Blätter sind wechselständig oder gegenständig angeordnet. Sie sind einfach oder zusammengesetzt und oft geteilt. Bei vielen Arten sind sie in einer grundständigen Rosette konzentriert.

Die Blüten sind stets zu Blütenständen vereinigt, mit zahlreichen oder wenigen Einzelblüten in einem Körbchen. Das Körbchen trägt an der Unterseite und am Rand Hochblätter (*Involucrum*) von sehr variabler Gestalt. Bisweilen sind sie papierartig und oft kräftig gefärbt wie bei *Helichrysum* (Immortelle, Strohblume), manchmal mit Stacheln oder anderen Anhängseln versehen, wie bei *Centaurea* (Flockenblume), oder sie tragen Haken, wie bei *Arctium* (Klette). Sehr oft sind sie einfach, grün und unscheinbar.

Innerhalb des Körbchens entwickeln sich die Blüten gegen das Zentrum hin. Man kann mindestens zwei Grundtypen von Blüten unterscheiden, nämlich radiärsymmetrische *Röhrenblüten*, die sehr oft auf die Mitte des Körbchens konzentriert sind, sie heißen dann *Scheibenblüten*, und zygomorphe *Zungenblüten*, entweder als *Strahlblüten* an der Peripherie des Körbchens oder als einziger Blütentyp überhaupt. Die Zungenblüten bestehen aus 3 oder 5 verwachsenen Kronblättern mit 3 resp. 5 Kronblattzipfeln. Die mit 3 Zipfeln kommen normalerweise als Strahlblüten von Körbchen vor, die im Zentrum radiärsymmetrische Blüten besitzen. Diese Verhältnisse sind bei einem Teil der Sippen der Unterfamilie Asteroideae anzutreffen. 5-zipflige zygomorphe Blüten sind in Körbchen vorhanden, die nur aus Zungenblüten bestehen, wie in der Unterfamilie Cichorioideae.

Der Kelch fehlt oder er entspricht den Haaren, Borsten oder Schuppen, die vom oberen Rand des unterständigen Fruchtknotens auswachsen. Die Blüten sind eingeschlechtig oder zwittrig. Zungenblüten (3-zipflige), die auf den Rand des Körbchens beschränkt sind, sind oft weiblich, während Zungenblüten (5-zipflige) als alleiniger Blütentyp des Körbchens normalerweise zwittrig sind. Röhrenblüten sind zwittrig oder, bisweilen, männlich.

Grundsätzlich sind 5 Staubblätter vorhanden. Ihre Filamente sind an der Kronblattröhre angeheftet und die meistens langgestreckten Antheren seitlich zu einer engen Röhre verwachsen. Die Pollensäcke werden nach innen entleert.

Das Pistill, hervorgegangen aus 2 Karpellen, besteht aus einem einfächerigen Fruchtknoten, einem Griffel und zwei Narbenästen, die anfangs eng aneinander liegen, in der Bestäubungsphase sich jedoch spreizen. An der Außenseite des Griffels oder der Narbenäste befinden sich sehr oft Haare, die, wenn das Pistill in die Länge wächst, den Pollen aus dem Staubblattrohr herausbürsten oder -schieben.

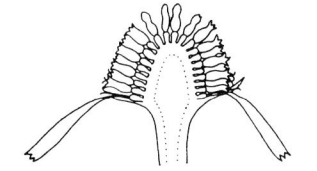

Abb. 323. Asteraceae, Körbchen mit Strahl- und Scheibenblüten, *Matricaria*, ×1,2

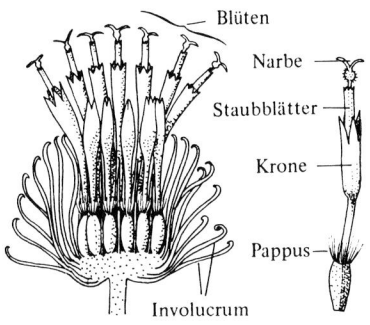

Blüten
Narbe
Staubblätter
Krone
Pappus
Involucrum

Abb. 324. *Arctium*, Körbchen, Längsschnitt, ×1,5, und Einzelblüte

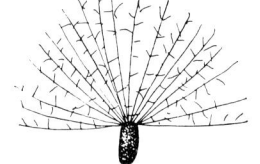

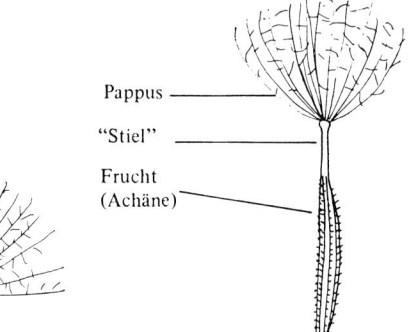

Pappus —————

"Stiel" —————

Frucht
(Achäne) —————

Abb. 325. Fruchttypen der Asteraceae, *von links Helianthus,* ×1; *Calendula,* ×2,5; *Cynara,* ×1; *Tragopogon,* ×1,7

Im unterständigen Fruchtknoten befindet sich eine einzige Samenanlage. Sie entwickelt sich zu einer nußähnlichen Frucht (Achäne), bei der Fruchtwand und Samenschale miteinander verwachsen sind. Diese Frucht wird oft vom Wind, mit Hilfe von während der Fruchtreife auswachsenden Haaren (Pappus), verbreitet. Bei einigen Gattungen fehlt der Pappus oder ist anders gestaltet, z. B. bei *Calendula* (Ringelblume).

Die Asteraceae werden in zwei Unterfamilien gegliedert:

In der Unterfamilie *Asteroideae* sind entweder nur Röhrenblüten (oft zygomorph am Körbchenrand) oder Röhrenblüten in der Mitte des Körbchens und 3-zipflige Zungenblüten an dessen Rand vorhanden. Zu dieser Unterfamilie gehören unter anderem:

Achillea millefolium (Schafgarbe)
Antennaria dioica (Zweihäusiges Katzenpfötchen)
Anthemis arvensis (Acker-Hundskamille)
Arctium lappa (Große Klette)
Artemisia absinthium (Wermut)
Aster amellus (Berg-Aster)
Calendula officinalis (Ringelblume)
Centaurea cyanus (Kornblume)
Chamomilla recutita (Echte Kamille)

Cirsium arvense (Acker-Kratzdistel)
Cynara scolymus (Artischocke)
Helianthus annuus (Sonnenblume)
Helianthus tuberosus (Topinambur)
Leucanthemum vulgare (Margerite)
Senecio vulgaris (Gewöhnliches Kreuzkraut)
Solidago virgaurea (Goldrute)
Tussilago farfara (Huflattich)
Xanthium strumarium (gem. Spitzklette)

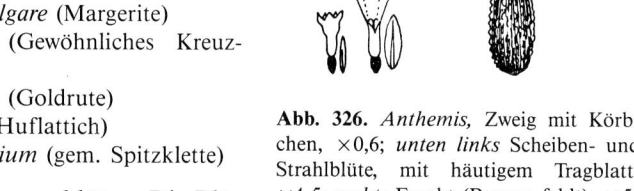

Abb. 326. *Anthemis,* Zweig mit Körbchen, ×0,6; *unten links* Scheiben- und Strahlblüte, mit häutigem Tragblatt, ×1,5; *rechts* Frucht (Pappus fehlt), ×5

Die Unterfamilie *Cichorioideae* hat nur 5-zipflige, zwittrige Zungenblüten. Die Blüten sind gewöhnlich gelb. Ein großer Teil dieser Unterfamilie gehört in Mitteleuropa zur Gattung *Hieracium* (Habichtskraut).

Cichorium intybus (Wegwarte)
Hieracium murorum (Wald-Habichtskraut)
Hieracium umbellatum (Doldiges Habichtskraut)
Lactuca perennis (Blauer Lattich)
Lactuca sativa (Kopfsalat)

Leontodon helveticus (Schweizer Löwenzahn)
Taraxacum coll. (Sammelname für eine große Zahl apomiktischer Kleinarten des Löwenzahns)
Tragopogon (Bocksbart)

Fam. Campanulaceae, ca. 1000 Arten, kommt vor allem von den gemäßigten Gebieten der nördlichen Halbkugel bis zu den Tropen vor und umfaßt hauptsächlich Kräuter mit ganzrandigen, wechselständigen Blättern. Die Blüten sind radiärsymmetrisch, epigyn mit einer verwachsenblättrigen, glockigen, blauen oder weißen Krone. Die Antheren der 5 Staubblätter sind nicht miteinander verwachsen, bilden aber oft in jungen Blüten, wie bei den Asteraceae, eine Röhre um den Griffel herum. Der

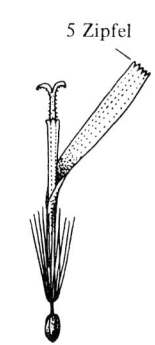

5 Zipfel

Abb. 327. *Lactuca,* Blüte, ×2,5

Abb. 330. *Nicotiana,* Blüte, ×0,7

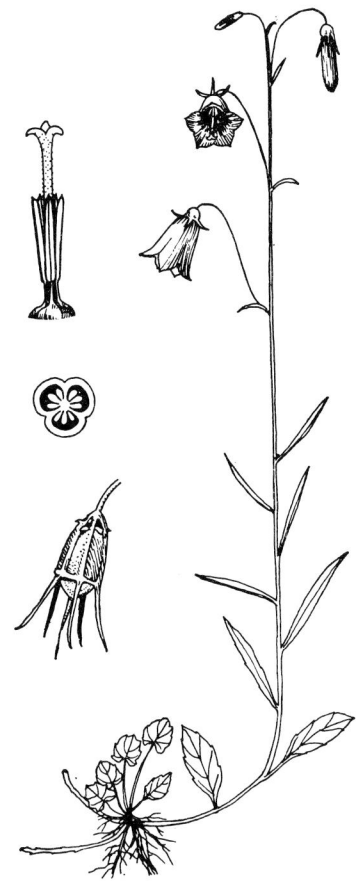

Abb. 329. *Von links Solanum tuberosum,* Blüte, ×1,2, und Frucht, Längsschnitt, ×1; *Solanum dulcamara,* Blütenstand, ×0,7

Fruchtknoten besteht aus 3–5 Karpellen mit zentral winkelständiger Plazentation. Die Frucht ist häufig eine Porenkapsel (s. S. 133). *Campanula* (Glockenblume) umfaßt etwa 200 Arten, von denen zahlreiche als Zierpflanze angepflanzt werden.

Campanula rotundifolia (Rundblättrige Glockenblume)

Phyteuma spicatum (Ährige Teufelskralle)

Die nahestehende Familie **Lobeliaceae** hat zygomorphe Blüten mit nur 2 Karpellen

Lobelia dortmanna (Wasser-Lobelie) Abb. 421, S. 222

Fam. Solanaceae, ca. 2300 Arten, zeigt eine weite Verbreitung, allerdings mit einem besonderen Schwerpunkt in Mittel- und Südamerika. Zur Familie gehören Kräuter und Sträucher. Die Blätter sind meistens einfach und wechselständig oder manchmal, besonders in der Blütenstandsregion, gegenständig. Die Blüten sind normalerweise radiärsymmetrisch, hypogyn und 5-zählig. Das Pistill besteht aus 2 Karpellen, die diagonal in der Blüte stehen. Die Frucht ist meistens eine vielsamige Kapsel, wie bei *Nicotiana* (Tabak), oder eine Beere, wie bei *Solanum* (Kartoffel u. a.) und *Lycopersicon* (Tomate). Zur Familie gehören viele alkaloidreiche Giftpflanzen.

Abb. 328. *Campanula rotundifolia,* ×0,7; Details *von oben:* Staubblätter und Griffel, ×2, Fruchtknoten, Querschnitt, ×3, Kapsel, ×2

Capsicum annuum (Paprika)
Hyoscyamus niger (Schwarzes Bilsenkraut)
Lycopersicon esculentum (Tomate)
Nicotiana rustica (Bauern-Tabak)

Nicotiana tabacum (Virginia-Tabak)
Solanum dulcamara (Bittersüßer Nachtschatten)
Solanum tuberosum (Kartoffel)

Fam. Boraginaceae, ca. 2400 Arten, besteht aus Sträuchern und Kräutern mit sehr oft wechselständigen und in vielen Fällen rauhhaarigen Blättern. Die Blüten sind radiärsymmetrisch oder schwach zygomorph. Sie haben 5 Staubblätter, die mit den 5 Kronblattzipfeln alternieren. Wie bei den Lamiaceae (s. unten) ist die Frucht eine 4-teilige Spaltfrucht aus 2 Karpellen mit nußähnlichen Teilfrüchten (Klausen).

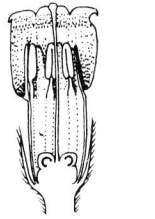

Abb. 331. Blüte *(Symphytum),* Längsschnitt, ×1,5

Abb. 332. Pistill *(Pulmonaria),* ×4

Borago officinalis (Boretsch)
Myosotis scorpioides (Sumpf-Vergißmeinnicht)
Cynoglossum officinale (Echte Hundszunge)

Pulmonaria officinalis (Gemeines Lungenkraut)
Symphytum tuberosum (Knotige Beinwurz)

Abb. 333. Frucht *(Cynoglossum),* ×2,5

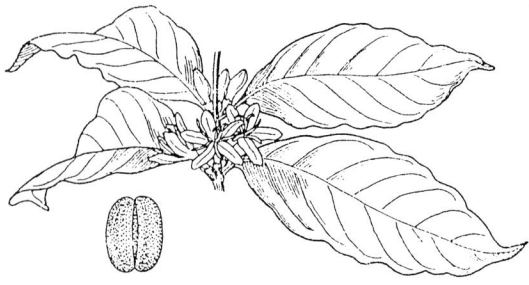

Abb. 334. *Coffea arabica, von links* Zweigstück, ×0,5 und Samen (Kaffeebohne), ×0,6; Steinfrucht, ganz, ×1, und im Querschnitt, ×1,5

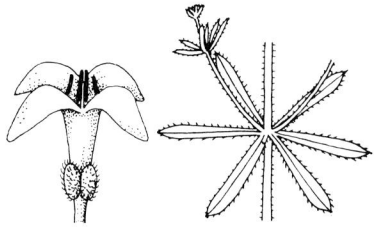

Abb. 335. Galium, Blüte, ×3, und Blätter mit blattähnlichen Stipeln und Seitenzweigen, ×0,7

Fam. Rubiaceae, ca. 6000 Arten, ist eine sehr artenreiche, hauptsächlich tropische Familie. Sie enthält Kräuter, Sträucher und Bäume mit kreuzgegenständigen Blättern, immer mit Stipeln, die zwischen den Blattspreiten direkt von den Nodien ausgehen. Bei *Galium* (Labkraut) schwankt die Zahl der Stipeln. Sie sind im großen und ganzen wie die Blattspreiten gestaltet. Die Krone ist gewöhnlich 4- oder 5-zählig und oft hübsch gefärbt. Die Frucht ist eine Steinfrucht, wie etwa bei *Coffea* (Kaffee), kann aber auch als Kapsel ausgebildet sein oder, wie bei *Galium*, als Spaltfrucht, die in 2 Teilfrüchte zerfällt.

Coffea arabica (Arabischer Kaffee)   *Galium verum* (Echtes Labkraut)
Galium boreale (Nordisches Labkraut)   *Sherardia arvensis* (Ackerröte)
Galium odoratum (Waldmeister)

Fam. Scrophulariaceae, ca. 2700 Arten, hat eine weltweite Verbreitung. Die Familie besteht vor allem aus Kräutern. Viele davon sind Halbschmarotzer. Die Blätter sind wechselständig oder gegenständig und häufig gefiedert. Die Blüten sind normalerweise 5-zählig und hypogyn. Die Krone ist mehr oder weniger zygomorph und bei den meisten Sippen 2-lippig. Manchmal ist sie am Grund mit einem Sporn oder Sack versehen, so bei *Linaria* (Leinkraut), resp. *Antirrhinum* (Löwenmaul). Von den Staubblättern sind sehr oft nur 2 oder 4 entwickelt. Das Pistill besteht aus 2 Karpellen und wird zu einer vielsamigen (oder wie bei *Veronica* zu einer wenigsamigen) Kapsel. *Verbascum* (Königskerze) gehört zu einer Gruppe mit nahezu radiärsymmetrischen Blüten und 5 entwickelten Staubblättern, während *Veronica* (Ehrenpreis) mit nur 2 Staubblättern und zygomorphen Blüten das andere Extrem darstellt.

Antirrhinum majus (Großes Löwenmaul)   *Euphrasia rostkoviana* (Augentrost)
Digitalis purpurea (Roter Fingerhut)   *Linaria vulgaris* (Gewöhnliches Leinkraut)

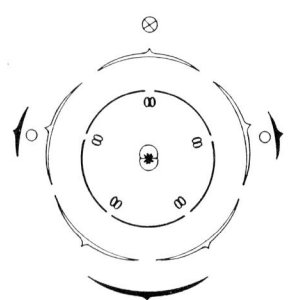
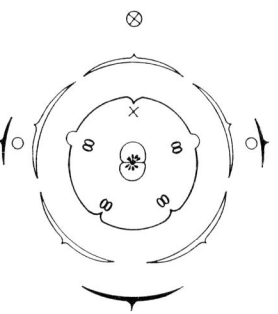
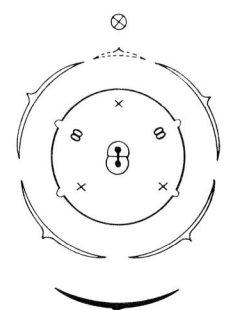

Abb. 336. Blütendiagramme, *von links Verbascum, Scrophularia* und *Veronica*

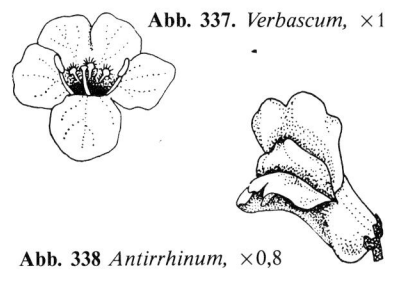

Abb. 337. *Verbascum,* ×1

Abb. 338 *Antirrhinum,* ×0,8

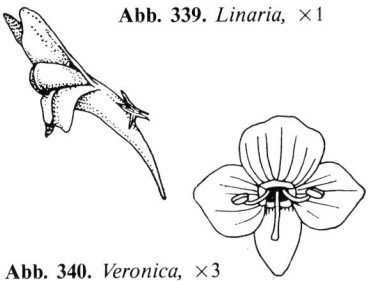

Abb. 339. *Linaria,* ×1

Abb. 340. *Veronica,* ×3

Fam. Lamiaceae (Labiatae), ca. 3200 Arten, ist kosmopolitisch, aber besonders reich im Mittelmeergebiet vertreten. Die Familie besteht vor allem aus Kräutern, Halbsträuchern und Sträuchern. Die Zweige sind sehr oft 4-kantig und die Blätter stets kreuzgegenständig. Die Pflanzen bilden gewöhnlich Drüsen, die Aromastoffe (Alkohole, Phenole, Terpene) enthalten. Viele Arten werden daher als Gewürzpflanzen verwendet. Die Blüten sitzen sehr oft im oberen Teil der Pflanze in Blattachseln in Form von Ähren oder komplizierter zusammengesetzten Blütenständen mit Zymen als Teilblütenständen.

Der Kelch besteht, wie die Krone, aus 5 verwachsenen Perianthblättern. Er ist radiärsymmetrisch oder zweilippig. Die Krone ist zygomorph und gewöhnlich sehr deutlich zweilippig, wobei die Oberlippe aus 2 und die Unterlippe aus 3 Kronblattzipfeln besteht. Es sind 4 oder 2 mit der Krone verwachsene Staubblätter vorhanden. Sie befinden sich normalerweise im oberen Teil der Blüte. Das Pistill besteht aus 2 Karpellen. Der Fruchtknoten ist jedoch in 4 Fruchtfächer gegliedert, die einen gemeinsamen Griffel haben, der ganz an der Basis des Pistills entspringt (wie bei den Boraginaceae, s. oben). Jedes Fach enthält eine einzige Samenanlage. Die Frucht ist eine 4-teilige Spaltfrucht mit nußähnlichen Teilfrüchten, also eine Klausenfrucht.

An der Basis des Fruchtknotens wird Nektar abgesondert. Die Blüten werden gewöhnlich von Insekten, die lange Mundwerkzeuge haben, bestäubt. *Salvia* (Salbei) und andere Gattungen haben nur 2 fertile Staubblätter. Jedes fertile Staubblatt von *Salvia* bildet nur eine fertile Theka aus. Das sehr verlängerte Konnektiv fungiert zusammen mit der sterilen Theka bei der Bestäubung als Hebeleinrichtung. Das besuchende Insekt stößt mit dem Kopf gegen die sterile Theka. Mit Hilfe des Gelenkes zwischen Konnektiv und Filament senkt sich die fertile Theka auf das Insekt, das mit seinem Rücken Pollen abstreift.

Galeopsis tetrahit (Gewöhnlicher Hohlzahn)
Glechoma hederacea (Gundelrebe)
Lamium album (Weiße Taubnessel)
Lavandula angustifolia (Echter Lavendel)
Mentha arvensis (Acker-Minze)

Mentha x *piperita* (Pfefferminze)
Origanum majorana (Majoran)
Rosmarinus officinalis (Rosmarin)
Salvia officinalis (Echte Salbei)
Salvia pratensis (Wiesensalbei)
Thymus vulgaris (Echter Thymian)

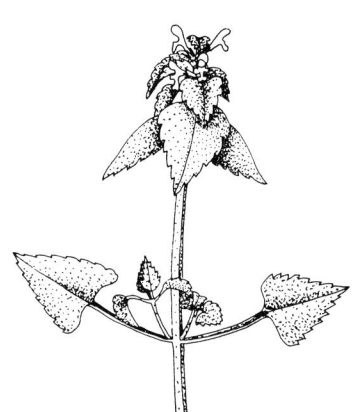

Abb. 341. *Lamium,* oberer Teil einer Pflanze, ×0,6

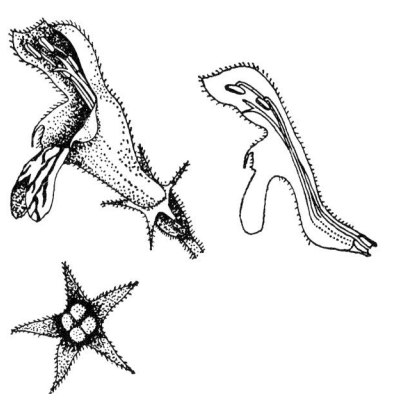

Abb. 342. *Lamium,* Blüte, *rechts* Längsschnitt, ×3; *unten* Klausenfrucht, ×3

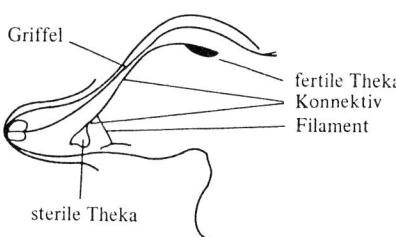

Griffel

fertile Theka
Konnektiv
Filament

sterile Theka

Abb. 343. *Salvia,* Blüte längs, schematisch, den Hebelmechanismus eines Staubblattes zeigend, ×2

Monocotyledoneae (Liliatae)

Einkeimblättrige Pflanzen, ca. 55 000 Arten

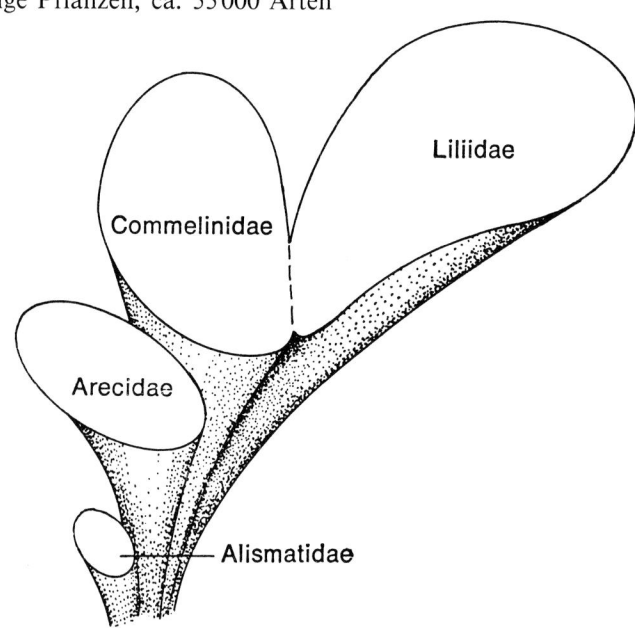

Abb. 344. Sehr schematisierte Darstellung der Unterklassen der Monocotyledoneae

Charakteristische Eigenschaften der einzelnen Unterklassen sind:

Alismatidae: vorwiegend Wasser- und Feuchtbodenpflanzen; Kräuter; Blätter oft gestielt mit gut entwickelter Spreite; Blüten in mehr oder weniger komplexen, gewöhnlich zymösen Blütenständen, selten einzeln; Perianth oft gut entwickelt, nicht selten in Kelch und Krone differenziert; Gynoeceum sehr oft apokarp; reife Samen ohne Endosperm.

Arecidae: Landpflanzen, oft baumförmig; Blätter sehr oft gestielt und mit breiter Spreite, sehr oft netz- oder handnervig; Blüten gewöhnlich viele und kleine, oft eingeschlechtig und vereinigt zu Kolben oder zusammengesetztem Stand, der am Grunde von einer Blütenscheide umhüllt ist; Perianth unscheinbar (aber nicht selten doppelt oder fehlend); Apokarpie oder (gewöhnlich) Synkarpie; Endosperm mit Fett, Protein oder Hemizellulose, keine Stärke; bei einem Teil der Araceae fehlt ein Endosperm.

Commelinidae: meistens Landpflanzen, zu einem Großteil grasartig, Blätter sehr oft linealisch und parallelnervig; Blüten zu verschiedenen Blütenständen vereinigt, aber keine Kolben mit Blütenscheide; Perianth entweder unscheinbar und oft sehr reduziert oder in Kelch und Krone gegliedert; Synkarpie; Endosperm gut ausgebildet, stärkereich.

Liliidae: Überwiegend Landpflanzen; gewöhnlich Kräuter; Blätter normalerweise schmal und parallelnervig; Blüten wenige bis viele, kleine bis große; verschiedene Blütenstände; Perianth meistens mit zwei Kreisen, die beide gefärbt und kronblattähnlich sind; fast immer Synkarpie; Endosperm in der Regel nicht mit Stärke; bei den Orchideen keine Endospermbildung.

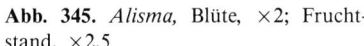

Abb. 345. *Alisma,* Blüte, ×2; Fruchtstand, ×2,5

Abb. 346. *Cocos,* Kokospalme, ×0,005

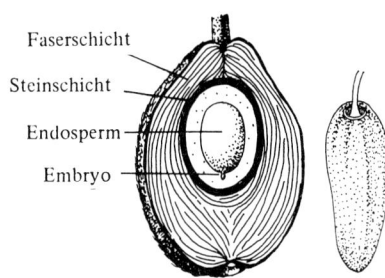

Faserschicht
Steinschicht
Endosperm
Embryo

Abb. 347. *Links* Frucht von *Cocos,* Längsschnitt, ×0,1; *rechts* von *Phoenix,* ×0,5

Unterklasse Alismatidae

Eine kleine Unterklasse mit nur ca. 500 Arten, verteilt auf 10 – 12 Familien. Außer den Alismataceae gehören unter anderem *Potamogeton* (Laichkraut, Potamogetonaceae) und *Zostera* (Seegras, Zosteraceae) zu dieser Gruppe.

Fam. Alismataceae, ca. 70 Arten, besteht hauptsächlich aus Wasser- oder Feuchtbodenpflanzen. Die Blätter sind sehr oft in Stiel und Spreite gegliedert. Das Perianth besteht aus Kelch und Krone. Im Unterschied zu anderen Monokotylen hat die Familie Pollenkörner mit mehreren Aperturen. Das Gynoeceum ist apokarp und besteht meistens aus zahlreichen Pistillen, die zu kleinen Nüssen reifen.

Alisma plantago-aquatica (Wegerich-blättriger Froschlöffel)

Sagittaria sagittifolia (Pfeil-blättriges Pfeilkraut)

Unterklasse Arecidae

Umfaßt ca. 5500 Arten, verteilt auf 7 Familien. Von diesen sind die Arecaceae (Palmen) die größte. Zur Unterklasse gehören Bäume (vor allem die Palmen), aber auch eine große Zahl krautiger Sippen, die meisten aus der Familie Araceae.

Fam. Arecaceae (Palmen), ca. 2500 Arten, ist in den Tropen weit verbreitet. Die Palmen variieren in der Gestalt von keinen Sträuchern oder Lianen bis zu großen, stattlichen, meistens unverzeigten Bäumen. Der Stamm erreicht in der Regel seine endgültige Dicke früh, ein sekundäres Dickenwachstum fehlt. Die Blätter sind zu Beginn ganz, werden später zerschlitzt und scheinbar fiedrig oder gefingert (fächerförmig). Dies beruht auf der Nervatur. Die Blüten sind im allgemeinen klein und zu Ähren oder Rispen vereinigt, die eine ansehnliche Größe erreichen können. Sie haben sehr oft ein doppeltes Perianth, wobei beide Kreise ähnlich gestaltet sind. Palmen werden vom Wind oder von Insekten bestäubt. Die Blüten sind gewöhnlich eingeschlechtig, mit 6 Perianthblättern und 6 Staubblättern oder mit 6 Perianthblättern und 3 Karpellen. Die Karpelle sind frei oder verwachsen und haben in jedem Fach eine Samenanlage. Die Frucht ist meistens eine Steinfrucht oder eine Beere. In jeder Frucht entwickelt sich gewöhnlich nur ein Same. Dieser ist relativ groß und hat ein mehr oder weniger hartes Endosperm, das reich an Fetten, Proteinen und Hemizellulose ist.

Die Palmen sind vor allem in den Tropen, z. B. auf den Inseln der Südsee, eine außerordentlich wichtige Pflanzengruppe und liefern Nahrungsmittel, Baumaterial, Rohstoff für Geräte ect.

Calamus rottang (Rotangpalme)
Cocos nucifera (Kokospalme)
Elaeis guineesis (Ölpalme)

Metroxylon sago (Sagopalme)
Phoenix dactylifera (Dattelpalme)

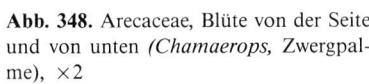

Abb. 348. Arecaceae, Blüte von der Seite und von unten *(Chamaerops,* Zwergpalme), ×2

Fam. Araceae, ca. 2000 Arten, hat ihren Schwerpunkt der Verbreitung in den Tropen. Sie besteht überwiegend aus Kräutern, bisweilen von ansehnlicher Größe, aber auch aus Lianen. Kennzeichnend ist der Blütenstand, nämlich ein Kolben, der normalerweise von einer relativ großen Blütenscheide umhüllt ist. Die Blüten sind gewöhnlich sehr klein und variieren von zwittrigen, die mit dem Grundtypus der Monokotylen übereinstimmen, bis zu eingeschlechtigen, sehr reduzierten, die manchmal nur aus einem einzigen Karpell oder 1–2 Staubblättern bestehen.

Acorus calamus (Kalmus)
Arum maculatum (Gefleckter Aronstab)
Calla palustris (Sumpf-Drachenwurz)

Colocasia esculenta (Zehrwurz)
Monstera deliciosa (Monstera)

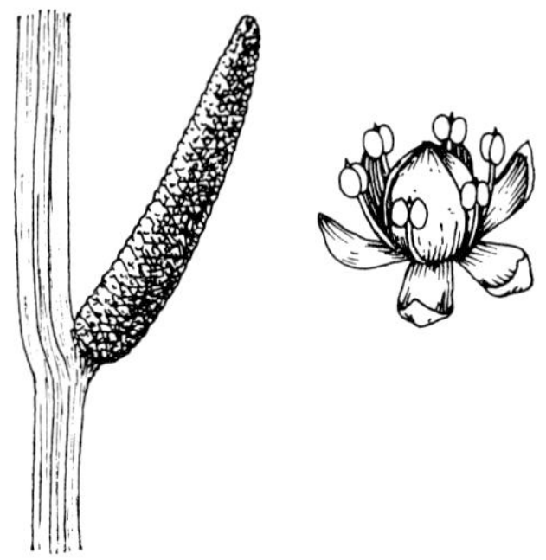

Abb. 349. *Acorus calamus,* Kolben, ×0,5; Blüte, ×6

Unterklasse Commelinidae

Eine große Unterklasse mit ca. 19000 Arten, verteilt auf 15 Familien. Von unserer Flora gehören nur Grasartige dazu. Doch ist die Gruppe besonders in den Tropen vielgestaltiger und umfaßt auch Vertreter mit kräftig gefärbtem Perianth und Insektenbestäubung (z. B. Commelinaceae).

Fam. Juncaceae, ca. 300 Arten, ist im großen und ganzen über die außertropischen Erdteile verbreitet. Sie umfaßt meist grasähnliche, windbestäubte Kräuter mit Blättern in der 1/3 Stellung. Die Blüten sitzen in rispen-, ähren- oder köpfchenähnlichen zymösen Blütenständen und haben 3+3, sehr oft grünliche oder bräunliche Perigonblätter, 3+3 Staubblätter und ein Pistill, das aus 3 Karpellen besteht. Die Pollenkörner werden verbreitet, entweder als Tetraden, oder als Pseudomonaden (d. h. Pollenkörner, die unmittelbar aus der Pollenmutterzelle hervorgehen, da 3 der 4 meiotischen Tochterkerne degenerieren). Die Frucht ist eine wenig- oder vielsamige Kapsel. Viele Arten der Gattung *Juncus* (Binsen) sind Feuchtbodenpflanzen.

Abb. 350. *Luzula,* Blüte, ×4

Juncus effusus (Flatter-Binse)

Luzula pilosa (Behaarte Hainsimse)

Fam. Cyperaceae, ca. 4000 Arten, ist weltweit verbreitet. Sie besteht aus grasähnlichen Pflanzen (Sauergräser) mit linealischen Blättern. Wie bei der vorhergehenden Familie sind die Blätter in der 1/3 Stellung angeordnet. Die Blüten sind normalerweise zu einfachen oder zusammengesetzten Ähren vereinigt. Ein Perianth fehlt, oder es ist in Form von Haaren oder Borsten ausgebildet. Die Blüten sind oft eingeschlechtig. Gewöhnlich sind 3 Staubblätter vorhanden. Während der Entwicklung des Pollens degenerieren 3 der 4 Pollenkerne jeder Tetrade und werden von der Wand des fertilen Pollenkornes eingekapselt. Es sind 3 oder 2 Karpelle vorhanden. Sie bilden eine einfächerige Nuß.

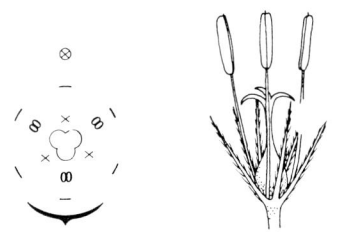

Abb. 351. *Scirpus,* Blütendiagramm und Blüte, ×5

Bei *Eriophorum* (Wollgras) ist das Perianth in Form von langen Haaren ausgebildet, bei *Scirpus* (Binse) als Borsten, während u. a. bei *Cyperus* (Zypergras) ein Perianth fehlt.

Die erwähnten Gattungen besitzen normalerweise zwittrige Blüten. *Carex* (Segge) hingegen hat eingeschlechtige Blüten. Die Reduktion ist hier sehr weit gegangen, denn jede kleine weibliche Ähre enthält nur eine Blüte, die von einer flaschen- oder

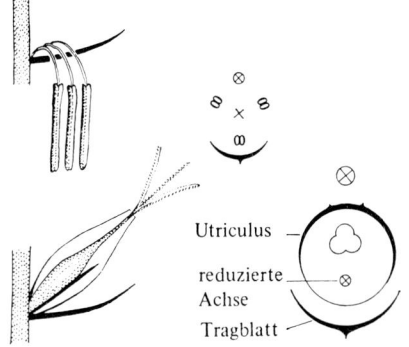

Abb. 352. *Carex, oben* männliche Blüte (schematisch) und Diagramm; *unten* reduziertes Ährchen mit weiblicher Blüte (schematisch) und Diagramm

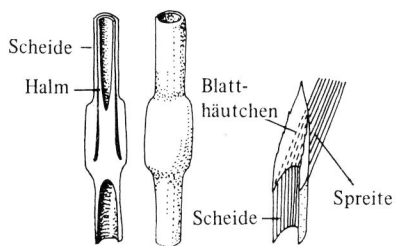

Abb. 353. Poaceae, Knoten und Blatthäutchen

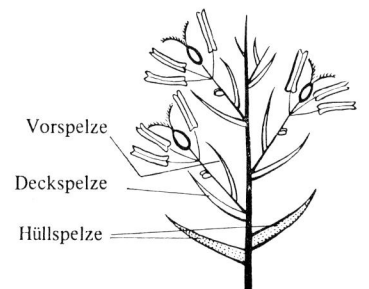

Abb. 354. Poaceae, Bau des Ährchens

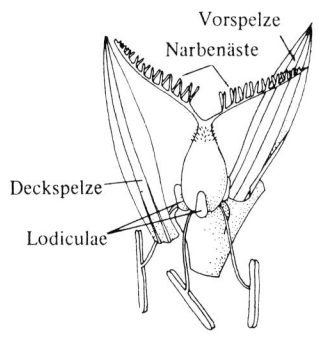

Abb. 355. Poaceae, Blüte schematisch

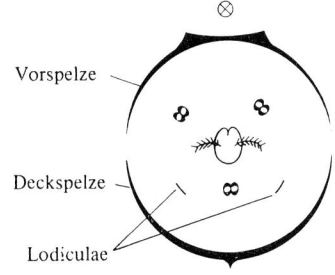

Abb. 356. Poaceae, Blütendiagramm

urnenähnlichen Blattbildung (Fruchtschlauch, *Utriculus*) ganz umschlossen ist. Diese einblütigen, sehr reduzierten Ährchen befinden sich in den Achseln von sogenannten *Tragblättern* und sind ihrerseits wieder zu Blütenständen höherer Ordnungen vereinigt. Ein Perianth fehlt. Die männlichen Blüten haben meistens 3 Staubblätter und sitzen ebenfalls an Ähren. Sehr oft trägt ein Individuum sowohl männliche als auch weibliche Ähren. Bei einigen Arten besteht das Pistill aus 3, bei anderen aus 2 Karpellen.

Carex atrata (Schwarze Segge)
Carex hirta (Behaarte Segge)
Carex rostrata (Geschnäbelte Segge)
Cyperus fuscus (Braunes Zypergras)

Eriophorum angustifolium (Schmalblättriges Wollgras)
Scirpus sylvaticus (Wald-Binse)

Fam. Poaceae (Gramineae), Süßgräser, 9000–10 000 Arten, besteht zum größten Teil aus krautigen Pflanzen. Sie haben einen hohlen Stengel (*Halm*) mit deutlichen, kompakten Knoten. Von diesen gehen alternierend Blätter in der 1/2 Stellung aus. Dies bedeutet, daß alle Blätter, im Unterschied zu den Verhältnissen bei Juncaceae und Cyperaceae, in einer vertikalen Ebene liegen. Die Grasblätter sind meist linealisch und parallelnervig. Sie besitzen eine lange offene Scheide, von deren oberem Rand ein Blatthäutchen ausgeht. Dieses ist gewöhnlich hautartig, bei *Phragmites* (Schilf) z. B. aber als Haare ausgebildet.

Der Blütenstand besteht aus 1 bis vielblütigen Ährchen, die zu einem verzweigten Stand vereinigt sind, nämlich zu einer Rispe, die durch Verkürzung der Internodien ährenähnlich werden kann. Die Ährchen tragen gewöhnlich zuunterst zwei Spelzen (*Hüllspelzen*), aus deren Achseln keine Blüten entspringen. Über den Hüllspelzen sitzen in zwei Reihen eine variierende Zahl von Spelzen (eigentlich Brakteen), jede mit einer Blüte in ihrer Achsel. Diese Brakteen heißen *Deckspelzen* und tragen oft Grannen. Jede der Blüten besitzt gegenüber der Deckspelze eine zweigekielte *Vorspelze*. Weiter verfügen die Blüten gewöhnlich über zwei kleine Schuppen, die *Lodiculae* (Schwellkörper). Sie sollen einem inneren Kreis von Perigonblättern entsprechen.

Normalerweise sind 3 Staubblätter mit langen Filamenten vorhanden. Das Pistill hat zwei Narben, d. h. es besteht aus 2 Karpellen. Der Fruchtknoten ist jedoch einfächerig und birgt eine einzige Samenanlage. Die Frucht entwickelt sich bei der Mehrzahl der Gräser zu einer Art Nuß, bei der die Samen- und Fruchtwand miteinander verwachsen (Karyopse). Der Samen ist zum größten Teil vom stärkereichen Endosperm gefüllt, an dessen einem Rand der Embryo liegt.

Verschiedene Typen von *Bambusa* (Bambus) und nahestehende Gattungen sind durch 6 Staubblätter und oft 3 Lodiculae gekennzeichnet. In dieser Gruppe ist die Frucht eine Beere oder eine Nuß mit einem Samen, der nicht mit der Fruchtschale verwachsen ist. Die *Bambusa*-Gruppe wird, weil sie vollständigere Blüten besitzt, die sich dem Grundtyp der Monokotylen annähern, als relativ primitiv betrachtet.

Die Poaceae sind wahrscheinlich die am weitesten verbreitete Familie der Gefäßpflanzen. Das deutliche Vorherrschen der Gräser in einigen Vegetationstypen beruht zum großen Teil auf der kräftigen vegetativen Vermehrung. Viele Arten sind ökonomisch bedeutend, wie die Getreide Reis, Mais, Weizen, Roggen, Hafer, Gerste und ver-

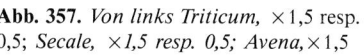

Abb. 357. *Von links Triticum,* ×1,5 resp. *0,5; Secale,* ×1,5 resp. *0,5; Avena,*×1,5

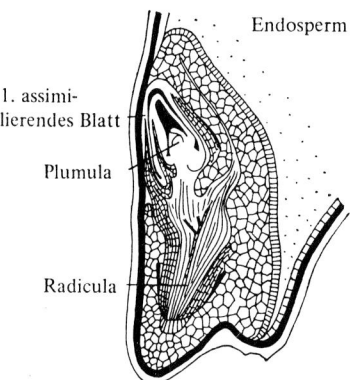

Abb. 358. *Triticum,* Längsschnitt des im Samen randlich liegenden Embryo

schiedene Hirsen (S. 188). *Saccharum* (Zuckerrohr) wird für die Zuckerherstellung verwendet und etliche Arten sind wichtige Futtergräser (Siehe weiter im Kapitel Kulturpflanzen).

Avena sativa (Saat-Hafer)
Bambusa (Bambus)
Dactylis glomerata (Knaulgras)
Deschampsia flexuosa (Wald-Schmiele)
Hordeum distichon (Zweizeilige Gerste)
Hordeum vulgare (Sechszeilige Gerste)
Lolium perenne (Ausdauernder Lolch)

Oryza sativa (Reis)
Phleum pratense (Wiesen-Lieschgras)
Phragmites australis (Schilf)
Poa pratensis (Wiesen-Rispengras)
Saccharum officinarum (Zuckerrohr)
Secale cereale (Roggen)
Triticum aestivum (Weizen)

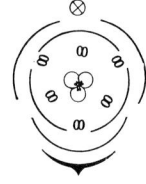

Abb. 359. Liliaceae, Blütendiagramm

Unterklasse Liliidae

Umfaßt 30000 Arten, verteilt aus 25 – 35 Familien. Die Auffassungen über die Systematik der Familien dieser Unterklasse sind sehr uneinheitlich. Die Liliengewächse im weiten Sinne und die Orchideen gehören hier hin.

Fam. Liliaceae, umfaßt ca. 300 bis 4000 Arten, abhängig von der Abgrenzung der Familie. Hier wird sie in sehr weitem Sinne aufgefaßt. Die Liliaceae sind weit verbreitet und bestehen zum größten Teil aus ausdauernden Kräutern mit einem Rhizom, einer Sproßknolle oder einer Zwiebel. Die Blätter sind gewöhnlich lang und linealisch, nur selten in Stiel und Spreite gegliedert. Die Blüten sind sehr oft radiärsymmetrisch mit zwei kronblattähnlichen Perianthkreisen. Normalerweise sind 3 + 3 Staubblätter vorhanden. Das Pistill besteht aus 3 verwachsenen Karpellen. Der Fruchtknoten ist meist 3-fächerig und wird zu einer Kapsel oder seltener zu einer Beere.

Allium cepa (Küchenzwiebel)
Allium schoenoprasum (Schnittlauch)
Asparagus officinalis (Spargel)
Colchicum autumnale (Herbstzeitlose)
Convallaria majalis (Maiglöckchen)
Gagea lutea (Gelbstern)
Hyacinthus (Hyazinthe)

Lilium martagon (Türkenbund)
Maianthemum bifolium (Zweiblättrige Schattenblume)
Muscari comosum (Schopfige Traubenhyazinthe)
Tulipa sylvestris (Wilde Tulpe)

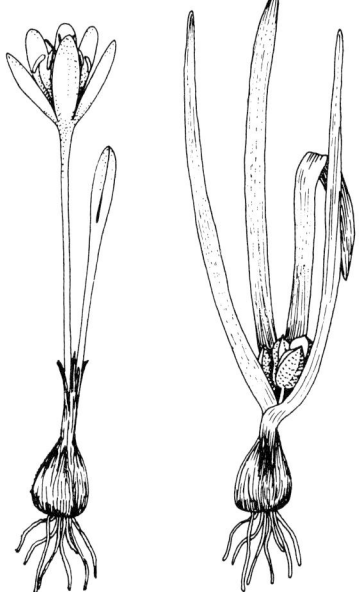

Abb. 360. *Colchicum,* im Blüh- und Fruchtstadium, ×0,4

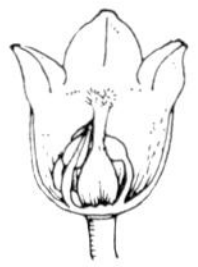

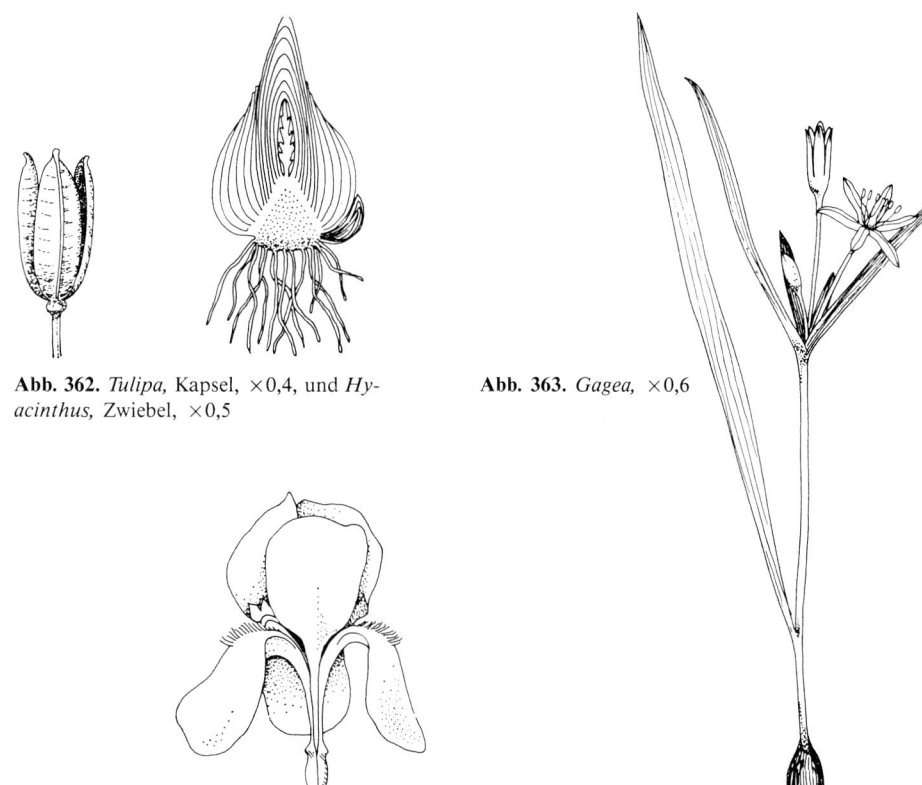

Abb. 361. *Convallaria,* Blüte, Längsschnitt, ×3

Abb. 362. *Tulipa,* Kapsel, ×0,4, und *Hyacinthus,* Zwiebel, ×0,5

Abb. 363. *Gagea,* ×0,6

Abb. 364, *Iris,* Blüte, ×0,4

Vallota (Septemberlilie), *Amaryllis,* (Amaryllis), *Narcissus* (Narzisse), *Galanthus* (Schneeglöcklein) und viele andere Gattungen haben, wie die Liliengewächse, 3+3 Staubblätter, aber einen unterständigen Fruchtknoten. Sie bilden eine besondere Familie, die **Amaryllidaceae.**

Nur 3 Staubblätter und Epigynie charakterisieren eine andere mit den Liliaceae verwandte Familie, die **Iridaceae**; in Mitteleuropa vertreten durch die Gattungen *Iris, Crocus, Gladiolus* und der aus Nordamerika eingebürgerten *Sisyrinchium.*

Crocus albiflorus (Frühlings-Krokus) *Gladiolus palustris (*Sumpf-Gladiole)
Iris pseudacorus (Gelbe Schwertlilie)

Fam. Orchidaceae, 17000–19000 Arten, ist eine der umfangreichsten Familien des Pflanzenreiches. Sie ist hauptsächlich tropisch und besteht zum großen Teil aus Epiphyten. Anscheinend sind alle Orchideen Mykorrhizapflanzen. Einige haben kein Chlorophyll (z. B. der Saprophyt *Neottia nidus-avis,* Nestwurz). Die Blätter sind gewöhnlich lanzettlich oder linealisch und sitzen oft alternierend in einer 1/2 Stellung wie die der Gräser. Die Blüten sind epigyn und stehen sehr oft in Ähren oder einzeln. Das mediane Perigonblatt des inneren Kreises ist meist größer und anders gestaltet als die übrigen. Überdies trägt es häufig einen Sporn, der als Nektarbehälter dienen kann. Dadurch, daß der Fruchtknoten normalerweise eine halbe Umdrehung macht, zeigt dieses Perigonblatt, die Lippe, nach unten. Die Staubblätter sind bis auf ein einziges, selten zwei, reduziert und mit dem Griffel des Pistills zu einem Säulchen, dem *Gynostemium,* verwachsen. Eine der 3 Narben des Pistills ist steril und bildet oft Auswüchse. Bei den meisten Orchideen ist nur eine funktionierende Anthere vorhanden. Ihr Pollen hängt oft in Klumpen, Pollinien, zusammen. Bei *Orchis,* (Knabenkraut), z. B. bildet jeder Pollensack ein *Pollinium.* Dieses ist mit einem Stielchen und einem besonderen Klebkörper versehen und wird als Ganzes mit der Hilfe von Insekten verbreitet.

In der Familie kommen sehr weitgehende Spezialisierungen der Bestäubungsmechanismen vor (siehe S. 210).

Cattleya (Cattleya)
Cypripedium calceolus (Frauenschuh)
Dactylorhiza maculata (Geflecktes Knabenkraut)
Ophrys insectifera (Fliegen-Ragwurz)

Orchis mascula (Männliches Knabenkraut)
Platanthera bifolia (Zweiblättrige Waldhyazinthe)
Vanilla planifolia (Vanille)

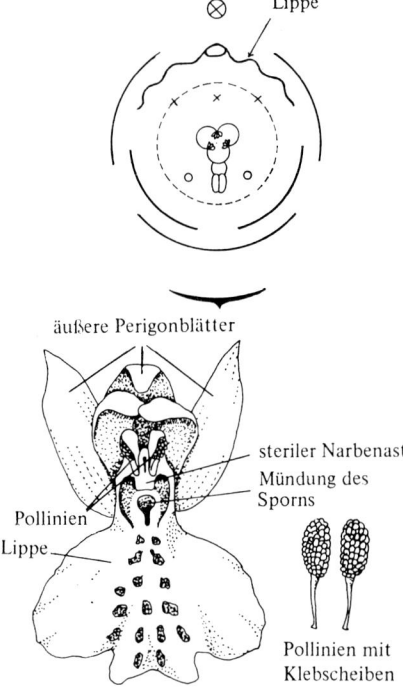

Abb. 365. Orchidaceae, *oben* Blütendiagrammn, gültig für den größeren Teil der Familie; *unten* Blüte von Orchis, 180 Grad gedreht, ×3; *rechts* Pollinien

Kulturpflanzen

Geschichte und Anbau der Kulturpflanzen

Zwischen der Geschichte des Menschen und der Kulturpflanzen gibt es einen deutlichen Zusammenhang. Der primitive Mensch ernährte sich durch Sammeln dessen, was die Natur hergab, wie Wurzeln, Früchte, Eier etc. In einer späteren Kulturstufe wurde er auch Jäger und Fischer. Über den Nomadismus ging er zum Leben mit einem festen Wohnsitz über.

Die ersten Kulturpflanzen sind deshalb zum großen Teil aus den Arten gewählt worden, die in der Umgebung der Siedlungsplätze vorkamen. Vermutlich wurde unwissentlich eine Auswahl getroffen, bei der die brauchbarsten Individuen als Samenpflanzen verwendet wurden, vergleichbar der Züchtung späterer Zeiten.

Ein großer Teil der Kulturpflanzen kann indessen aus dem Blickwinkel des Überlebens der Art als Degenerationsformen aufgefaßt werden, die unter natürlichen Bedingungen bald durch Konkurrenz verdrängt würden. Als Beispiel dazu können die verschiedenen Stammformen des Weizens angeführt werden, die meist eine sehr zerbrechliche Ährenspindel haben. Dadurch gelangen die Körner bei der Reife leicht auf den Erdboden. Für die Verbreitung der wilden Pflanze ist das positiv, negativ aber in Bezug auf den Anbau. Unter den „normalen "Pflanzen mit zerbrechlicher Ährenspindel gibt es bisweilen auch solche, die das für den Anbau positive Merkmal „Behalten der Körner bei der Reife" besitzen. Aus diesen sind unsere Zuchtformen entstanden. Ein anderes Beispiel für ein ähnliches Verhalten sind Erbsen, deren wilde Stammformen Hülsen haben, die sich bei der Reife öffnen.

Wann die verschiedenen Pflanzen zuerst kultiviert wurden, weiß man nicht exakt, aber viele sind mit Sicherheit 4000 Jahre oder länger in Kultur. Beispiele dafür sind Gerste, Weizen, Reis, Hirse, Lein, Hanf, Reben, Tee, Sojabohne, Feige, Banane, Aprikose, Pfirsich, Äpfel, Birne. Andere werden seit mindestens 2000 Jaahren angebaut. Dazu gehören Hafer, Roggen, Mais, Baumwolle, Tabak, Kakaobaum, Zuckerrohr, Batate und Zitrusfrüchte. Beispiele für junge, aber an Bedeutung zunehmende Kulturpflanzen sind Kaffee, Ananas, Zuckerrübe und Tomate.

Man weiß auch nicht mit Sicherheit, *wo* sie zuerst angebaut wurden. Doch darf man wahrscheinlich den Ursprung der Kulturpflanzen dort suchen, wo ihre wilden Stammformen immer noch vorhanden sind oder offenbar vorhanden waren. Die große Mehrzahl der Kulturpflanzen muß jedoch als mehr oder minder durch Züchtung verändert betrachtet werden.

Die europäische Kulturpflanzenflora ist aus den unterschiedlichsten Gebieten zusammengetragen worden. Einheimisch sind z. B. mehrere Vertreter aus den Brassicaceae (Kohl, Raps, Rübse, Stoppelrübe), aus den Apiaceae (Petersilie, Dill, Kümmel, Anis) sowie Klee und Lein.

Amerika lieferte wichtige Beiträge mit Mais, Kartoffeln, Tomaten und Bohnen. Aus dem zentralen und südwestlichen Asien und dem nordwestlichen Afrika stammen andere bedeutende Kulturpflanzen wie Weizen und Roggen.

Man pflegt neun besonders wichtige Ursprungsgebiete (Genzentren) auszuscheiden (s. Karte)

1. Südwestliches Asien
2. Mittelmeergebiet (inkl.Europa)
3. Äthiopien und Zentralafrika
4. Zentralasien
5. Indien-Burma

6. Südöstliches Asien
7. China
8. Mexiko und USA
9. Peru-Brasilien-Paraguay

Abb. 366. Ursprungsgebiete der Kulturpflanzen

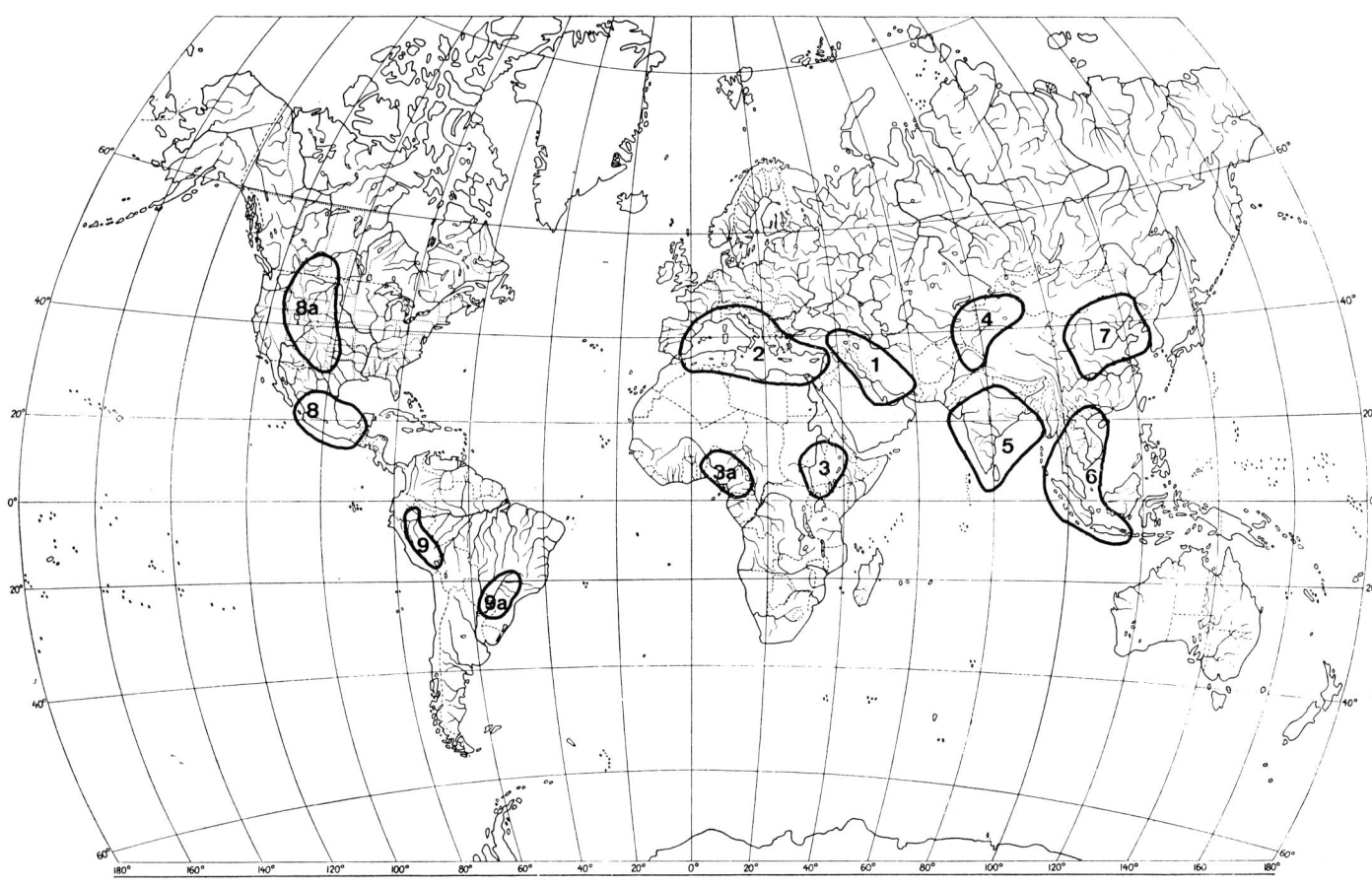

Im folgenden Abschnitt werden die wichtigsten Kulturpflanzen in Hinsicht auf ihre Verwendung und Bedeutung, aber auch aus historisch-geographischer Sicht sehr kurzgefaßt dargestellt. Ein Teil der Kulturpflanzen wurde bereits früher im systematischen Abschnitt behandelt. Einige gehören aber in Familien, die dort nicht aufgeführt wurden.

Für weitere Abbildungen und auch für ein eingehendes Studium sei auf Spezialliteratur wie z. B. Franke, „Nutzpflanzenkunde", verwiesen.

Pflanzen als Nahrungsmittel

Getreide

Das Getreide gehört zweifelsohne zu den wichtigsten Nahrungsmitteln für den Menschen und ist überdies seit langem in Kultur. Alle Getriedearten gehören zur Familie der Poaceae. Weizen, Reis, Mais, Gerste, Hafer und Roggen spielen die vergleichsweise weitaus wichtigste Rolle im Welthandel. Getreidekörner enthalten hauptsächlich Stärke, aber auch Protein und Fett. Als Nahrungsmittel werden sie in Form von Mehl, Graupen, Flocken, Teigwaren etc., aber auch als Futter verwendet.

Weizen (*Triticum*-Arten) wird seit mindestens 6000 Jahrn und von allen Getreidearten am meisten angebaut. Alle Weizensorten sind einjährig und autogam. Die Sortenvielfalt ist sehr groß – mehr als 650 angebaute Sorten sind bekannt. Die Veredlungsbestrebungen sind beträchtlich und umfassen sogar Kreuzungen mit anderen Gattungen, zum Beispiel mit Roggen und Quecke.

Die Hauptanbaugebiete sind Sowjetunion, USA, China, Kanada, Indien, Frankreich, Australien und Argentinien. Der Weizenanbau breitete sich von Europa nach Amerika im 16. Jahrhundert und nach Australien im 19. Jahrhundert aus. Er vergrößerte sich während der letzten 75 Jahre vor allem auf Kosten des Roggens. Den besten Weizen erhält man in steppenartigen Gebieten, wo die Körner einen hohen Proteingehalt (Gluten) aufweisen.

Der Weizen wird vor allem als Brotgetreide verwendet, aber auch für die Herstellung von Graupen und Flocken usw.

Das Weizenkorn enthält unter anderem 70–75% Kohlenhydrate, 10–15% Protein und 1–2% Fett.

Der Kulturweizen entstand wahrscheinlich auf folgende Weise. Durch Hybridisierung von zwei diploiden Arten, dem wilden Einkornweizen (*Triticum baeoticum*) und *Aegilops speltoides* (oder vielleicht wahrscheinlicher eine andere nahestehende *Aegilops*-Art), mit Verdoppelung der Chromosomenzahl entstand der tetraploide Weizen, der Wildemmer (*Triticum dicoccoides*). Dies geschah vermutlich in Kleinasien, wahrscheinlich vor etwa 9000 Jahren, das heißt vor Beginn des Ackerbaues. Dieser Weizen enthält das Genom des Einkornweizens (=A) und das Genom der *Aegilops*-Art (=B) – vergleiche die Übersicht. Aus dem Wild-Emmer entstanden so allmählich die diploiden Kulturweizen, z. B. Emmer (*T. dicoccon*), von denen einige

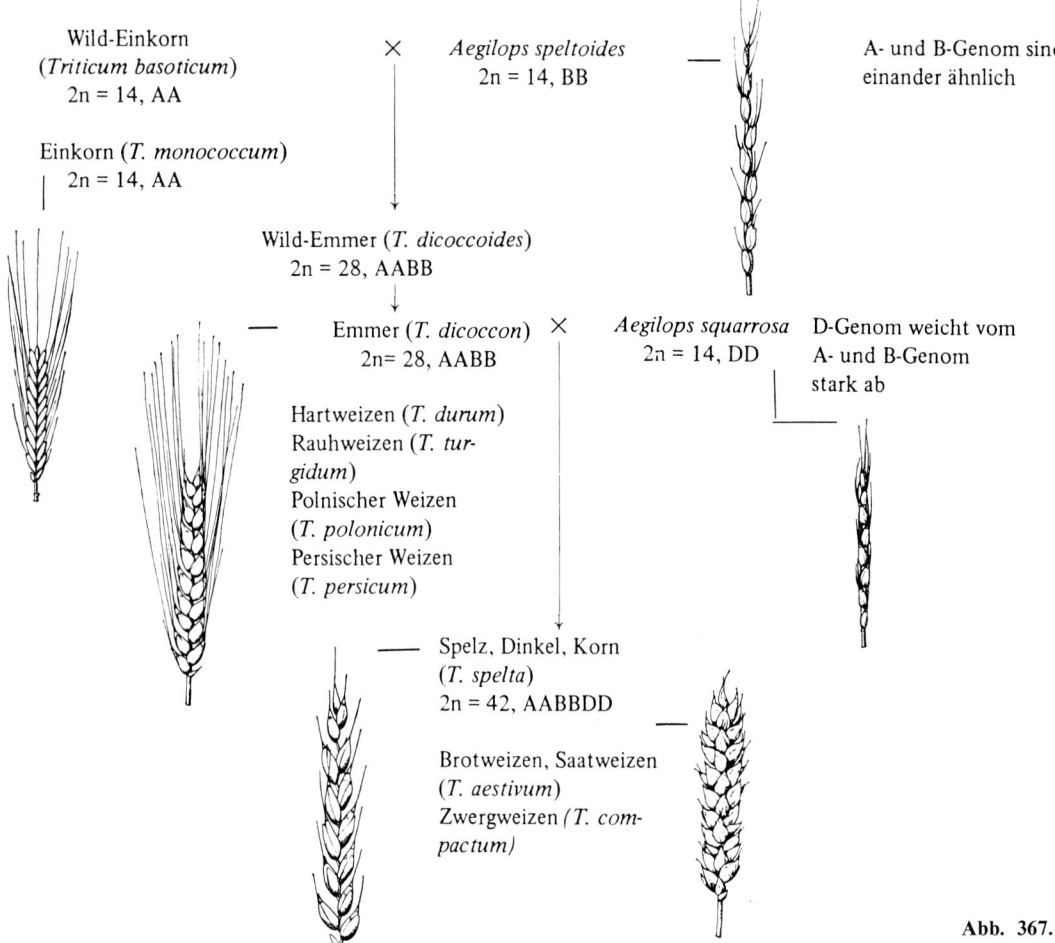

Wild-Einkorn
(*Triticum basoticum*)
2n = 14, AA   ×   *Aegilops speltoides*   —   A- und B-Genom sind
                                    2n = 14, BB   einander ähnlich

Einkorn (*T. monococcum*)
| 2n = 14, AA

                              Wild-Emmer (*T. dicoccoides*)
                              2n = 28, AABB

              —   Emmer (*T. dicoccon*)   ×   *Aegilops squarrosa*   D-Genom weicht vom
                   2n= 28, AABB   2n = 14, DD   A- und B-Genom
                                                                             stark ab

Hartweizen (*T. durum*)
Rauhweizen (*T. tur-
gidum*)
Polnischer Weizen
(*T. polonicum*)
Persischer Weizen
(*T. persicum*)

              —   Spelz, Dinkel, Korn
                   (*T. spelta*)
                   2n = 42, AABBDD

                   Brotweizen, Saatweizen
                   (*T. aestivum*)
                   Zwergweizen *(T. com-
                   pactum)*

Abb. 367. Schema zur Entstehung des Kulturweizens. Figuren ×0,5

noch immer in Kultur sind. Aus dem angebauten Emmer-Weizen ging später, wahrscheinlich vor etwa 5000 Jahren, der hexaploide Weizen (*T. spelta*) hervor und zwar durch Einkreuzung mit *Aegilops squarrosa,* der eine Chromosomenverdoppelung folgte. Aus dem Spelzweizen mit dem Genom AABBDD, haben sich später andere hexaploide Weizen differenziert, zum Beispiel Saatweizen (*T. aestivum*). Nichts deutet darauf hin, daß die hexaploiden Weizen mehr als einen Ursprung besitzen. Allerdings kann polyphyletische Entstehung nicht ausgeschlossen werden.

Einkorn ist ein primitiver Weizen mit einer Blüte pro Ährchen. Die Wildpflanze (*T. baeoticum*) kommt in Kleinasien vor, wurde aber früh als *T. monococcum* im südwestlichen Asien (Kurdistan) und während der Jungsteinzeit auch in Europa angebaut. Einkorn wird noch immer in Gebirgsgegenden Südeuropas als Futterpflanze genutzt.

Emmer hat zwei Blüten pro Ährchen und wächst wild als (*T. dicoccoides*) in Kleinasien. Er wurde in Babylonien angebaut und war bis zum Beginn unserer Zeitrechnung die dominierende Getreideart in Vorderasien und Ägypten. Emmer wurde früher auch in Schweden verwendet und wird es weiterhin in den Gebirgsgegenden Süd- und Mitteleuropas, wie auch in der

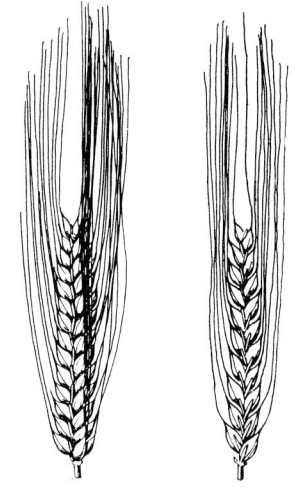

Abb. 368. *Links* Ähre der Sechszeiligen Gerste, ×0,5, und *rechts* der Zweizeiligen Gerste, ×0,4

Abb. 369. Roggenähre, ×0,5

Abb. 370. Hafer, ×0,3

UdSSR. Der Hartweizen (*T. durum*) wird bei der Herstellung von Teigwaren benutzt und im Mittelmeergebiet, Amerika und Indien angebaut. Polnischer Weizen (*T. polonicum*) weicht morphologisch von den anderen Arten sehr stark ab und wird in Spanien, Italien und Äthiopien angebaut.

Spelz (= Dinkel, *T. spelta*) hat eine zerbrechliche Ährenspindel und festsitzende Spelzen. Er wurde während der Jungsteinzeit in Schweden angebaut und wird es heute noch vereinzelt in Süddeutschland und der Schweiz. Der Saatweizen (*T. aestivum*) gehört zur „Spelzgruppe" und ist jetzt der wichtigste Weizen.

Gerste (*Hordeum*) ist eine alte Kulturpflanze, wahrscheinlich älter als der Weizen. Sie ist vielleicht die Pflanze, die zu allererst angebaut wurde. In Europa gab es während der Jungsteinzeit mindestens drei Sorten. Ihr Ursprung ist unsicher. Zwei Sippen der Gerste, beide autogam, werden weithin angebaut:

Sechszeilige Gerste (H. vulgare) besitzt eine Ähre mit 6 Reihen Ährchen. Die drei einblütigen Ährchen auf beiden Seiten der Ährenachse sind fertil. Sowohl diploide als auch tetraploide Vertreter kommen vor.

Zweizeilige Gerste (H. distichon) hat eine Ähre mit zwei entwickelten Reihen Ährchen. Nur eines der drei Ährchen auf beiden Seiten der Ährenachse ist nämlich fertil. Die Zweizeilige Gerste weist einen diploiden Chromosomensatz auf.

Die Gerste hat eine größere ökologische Toleranz als die übrigen Getreidearten und kann bis zum 70. Breitengrad und höher im Gebirge (bis 4800 m) angebaut werden. Der Anbau in Schweden (als Sommer- oder Wintergerste) ist zurückgegangen, wurde aber in anderen Gebieten ausgeweitet.

Große Anbaugebiete findet man unter anderem in der Sowjetunion, China, Frankreich, Kanada, USA und England.

Die Gerste, die im Gegensatz zum Weizen kein Gluten enthält, wird als Futter, zur Herstellung von Malz (meist die Zweizeilige), für Brot (meist die Sechszeilige) und als Ausgangsprodukt in Brennereien verwendet.

Roggen (Secale cereale) ist eine vergleichsweise junge Kulturpflanze (ca. 2000 Jahre). Er stammt wahrscheinlich vom Wildroggen in Kleinasien (eventuell Kaukasus) ab. Der Roggen war den Griechen und Römern bekannt. Er wurde aber nur in unbedeutendem Ausmaße angebaut. Früheste Funde in Mitteleuropa gehen in die Eisenzeit zurück. Er soll als Getreideunkraut hierher mitgeschleppt worden sein.

Der Roggen ist diploid und im Gegensatz zu Weizen und Gerste allogam. Er bleibt somit beim Anbau nicht erbkonstant.

Roggen ist hauptsächlich ein nordeuropäisches Getreide (92% der Weltproduktion) und wird vor allem zu Brot verarbeitet.

Hafer (Avena sativa) ist ebenfalls eine vergleichsweise junge Kulturpflanze (ca. 2000 Jahre). In Mitteleuropa gehen die Funde wie beim Roggen auch bis zur Eisenzeit zurück. Über seine Herkunft bestehen verschiedene Auffassungen.

Große Anbaugebiete finden sich in den USA, der Sowjetunion, Kanada, Polen, Deutschland und Frankreich.

Hafer wird meist als Futter verwendet, ein Teil jedoch als Nahrung (Graupen, Haferflocken).

Mais (Zea mays) wurde bereits in vorhistorischer Zeit (mindestens seit 2000 Jahren) in Süd- und Mittelamerika allgemein angebaut. Die Geschichte des Mais ist etwas unklar; wahrscheinlich stammt er aus dem tropischen Amerika, möglicherweise Mexiko, wo es eine nah verwandte Sippe gibt (*Euchlaena mexicana*).

Mais hat getrennte männliche und weibliche Ähren, ist allogam und wurde sehr stark verändert, vor allem mit der Methode der Kreuzung von Inzuchtlinien. Dadurch erhielt man den *Hybridmais,* der heute in den Anbaugebieten z. B. der USA und Mexikos der wichtigste Maistyp überhaupt ist. Es gibt mehrere unterschiedliche Maissorten, wie Futtermais, Körnermais, Zuckermais etc. Mais wurde von Kolumbus nach Europa gebracht und wird jetzt weltweit angebaut. Große Anbaugebiete findet man in den USA (vor allem zwischen 50° und 40° nördlicher Breite), Brasilien, Mexiko, Sowjetunion, China, Indien und Argentinien.

Mais wird als Futter, zur Nahrung (Brot, Flocken) und als Gemüse verwendet.

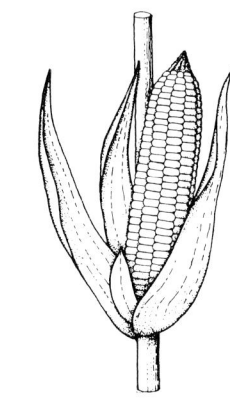

Abb. 371. Maiskolben, ×0,2

Reis (Oryza sativa) wird seit mindestens 6000 Jahren angebaut und ist für die Hälfte der Erdbevölkerung ein unentbehrliches Grundnahrungsmittel. Er ist einjährig, die Sortenvielfalt groß. Man kann zwei Haupttypen unterscheiden: Bergreis und Sumpfreis. Der letzte Typ ist der wichtigste. Reis stellt erhebliche Anforderungen an die Feuchtigkeit und ist vom Niederschlag (Monsungegenden) oder von künstlicher Bewässerung abhängig. Sumpfreis wird in Gebieten angebaut, die relativ einfach unter Wasser gesetzt werden können.

Es gibt große Unterschiede zwischen alten und neuen Anbautechniken. Reisanbaugebiete sind stets dichtbevölkerte Gegenden. Reis kommt auf allen Kontinenten vor, doch stammen ungefähr 80% der Produktion von den alten „Reisländern". In der Regel ergibt der Reis 2–4 Ernten pro Jahr.

Länder mit bedeutendem Reisanbau sind China, Indien, Japan, Indonesien, Thailand, Brasilien, USA, Ägypten, Pakistan, Iran und Italien.

Reis kann mehr oder weniger glutenhaltig sein und wird in Körnerform, aber nicht als Brotgetreide, für die menschliche Ernährung verwendet. Die Körner können unpoliert oder poliert sein. Im letzteren Falle ergeben sie eine einseitige Ernährung. Reis enthält ca. 75% Stärke und ca. 8–10% Protein, aber nahezu kein Fett.

Abb. 372. Reis, ×0,2

Hirse. Der Name ist eine Sammelbezeichnung für eine große Zahl von Gräsern, die unterschiedlichen Gattungen angehören (*Panicum, Setaria, Pennisetum* etc.). Alle sind alte Kulturpflanzen und stammen wahrscheinlich aus Asien, wo sie seit mindestens 5000 Jahren angebaut werden. Ungefähr ein Drittel der Erdbevölkerung verwendet Hirse regelmäßig als Nahrungsmittel. In Indien ist sie z. B. ähnlich wichtig wie der Weizen in Europa.

Es gibt mehrere unterschiedliche Sippen, z. B. Echte Hirse, Bluthirse, Negerhirse, Perlhirse und Kolbenhirse. Große Anbaugebiete sind in Westafrika, Indien, Ostasien, Südeuropa und der Sowjetunion vorhanden. Hirse wird auch als Futterpflanze verwendet.

Durra (Sorghum bicolor) ist eine alte Kulturpflanze (mindestens seit 4000 Jahren in Kultur). Sie stammt aus Afrika. Von dort verbreitete sie sich auch in andere tropische und gemäßigte Gegenden. Vor allem in Afrika bildet Durra eine wichtige Ernährungsgrundlage.

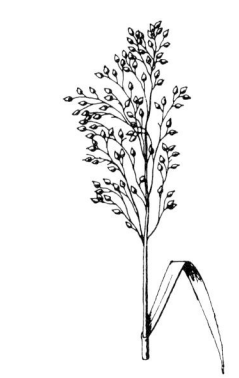

Abb. 373. Hirse, ×0,2

Verschiedene Varietäten sind bekannt. Als Beispiele können Echte Durra, Besendurra und Zuckerdurra angeführt werden.

Dura wird in den USA, Asien, Afrika und Südeuropa angebaut. Sie wird zur Ernährung, als Futterpflanze etc. verwendet.

Abb. 374. Durra, ×0,15

Andere Kohlenhydratpflanzen

Die Getreidearten sind die wichtigsten Lieferanten von Kohlenhydraten, doch werden auch verschiedene andere Pflanzen wegen ihres großen Stärke- und Zuckergehaltes angebaut.

Kartoffel (Solanum tuberosum). Sie wurde von den Inkas in Südamerika angebaut und von dort kam sie im 16. Jahrhundert nach Europa. Seither wurde sie von hier aus über alle Erdteile verbreitet. Die Kartoffel ist tetraploid (2n = 48), die Sortenvielfalt groß. Sie wurde intensiv veredelt (Abb. 185).

In Bezug auf den Nährwert hat die Kartoffelernte der Welt den vierten Rang hinter Weizen, Reis und Mais. Das Anbaugebiet erstreckt sich vom Äquator bis 70° N. Ungefähr 90% der Anbaufläche liegt in Europa.

Kartoffeln werden verwendet als Nahrungsmittel, Futter, zur Herstellung von Stärke und Branntwein etc. Sie enthalten ca. 18% Stärke, 2% stickstoffhaltige Verbindungen, 1,5% Zucker, 78% Wasser und Vitamin C.

Batate (Süßkartoffel, *Ipomoea batatas*) stammt aus Peru. Von dort verbreitet sie sich über das ganze tropische Gebiet. Zusammen mit Maniok ist sie in diesen Gegenden eine der wichtigsten Kulturpflanzen und ersetzt sozusagen die Kartoffel.

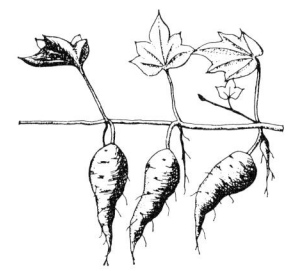

Abb. 375. Batate, ×0,1

Besonders wichtig ist sie in China, Westafrika, Japan, Indonesien und Brasilien. Die Wurzelknollen dienen vor allem der menschlichen Ernährung. Sie enthalten 20−25% Kohlenhydrate, davon 2−10% Zucker.

Maniok oder *Cassava (Manihot esculenta)* ist ursprünglich im tropischen Südamerika heimisch, hat sich aber von dort in die übrigen Gebiete ausgebreitet. Speziell wichtig ist sie in großen Teilen Südamerikas und Afrikas. Die Wurzelknollen enthalten 20% Stärke, aber zudem einen blausäurehaltigen Saft. Deshalb müssen sie vor der Verwendung als Nahrungsmittel oder der Zubereitung von *Tapioka*-Mehl gekocht, geröstet oder sonstwie ausgelaugt werden.

Taro (Colocasia esculenta) stammt aus Südostasien, ist aber jetzt in großen Teilen der Tropen verbreitet. Besonders wichtig ist er auf den Südseeinseln. Die Wurzelknollen enthalten bis zu 60% Stärke, aber auch Calciumoxalat. Sie müssen deshalb, bevor sie gegessen werden, gekocht oder geröstet werden.

Sagopalme (Metroxylon sagu) kommt auf Neuguinea und Indonesien wild vor. Der 10−15 m hohe Stamm enthält von der Blüte bis zu 400 kg stärkereiches, sogenanntes Sago, das für die Ernährung verwendet wird. Auch andere Palmen ergeben Sago. Falsches Sago wird aus Kartoffel- oder Tapioka-Mehl hergestellt.

Banane (Musa-Arten) ist eine mehrjähriges Riesenkraut mit dickem Rhizom und einander umfassenden Blattscheiden. Diese bilden einen hohlen Scheinstamm. Der Fruchtstand enthält 70−130 Bananen. Die Kulturbanane stammt aus dem tropi-

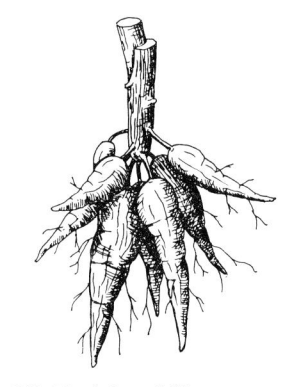

Abb. 376. Maniok, ×0,07

schen Asien. Sie ist eine sehr alte Kulturpflanze (mindestens 4000 Jahre), wahrscheinlich hybriden Ursprungs. Sie wird inzwischen in vielen Gebieten der Tropen angebaut.

Es gibt mehrere unterschiedliche Sorten, zum Beispiel Fruchtbananen, Mehlbananen und Zwergbananen.

Die wichtigsten Produktionsgebiete sind Brasilien, Zentralamerika, Mexiko, Ekuador und Jamaika, die zusammen ungefähr 65% der Welternte produzieren. Die unreife Banane enthält große Mengen an Stärke, die bei der Reife in Zucker übergeht (ca. 25%). Außer der Stärke enthält die Frucht Protein (5%) und Fett. Sie wird roh, geröstet oder gekocht verwendet.

Dattelpalme (Phoenix dactylifera) ist eine alte Kulturpflanze mit ungewissem Ursprung. In den Pflanzungen findet man meist nur einen männlichen auf hundert weibliche Bäume. Die Anbaugebiete liegen in den Oasen der sonnenwarmen trockenen Gürtel entlang der Wendekreise. Alte Kulturgebiete sind Nordafrika und südwestliches Asien. Von dort wurde sie in die neuen Anbaugebiete in Kalifornien, Arizona, Mexiko, Südafrika und Australien eingeführt. Die trockene Frucht enthält 50–60% Zucker und 7% Protein. Die Frucht ist ein wichtiges Nahrungsmittel. Sie wird auch für die Herstellung von Sirup- oder Alkohol verwendet.

Zuckerrohr (Saccharum officinarum) ist, wie die meisten Kulturpflanzen, wildwachsend nicht bekannt.

Zuckerrohr soll in Neuguinea aus der Art *Saccharum robustum* entstanden sein und seit mindestens 2000 Jahren angepflanzt werden. Es wird ein- oder mehrjährig angebaut und ist der Zuckerlieferant der Tropen. Wichtige Anbaugebiete liegen in Indien, Brasilien, Kuba, Mexiko, Pakistan, China, USA und Australien.

Der untere Teil des Halmes ist mit einem zuckerreichen Mark gefüllt (bis zu 20% Zucker).

Zuckerrübe (Beta vulgaris ssp. *esculenta* var. *altissima)* ist eine sehr junge Kulturpflanze (gegen Ende des 18. Jahrhunderts in Kultur genommen), deren Ursprung strittig ist. Sie stammt eventuell aus Vorderasien. Die Zuckerrübe ist zweijährig, wird aber im ersten Jahr geerntet. (Abb. 181).

Die Zuckerrübe wird vor allem in der Sowjetunion, USA, Deutschland und Frankreich angepflanzt. Im Welthandel ist sie allerdings von geringerer Bedeutung als das Zuckerrohr.

Der Zuckeranteil betrug zu Beginn der Kultivierung 5–7%, konnte aber durch Züchtungsarbeit auf 15–20% gesteigert werden.

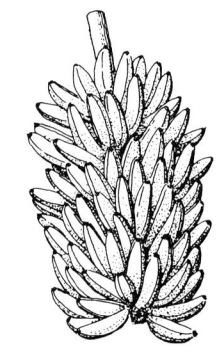

Abb. 377. Banane, Fruchtstand, ×0,04

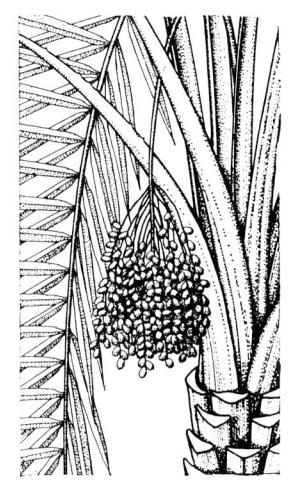

Abb. 378. Dattelpalme, Fruchtstand, ×0,06

Fettliefernde Pflanzen

Fett kommt in Form von kleinen Öltröpfchen vor allem in den Früchten und Samen vor, findet sich aber auch in anderen Organen.

Es wird häufig zwischen flüssigen Ölen und festen Fetten unterschieden. Die beiden haben verschiedene Anwendungsgebiete. Lein, Walnuß und Soja ergeben z. B. flüssige Öle, während die meisten der unten angeführten Arten Fette liefern.

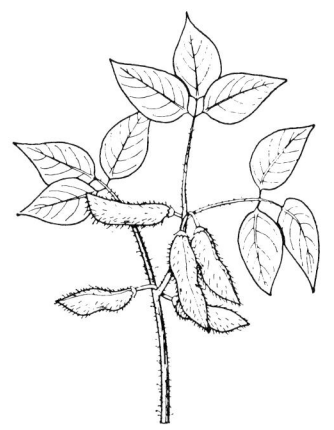

Abb. 379. Sojabohne, ×0,07

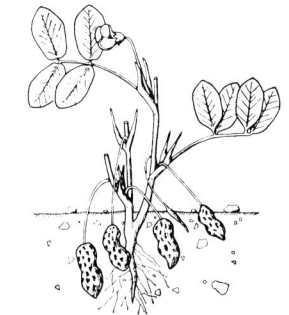

Abb. 380. Erdnuß, ×0,1

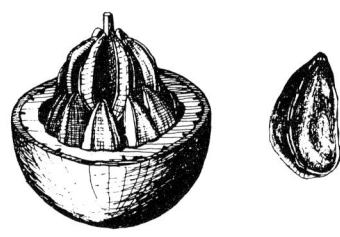

Abb. 381. Paranuß, *links* geöffnete Kapsel; *rechts* Samen, ×0,6

Abb. 382. Pekannuß, *links* Nuß; *rechts* Samen, ×0,5

Kokospalme (Cocos nucifera) ist eine Charakterart der tropischen Küstengebiete und stammt wahrscheinlich aus dem südöstlichen Asien (Abb. 346). Sie wird 4−6mal im Jahr geerntet und ergibt 30−60 Früchte pro Baum und Jahr.

Die Handelsware, *Kopra,* enthält bis zu 70% Fett und 26% Protein und Kohlenhydrate. Kopra gehört weltweit zu den wichtigsten Rohwaren für die Fettherstellung. 3/4 der gesamten Kopraproduktion kommen aus Asien. Wichtige Produktionsgebiete sind die Philippinen, die Ostindischen Inseln, Ceylon und Mittelamerika.

Alle Teile der Kokospalme sind nutzbar. Außer als Rohware für die Fettherstellung wird sie für Futter, zur Nahrung, Herstellung von Geräten und als Baumaterial genutzt.

Ölpalme (Elaeis guineensis). Die Ölpalme stammt aus Westafrika, wurde aber auch in andere Gebiete eingeführt. Jeder Baum produziert 1200−1600 Früchte pro Jahr (200−300 kg). Die wichtigsten Anbaugebiete sind Westafrika, Sumatra und Java.

Die Frucht enthält 15−25% Fett und ist unter anderem Rohware für die chemisch-technische Industrie.

Ölbaum (Olea europaea). Der Ölbaum ist seit mindestens 4000 Jahren in Kultur und im Mittelmeergebiet heimisch. Wichtige Anbaugebiete liegen in Südeuropa, Nordafrika, der Türkei und Kalifornien. Für die Herstellung von Olivenöl wird die Frucht verwendet. Das Öl wird in der chemisch-technischen Industrie und als Nahrungsmittel genutzt. Preßreste ergeben Viehfutter.

Sojabohne (Glycine max) ist eine mindestens 5000 Jahren alte Kulturpflanze und stammt aus Ostasien. Der Anbau in Europa und Amerika ist jung. Wichtige Anbaugebiete sind Ostasien und Amerika. Die USA allein produzieren inzwischen mehr als die halbe Welternte.

Die Samen enthalten unter anderem 35−50% Protein, 15−20% Fett und 20% Kohlenhydrate. Sie dienen der Ernährung oder als Viehfutter (Silage, Futterkuchen) und als Rohware für die chemisch-technische Industrie etc.

Erdnuß (Arachis hypogaea) soll aus dem tropischen Südamerika stammen. Große Anbaugebiete liegen in Indien, China, Ost- und Westafrika, den USA und Indonesien. Die Samen können bis zu 50% Öl und etwa 30% Protein enthalten. Man gewinnt aus ihnen Öl und verwendet sie als Nahrungsmittel und Viehfutter (Preßreste).

Paranuß (Bertholletia excelsa). Der Brasil- oder Paranußbaum wächst wild in den südamerikanischen Regenwäldern. Eigene Plantagen gibt es aber nicht. Die dreikantigen „Paranüsse", die, richtiger bezeichnet, in einer Kapsel gebildete hartschalige Samen sind, enthalten 60−70% Fett und ca. 15−18% Protein. Sie werden entweder direkt gegessen oder für die Herstellung von Speiseöl verwendet.

Walnuß (Juglans regia). Der Walnußbaum wächst wild vom Balkan bis zum Himalaya. Er wird in großen Mengen in Südeuropa und inzwischen auch in Kalifornien angebaut. Die Walnuß ist eigentlich eine Steinfrucht und enthält ca. 60% Fett. Sie wird vor allem gegessen, aber auch als Rohmaterial in der chemisch-technischen Industrie, z. B. für die Herstellung von hochwertigen Malfarben, verwendet.

Pekannuß (Carya illinoensis). Der Pekannußbaum stammt aus den südöstlichen USA bis Mexiko und wird jetzt in vielen Gebieten der USA angebaut. Der Fettgehalt der Pekannuß ist höher (> 70%) als der anderer Öl-Pflanzen. Sie wird in erster Linie als Nahrungsmittel verwendet, liefert aber auch Pekanöl.

Mandelbaum (Prunus dulcis). Der Mandelbaum stammt aus Asien und wird inzwischen vor allem im Mittelmeergebiet und Kalifornien, aber auch in Japan, China, Australien und Südafrika angebaut.

Die Frucht ist eine Steinfrucht, deren Samen, die Mandeln, 40–55% Fett und ca. 25% Protein enthalten. Man unterscheidet zwischen Süß- und Bittermandeln. Die letzteren bilden leicht Blausäure. Mandeln verwendet man beim Kochen, ihr Öl in der chemisch-technischen Industrie und bei der Herstellung von Süßigkeiten (Marzipan) und Parfums.

Hasel (Corylus avellana). Die Hasel wächst wild in vielen Gebieten Europas und Kleinasiens. Die wichtigsten Produktionsländer sind die Türkei, Spanien und Italien. Haselnüsse enthalten 60–80% Fett. Sie werden roh gegessen, in der Küche verwendet und dienen als Rohmaterial in der chemisch-technischen Industrie.

Sonnenblume (Helianthus annuus). Stammt aus Amerika und ist in der Sowjetunion die wichtigste Ölpflanze. Eine große Bedeutung hat sie auch in Argentinien, Ungarn, auf dem Balkan und in Italien. Der Fettgehalt liegt bei ungefähr 50%. Die Sonnenblume ist eine wichtige Rohware in der chemisch-technischen Industrie, ergibt aber auch Viehfutter.

Baumwolle (Gossypium). Die Vertreter sind wichtige Lieferanten von Baumwollsamenöl (vgl. auch Faserpflanzen S. 200). Die Samen enthalten 15–25% Fett und sind für die chemisch-technische Industrie eine bedeutende Rohware. Preßreste ergeben Futterkuchen.

Die oben angeführten Ölpflanzen sind hauptsächlich tropisch oder subtropisch. In der letzten Zeit haben jedoch auch Arten gemäßigter Breiten eine immer größere Bedeutung als Öllieferanten erlangt; Beispiele sind Raps, Rübse, Weißer Senf, Öllein und Mohn.

Sowohl Raps und Rübsen als auch Schwarzer Senf gehören zur Gattung *Brassica*, die aufgrund der Züchtungsarbeiten innerhalb der Gattung von besonderem Interesse ist. Die Übersicht unten zeigt den genetischen Zusammenhang zwischen einigen *Brassica*-Arten.

Raps (Brassica napus var. *oleifera)* ist eine junge Kulturpflanze hybriden Ursprungs und einer intensiven Züchtung unterworfen. Die herausragendsten Produktionsgebiete sind Indien und China. Der Fettgehalt liegt ungefähr zwischen 30–40%. Das Öl, das durch Pressen gewonnen wird, wird in der Lebensmittel- und der chemisch-technischen Industrie verwendet. Die Preßreste ergeben Futterkuchen.

Rübsen (Brassica rapa var. *oleifera)*. Rübsen ist von geringerer Bedeutung als Raps, doch ist im Vergleich zu ihm der Anbau weiter nördlich möglich. Der Ölgehalt beträgt 30–40%.

Öllein (Linum usitatissimum). Lein ist eine alte Kulturpflanze und zwar ca. 5000 Jahre. Eine zufriedenstellende Kombination von Öllein und Faserlein (S. 200) scheint nicht möglich zu sein. Lein wird in wärmeren Gebieten, vor allem in Argentinien, aber auch in den USA, der Sowjetunion und Indien angebaut.

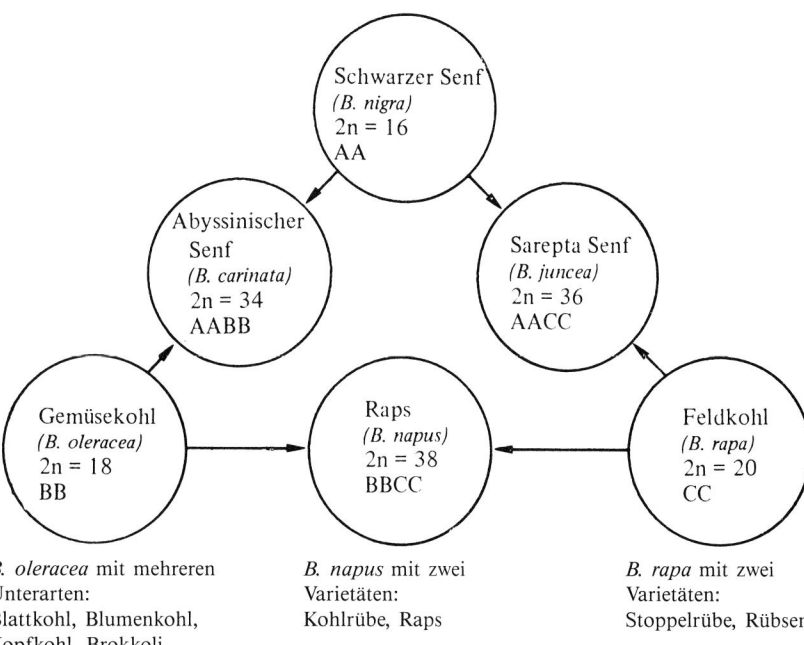

Abb. 383. Genetische Beziehungen verschiedener *Brassica*-Arten

B. oleracea mit mehreren Unterarten: Blattkohl, Blumenkohl, Kopfkohl, Brokkoli, Rosenkohl, Wirsing

B. napus mit zwei Varietäten: Kohlrübe, Raps

B. rapa mit zwei Varietäten: Stoppelrübe, Rübsen

Die Samen enthalten unter anderem 38−45% Fett und 20−38% Proteine und ergeben Leinöl und Futterkuchen.

Gemüsepflanzen

Anschließend folgt eine Tabelle mit den wichtigsten Gemüsepflanzen, ihrer Herkunft, dem Alter der Kultur, sowie der Teile, die verwendet werden. Mehrere sind sowohl frisch als auch konserviert oder als Gefriergut von Bedeutung.

Tabelle 3. Gemüsepflanzen

Art	Herkunft	Anbaualter	verwendete Teile
Kohlrübe (*Brassica napus* var. *napobrassica*)	hypridogen (s. Abb. 383), Nordeuropa	relativ alt	Wurzel
Karotte (*Daucus carota*)	hybridogen Südeuropa	mehr als 2000 Jahre	Wurzel
Pastinak (*Pastinaca sativa*)	Südeuropa	ca. 2000 Jahre	Wurzel
Rettich (*Raphanus sativus* var. *niger*)	Westl. Asien	mehr als 2000 Jahre	Wurzel
Schwarzwurzel (*Scorzonera hispanica*)	Süd- und Mitteleuropa − Westasien		Wurzel
Sellerie (*Apium graveolens*)	Süd- und Westeuropa	mehr als 4000 Jahre	Wurzel resp. Blattstiel
Rote Beete (*Beta vulgaris* ssp. *esculenta* var. *conditiva*)	umstritten (vgl. Zuckerrübe S. 190)	relativ jung; in Kultur in Mitteleuropa seit dem 16. Jahrhundert	(Wurzel+) Stammteil
Radieschen (*Raphanus sativus* var. *radicula*)	Westl. Asien	mehr als 2000 Jahre	Stammteil
Zwiebel (*Allium cepa*, und mehrere unterschiedliche Arten)	Zentrales oder Westl. Asien (wildwachsend nicht gefunden)	mehr als 4000 Jahre	Zwiebel (s. S. 123)
Knoblauch (*Allium sativum*)	Asien	mehr als 4000 Jahre	Zwiebel

Tabelle 3 (Fortsetzung)

Art	Herkunft	Anbaualter	verwendete Teile
Topinambur (Helianthus tuberosus)	Nordamerika	alt in Kultur; in Europa im 17. Jahrh.	angeschwollene Enden des Rhizoms
Spargel (Asparagus officinalis)	Süd- und Westeuropa	mehr als 2000 Jahre	Unterirdische Sprosse
Fenchel (Foeniculum vulgare var. azoricum)	Südeuropa	mehr als 4000 Jahre	angeschwollene Stammbasis, Blattscheiden und basale Blattstiele
Kresse (Lepidium sativum)	Nordöstliches Afrika – Vorderasien		Keimblätter + junge Sprosse
Mangold (Beta vulgaris ssp. cicla)	umstritten (vgl. Zuckerrübe S. 190)	junge Kulturpflanze	basaler Teil des Blattstieles oder Blatt
Lauch (Allium porrum)	Mittelmeergebiet (ev. Zentralasien)	sehr lang in Kultur	basale Blattscheiden
Schnittlauch (Allium schoenoprasum)	Mitteleuropa		Blatt
Spinat (Spinacia oleracea)	West- und Zentralasien	relativ jung; nach Mitteleuropa im 15. Jahrhundert eingeführt	Blatt
Kopfsalat (Lactuca sativa)	Südeuropa – Westasien	mehr als 2000 Jahre; nach Mitteleuropa im 17. Jahrh.	Blatt
Zichoriensalat (Cichorium intybus var. foliosum)	Europa	in Kultur seit dem 13. Jahrh.	Blatt
Endiviensalat (Cichorium endivia)	Europa	mehr als 4000 Jahre	Blatt
Kohl, mehrere Unterarten (Brassica oleracea)	Süd- und Westeuropa		
Kohlkopf, Weißkohl, Rotkohl (ssp. capitata)		mehr als 4000 Jahre	Blatt (sehr dicht sitzend und einen Kopf bildend)
Blattkohl, Grünkohl (ssp. acephala)		mehr als 4000 Jahre	Blatt
Wirsing (ssp. sabauda)			Blatt (ähnlich Kopfkohl, aber weniger dicht sitzend)
Rosenkohl (ssp. gemmifera)	Belgien	entstand um 1780	Seitenknospen des Strunkes
Blumenkohl (ssp. botrytis)	erbliche Mißbildung	mehr als 4000 Jahre	angeschwollener, deformierter Blütenstand
Brokkoli (ssp. botrytis)		mehr als 4000 Jahre	ähnlich wie Blumenkohl, aber weniger dicht
Rhabarber (Rheum rhaponticum)	Zentralasien	jung, in Schweden seit etwa 100 Jahren	Blattstiele
Artischocke (Cynara scolymus)	Mittelmeergegend	mehr als 2000 Jahre	Blütenstandsachse und basale Teile der Hochblätter
Avocado (Persea americana)	tropisches Amerika	sehr lang in Kultur	Frucht
Gurke (Cucumis sativus)	Nordindien	mehr als 4000 Jahre	Frucht
Paprika (Capsicum annuum)	Südamerika	lang in Kultur	Frucht
Kürbis (Cucurbita pepo)	Amerika	ca. 4000 Jahre	Frucht
Tomate (Lycopersicon esculentum)	Westl. Südamerika	jung; nach Europa im 16. Jahrh., allgemein aber erst gegen Ende des 19. Jahrh.	Frucht
Aubergine (Solanum melongena)	Ostindien	relativ jung in Kultur	Frucht
Bohnen, mehrere Sorten (Phaseolus vulgaris)	Südamerika	3000–4000 Jahre; nach Europa im 16. Jahrhundert	Frucht, Samen
Erbsen, mehrere Sorten (Pisum sativum)	Südeuropa	mindestens 2000 Jahre; in Schweden seit dem 13. Jahrhundert	Frucht, Samen
Saubohne (Vicia faba)	Mittelmeergegend	mehr als 4000 Jahre	Samen
Linse (Lens culinaris)	Vorderasien	mehr als 4000 Jahre	Samen

Zu den Gemüsepflanzen kann man sicherlich auch noch ein paar weitere zählen, die hier unter einer anderen Rubrik behandelt werden, z. B. Kartoffel, Batate, Maniok und Taro (S. 189).

Früchte-liefernde Pflanzen

Die Anzahl der eßbaren Früchte ist sehr groß. Deshalb kann hier nur eine Auswahl vorgestellt werden. Tropische oder subtropische Früchte wie Avocado, Kaki, Cherimoya, Kiwi, Mango, Papaya etc. wurden nicht mitaufgenommen, aber es sei darauf hingewiesen, daß diese auch bei uns eine immer größere Bedeutung erlangen, vor allem wegen verbesserter Kühltechniken während des Transportes. Aus diesem Grunde wird sich sicher auf dem Markt das Sortiment der Früchte in den nächsten Jahrzehnten weiter verändern.

Citrus-Früchte. Diese sind in der Regel seit langem in Kultur. Hunderte von Sorten sind beschrieben worden, aber nur wenige sind von wirtschaftlicher Bedeutung. *Citrus*-Plantagen gibt es seit etwa 60 Jahren. Für den Welthandel wichtige liegen in den USA, den Mittelmeerländern, Westindien, Argentinien, Südafrika und Australien. Die Früchte, mehrfächerige Beeren, sind reich an Vitamin C. Einige der *Citrus*-Arten werden unten angeführt:

Orange (C. sinensis) wird seit mindestens 3000 Jahren angepflanzt und ist wahrscheinlich in China heimisch.
Es gibt mehrere Varietäten. Die Orange wurde im 15. Jahrhundert in Europa eingeführt.

Mandarine (C. reticulata) stammt wahrscheinlich aus Südostasien und wurde erst im 19. Jahrhundert in Europa eingeführt.
Es gibt mehrere Sorten, wovon eine, die Clementine anscheinend in junger Zeit in Algerien entstand. Die Clementinen sind kernfrei.

Grapefruit (C. paradisi) entstand möglicherweise als Hybride aus Orange und Pampelmuse (*C. grandis*), eventuell in Westindien. Sie ist eine junge Kulturpflanze, angebaut seit etwa den 1850er Jahren.

Zitrone (C. limon) ist seit langem in Kultur, mindestens 4000 Jahre, und stammt wahrscheinlich aus dem südöstlichen Asien.

Aprikose (Prunus armeniaca) wird seit mindestens 4000 Jahren angepflanzt. Sie ist in Turkestan heimisch, woher sie vor angefähr 2000 Jahren nach Europa eingeführt wurde. Wichtigstes Exportgebiet ist Kalifornien.

Pfirsich (*Prunus persica*) stammt aus China und ist wahrscheinlich länger in Kultur als die Aprikose. Die Sortenvielfalt ist sehr groß. Große Kulturen liegen im Mittelmeergebiet, Südafrika, den USA, Australien und China.

Die *Nektarine* ist eine glattschalige Pfirsichmutante.

Feige (Ficus carica). Die Herkunft der Feige ist umstritten; die nächsten Verwandten wachsen im Mittelmeergebiet. Die Pflanze gehört dort zu den ältesten Kulturpflanzen. Die Blüten- und Bestäubungsverhältnisse sind kompliziert. Wichtigstes Exportland ist die Türkei, aber auch Israel führt viel aus.

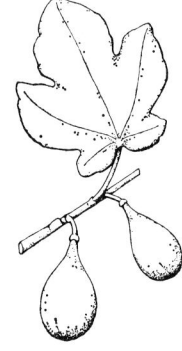

Abb. 384. Feige, ×0,2

Ananas (Ananas comosus) ist in Brasilien heimisch. Sie wurde dort bei der Ankunft der Europäer schon angebaut. Die Ananas wird heute in den gesamten Tropen angepflanzt; aber 75 – 80 % des Weltmarktes kommen von Hawai.

Unten folgt eine tabellarische Übersicht mit den in Mitteleuropa allgemein angebauten Fruchtpflanzen. Sie gehören zu ganz wenigen Familien: Rosaceae, Saxifragaceae und Cucurbitaceae. Die bereits erwähnten sind nicht wieder aufgeführt.

Zu den Fruchtpflanzen können selbstverständlich auch Banane und Dattelpalme gerechnet werden, die auf den Seiten 185 – 190 bei den Kohlenhydratpflanzen beschrieben wurden, ebenso die Weinrebe, aufgeführt bei den Genußpflanzen (S. 198).

Abb. 385. Ananas, ×0,05

Tabelle 4. Fruchtpflanzen

Art	Herkunft	in Kultur
Apfel (Malus sylvestris)	mehrere Stammformen	mehr als 4000 Jahre
Birne (Pyrus communis)	hybridogen aus Asien	mehr als 4000 Jahre
Pflaume (Prunus domestica)	hybridogen aus Asien	mehr als 4000 Jahre
Süßkirsche (Prunus avium)	wild in ganz Europa und Westasien	mindestens 2000 Jahre
Sauerkirsche (Prunus cerasus)	hybridogen aus Vorderasien	mindestens 2000 Jahre
Erdbeere (Fragaria ananassa)	hybridogen. Entstand in Frankreich durch Kreuzung zweier amerikanischer Arten	ca. 250 Jahre
Stachelbeere (Ribes uva-crispa)	Europa (wildwachsend)	700 – 800 Jahre
Schwarze Johannisbeere (Ribes nigrum)	Kulturformen aus Holland	jünger als die Rote Johannisbeere (s. unten)
Rote Johannisbeere (Ribes rubrum)	wahrscheinlich hybridogen aus Europa	mit dem Anbau wurde im 15. Jahrhundert begonnen
Himbeere (Rubus idaeus)	Europa (wildwachsend)	Anbau begann im 17. Jahrhundert
Melone (Cucumis melo)	indischen oder afrikanischen Ursprungs	mindestens 3000 Jahre

Futterpflanzen

Futterpflanzen wie Hafer, Mais, Hirse und Durra wurden bereits erwähnt. Die wichtigsten außer diesen sind Timotheegras (*Phleum pratense*), Wiesenfuchsschwanz (*Alopecurus pratensis*), Wiesenrispe (*Poa pratensis*), Kammgras (*Cynosurus cristatus*), Wiesenschwingel (*Festuca pratensis*), Deutsches Weidelgras (*Lolium perenne*), Italienisches Raygras (*Lolium multiflorum*), Glatthafer (*Arrhenatherum elatius*), Knaulgras (*Dactylis glomerata*), Rotklee (*Trifolium pratense*), Weißklee (*Trifolium repens*), Schwedenklee (*Trifolium hybridum*), Luzerne (*Medicago sativa*), Futterwicke (*Vicia sativa*), Gelbe Lupine (*Lupinus luteus*), Esparsette (*Onobrychis viciifolis*), Runkelrübe (*Beta vulgaris* ssp. *esculenta* var. *campestris*) und Stoppelrübe (*Brassica rapa* var. *rapifera*).

Pflanzen als Gewürze, Genuß- und Arzneimittel

Gewürzpflanzen

Die Gewürzpflanzen enthalten charakteristische Geschmackstoffe, in der Regel ätherische Öle. Unten folgt eine Tabelle der wichtigsten Gewürzpflanzen mit ihrer Herkunft, der Zeit, seit der sie in Kultur sind, und welche Teile verwendet werden. Gewürze, wie zum Beispiel *Curry* oder *Chili* sind nicht mitaufgeführt, da sie aus Gewürzmischungen bestehen.

Tabelle 5. Gewürzpflanzen

Art	Herkunft	Alter der Kultur	Verwendeter Teil
Meerrettich (Armoracia rusticana)	Östliches Russland	lange in Kultur	Wurzel
Petersilie (Petroselium crispum)	Mittelmeergegend	ca. 2000 Jahre	Blatt, Wurzel
Lorbeer (Laurus nobilis)	Mittelmeergegend	mehr als 3000 Jahre	Blatt
Basilikum (Ocimum basilicum)	Indien – Afrika	lange in Kultur	Blatt, junger Sproß
Kerbel (Anthriscus cerefolium)	Südeuropa	sehr lange in Kultur	Blatt, junger Sproß
Estragon (Artemisia dracunculus)	Westasien	lange in Kultur	Blatt, junger Sproß
Echte Salbei (Salvia officinalis)	Mittelmeergebiet	lange in Kultur	Blatt, junger Sproß
Bohnenkraut (Satureja hortensis)	Mittelmeergebiet	lange in Kultur	Blatt, junger Sproß
Majoran (Origanum majorana)	Nordafrika – Indien	relativ jung in Kultur	Blatt, junger Sproß
Minze (Mentha-Arten)	Europa	lange in Kultur	Blatt, junger Sproß
Origano, Wilder Majoran (Origanum vulgare)	Nordafrika – Indien	ca. 2000 Jahre	Blatt, junger Sproß
Rosmarin (Rosmarinus officinalis)	Mittelmeergebiet	ca. 2000 Jahre	Blatt, junger Sproß
Thymian (Thymus vulgaris)	Mittelmeergebiet	lange in Kultur	Blatt, junger Sproß
Liebstöckel (Levisticum officinale)	Vorderasien		Blatt, junger Sproß
Dill (Anethum graveolens)	Mittelmeergebiet	mindestens 2000 Jahre	Blatt, Blütenstand, Frucht
Kapernstrauch (Capparis spinosa)	Mittelmeergebiet		Blütenknospen
Safran (Crocus sativus)	Östliche Mittelmeergebiete	3000 – 4000 Jahre	Narben des Stempels
Anis (Pimpinella anisum)	Östliche Mittelmeergebiete	mehr als 4000 Jahre	Frucht
Fenchel (Foeniculum vulgare)	Südeuropa	mehr als 4000 Jahre	Frucht
Kümmel (Carum carvi)	Europa	3000 – 4000 Jahre	Frucht
Schwarzer Senf (Brassica nigra)	Mittelmeergebiet	mindestens 2000 Jahre	Samen
Weißer Senf (Sinapis alba)	Mittelmeergebiet	mindestens 2000 Jahre	Samen
Ingwer (Zingiber officinale)	Südostasien	sehr lange in Kultur	Rhizom
Zimt (Cinnamomum ceylanicum)	Sri Lanka	ca. 5000 Jahre	Rinde
Gewürznelken (Eugenia caryophyllus)	Molukken	sehr lange in Kultur	Blütenknospen
Pomeranze (Citrus aurantiacum ssp. amara)	Indochina	lange in Kultur; nach Europa im 11. Jahrhundert	Fruchtschale
Pfeffer (Piper nigrum)	Südasien	3000 – 4000 Jahre	Steinfrucht (Weißer Pfeffer = Stein der reifen Frucht; schwarzer Pfeffer = halbreife ganze Frucht; grüner Pfeffer = frische Frucht in Essig eingelegt)
Cayennepfeffer, Paprika, Chilipfeffer, Tabasco (Capsicum-Arten)	Südamerika	lange in Kultur	Frucht
Piment, Nelkenpfeffer (Pimenta dioica)	Westindien	seit dem 16. Jahrhundert	Frucht
Muskat (Myristica fragrans)	Molukken	mehr als 2000 Jahre; nach Europa im 13. Jahrhundert	Arillus („Muskatblüte") Samen („Muskatnuß")
Vanille (Vanilla planifolia)	Mexiko	lange in Kultur	Frucht
Kardamom (Elettaria cardamomum)	Südasien	sehr lange in Kultur	Samen

Genußmittel- und Narkotikapflanzen

Kaffeebaum (Coffea arabica). Der Kaffeebaum wird seit höchstens 2000 Jahren angebaut und ist in Äthiopien heimisch. Als Getränk eroberte der Kaffee Europa und Ostindien im 17. Jahrhundert, Amerika und auch Schweden zu Beginn des 18. Jahrhunderts. Süd- und Mittelamerika liefern den größten Teil der Weltproduktion. Andere wichtige Produktionsgebiete sind West- und Zentralafrika.

Der wichtigste Bestandteil der Samen ist Koffein (1 – 2% im ungerösteten Kaffee); überdies enthalten sie Gerbsäure und Fett.

Auch andere *Coffea*-Arten (zum Beispiel *C. liberica* und *C. robusta*) werden angebaut, doch haben diese eine vergleichsweise geringe Bedeutung.

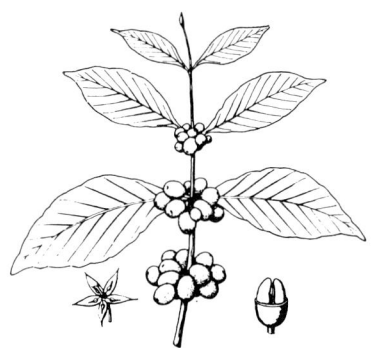

Abb. 386. Zweig des Kaffeebaums, ×0,15

Kakaobaum (Theobroma cacao). Der Kakaobaum wird seit mehr als 2000 Jahren angepflanzt. Die Art wächst wild in Südamerika (Amazonasgebiet). Wichtige Anbaugebiete liegen in Westafrika und Südamerika.

Die Samen enthalten circa 50% Fett, 4% Kakaopigment, 14% Kohlenhydrate, 14% Protein, 1,5% Theobromin etc. Aus den Samen wird Kakao und Kakaobutter (das Fett der Samen) hergestellt. Diese sind wichtige Rohwaren in der Süßwasser- und der chemisch-technischen Industrie.

Teestrauch (Camellia sinensis). Der Teestrauch ist in Südostasien oder eventuell in Südchina heimisch und wird wahrscheinlich seit 4000 Jahren angepflanzt. Er wurde im 17. Jahrhundert nach Europa eingeführt. Es gibt sehr viele verschiedene Sorten. Die hervorstechendsten Anbaugebiete liegen in Indien, Ceylon, Indonesien, China und Japan.

Abb. 387. Kakaobaum, Stamm mit Frucht, ×0,15

Die Blätter, die 2 – 5% Koffein (Thein) und 13 – 18% Gerbstoffe enthalten, werden vor der Verwendung auf verschiedene Weisen behandelt.

Weinrebe (Vitis vinifera). Die Weinrebe stammt aus Westasien-Mittelmeergebiet und ist sehr lange in Kultur, mindestens 4000 Jahre. Die Sortenvielfalt ist groß. Bedeutende Anbaugebiete liegen in Mitteleuropa, Südeuropa, Vorderasien, Südafrika, Kalifornien, Argentinien und Chile.

Die Weinbeeren werden als Früchte, frisch und getrocknet (Rosinen und Korinthen), verwendet, sind aber vor allem Ausgangsmaterial für die Wein- und Alkoholherstellung.

Hier darf auch angeführt werden, daß *Sulfitsprit* aus *Fichtenholz (Picea abies)* gewonnen wird. Dieser Sprit wird als Rohware bei der Alkoholherstellung verwendet.

Tabak (Nicotiana tabacum). Die Heimat des Tabaks ist das tropische Amerika, wo er wahrscheinlich seit mehr als 2000 Jahren angepflanzt wird. Im 16. Jahrhundert wurde er nach Europa eingeführt. Die wichtigsten Produktionsländer sind China, USA, Indien, Sowjetunion, Japan, Brasilien, Türkei und Kuba. Das Tabakblatt enthält 0,5 – 5% Nikotin.

Außer *N. tabacum* kann auch noch *N. rustica* erwähnt werden, die aber nur für die Nikotinherstellung genutzt wird.

Schlafmohn (Papaver somniferum) wird schon lange angebaut und soll aus dem Mittelmeergebiet stammen. *Opium*, eingetrockneter Milchsaft, wird durch Einritzen unreifer Früchte, der Kapseln, gewonnen. Von den rund 20 wirksamen Bestandteilen des Rohopiums ist das *Morphin* (vgl. S. 200) am besten bekannt.

Opium, Morphin und morphinähnliche Mittel wie z. B. *Morphinbase* und *Heroin* sind Narkotika, die Wahnvorstellungen hervorrufen. Die wichtigsten Anbaugebiete liegen in Indien, China, Kleinasien und auf dem Balkan.

Indischer Hanf (*Cannabis sativa* var. *indica).* Der Hanf stammt aus Westasien. In der gesamten Pflanze, aber vor allem in den weiblichen Blütenständen, wird unter tropischem oder subtropischem Klima ein harzähnlicher Stoff, *Cannabinol,* gebildet. Die Pflanzenteile werden als *Haschisch,* der narkotisierenden Wirkung wegen, geraucht. Andere Bezeichnungen sind *Marihuana, Bang, Gunjah* und *Churrus.* Indischer Hanf wird vor allem in Indien, China, Nordafrika und Mexiko angebaut.

Kokastrauch (Erythroxylum coca). Dieses Gewächs ist in den Anden heimisch. Das Blatt ist reich an narkotisierendem *Kokain,* welches eines der allerersten Lokalbetäubungsmittel in der Medizin war (vgl. S. 200). Wichtige Anbaugebiete liegen in Südamerika und Indien.

Pellote oder *Peyotl (Lophophora williamsii).* Diese Kaktee kommt in Mexiko und den südwestlichen USA vor. Die Pflanze enthält vier Alkaloide, wovon eines, *Meskalin,* narkotisierend ist.

Kathstrauch (Catha edulis). Der Strauch wächst wild in West- und Südafrika und enthält drei narkotisch wirksame Alkaloide (*Amphetamin*-ähnliche). Kauen der Blätter ist vor allem in Westafrika verbreitet.

LSD ist ein Narkotikum, das aus Mutterkornalkaloiden gewonnen wird. Es stammt also von Pilzen.

Medizinalpflanzen (Heilpflanzen)

Viele Pflanzen wurden und werden weiterhin als Heilpflanzen verwendet. Sie enthalten auf unterschiedliche Weise wirkende Stoffe, wie Alkaloide, Öle, Harze, Säuren, Gerbstoffe usw.

Von sehr großem Interesse sind weiterhin die in jüngerer Zeit entdeckten Antibiotika, z. B. *Penicillin* und *Streptomycin.* Das erstere wird aus einem Pinselschimmel (vgl. S. 67) und das letztere aus einem Strahlenpilz (*Streptomyces griseus*) gewonnen.

Unten wird eine Auswahl dieser Pflanzen wiedergegeben und, zur Orientierung, auch welche wirksamen Substanzen sie enthalten.

Tabelle 6. Medizinalpflanzen

Art	Wirksame Substanz
Tollkirsche (Atropa bella-donna)	Atropin, Hyoscyamin
Bilsenkraut (Hyoscyamus niger)	Atropin, Hyoscyamin, Scopolamin
Catharanthus (Catharanthus roseus)	Vincristin und andere
Meerträubchen (Ephedra sinica, E. distachya)	Ephedrin
Eucalyptus (Eucalyptus globulus)	Eucalyptusöl
Fingerhut (Digitalis purpurea)	Digitoxin
Kampferbaum (Cinnamomum camphora)	Kampfer
Chinarindenbaum (Cinchona-Arten)	Chinin
Kokastrauch (Erythroxylum coca)	Kokain
Brechnuß (Strychnos nux-vomica)	Strychnin, Brucin
Chondodendron (Chondodendron tomentosum)	Curare
Schlafmohn (Papaver somniferum)	Morphin, Narcotin, Codein, Papaverin, Thebain
Indische Schlangenwurzel (Rauwolfia-Arten)	Reserpin, Canescin und andere
Wunderbaum (Ricinus communis)	Rizinusöl
Stechapfel (Datura stramonium)	Hyoscyamin, Scopolamin
Strophanthus (Strophanthus hispidus)	Strophanthin

Faser-, kautschuk- und holzproduzierende Pflanzen

Faserpflanzen

Lein (Linum usitatissimum) wird als Faserpflanze seit 5000 Jahren angebaut. Die wahrscheinliche Stammart ist mehrjährig und kommt aus dem Mittelmeergebiet bis Westeuropa. In Schweden wurde Lein seit ungefähr dem 9. Jahrhundert angebaut; inzwischen wird er am meisten in Ost- und Westeuropa angepflanzt.

Hanf (Cannabis sativa) stammt aus dem westlichen Asien und ist seit 4000 Jahren in Kultur. Hanf wird vor allem in der Sowjetunion, Indien, Italien, Ungarn und Spanien angebaut. Eine Varietät (*Indischer Hanf*) ergibt ein Narkotikum (*Haschisch*) (s. S. 199).

Jute (Corchorus capsularis) stammt aus dem nordöstlichen Indien, wo sie schon sehr lange angepflanzt wird. Jute ist die wichtigste Faserpflanze Asiens.

Baumwolle (Gossypium) ist die wichtigste Textilpflanze der Welt. Die Baumwolle besteht aus den 20–60 mm langen Haaren der Samenschale.

Es gibt mehrere Arten (s. unten) und viele Formen. Wahrscheinlich ist die Baumwolle seit etwa 2000 Jahren in Kultur. Große Plantagen liegen in den tropischen und subtropischen Gebieten (zwischen 36° N und circa 30° S). Wichtige Produktionsländer sind die USA, China, die Sowjetuniuon, Indien, Brasilien, Mexiko und Ägypten. Außer der Baumwolle liefert die Pflanze Baumwollsamenöl und Futterkuchen (vgl. S. 192).

Westindische Baumwolle (G. barbadense). Wild wurde sie nie gefunden, sie stammt aber wahrscheinlich aus dem tropischen Südamerika. Sie wurde bereits im 16. Jahrhundert ange-

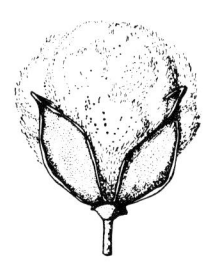

Abb. 388. Baumwolle, *oben* Blüte; *unten* Frucht, ×0,4

baut und liefert die beste Qualität. Heute wird sie vor allem in den südöstlichen Küstengebieten der USA angepflanzt (Sea Island Cotton).

Texasbaumwolle (G. hirsutum). Sie stammt wahrscheinlich aus Mittelamerika, wo sie schon vor der Ankunft der Europäer angebaut wurde. Die Texasbaumwolle ist pflegeleicht, liefert aber eine schlechtere Qualität als die Westindische Baumwolle. Sie wird im Hauptteil des Baumwollgürtels der Vereinigten Staaten angebaut (Upland Cotton).

Indische Baumwolle (G. herbaceum) wird in Indien seit mehreren Jahrtausenden angepflanzt und liefert eine grobe Qualität.

Kautschukpflanzen

Nur ein Vertreter ist hier aufgenommen.

Gummibaum (Hevea brasiliensis). Der Gummibaum ist in den Regenwäldern des Amazonasgebietes heimisch. Er enthält Milchsaft, aus dem Kautschuk gewonnen wird. Er wird seit ungefähr 1870 im ostindischen Archipel in Plantagen angepflanzt. Die wichtigsten Produktionsgebiete sind Malaysia und Indonesien.

Holzpflanzen

Unten folgt eine kurzgefaßte, tabellarische Übersicht der verbreitetsten und bedeutendsten holzproduzierenden Baumarten. Angeführt ist auch in großen Zügen, wo sie normalerweise waldbildend sind.

Tabelle 7. Holzpflanzen

Baumart	Waldbildend
aus borealen und gemäßigten Gebieten:	
Fichte = Rottanne (Picea abies)	Eurasien, außer in den westlichen Teilen und im Mittelmeergebiet
Weißtanne (Abies alba)	Mitteleuropa
Douglasie (Pseudotsuga menziesii)	Pazifikküste Nordamerikas
Waldkiefer (Pinus sylvestris)	Eurasien, außer in den westlichen und südlichen Teilen
Lärche (Larix decidua)	Alpen und Karpathen
Libanonzeder (Cedrus libani)	Südliche Türkei
Atlaszeder (C. atlantica)	Atlasgebirge, vor allem Marokko
Mammutbaum (Redwood) (Sequoia sempervirens)	Küstengebirge Kaliforniens
Stieleiche (Quercus robur)	Europa, außer den nördlichen Teilen, und in Gebieten West-Asiens
Traubeneiche (Q. petraea)	wie Stieleiche, aber mit etwas südlicherer Nordgrenze
Buche (Rotbuche) (Fagus sylvatica)	Europa, außer im Norden
Hainbuche (Carpinus betulus)	Europa, außer im Norden
Hänge-Birke (Betula pendula)	Nord-Eurasien
Moor-Birke (Betula pubescens)	Nord-Eurasien
Walnuß (Juglans regia)	Südeuropa – Nordindien
Hickory (Carya ovata)	Nordamerika

Tabelle 7 (Fortsetzung)

Baumart	Waldbildend
Aus tropischen und subtropischen Gebieten:	
Eucalyptus (Eucalyptus globulus)	Australien, aber auch eingeführt nach Spanien, Portugal, Palästina, Brasilien, Kalifornien
Mahagonibaum (Swietenia mahagony)	Westindien, Mittelamerika, (Westafrika)
Teakbaum (Tectona grandis)	Indien, Burma, Siam
Palisander, Rosenholzbaum (Dalbergia, mehrere Arten und andere nahverwandte Gattungen)	Brasilien, Indien, Zentralamerika, Afrika
Ebenholzbaum (Diospyros ebenum und andere Arten)	Süd- und Mittelamerika
Pockholz (Guajacum officinalis)	Nordwestliches Südamerika, Mittelamerika
Balsabaum (Ochroma lagopus)	Nordwestliches Südamerika, Mittelamerika
Bambus (Bambusa, aber auch die Gattungen *Dendrocalamus, Arundinaria)*	gesamte Tropen

Reproduktionsbiologie

Die Beziehungen zwischen der Vermehrung der Pflanzen und der Umwelt werden von einer besonderen Forschungsrichtung studiert, der *Reproduktionsbiologie*. Sie behandelt die Bildung der pflanzlichen Diasporen und ihre Ausbreitung, wie auch die Ansiedlung und Entwicklung neuer Individuen.

Die Angiospermen können sich geschlechtlich und ungeschlechtlich vermehren. Ein Individuum kann über eine dieser Vermehrungsarten oder über beide verfügen. Dies und die Bestäubungsverhältnisse berücksichtigend, können vereinfacht folgende *Reproduktionssysteme* unterschieden werden.

Nur sexuelle Fortpflanzung mit Samen
    vorherrschend Fremdbefruchtung
    vorherrschend Selbstbefruchtung
    gemischt Fremd- und Selbstbefruchtung
Nur asexuelle Vermehrung (Apomixis)
    Vermehrung mit anderen Organen als mit Samen
    Vermehrung mit Samen
Sowohl sexuelle als auch asexuelle Vermehrung

Diese Typen wirken sich auf die genetische Struktur einer Population unterschiedlich aus, und dies wiederum beeinflußt das Variationsmuster und die weitere Entwicklung. Ebenso gibt es ein Zusammenspiel zwischen Reproduktionssystem und morphologischen Strukturen. Verschiedene Blütentypen haben sich in unterschiedlichem Maße an spezielle Bestäubungsverhältnisse angepaßt. Gleicherweise sind mit veränderter Ausbreitungsweise auch unterschiedliche Fruchttypen entstanden.

Bestäubungsbiologie

Bestäubung und Blühen

Mit Bestäubung (Pollination) wird die Überführung des Pollens auf die Narbe des Stempels bezeichnet. Nach der Bestäubung keimt das Pollenkorn aus, das heißt, es bildet den Pollenschlauch, und es folgt die Befruchtung. Staubbeutel und Narben werden gewöhnlich durch Entfalten der Blüte für die Bestäubung exponiert. Die

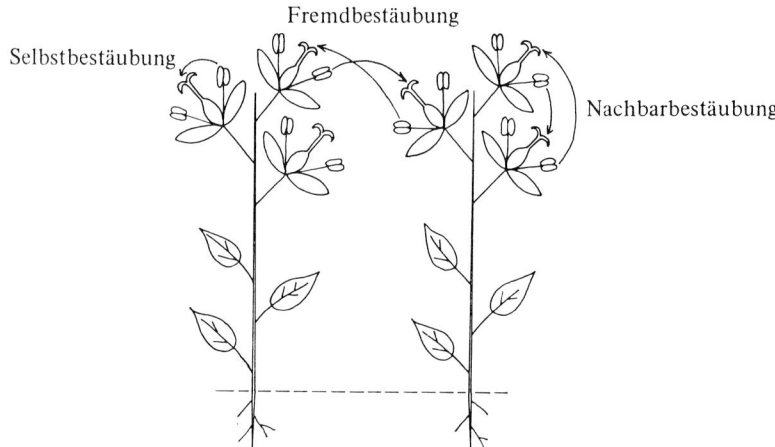

Abb. 389. Pollinationstypen

Pflanze blüht. Staubbeutel und Stempel sind jedoch meist nicht während der gesamten Blühdauer funktionstauglich, und oft werden die Pollenkörner nicht zur selben Zeit ausgestreut, wenn die Narbe empfänglich ist. Während die Einzelblüte bei einigen Arten nur ein paar Stunden hält, kann sie bei anderen über einen Monat ausdauern. Nach der Bestäubung verwelken die Blüten oft sofort.

Fremdbestäubung und Fremdbefruchtung

Mit *Fremdbestäubung (Allogamie)* wird das Übertragen von Pollen einer Blüte auf eine andere bezeichnet. Falls es Blüten verschiedener Individuen sind, wird von *Eigentlicher Fremdbestäubung* gesprochen, sind es aber Blüten ein und desselben Individuums, handelt es sich um *Nachbarbestäubung*. Diese leitet zur *Selbstbestäubung* über (S. 206). Bei der Fremdbestäubung landet oft eine Mischung von eigenem und fremdem Pollen auf der Narbe. Bei der weiteren Entwicklung des Pollens entsteht eine Konkurrenz, bei der häufig die Keimung der eigenen Pollenkörner gehemmt oder ihr Pollenschlauchwachstum verlangsamt ist (S. 206). Genetisch besteht zwischen Selbstbestäubung und Nachbarbestäubung kein Unterschied.

Die Eigentliche Fremdbestäubung ist Voraussetzung für Fremdbefruchtung, das heißt, Gameten von zwei genetisch verschiedenen Individuen verschmelzen miteinander. Dadurch werden die Erbanlagen neukombiniert, und es entsteht eine genetische Vielfalt bei den Nachkommen. Dies ist für eine weitere Evolution wichtig, denn dadurch kann die Selektion auf reicher differenzierte Populationen einwirken. Bei den Angiospermen kommen verschiedene Typen von Anpassungen vor, die die Fremdbestäubung begünstigen und die Voraussetzungen für Fremdbefruchtung verbessern.

Geschlechtsverteilung. Die Geschlechtsverteilung bezieht sich darauf, wie Staubblätter und Stempel bei den Blüten verteilt sind, das heißt, ob sie sich in derselben Blüte oder auf getrennten Blüten finden, und wie diese Blütentypen sich auf die Individuen verteilen.

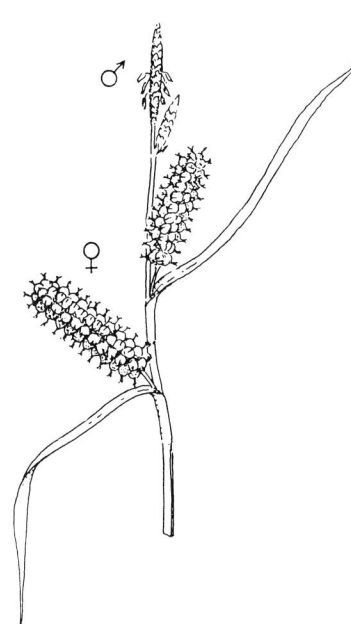

Zwittrige, synözische oder *hermaphroditische* (⚥) *Blüten* haben in derselben Blüte Staubblätter und Stempel. Sowohl Fremd- als auch Selbstbestäubung kann vorkommen, falls nicht besondere Anpassungen vorhanden sind, die eines von beiden begünstigen (S. 207). Beispiele sind *Anemone nemorosa* (Buschwindröschen), *Tulipa* (Tulpe), *Sinapis arvensis* (Ackersenf) und *Stellaria media* (Vogel-Miere).

Eingeschlechtige Blüten haben entweder Staubblätter oder Stempel; *männliche Blüten* (♂) sind mit Staubblättern versehen, *weibliche Blüten* (♀) mit Stempeln.

Pflanzen mit männlichen und weiblichen Blüten auf demselben Individuum werden *einhäusig* oder *monözisch* genannt. Dabei befinden sich die beiden Blütentypen in getrennten Blütenständen oder auf unterschiedlicher Höhe. Es kommt nur Fremdbestäubung (Eigentliche Fremdbestäubung und Nachbarbestäubung) vor. Selbstbefruchtung durch Nachbarbestäubung ist somit nicht ausgeschlossen. Beispiele dazu sind *Zea mays* (Mais), *Carex rostrata* (Schnabelsegge) und *Betula* (Birke).

Zweihäusig oder *diözisch* sind die Pflanzen, deren männliche und weibliche Blüten auf getrennten Individuen vorkommen. Die Zahl der männlichen und der weiblichen Pflanzen ist normalerweise etwa gleich groß. Selbstbefruchtung ist ausgeschlossen. Diese Vorteile müssen aber gegenüber der Tatsache betrachtet werden, daß innerhalb der Population die Hälfte der Individuen (die mit den männlichen Blüten) niemals Früchte produziert. Beispiele *Salix* (Weide) und *Silene* (Lichtnelke).

Eine Kombination von zwittrigen und eingeschlechtigen Blüten auf dem selben Individuum findet man bei vielen Korbblütlern; z. B. hat *Leucanthemum vulgare* (Margerite, Wucherblume) zwittrige Röhrenblüten und weibliche Zungenblüten.

Vielehig oder *polygam* werden die Pflanzen bezeichnet, wo ein Teil der Individuen zwittrige, ein anderer eingeschlechtige Blüten aufweist. Beispiele sind *Thymus serpyllum* (Feldthymian) und *Myosotis scorpioides* (Sumpf-Vergißmeinnicht).

Abb. 390. Monözische Pflanze, *Carex rostrata,* ×0,6

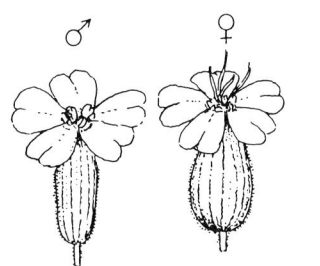

Abb. 391. Diözische Pflanze, *Silene dioica,* ×0,8

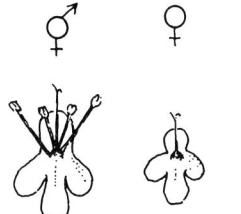

Abb. 392. Polygame Pflanze, *Thymus serpyllum,* ×2

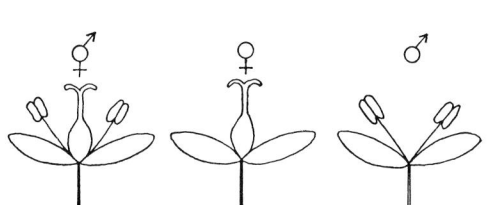

Abb. 393. *Von links* Zwitterblüte, weibliche Blüte und männliche Blüte

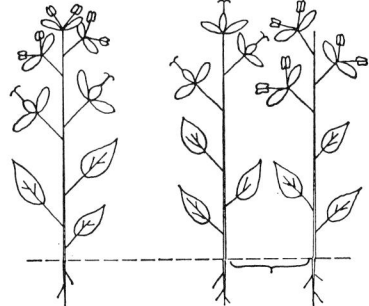

Abb. 394. Monözische Pflanze, *links,* und diözische Pflanze, *rechts*

Anpassungen bei Zwitterblüten, die Fremdbefruchtung begünstigen. Bei vielen Pflanzen findet man Selbststerilität. *Absolute Selbststerilität* ist ziemlich ungewöhnlich und bedeutet, daß der Pollen eines Individuum bei diesem aus der einen oder anderen Ursache nicht zur Befruchtung führt.

Partielle Selbststerilität bedeutet, daß Fremdpollen größere Chancen für die Befruchtung hat als der eigene. Das kann unter anderem darauf beruhen, daß die Schläuche der eigenen Pollenkörner beträchtlich langsamer wachsen als die vom Pollen anderer Individuen.

Viele Pflanzen sind *selbstfertil*. Dies bedeutet, daß Selbstbefruchtung (s. unten) die Samenbildung nicht vermindert. Die Fremdbefruchtung kann aber trotzdem überwiegen, falls in den Blüten besondere Vorrichtungen vorhanden sind, die die Selbstbestäubung erschweren.

Die Wirksamkeit dieser Vorrichtungen schwankt. Selten sind sie absolut verhindernd. Sie wirken dadurch, daß die Reifezeit oder örtliche Lage von Staubblättern und Stempeln verschieden sind.

Bei *Proterandrie* und *Proterogynie* wird der eigene Pollen nicht zu der Zeit entlassen, in der die Narben empfänglich sind. Bei proterandrischen Blüten reifen die Pollenkörner und werden ausgestreut, bevor die Narben reif sind, wogegen die Verhältnisse bei proterogynen Blüten umgekehrt sind. Proterandrie findet man unter anderem bei Asteraceae, Apiaceae und Caryophyllaceae. Proterogynie ist seltener, kommt aber beispielsweise bei Brassicaceae und Juncaceae vor.

Die Staubbeutel können in der Blüte eine Lage einnehmen, die den Kontakt mit der eigenen Narbe erschwert. Ein derartiger Sonderfall ist die *Heterostylie*. Heterostylie in ihrer allgemeinsten Form bedeutet, daß eine Art zwei Typen von Blüten hat, nämlich solche mit kurzen und solche mit langen Griffeln. Die beiden Blütentypen finden sich auf getrennten Individuen, die aber innerhalb einer Population ähnliche Anteile aufweisen. Im erstgenannten Blütentyp stehen die Staubblätter in hoher Lage und im zweiten in tiefer. Normalerweise haben beide Blütentypen verschieden große Pollenkörner und Narbenpapillen, nämlich große Pollenkörner und kleine Narbenpapillen in Blüten mit kurzen Griffeln und umgekehrte Verhältnisse in den anderen. Die Bestäubung zwischen den Blütentypen ergibt in der Regel eine gute Samenbildung, indes sie bei Bestäubung innerhalb desselben Blütentyps schlecht ist oder gar ausbleibt. Beispiele sind *Pulmonaria officinalis* (Lungenkraut) und *Primula veris* (Wiesen-Schlüsselblume).

Selbstbestäubung und Selbstbefruchtung

Selbstbestäubung (Autogamie) bedeutet, daß die Bestäubung innerhalb einer Blüte vor sich geht. Bei der *Selbstbefruchtung* übernehmen die Spermakerne der individuumeigenen Pollenkörner die Befruchtung. Sie ist somit eine Folge der Selbstbestäubung oder Nachbarbestäubung (S. 204). Selbstbefruchtung ist bei den Angiospermen nicht ungewöhnlich. Bei vielen sind überdies sowohl Selbst- als auch Fremdbefruchtung nebeneinander vorhanden. Überwiegend selbstbestäubte Blüten scheinen sekundär entstanden zu sein und können oft von fremdbestäubten abgeleitet werden. Selbstbestäubung wurde bei vielen Pflanzen mehr oder weniger zur Regel.

Innerhalb einer Population mit Fremdbefruchtern sind praktisch alle Individuen genetisch mehr oder weniger verschieden. Bei einer Population, in der die Selbstbefruchtung dominiert, kann die genetische Vielfalt sehr stark, oder in extremen Fäl-

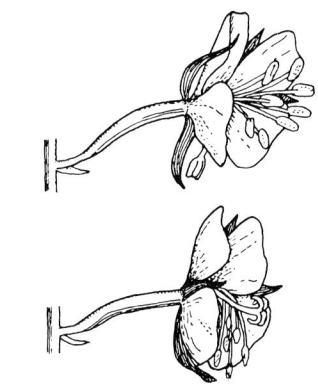

Abb. 395. Proterandrie, *Chamaenerion angustifolium,* ×1. *Oben* Blüte aus dem oberen Teil des Blütenstandes; in der männlichen Phase mit nach unten gebogenem Griffel. *Darunter* die Blüte in der weiblichen *Phase* mit nach vorne gestrecktem Griffel und entfalteten Narbenästen. Der Blütenstand erblüht von unten nach oben.

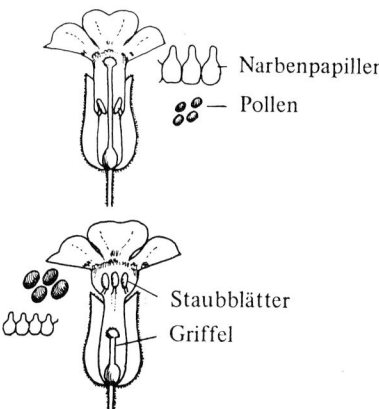

Narbenpapillen
Pollen
Staubblätter
Griffel

Abb. 396. Heterostylie, *Primula*

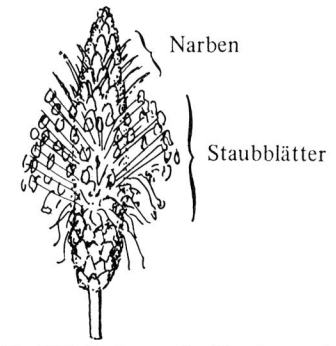

Narben
Staubblätter

Abb. 397. Proterogynie, *Plantago,* ×1

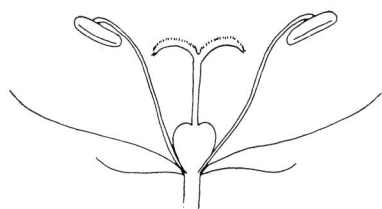

Abb. 398. Chasmogame Blüte, schematisch

Abb. 399. Kleistogame Blüte, schematisch

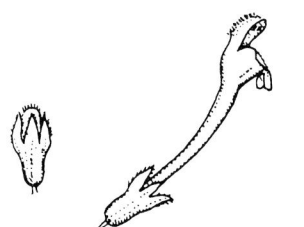

Abb. 400. Kleistogame und chasmogame Blüte, *Lamium amplexicaule,* ×2

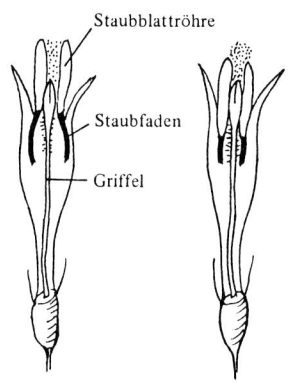

Abb. 401. Pollenpumpe eines Korbblütlers. *Links* junge Blüte, *rechts* Blüte, bei der sich die Staubfäden kontrahieren und der Griffel dadurch Pollen aus der Staubblattröhre herauspumpt.

len, gar vollständig verloren gegangen sein, weil die Neukombination der Erbanlagen schnell abnimmt, um schließlich zu verschwinden. Verändert sich dann die Umwelt, kann dies dazu führen, daß die Population ausgelöscht wird, da ihr durch die genetische Einheitlichkeit die Möglichkeit fehlt, sich an die neuen Bedingungen anzupassen. Populationen mit vorherrschender Selbstbestäubung sind deshalb für ihre Weiterexistenz oft von stabilen Umweltbedingungen abhängig. Diese Abhängigkeit ist bei Pflanzen mit Fremdbefruchtung niemals in so großem Maße vorhanden.

Überdies bedeutet Selbstbefruchtung ein Risiko für Inzuchtdepression, das heißt, rezessive Gene mit negativem Selektionswert treten in homozygoter Form auf und führen zu erniedrigter Vitalität. Bei Planzen mit regelmäßiger Selbstbefruchtung werden jedoch solche Gene normalerweise schnell ausselektioniert.

Die Sicherung des Samenansatzes ist bei Pflanzen mit Selbstbestäubung in gewissem Maße auf Kosten der genetischen Vielfalt gegangen. Viele Annuelle und unter ihnen viele Unkräuter zeigen überwiegend Selbstbestäubung, z. B. *Stellaria media* (Vogel-Miere) und *Erophila verna* (Frühlings-Hungerblümchen). Für diese bedeutet eine sichere und regelmäßige Samenproduktion eine wichtige Bedingung zum Überleben (S. 225). Die Blüten dieser Pflanzen besitzen oft eine unscheinbare Gestalt. Sie haben kleine, oft diskret gefärbte Blütenhüllen, keinen Duft und keinen Nektar, außerdem kurze Staubblätter und Stempel, was den Kontakt der beiden erleichtert, und eine niedrige Pollenproduktion. Die Mehrzahl dieser Anpassungen scheint produktionsökonomischer Art zu sein.

Einen Schritt in Richtung ausschließlicher Selbstbestäubung haben die Pflanzen unternommen, deren Blüten sich niemals öffnen, sogenannte *kleistogame Blüten.* *Chasmogame Blüten* sind Blüten, die sich öffnen. Kleistogame Blüten sind dadurch gekennzeichnet, daß ihre Staubblätter, Narben und Samenanlagen reifen, wohingegen die übrigen Teile der Blüte im Knospenstadium verharren. Der Samenansatz ist im allgemeinen genügend. Gewöhnlich besitzen Pflanzen neben kleistogamen auch normale offene Blüten. Die beiden Blütentypen können gleichzeitig auftreten. Häufig findet man sie jedoch zu unterschiedlichen Jahreszeiten. Beispiele sind *Lamium amplexicaule* (Stengelumfassende Taubnessel) und mehrere *Viola*-Arten (Veilchen).

Bestäubungsarten

Selbstbestäubung und Nachbarbestäubung geschehen bisweilen zufallsmäßig, nämlich dadurch, daß in den Blüten eines Individuums Pollen auf die Narben fällt, oder daß Bestäuber in den Blüten umherkriechen. Selbstbestäubung kann auch dadurch erfolgen, daß sich die Staubblätter aktiv zu den Narben hin krümmen.

In einigen Blüten sind Einrichtungen vorhanden, die zuerst Fremdbestäubung begünstigen. Bleibt diese aber aus, tritt Selbstbestäubung ein. Ein Beispiel dafür ist der *Pollenpumpmechanismus* der Korbblütler. Wenn der Griffel zu Beginn der Blüte Pollen „herauspumpt", bleibt ein Teil des Pollens an der behaarten Außenseite der Narbenäste hängen. Gegen Ende der Blüte rollen sich die Narbenäste zurück, so daß ihre empfänglichen Innenseiten diesen Pollen erreichen.

Fremdbestäubung geschieht mit Hilfe des Windes, des Wassers oder von Tieren.

Windbestäubung (Windblütigkeit, Anemophilie). Man rechnet, daß etwa 1/4 der mitteleuropäischen Angiospermen Windblütler sind, unter anderem die Mehrzahl der Gräser, Riedgräser und Kätzchenblütler.

Bei der Windbestäubung ist die Anzahl erfolgreicher Pollenkörner, d. h. solcher, die von Narben aufgefangen werden, im Verhältnis zur Gesamtpollenmenge sehr klein, weil der Pollen über große Gebiete gestreut wird. Blüten windbestäubter Pflanzen haben oft keine Hülle. Die Staubblätter sind leicht beweglich und produzieren viel Pollen. Die Pollenkörner sind klein und werden als Einzelkörner verbreitet, denn sie sind oft glatt und besitzen keine klebrige Oberfläche. Die Oberfläche der Narben ist groß, die Narbenäste sind verzweigt und klebrig. Die Zahl der Samenanlagen pro Blüte ist klein, oft ist nur eine einzige vorhanden.

Viele Windblütler haben eingeschlechtige Blüten. Selbststerilität und Proterogynie sind verbreitet. Mehrere Windblütler verursachen Allergien (Heuschnupfen).

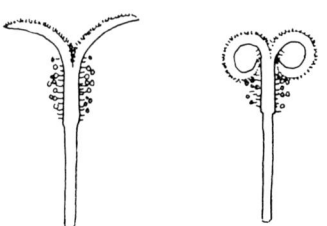

Abb. 402. Narbe und Griffel mit blüteneigenem Pollen auf der behaarten Außenseite. *Rechts* mit umgekrümmten Narbenästen, die in Kontakt mit Pollen kommen, was zur Selbstbestäubung führt.

Wasserbestäubung (Wasserblütigkeit, Hydrophilie). Bei der Wasserbestäubung wird der Pollen entweder im Wasser oder an der Wasseroberfläche verbreitet. Sie kommt bei einigen Wasserpflanzen vor, z. B. bei *Zostera* (Seegras). Die Mehrheit der Wasserpflanzen ist jedoch wind- oder insektenblütig. In seltenen Fällen geschieht die Bestäubung mit Hilfe des Regenwassers. Häufiger ist jedoch, daß Wasser dem Pollen schadet. Bei Regen schließen sich die Blüten vieler Pflanzen.

Tierbestäubung (Tierblütigkeit, Zoophilie). Bei der Tierbestäubung bleibt Pollen an Tieren hängen und wird von diesen verbreitet, wenn sie sich von Blüte zu Blüte bewegen. Wichtige Bestäuber sind Insekten, Vögel und Fledermäuse.

Bei der Tierbestäubung besteht bisweilen zwischen dem Bestäuber und der Pflanze ein bestimmtes biologisches Verhältnis; beispielsweise gibt es Blütentypen, die regelmäßig von nur einer Tierart bestäubt werden. Beide Partner können davon abhängig sein, daß das Verhältnis bestehen bleibt, z. B. dann, wenn die Beziehung von Seiten des Tieres darin besteht, daß der Besuch der Blüten einer gewissen Pflanze ein bestimmter Teil seiner Lebenstätigkeit ist.

Unregelmäßiger Besuch kann ebenfalls zur Bestäubung führen; aber hier besteht keine enge Beziehung zwischen Pflanze und Bestäuber. Auch bei engeren Beziehungen ist es nicht ungewöhnlich, daß Blüten von verschiedenen Bestäubern besucht werden und umgekehrt derselbe Bestäuber verschiedene Blütentypen besucht.

Die Tiere beachten die Blüten deshalb, weil Blüten über verschiedene *Lockmittel* verfügen, die zum Besuch anregen. Für die Tiere geht es in erster Linie gewöhnlich darum, Futter in Form von Nektar oder Pollen zu finden. Wegweisend für den Besuch sind Farbe, Form und Duft der Blüten.

Nektar wird in *Nektarien* produziert, die sich oft innerhalb der Blüten befinden, z. B. zwischen den Ansatzstellen der Staubblätter und der Stempel. Sie können aber auch an der Basis von Honigblättern gelegen sein, wie etwa bei *Ranunculus* (Hahnenfuß, Butterblume). In einigen Fällen wird Nektar außerhalb der Blüten gebildet, z. B. zwischen Hochblättern wie bei *Euphorbia* (Wolfsmilch, Weihnachtsstern, u. a.). Aufbewahrungsorgane für Nektar, sogenannte *Nektarbehälter* finden sich in Form

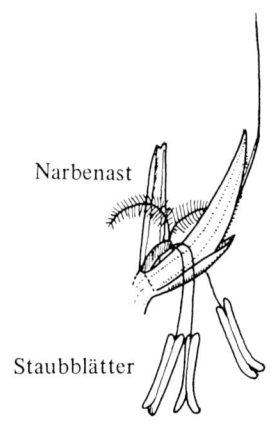

Narbenast

Staubblätter

Abb. 403. Windbestäubung (Grasblüte), ×6

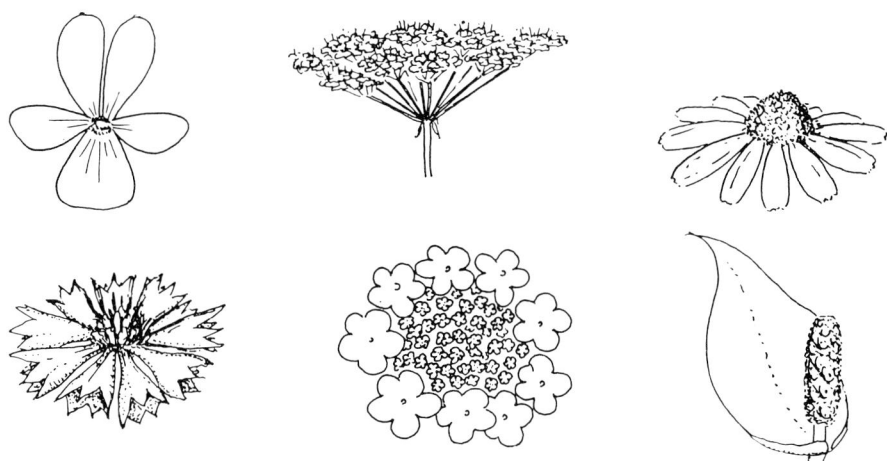

Abb. 404. Anlockungseinheiten (etwas schematisiert) *Oben von links,* Blüte mit großer und gefärbter Hülle, *Viola;* Blütenstand mit vielen kleinen Blüten, *Anthriscus;* Körbchen mit abstehenden Strahlblüten, *Matricaria. Unten von links* Körbchen mit ausgestellten Randblüten, *Centaurea;* kleine Blüten umgeben von großen ausgestellten sterilen Blüten, *Viburnum;* kleine Blüten an einem Kolben mit Hochblatt als Schauorgan, *Calla*

von Spornen bei *Viola* (Veilchen) und *Linaria* (Leinkraut). Die Bienen stellen ihren Honig aus Nektar und Pollen her.

Pollen ist besonders reich an Proteinen. Wie der Nektar wird er von den besuchenden Tieren entweder gesammelt oder direkt gefressen. Blüten, denen Nektar fehlt, produzieren in der Regel viel Pollen, z. B. *Papaver* (Mohn) und *Rosa* (Rose). Der Pollen ist oft auch leicht zugänglich. Man ist der Ansicht, daß der Pollen das ursprüngliche Lockmittel der Angiospermen gewesen war.

Bei den verschiedenen Pflanzen variiert der Blütenduft sowohl in der Stärke als auch in der Bedeutung und ist häufig arteigen. Besonders die Blüten, die von Nachttieren bestäubt werden, duften kräftig; sie sind überdies oft weiß, z. B. *Platanthera bifolia* (Zweiblättriges Breitkölbchen, Weiße Waldhyazinthe).

Form und *Farbe* sind Hilfsmittel für die visuelle Anlockung. Normalerweise übernimmt die Blütenhülle diese Funktion. Einige Blütenstände, z. B. Dolden und Körbchen, dienen als Anlockungseinheiten; es sind sogenannte „biologische Blüten". Bisweilen wird die Anziehungskraft der Blüten durch gefärbte Hochblätter, etwa beim Weihnachtsstern, oder mit sterilen Randblüten, z. B. bei *Centaurea cyanus* (Kornblume), verstärkt. Striche und andere Muster an Blüten, die den Bestäuber beim Besuch leiten sollen, werden als *Saftmale* bezeichnet, z. B. die dunklen Flecken an der Basis der Kronblätter von *Papaver rhoeas* (Klatsch-Mohn).

Pollenkörner tierbestäubter Blüten sind oft stachelig oder klebrig. Beides trägt dazu bei, daß sie in Klumpen verbreitet werden. Dies wird als Anpassung an Blüten mit vielen Samenanlagen und wenigen Gelegenheiten zur Bestäubung verstanden. Eine wichtige Voraussetzung bei der Tierblütigkeit ist, daß das Aufgehen der Blüten zeitlich mit den Aktivitätsperioden der Tiere zusammenfällt. Folglich schließen sich viele Blüten am Abend, während andere sich dann öffnen. Bei der Übertragung des Pollens muß bisweilen der Bestäuber sowohl mit den Antheren als auch den Narben in direkten Kontakt treten. Diese Organe sind deshalb häufig so angeordnet, daß eine Berührung ermöglicht wird. Bei weniger spezialisierten Blüten wird der Pollen dadurch übertragen, daß das Tier in den Blüten umherkriecht.

Die Blüten von *Ophrys* (Ragwurz) locken Hautflügler mit Duft, Form, Farbe und Oberflächenstruktur zum Besuch an. Beim Blütenbesuch werden die Insekten so stimuliert, daß sie Kopulationsbewegungen ausführen, die zur Bestäubung führen können.

Insektenbestäubung ist die wichtigste Form der Tierblütigkeit und die einzige von Bedeutung in Mitteleuropa. In der Hauptsache sind es ausgewachsene Insekten, die als Bestäuber dienen. Viele sind sehr haarig, wodurch der Pollen leicht an ihnen hängen bleibt. Wichtige Bestäuber sind Hautflügler (z. B. Bienen und Hummeln), Zweiflügler (Fliegen und Schwebfliegen), Tag- und Nachtfalter, aber auch einige Käfer.

Die Hautflügler sind möglicherweise die wichtigsten Bestäuber. Beim Blütenbesuch sind sie aktiv und sammeln Pollen und Nektar oft sowohl für sich als auch für ihre Larven. Blüten, die an den Besuch durch Bienen angepaßt sind, sind häufig durch eine tiefe, zygomorphe (lippenförmige), meist lebhaft gefärbte Krone mit einem geeigneten Landeplatz für die Insekten gekennzeichnet. Der Nektar ist versteckt, kann aber mit ziemlich kurzen Mundwerkzeugen erreicht werden.

Blüten, die an die Bestäubung durch Fliegen angepaßt sind, sind oft flach. Nektar und Pollen sind leicht zugänglich. Hochspezialisierte, von Fliegen bestäubte Blüten, gibt es jedoch auch, z. B. diejenigen, die von Aasfliegen bestäubt werden.

Blüten, die von Schmetterlingen bestäubt werden, besitzen oft einen langen Sporn oder eine trichterförmige Krone mit langer schmaler Röhre. Hier kann der Nektar nur von Insekten mit langen Mundwerkzeugen erreicht werden. Blüten, die an die Bestäubung durch tagaktive Schmetterlinge angepaßt sind, sind anders gebaut als die, die durch nachtaktive Schmetterlinge bestäubt werden.

Käfer treten nicht selten auch als Bestäuber auf. Die von ihnen bestäubten Blüten sind wenig spezialisiert, d. h. besondere Anpassungen fehlen. Bestäubung mit Hilfe von Käfern wird als ursprünglich aufgefaßt und soll bei den frühesten Angiospermen vorgekommen sein. Die Blüten vieler Pflanzensippen sind nicht an bestimmte Bestäuber angepaßt, sondern werden von verschiedenen Insekten besucht.

Vögel sind in den Tropen wichtige Bestäuber. Die amerikanischen Kolibris sind wahrscheinlich die am besten bekannten nektartrinkenden Vögel; in der Alten Welt gibt es z. B. Honigvögel. Vogelbestäubte Blüten sind dadurch gekennzeichnet, daß die Blüten tagsüber offen sind, daß ihnen Duft fehlt und daß sie reichlich Nektar produzieren. Der Schauapparat ist oft sehr kräftig gefärbt. Die Krone hat keinen Landeplatz. Sie ist hart und tief röhrenförmig.

Verbreitungsbiologie

Die Angiospermen breiten sich durch Wachstum und mittels besonderer Verbreitungseinheiten, wie etwa Brutknospen, Samen und Früchte aus. Die Grenze zwischen den beiden Ausbreitungsarten ist nicht immer scharf und bei vielen Pflanzen kommt beides nebeneinander vor.

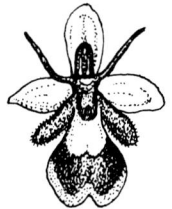

Abb. 405. Sexuelle Anlockung, *Ophrys,* ×16

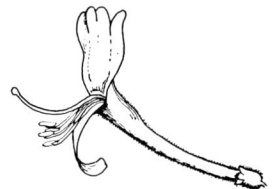

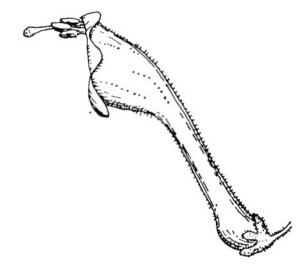

Abb. 406. Bestäubungstypen: *Von oben* von Hauptflüglern, vor allem Bienen, bestäubte Blüte, *Lamium,* ×12; hauptsächlich von Fliegen bestäubte Blüte, *Potentilla,* ×0,8; hauptsächlich von nachtaktiven Schmetterlingen bestäubte Blüte, *Lonicera,* ×0,7; von Vögeln bestäubte Blüte, ×0,5

Der Teil der Pflanze, der verbreitet wird, heißt *Diaspore*. Diasporen können asexuell (vegetativ) oder sexuell gebildet werden. Eine bedeutende asexuelle Diasporenbildung ist oft mit einer schwachen oder unregelmäßigen sexuellen kombiniert, falls überhaupt beide Typen vorkommen. Das Verhältnis wird von verschiedenen Faktoren beeinflußt. Beispielsweise werden die Diasporen bei einigen Biotypen von *Ranunculus ficaria* (Scharbockskraut) nahezu ausschließlich asexuell gebildet, bei anderen nur sexuell und bei wieder anderen auf beide Weisen. Aus ausbreitungstechnischer Sicht ist es gleichgültig, ob sie sexuell oder asexuell entstanden sind.

Die Diasporen sind für Ausbreitung manchmal sehr spezialisiert. Sie können an die Ausbreitung mit Hilfe des Wassers, des Windes oder von Tieren angepaßt sein. Konvergente Entwicklung von Diasporen ist verbreitet, d. h., funktionell und morphologisch ähnliche Anpassungen finden sich bei verschiedenen Angiospermengruppen.

Asexuell entstandene Diasporen

Asexuell gebildete Diasporen sind Sprosse, die zu Zwecken der Ausbreitung mehr oder weniger stark spezialisiert sind, oder es sind auf apomiktischem Wege entstandene Samen und Früchte. Die Ausbreitung der letzteren ist nicht anders als die der sexuell gebildeten (S. 212).

Die Individuen, die aus asexuell gebildeten Diasporen einer bestimmten Pflanze hervorgehen, sind genetisch identisch. Zusammen mit dem Mutterindividuum bilden sie einen *Klon*. Bei der asexuellen Vermehrung werden oft bestimmte Genkombinationen für lange Zeit in den Populationen bewahrt, was Veränderungen und Variation entgegenwirkt (vgl. S. 207).

Ausbreitung durch Wachstum bedeutet, daß bestimmte Sproßteile wachsen, die Verbindung mit der Mutterpflanze verlieren und dann selbständig weiterwachsen. Pflanzen mit kriechender Lebensweise und viele Wasserpflanzen zerteilen sich auf diese Weise leicht. Die einzelnen Teile können sich dann getrennt weiterentwickeln.

Besonders wirkungsvoll ist die Ausbreitung durch Wachstum bei Pflanzen mit Ausläufern (Stolonen) oder Rhizomen (S. 123).

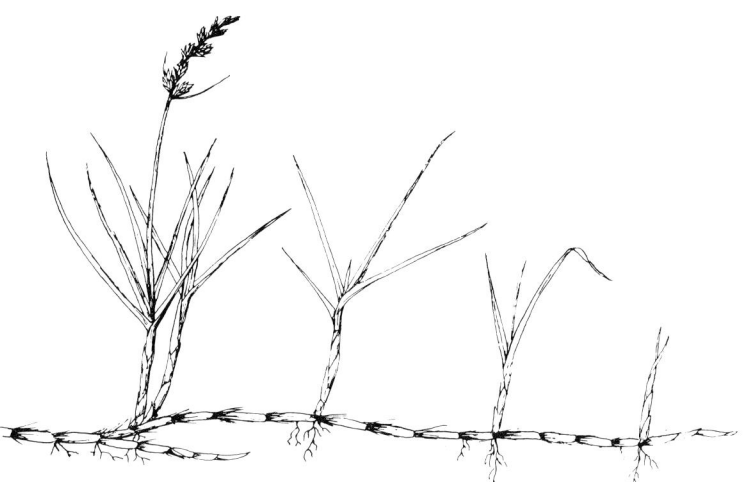

Abb. 407. *Carex arenaria*-Pflanze mit Rhizom, ×0,5

Ausbreitung durch Wachstum ist vor allem lokal wichtig, insbesondere bei einer schnellen Besiedlung nackten Bodens. Seltener erhält sie eine zusätzliche Bedeutung bei der Ausbreitung über größere Strecken hinweg, z. B. dann, wenn lose Sproßteile vom Wasser weggeführt werden. Sie beeinflußt deshalb die Verbreitung der Arten im Großen normalerweise wenig. Pflanzen, die große einheitliche Bestände bilden, verfügen in der Regel über bedeutende Ausbreitung durch Wachstum, z. B. *Phragmites australis* (Schilfrohr), *Anemone nemorosa* (Buschwindröschen) und *Potentilla anserina* (Gänsefingerkraut).

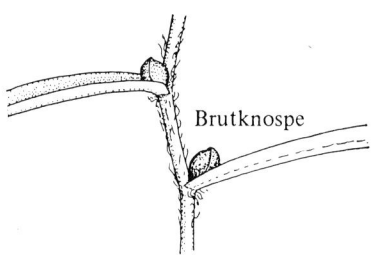

Brutknospe

Brutknospen können als spezialisierte Ausbreitungseinheiten aufgefaßt werden. Häufig bestehen sie aus einem kleinen Stammstück mit wenigen, kleinen, oft schuppenförmigen Blättern. Sie können Reservestoffe enthalten und wachsen manchmal erst nach einer Ruheperiode. Brutknospen entstehen an unterschiedlichen Stellen, z. B. in Blattachseln wie bei *Lilium bulbiferum* (Feuer-Lilie) und *Ranunculus ficaria* (Scharbockskraut) oder in Blütenständen wie bei *Allium oleraceum* (Roß-Lauch). Sie können auf dieselbe Weise wie Früchte oder Samen verbreitet werden.

Einige Wasserpflanzen, z. B. mehrere *Potamogeton*-Arten (Laichkraut), bilden im Herbst an den Sprossen besondere, oft zahlreiche Winterknospen, sogenannte *Hibernakeln* oder *Turionen.* Diese werden vom Wasser leicht vertragen.

Brutknospen

Abb. 408. Brutknospen in Blattachseln, *Lilium bulbiferum, oben,* ×0,8 und im Blütenstand, *Allium, unten,* ×0,6

Sexuell gebildete Diasporen

Nach der Befruchtung entwickeln sich aus den Samenanlagen Samen. Sie sind bei den Angiospermen in eine Frucht eingeschlossen. Sowohl Früchte als auch Samen können als Diasporen fungieren und beide können an verschiedene Ausbreitungsarten angepaßt sein. In einigen Familien werden ausschließlich Samen verbreitet, in anderen nur Früchte, während in wieder anderen beides vorkommen kann. Manchmal gehen auch andere Teile der Pflanzen außer der Frucht in die Bildung der Diasporen ein, wie etwa Blütenstiel oder Teile des Blütenstandes (S. 135). In seltenen Fällen wird sogar die gesamte Pflanze zur Diaspore.

Ausbreitungsart

Je nach Ausbreitungsmedium wird zwischen Selbstausbreitung, Wasserausbreitung, Windausbreitung und Tierausbreitung unterschieden.

Selbstausbreitung (Autochorie). Die aktive Selbstausbreitung bedeutet normalerweise, daß die Samen mit Hilfe von besonderen Austrocknungs- oder Saftdruckmechanismen der Früchte ausgeschleudert werden. Bei der Austrocknung können Gewebespannungen in der Fruchtwand entstehen, die dazu führen, daß die Samen ausgeworfen werden. Beispiele dazu sind *Geranium* (Storchenschnabel), einige *Cardamine*-Arten (Schaumkraut) und viele Fabaceae. Die Samen können auch wegen unterschiedlicher Druckverhältnisse in einer trocknenden Frucht durch Spalten herausgedrückt werden. Saftdruck kann ein explosives Herausschleudern der Samen verursachen, z. B. bei *Ecballium elaterium* (Spritzgurke). Gewebespannungen führen bei *Impa-*

Abb. 409. Aktive Selbstausbreitung, *von links Geranium,* ×2; *Impatiens noli-tangere,* ×1,2; *Vicia,* ×0,7

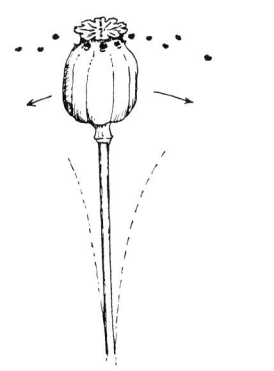

Abb, 410. Passive Selbstausbreitung, *Papaver,* ×0,3

Abb. 411. Wasserausbreitung, *Carex,* ×4

tiens (Springkraut) zum Aufreißen der Frucht. Bei *Arachis hypogaea* (Erdnuß) etwa, wächst der Fruchtstiel an und schiebt die reifende Frucht in den Boden hinein. Viele Früchte und Samen fallen einfach auf den Erdboden, um dann eventuell weitertransportiert zu werden.

Bei der *passiven Selbstausbreitung* wird z. B. Windenergie in eine für die Ausbreitung verwendbare Weise umgesetzt, Der Wind kann einen versteiften elastischen Fruchtstiel in Schwingungen und Vibrationen versetzen, wodurch Samen aus Öffnungen der Früchte ausgestreut werden. Beispiele dafür sind *Papaver* (Mohn), *Primula veris* (Wiesen-Schlüsselblume) und *Lychnis viscaria* (Gemeine Pechnelke).

Wasserausbreitung (Hydrochorie). Bei der Ausbreitung mit Hilfe des Wassers werden Diasporen von Strömungen in Seen und Meeren, sowie in Fließgewässern transportiert. Regentropfen als Verbreitungsmedium sind seltener. Der Transport findet entweder unter Wasser oder, häufiger, auf der Wasseroberfläche statt. Hydrochorie ist bei Moor-, Strand- und Wasserpflanzen verbreitet.

Unterwasserausbreitung kommt hauptsächlich bei submersen, d. h. untergetauchten Pflanzen (S. 222) vor. Kleine Diasporen und solche mit einer wasserabstoßenden Oberfläche können wegen der Oberflächenspannung auf dem Wasser schwimmen. Andere verfügen über Lufträume oder besitzen Korkgewebe. Luftgefüllte Spelzen und Früchte dienen bei Gräsern und Seggen als Schwimmorgane.

Im Meerwasser verlieren die Samen vieler Pflanzen schnell ihre Keimfähigkeit. Diasporen von Strandpflanzen hingegen tolerieren kurzzeitigen Transport im Salzwasser, z. B. *Crambe maritima* (Meerkohl), *Cakile maritima* (Meersenf) und *Cocos nucifera* (Kokospalme). Nur in seltenen Fällen überstehen Diasporen längerdauernden Transport im Meerwasser.

Einige Feuchtbodenpflanzen, z. B. *Caltha palustris* (Sumpfdotterblume), öffnen ihre Früchte bei feuchtem Wetter. Die Samen werden dann mit Regentropfen oder rinnendem Regenwasser verbreitet.

Windausbreitung (Anemochorie). Sehr kleine und leichte Diasporen, sowie solche mit besonderen Flugorganen, können vom Wind verbreitet werden. Anemochorie ist die häufigste und wichtigste Ausbreitungsform der Samenpflanzen. Mehrere Typen können unterschieden werden.

Bei den sogenannten *Bodenläufern* rollt der Wind die Diasporen über den Boden hinweg. Diese Ausbreitungsform findet sich bei mehreren Steppen- und Wüstenpflanzen, z. B. *Eryngium campestre* (Feldmannstreu). Häufiger ist jedoch, daß der Wind die Diasporen ergreift, in die Luft hebt und ein Stück weit verträgt. Die Wirksamkeit der Windausbreitung ist einerseits abhängig vom Gewicht der Diasporen und andererseits von der Windstärke und den Turbulenzen.

Kleine und leichte Diasporen scheinen die einfachste Form der Anpassung an die Windausbreitung zu sein. Sie verfügen jedoch oft über sehr wenig Reservestoffe, was ihre Konkurrenzfähigkeit bei der Ansiedelung herabsetzt. Viele Pflanzen mit sehr speziellen Anforderungen an ihre Umwelt, etwa Saprophyten, Parasiten und Epiphyten, erzeugen häufig sehr kleine Früchte, dafür aber in großen Mengen. Die Mehrheit der Orchideen verhält sich so.

lufterfüllter Raum

Nuß

Besondere Flugeinrichtungen sind *Schirme* und *Flügel.* Die ersteren bestehen aus Haaren unterschiedlicher Form, Plazierung und Herkunft. Schirme, die als Homologa des Kelches aufgefaßt werden (Pappus), kommen bei vielen Korbblütlern vor.

Ein anderer Schirmtyp ist beim langen haarigen Griffel der Früchte von *Pulsatilla vulgaris* (Gewöhnliche Küchenschelle) und *Clematis vitalba* (Waldrebe) vertreten. Lange Haare, entstanden aus dem Perigon, umhüllen die Früchte von *Eriophorum angustifolium* (Schmalblättriges Wollgras). Samenhaare finden sich bei *Gossypium* (Baumwolle) und bei *Salix* (Weide).

Flügel sind dünne Auswüchse an Diasporen. Sie werden von der Frucht oder von der Samenschale gebildet. Manchmal entstehen sie auch aus Hochblättern. Ein verbreiteter Typ ist der einseitige, propellerähnliche Flügel, der die Diasporen beim Fallen zum Rotieren bringt. Beispiele dafür sind die Teilfrüchte von *Acer* (Ahorn, Flügel = Auswuchs des Fruchtblattes) und *Tilia* (Linde, Flügel = umgestaltetes Hochblatt). Bei *Betula* (Birke) sind zwei seitlich gestellte Flügel vorhanden; bei *Ulmus* (Ulme) hingegen wird die Frucht von den Flügeln ganz umhüllt. Die Samen von *Spergula* (Spark) und *Linaria* (Leinkraut) sind von einem breiten hautähnlichen Rand umgeben.

Abb. 412. Früchte und Samen mit Schirmen, *oben Taraxacum; unten von links Cirsium, Eriophorum, Pulsatilla vulgaris,* sämtliche ×1, *Salix,* ×2

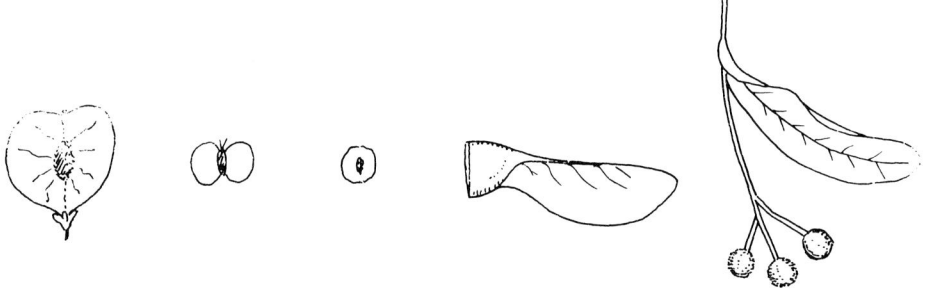

Tieraustreibung (Zoochorie). Drei Hauttypen der *Tierausbreitung* werden unterschieden: Die Diasporen bleiben an den Tieren hängen, werden gesammelt oder aufgefressen.

Diasporen, die von Tieren verbreitet werden, besitzen oft Haken oder Widerhaken, die von Borsten oder anderen Auswüchsen der Früchte gebildet werden. Damit bleiben sie leicht am Pelz oder am Federkleid haften. Beispiele sind: *Galium aparine* (Kletten-Labkraut), *Cynoglossum officinale* (Echte Hundszunge) und *Geum rivale* (Bach-Nelkenwurz). Mit der Zeit lösen sich die Diasporen oder werden abgestreift. Kleine, nicht spezialisierte Diasporen können bei Feuchtigkeit oder mit Erdklumpen beispielsweise an Tierfüßen hängenbleiben. *Plantago major* (Breitwegereich) besitzt klebrige Samen, wodurch sie leichter anhaften.

Viele Tiere sammeln Früchte oder Samen, z. B. als Wintervorrat. Derartige Vorräte werden von vielen Säugetieren, insbesondere von Nagern wie Mäusen, Eichhörnchen und Hamstern, aber auch von Vögeln, z. B. dem Nußhäher, angelegt. Arven- und Haselnüsse werden oft auf diese Weise verbreitet.

Auch Ameisen sammeln Samen als Vorrat. Die von ihnen bevorzugten sind ziemlich klein, oft hart und glatt und in der Regel mit einem fettreichen Anhängsel

Abb. 413. Früchte und Samen mit Flügeln, *von links Ulmus,* ×0,8; *Betula,* ×0,6; *Spergula,* ×4; *Acer,* ×0,7; *Tilia,* ×0,6

Abb. 414. Früchte mit Haken, *von links Galium aparine,* ×2,2; *Geum rivale,* ×1,6

Abb. 415. Ausbreitung durch Ameisen, *Luzula,* Samen mit fettreichem Elaiosom, ×4

(*Elaiosom*) versehen, das von den Ameisen gefressen wird. Beispiele dafür sind *Viola* (Veilchen), *Gagea* (Gelbstern), *Luzula pilosa* (Behaarte Hainsimse) und andere frühblühende Waldpflanzen; überdies auch einige Parasiten, z. B. *Melampyrum* (Wachtelweizen) und *Lathraea* (Schuppenwurz).

Der ursprünglichste Typ von Zoochorie dürfte der sein, bei dem die Früchte gefressen werden. Dabei passieren die Samen den Darmkanal, ohne beschädigt zu werden; im Gegenteil, oft erhöht sich dadurch die Keimfähigkeit. Es kommt auch vor, daß die Samen giftig, hart oder übelschmeckend sind, so daß die Tiere nur das Fruchtfleisch fressen, die „Kerne" aber wieder ausspucken.

Vögel, die allgemein einen schwachen Geruchssinn haben, werden vor allem von grellen, kontrastreichen Farben angezogen. Früchte, die von ihnen verbreitet werden, sind oft rot oder blau und häufig fleischig. Es sind vor allem Beeren- oder Steinfrüchte. Aber auch viele trockenere Früchte und Samen werden von Vögeln gefressen.

Ausbreitung durch den Menschen (Anthropochorie). Heutzutage ist die Verbreitung vieler Pflanzen das Ergebnis der Ausbreitung durch den Menschen und seiner Kultur.

Unkräuter, von denen viele Kosmopoliten geworden sind, werden mit Geräten oder Saatgut von einem Anbaugebiet zum anderen verschleppt. Die Diasporen vieler Pflanzen sind an die Ausbreitung und Ansiedlung auf kultiviertem Boden gut angepaßt. Zum Beispiel können sie gleichzeitig mit dem Getreide reifen und haben eine derartige Form und ein Gewicht, daß sie beim Dreschen und bei einfacheren Formen der Saatgutreinigung nicht ausgelesen werden, sondern den Getreidekörnern mitfolgen. Durch umfassende Herbizidanwendung in der Landwirtschaft sind viele Unkräuter selten geworden, resistente Sippen aber werden gefördert.

Angebaute Pflanzen, z. B. Gemüse- und Zierpflanzen, die irgendwo eingeführt wurden, verwilderten manchmal und konnten sich an natürlichen Standorten ausbreiten.

Ansiedlung und Keimung

Diasporen verschiedener hydrochorer und anemochorer Arten haben besondere Verankerungsorgane in Form von Haken oder Borsten. Dies gibt den Samen Halt bei der Ansiedlung; ein Beispiel dafür ist *Trapa natans* (Wassernuß) (Abb. S. 216).

Damit in dichten Pflanzenbeständen Platz für ein neues Individuum entsteht, ist es unter Umständen notwendig, daß ein anderes zugrunde geht. Bei langlebigen Pflanzen ist unter solchen Bedingungen die jährliche Zahl der Samen, die zu einer neuen Pflanze führen, sehr klein, weil die Abgangsrate gering ist. Für einjährige Pflanzen in lückigen Beständen sind die Verhältnisse gerade umgekehrt. Alle Individuen müssen fast jährlich durch neue ersetzt werden. In diesen beiden Fällen ist die jährlich benötigte Samenproduktion sehr ungleich. Deshalb produzieren in langlebigen Beständen viele Arten große Samen, aus denen konkurrenzkräftige Keimpflanzen entstehen. Pflanzen offener Bestände, etwa Unkrautgemeinschaften, haben hingegen kleine Samen mit geringer Konkurrenzkraft.

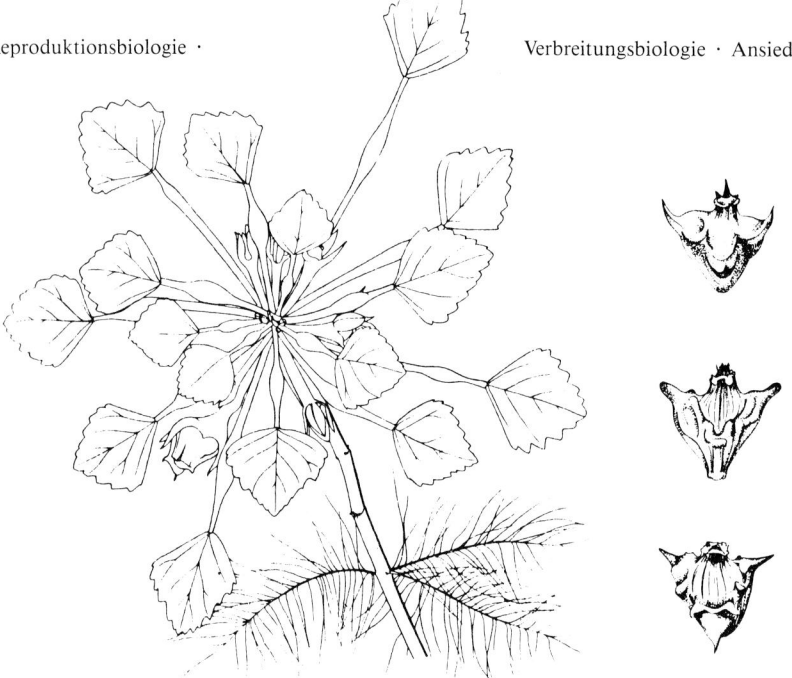

Abb. 416. *Trapa natans,* Habitus, ×0,5, Früchte, ×0,5 (Heß et al. 1970)

Viele Samen keimen unmittelbar nach ihrer Reife, manche erst nach einer Ruhe-periode, deren Länge artspezifisch und umweltabhängig ist. Viele Arten, insbesonde-re der gemäßigten Breiten, haben Samen, deren Keimung, mehr oder weniger streng genetisch fixiert, von der Jahreszeit abhängig ist. Bei bestimmten Arten keimen bei-spielsweise die Samen schon im Herbst, bei anderen erst im Frühling.

Die *Keimruhe* der Samen hat eine wichtige biologische Bedeutung. Sie kann näm-lich ermöglichen, daß innerhalb einer Population sowohl blühende Individuen, als auch ruhende Samen vorhanden sind. Falls nun die vollentwickelten Individuen durch irgendeine Katastrophe umkommen sollten, sind die Voraussetzungen gege-ben, daß die Population trotzdem weiterleben wird. Dies ist insbesondere wichtig für einjährige Pflanzen, deren Population im anderen Falle ernsthaft bedroht wäre, kä-me es während einer Vegetationsperiode nicht zur Samenbildung. Daß eine solche *Samenreserve (Samenbank)* bei vielen Arten wirklich existiert, konnte verschiedent-lich beobachtet werden; zum Beispiel kam auf einem Acker, der von *Sinapis arvensis* (Acker-Senf) „befreit" wurde, dieser massenhaft wieder auf, nachdem die Pflugtiefe erhöht wurde. Die Zeit, während der Samen ihre Keimfähigkeit behalten, ist artspezi-fisch. Viele Unkräuter haben eine besonders lange Keimfähigkeit; sie dauert Jahr-zehnte, ja sogar bis zu Jahrhunderten. Die Samenkeimung ist von mehreren äußeren Faktoren abhängig. Dazu zählen Feuchtigkeit, Kühle, Wärme, Licht oder Dunkel-heit.

Keim- und Jungpflanzenstadium sind für viele Gewächse eine sichtlich empfind-liche Lebensperiode, während der viele Individuen ausfallen. Individuen derselben oder verschiedener Arten konkurrieren stets um Raum und beeinflussen einander so-lange, bis zwischen ihnen genügend Abstand vorhanden ist. In der Regel entwickelt sich nur ein kleiner Teil der Samen zu reproduktionsreifen Pflanzen.

Lebensformen

Ausgehend von der vegetativen Gestalt und ihrer Beziehung zur Umwelt können die Pflanzen in verschiedene *Lebensformen* eingeteilt werden.

Pflanzen verschiedenster systematischer Gruppen glichen sich einander unter ähnlichen Umweltbedingungen durch Selektion an. Die Selektion betraf vor allem die Organe, die den Pflanzen das Leben in einer bestimmten Umwelt ermöglichen; das sind Wurzel, Blätter und Knospen. Die Blüten hingegen behalten in der Regel ihre Gestalt bei. Besonders viele Beispiele konvergenter Evolution sind bei den Pflanzen vorhanden, die extreme Umweltbedingungen aushalten, wie etwa Polsterpflanzen und Stammsukkulente (S. 129). Bisweilen sind auch Lebensformen verschiedener Standorte einander ähnlich. Zum Beispiel können sich sowohl Pflanzen der Meeresstrände, als auch der Trockengebiete ähneln, da alle diese Biotope in physiologischer Hinsicht trocken sind, das heißt bei den Pflanzen zu einem Wasserstreß führen. Die Grenzen zwischen verschiedenen Lebensformen sind nicht immer scharf.

Die verschiedenen Eigenschaftskomplexe der Pflanzen und ihre Beziehung zu unterschiedlichen Biotopen wurden unterschiedlich bewertet. Dies führte zu verschiedenen Typen von Lebensformen. In diesem Buch werden drei „Lebensformensysteme" mit besonderer Beziehung zu unserer Flora dargestellt.

Lebensformen mit Bezug auf Lebenslänge und Verholzungsgrad

Holzpflanzen. Stamm und Äste sind verholzt und mehrjährig. Die Blätter sind krautartig, mehrjährig, oder werden jährlich erneuert. Verlängerungen des Sprosses gehen aus Knospen hervor, die mehr oder weniger hoch über dem Erdboden plaziert sind.

Zu den Holzpflanzen gehören Bäume, Sträucher, Zwergsträucher und Lianen. *Bäume* besitzen in der Regel einen deutlich abgegrenzten Stamm, der erst ein Stück über dem Erdboden verzweigt ist, z. B. *Populus tremula* (Zitterpappel) und *Pinus sylvestris* (Waldkiefer). *Sträucher* sind in der Regel niedriger und vom Grunde an verzweigt und besitzen fast gleich starke „Hauptstämme", z. B. *Rosa canina* (Hunds-Rose) und *Juniperus communis* (Wacholder). Junge Bäume und Sträucher sind einander oft ähnlich. Bei ihrer Weiterentwicklung unterscheiden sich Bäume und Sträucher dadurch, daß die Bäume weitere Sprosse von hochplazierten Knospen aus bilden, hingegen die Sträucher aus Knospen am oder kanpp über dem Erdboden. *Zwergsträucher* sind niedrige Sträucher, die ebenfalls vom Grunde an verzweigt sind.

Die Zweige besitzen oft kurze Internodien. Beispiele sind *Calluna vulgaris* (Heidekraut) und *Vaccinium myrtillus* (Heidelbeere). Die *Lianen* sind als Kletterpflanzen ausgebildet, z. B. *Vitis vinifera* (Weinrebe). In der mitteleuropäischen Flora sind nur wenige Vertreter vorhanden, z. B. *Lonicera periclymenum* (Windendes Geißblatt), *Clematis vitalba* (Waldrebe) und *Hedera helix* (Efeu).

Halbsträucher. Nur die basalen und die unterirdischen Teile sind verholzt und mehrjährig. Von diesen geht das Wachstum aus. Jährlich bilden sich, zumindest anfangs, krautartige Sprosse mit begrenzter Lebensdauer. Nach etwa 1 – 2 Jahren sterben sie ab. Beispiel: *Rubus idaeus* (Himbeere).

Kräuter. Die gesamte Pflanze ist nicht oder nur unbedeutend verholzt. Die Hauptmasse der oberirdischen Teile oder die gesamte Pflanze stirbt am Ende der Vegetationsperiode oder nach Bildung der Samen ab.

Mehrjährige (ausdauernde, perennierende) Kräuter (Stauden) blühen und fruchten mehrere Male während ihrer Lebensperiode. Sie sind wenig- oder vieljährig. Die Knospen, aus denen zu Beginn einer Vegetationsperiode die oberirdischen Teile der Pflanze erneuert werden, bilden sich in der Nähe der Bodenoberfläche, oder bei Wasserpflanzen am Grunde der Gewässer; einige Wasserpflanzen haben besondere Überwinterungsknospen (S. 212). Aufgrund des Sproßbaues können die ausdauernden Kräuter in mehrere Gruppen gegliedert werden. Beispiele sind etwa: 1) *Schaftpflanzen.* Eine deutliche Blattrosette fehlt. Hierher gehört die Mehrheit der Kräuter, wie etwa *Filipendula ulmaria* (Großes Mädesüß) und *Lathyrus pratensis* (Wiesen-Platterbse); 2) *Rosettenpflanzen.* Die Blätter sind zu einer basalen Rosette angeordnet. Beispiele sind: *Plantago major* (Große Wegerich) und *Taraxacum officinale* (Löwenzahn). 3) *Freischwimmende Wasserpflanzen,* z. B. *Lemna* (Wasserlinse) und *Salvinia* (Schwimmfarn).

Zweijährige (bienne) Kräuter entwickeln sich im ersten Jahr nur vegetativ. Während dieser sogenannten Erstarkungsperiode werden oft eine Blattrosette und nährstoffspeichernde Organe ausgebildet. Nach dem Fruchten im zweiten Jahr stirbt die Pflanze ab. Beispiele sind: *Daucus carota* (Möhre) und *Verbascum nigrum* (Schwarze Königskerze). Ein Teil der mehrjährigen Kräuter, z. B. die Agave, besitzt ein vergleichbares Erstarkungsstadium und stirbt nach der Blüte und der Samenbildung ab.

Einjährige (annuelle) Kräuter blühen und bilden Samen innerhalb einer einzigen Vegetationsperiode. Danach sterben sie ab. Sie keimen entweder im Herbst des Jahres vor der Blüte (Winterannuelle) oder im Frühjahr des Jahres, in dem sie blühen (Sommerannuelle). Beispiele sind *Erophila verna* (Frühlings-Hungerblümchen), *Centaurea cyanus* (Kornblume) und die Getreidearten.

Lebensformen mit Bezug auf die Lage der Überwinterungsknospen

Ausgangspunkt für dieses Lebensformensystem ist, wo, bezüglich der Bodenoberfläche, die Landpflanzen den Winter oder Trockenperioden überleben. Während des Winters ist vor allem die Austrocknung bedrohend, weil die Wasserzufuhr, auch unter mitteleuropäischen Bedingungen, eingeschränkt oder zeitweise ganz gestoppt ist.

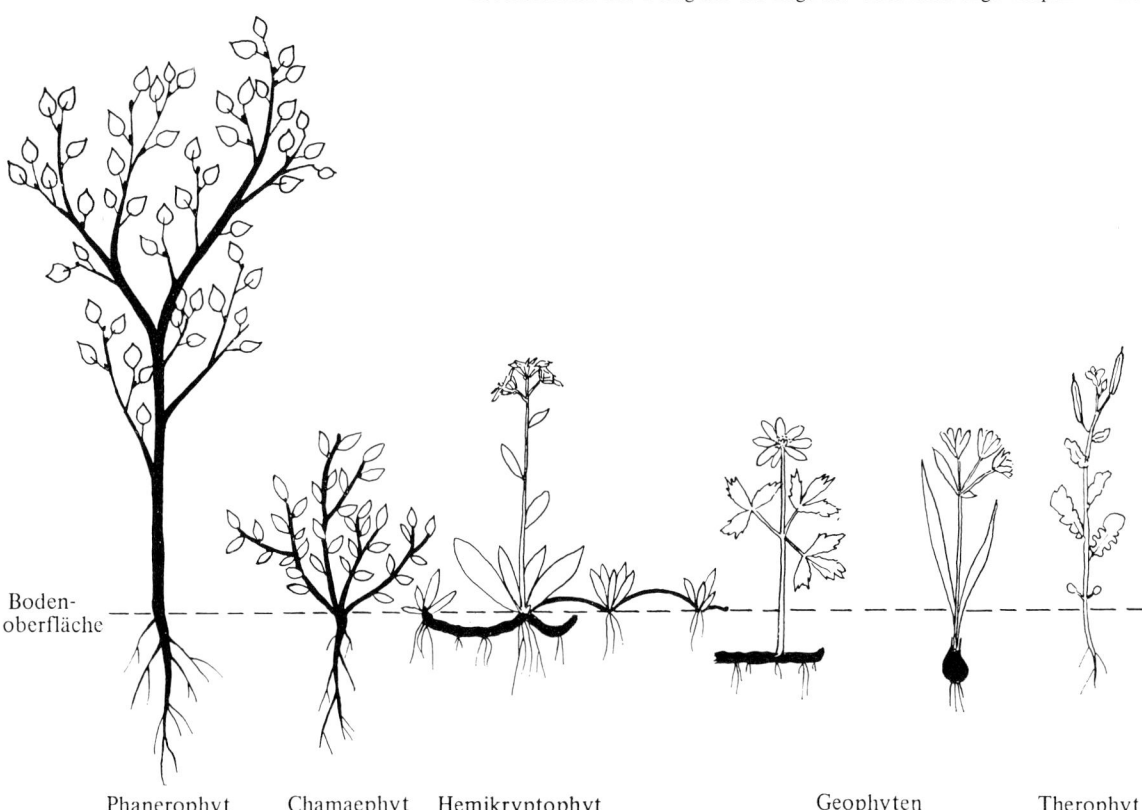

Boden-
oberfläche

Phanerophyt   Chamaephyt Hemikryptophyt   Geophyten   Therophyt

Abb. 417. Lebensformen mit Bezug auf die Lage der Überwinterungsknospen, stark schematisiert. Ausdauernde Organe *schwarz*. Bodenoberfläche − − −

Ausgehend von den skandinavischen Verhältnissen wurde dieses System vom dänischen Botaniker Raunkiær vorgeschlagen. Es hat eine weite Verbreitung gefunden.

Phanerophyten. Die Knospen für die Fortsetzung des Wachstums liegen hoch über dem Boden und sind gewöhnlich von Knospenschuppen geschützt.

In Mitteleuropa umfaßt die Gruppe vor allem Sträucher und Bäume. Beispiele sind: *Alnus incana* (Grauerle) und *Corylus avellana* (Hasel).

Chamaephyten. Diese Gruppe umfaßt bei uns vor allem Zwergsträucher und ist dadurch gekennzeichnet, daß die überwinternden Knospen sich knapp über dem Boden befinden. Sie werden während des Winters oft eingeschneit. Beispiele sind: *Vaccinium myrtillus* (Heidelbeere) und *Arctostaphylos alpina* (Alpen-Bärentraube).

Hemikryptophyten. Diese Gruppe ist dadurch gekennzeichnet, daß die Überwinterungsknospen an der Bodenoberfläche sitzen. Sie umfaßt die Mehrzahl der ausdauernden und der zweijährigen Kräuter, der Winterannuellen und der Halbsträucher. Beispiele sind: *Taraxacum* (Löwenzahn), *Erophila verna* (Frühlings-Hungerblümchen) und *Ranunculus repens* (Kriechender Hahnenfuss). Hemikryptophyten sind insbesondere kennzeichnend für die Flora von Gebieten mit Schnee im Winter. Mehr als die Hälfte der Gefäßpflanzenflora Mitteleuropas gehört zu den Hemikryptophyten.

Geophyten. Die Gruppe ist etwas uneinheitlich, aber insgesamt dadurch gekennzeichnet, daß ihre Vertreter unterirdische Überwinterungsorgane besitzen. Diese sind als Rhizome, Zwiebeln, Wurzel- oder Sproßknollen ausgebildet. Sie speichern oft Nährstoffe. Zu den Geophyten gehören besonders viele Frühjahrspflanzen unserer einheimischen Flora. Ihre Vegetationsperiode ist in der Regel sehr kurz. Sie verwelken bald nach dem Fruchten. Viele Zwiebelpflanzen sind in sommertrockenen Gebieten verbreitet. Beispiele für Geophyten sind: *Anemone nemorosa* (Buschwindröschen), *Gagea arvensis* (Acker-Gelbstern), *Allium ursinum* (Bärlauch).

Therophyten. Diese Gruppe unterscheidet sich vollständig von den übrigen und zwar dadurch, daß ihre Vertreter nur in Form von Samen überwintern; sie umfaßt die sommerannuellen Pflanzen. Diese wiederum sind typisch für Gebiete mit einer sommerlichen Trockenperiode. Als Beispiel für einen Therophyten kann *Papaver rhoeas* (Klatschmohn) angeführt werden.

Lebensformen mit Bezug auf den Wasserhaushalt

Dieses System basiert auf den Veränderungen im Bau der assimilierenden Sprosse für das Leben auf dem Lande oder im Wasser, sowie auf den verschiedenen Strukturen, die den Wasserhaushalt der Pflanzen regulieren.

Landpflanzen. Die Sprosse sind an das Leben auf dem Land angepaßt. Oft haben die Stengel ein sehr schwach ausgebildetes Luftkanalsystem. Mit Bezug auf das Vermögen, Tockenperioden auszuhalten, können die Landpflanzen in verschiedene Gruppen unterteilt werden.

Xerophyten sind Pflanzen, die oft extrem, aber auf unterschiedliche Weise, an wasserarme Standorte angepaßt sind. In unserer Flora sind nur relativ wenige typische Vertreter vorhanden. *Tropophyten* sind Pflanzen, die im Verlaufe eines Jahres eine für die Wasseraufnahme ungünstige und eine günstige Periode mitmachen. In vielen Gegenden Mitteleuropas stellt der Winter eine lange Trockenzeit dar, an die die Pflanzen unterschiedlich angepaßt sind. Dazu gehören auch solche, die weder welken, noch die Blätter verlieren, sogenannte wintergrüne Pflanzen, z. B. *Vaccinium vitis-idaea* (Preiselbeere) und *Vinca minor* (Immergrün).

Ein tiefgehendes oder verzweigtes Wurzelsystem, dessen Umfang im Vergleich zu den oberirdischen Organen um ein Mehrfaches größer sein kann, z. B. bei *Artemisia campestris* (Feld-Beifuß).

Sukkulente Blätter oder Stämme, z. B. *Sedum album* (Weiße Fetthenne) und Kakteen.

Reduzierte oder praktisch fehlende Blätter, z. B. verschiedene Kakteen.

Sehr kleine, nadelähnliche oder harte, lederartige Bläter, die ihre Form und Struktur auch während längerer Trockenperioden nicht verlieren, z. B. *Calluna vulgaris* (Heidekraut), *Vaccinium vitis-idaea* (Preiselbeere) und die Nadelbäume.

Eingesenkte Spaltöffnungen und/oder die Fähigkeit, die Blätter bei Trockenheit einzurollen, z. B. viele Gräser.

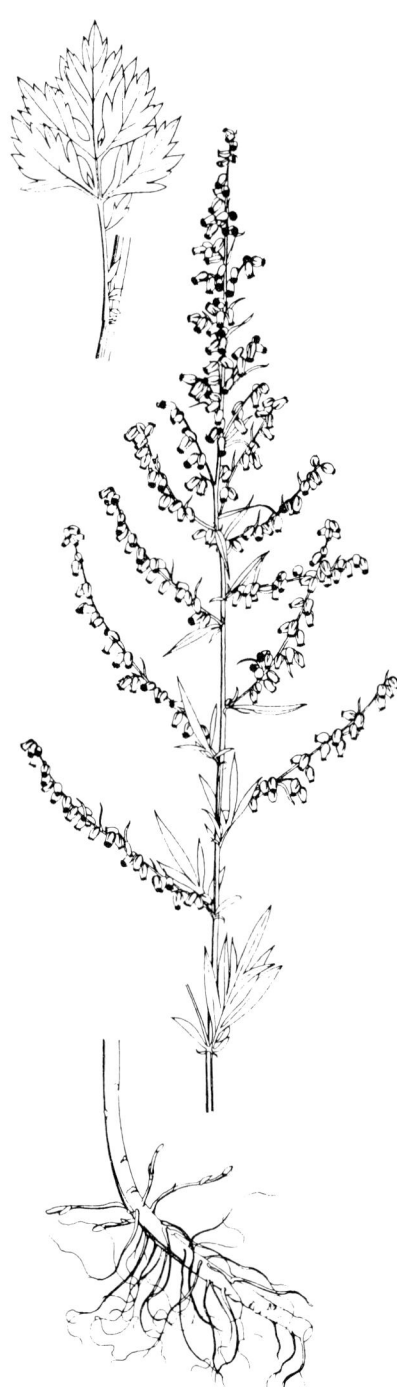

Abb. 418. *Artemisia vulgaris*, Habitus, ×0,5 (Heß et al. 1970)

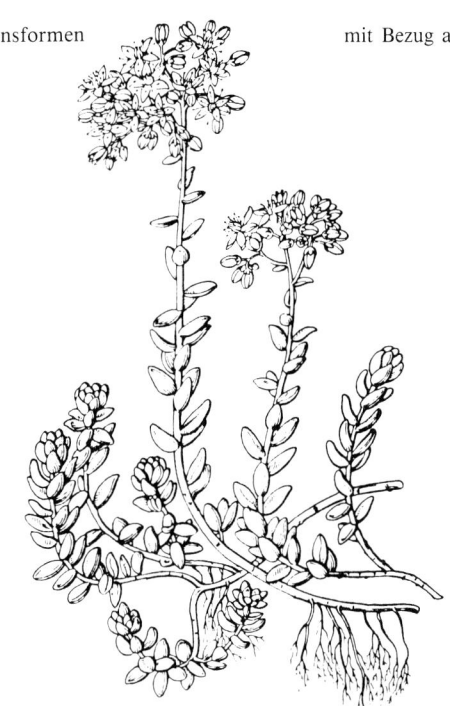

Abb. 419. *Sedum album,* Habitus, ×1,
(Dahlgren et al. 1980)

Eine Wachsschicht oder verschiedene Typen von Behaarung an Sprossen und Blättern, oft in Form dichter, weißer Haare, z. B. *Artemisia* (Beifuß).

Weitere Anpassungsformen, um dem Wassermangel zu widerstehen, sind ein vor Beginn der Sommertrockenheit abgeschlossener Lebenszyklus, wie bei vielen Frühjahrsannuellen, oder Blattfall beim Einsetzen der winterlichen Trockenheit, wie bei den meisten unserer Gehölze. Viele Anpassungen an die Trockenheit sind Beispiele dafür, auf welche Weise Pflanzen zum Überleben die Transpiration erniedrigen. Während der Trockenzeit verringert sich das Wachstum oder es hört gar ganz auf. Dies spiegelt sich unter anderem in den Jahrringen der Bäume wider. Viele Pflanzen extremer Trockengebiete wachsen sehr langsam. Bei einigen Strandpflanzen sind Anpassungen vorhanden, die denen in Trockengebieten ähneln.

Die *Mesophyten* besitzen ein mittelgroßes Wurzelsystem. Die Struktur der Blätter ist unterschiedlich. Der Sproß welkt, zumindest teilweise, bereits bei geringem Wassermangel, oft jedoch ohne die Fähigkeit ganz zu verlieren, bei besserer Wasserversorgung die alte Form wiederzuerlangen. Die Mehrzahl unserer Wiesenpflanzen gehört zu den Mesophyten. Beispiele sind *Ranunculus acris* (Scharfer Hahnenfuß) und *Leucanthemum vulgare* (Wiesen-Margerite, Wucherblume).

Hygrophyten sind Pflanzen mit einem schwach ausgebildeten Wurzelsystem. Ihre Sprosse welken gewöhnlich schon bereits bei ganz geringer Austrocknung. Die Blätter können sehr dünn sein. Die Mehrzahl wächst im Schatten, wo die Luftfeuchtigkeit verhältnismäßig hoch ist. Viele Waldboden- und Hainpflanzen sind Hygrophyten. Beispiele sind: *Anemone nemorosa* (Buschwindröschen), *Stellaria media* (Vogel-Miere), *Oxalis acetosella* (Sauerklee) und *Corydalis bulbosa* (Hohlknolliger Lerchensporn.).

Sumpf- und Wasserpflanzen. Sumpfpflanzen (*Helophyten*) besitzen Sprosse, die an das Leben auf dem Land angepaßt sind. Ihre Stengel haben jedoch ein gutentwickeltes Luftkanalsystem. Die Pflanzen ertragen eine zeitweilige Überschwemmung und stehen mit den Wurzeln, denen Wurzelhaare fehlen können, in sehr feuchtem Boden. Beispiele sind: *Scirpus* (Simse) und *Phragmites* (Schilf).

Ein Teil der Strandpflanzen besitzt Sprosse, die sowohl an das Leben auf dem Land als auch im Wasser angepaßt sind. Diese Eigenschaft ist insbesondere an Standorten mit schwankendem Wasserstand wertvoll. Ein Beispiel dazu ist *Alisma plantago-aquatica* (Wegerichblättriger Froschlöffel). Einige amphibische Strandpflanzen werden durch unterschiedliche hydrische Bedingungen sehr stark modifiziert; so sind die Land- und die Wasserform z. B. von *Polygonum amphibium* (Wasser-Knöterich) einander nicht sehr ähnlich.

Wasserpflanzen (*Hydrophyten*) sind entweder fest im Untergrund verwachsen oder schwimmen frei. Ein großer Teil oder die gesamte Pflanze lebt unter Wasser. Ihre assimilierenden Sprosse sind ganz an das Wasserleben angepaßt. Blätter und Stengel haben oft weite Luftkanäle. Wasserpflanzen blühen entweder über oder unter der Wasseroberfläche. In Abhängigkeit von der Ausbildung des Sprosses können die Wasserpflanzen in mehrere Gruppen gegliedert werden, z. B. Schwimmblattpflanzen, *Nymphaea alba* (Weiße Seerose) und Rosettenpflanzen, *Lobelia dortmanna* (Wasser-Lobelie).

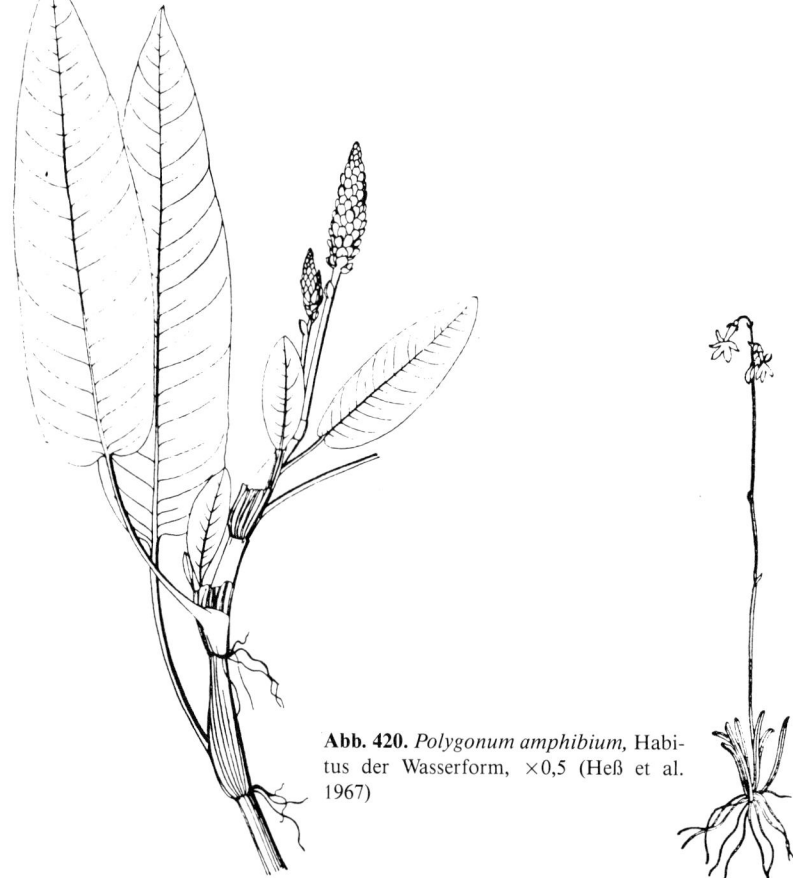

Abb. 420. *Polygonum amphibium,* Habitus der Wasserform, ×0,5 (Heß et al. 1967)

Abb. 421. *Lobelia dortmanna,* Habitus, ×0,4 (Rothmaler 1966)

Pflanzengeographie

Die Pflanzengeographie hat zum Ziel, einerseits die Verbreitung der einzelnen Arten und anderseits den Artenbestand eines begrenzten geographischen Raumes festzustellen. Überdies möchte sie ein Gesamtbild der Vegetationszonen der Erde und deren Abgrenzungen schaffen. In Zusammenarbeit mit der Paläobotanik kann damit allmählich die Geschichte von Arten und von Pflanzengruppen, auch hinsichtlich ihrer früheren Verbreitung aufgedeckt werden. Auf diese Weise erhält man Fakten zur Vegetationsgeschichte der Erde.

Pflanzengeographisches Basiswissen über die Verbreitung von Sippen stammt teils aus floristischen Kartierungen, teils geht es als Nebenprodukt aus taxonomischen Arbeiten hervor. Bei der Revision von Pflanzengruppen ist es üblich, die Herkünfte des studierten Materials aufzulisten, inzwischen oft ergänzt oder teilweise ersetzt durch detaillierte Karten. Diese bilden das sicherste pflanzengeographische Grundlagenmaterial.

Lokale Verbreitungsübersichten werden zuerst in der einfachen Form von Floren widergegeben. Danach folgen in gut durchforschten Gebieten regionale Kartenwerke, wie z. B. der „Verbreitungsatlas der Farn- und Blütenpflanzen der Schweiz" von Welten und Sutter. Diese basieren in der Regel auf der Durchsicht öffentlicher Herbarien, auf früher publizierten Arbeiten und auch auf neuen Feldarbeiten. Eine Kartierung dieses Typs konnte bis jetzt nur in ein paar wenigen Gebieten der Erde durchgeführt werden. Vor allem in den Tropen ist unsere Kenntnis sowohl der Arten als auch ihrer Verbreitung sehr schlecht (vgl. Seite 4).

Arealtypen

Geschlossene Areale. Ein großes, zusammenhängendes Verbreitungsgebiet, wie das von *Quercus robur* (Stiel-Eiche) wird als geschlossen bezeichnet. Geschlossene Areale lassen auf ein gutes Ausbreitungsvermögen und eine gewisse ökologische Toleranz schließen. Überdies erhält man einen Anhaltspunkt über die Verbreitung der Standorte, die für die betreffende Art geeignet sind. Die Übergänge von geschlossenen zu zerstückelten Arealen sind kontinuierlich.

Zerstückelte (disjunkte) Areale. Die Abb. 422, 423 und 425 zeigen Beispiele von zersplitterten, *disjunkten,* Arealen, mit heute isolierten Teilgebieten. Dieser Verbreitungstyp wird in den meisten Fällen als aus einem ursprünglich geschlossenen Areal

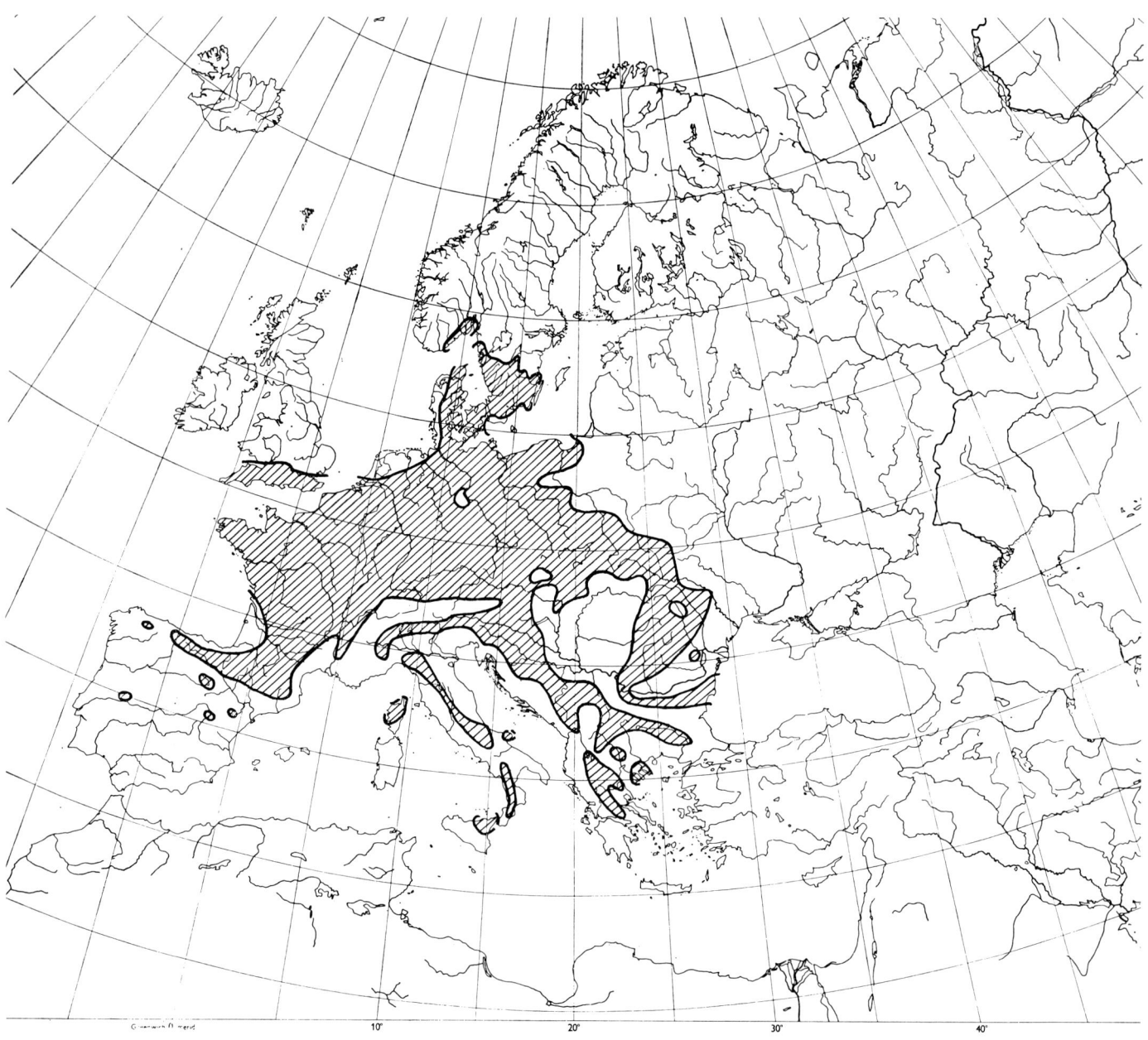

Abb. 422. *Fagus sylvatica,* disjunktes Areal

entstanden aufgefaßt. Die isolierten Teilareale werden deshalb oft auch als Reliktvorkommen bezeichnet. Derartige Arealtypen, auch in einer geringen Zahl, können Hinweise auf die Vegetationsgeschichte eines Gebietes geben. Die Chancen für eine Ausbreitung über weite Strecken hinweg, d. h. Ansiedlung in einer neuen Gegend nach zufälligem Transport einzelner Samen, sind für die meisten Pflanzenarten sehr niedrig.

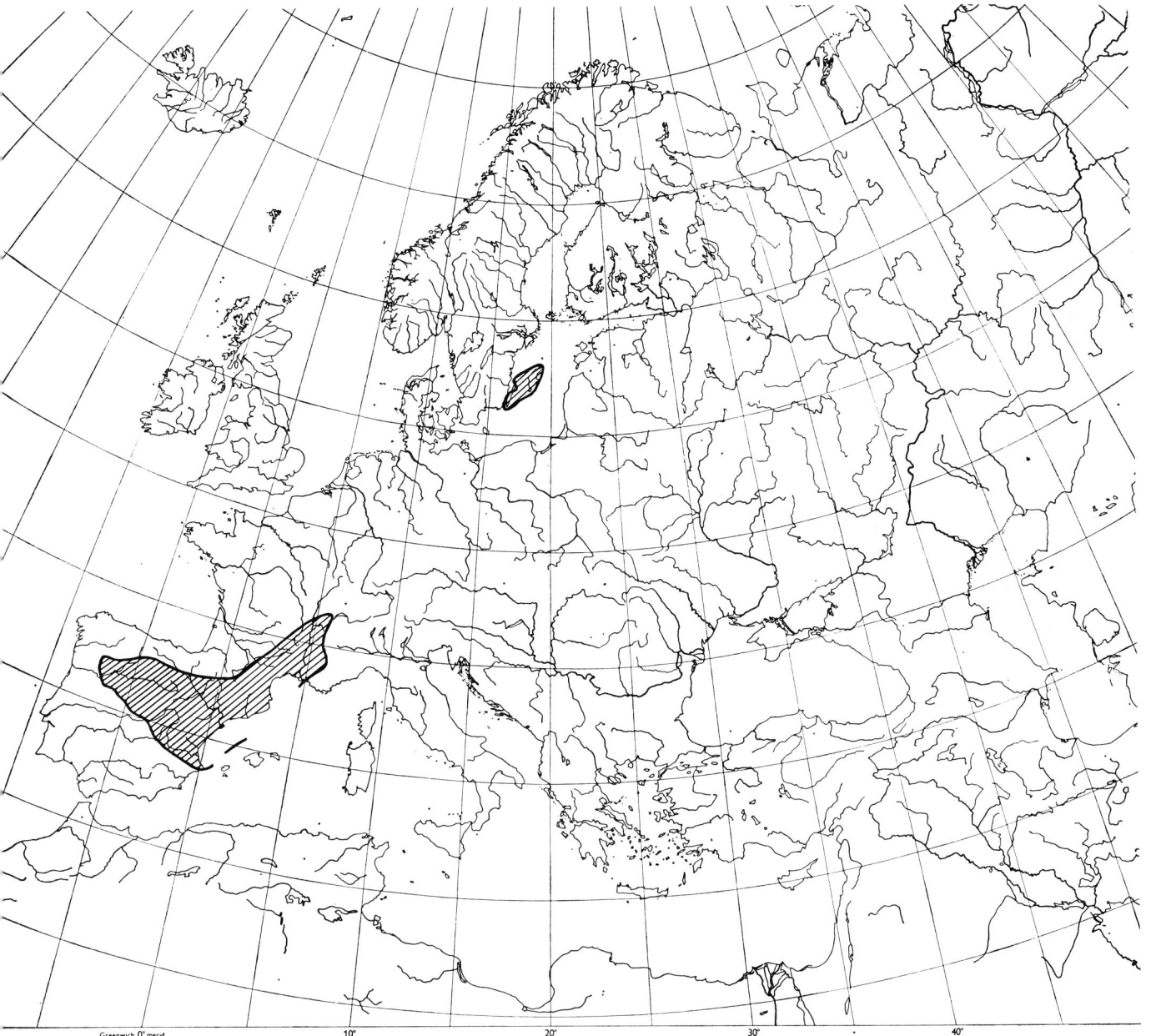

Abb. 423. *Globularia vulgaris,* Gesamtareal; disjunktes Areal

Endemische Taxa. Als *Endemit* wird eine Art oder ein anderes Taxon bezeichnet, das im Gegensatz zum *Kosmopoliten* nur in einem beschränkten geographischen Raum vorkommt, z. B. in Europa, auf einer einzelnen Insel oder im Extrem an einer einzigen Lokalität. Auf Abb. 426 sind die Verbreitungsgebiete einiger endemischer Arten der Gattung *Centaurea* in Süd-Griechenland dargestellt. Die Ursachen einer derarti-

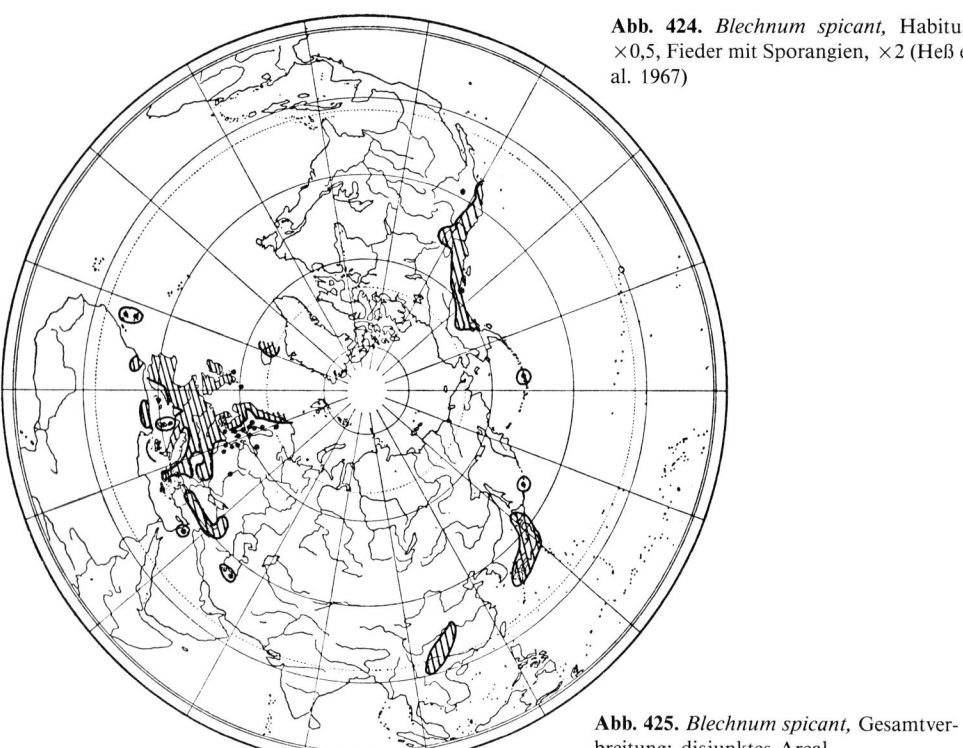

Abb. 424. *Blechnum spicant,* Habitus, ×0,5, Fieder mit Sporangien, ×2 (Heß et al. 1967)

Abb. 425. *Blechnum spicant,* Gesamtverbreitung; disjunktes Areal

gen Verbreitung können verschieden sein: 1) Die Art ist erst in junger Zeit an einem Ort entstanden und es ist ihr noch nicht gelungen, sich weiter auszubreiten; 2) Die Art ist bereits vor längerer Zeit an einem Ort entstanden, aber ihr Vorkommen ist entweder aufgrund der Geschichte des Gebietes oder ihres eigenen schlechten Ausbreitungsvermögens örtlich beschränkt geblieben; 3) Die endemische Verbreitung ist das Relikt eines ehemals größeren Verbreitungsgebietes. Dies kann sehr groß gewesen sein. In extremen Fällen sind Endemiten sogar „lebende Fossile", d. h. die einzigen Überlebenden einer ehemals reich entfalteten Gruppe. *Ginkgo biloba* (Ginkgo), ein häufig angepflanzter Baum, ist ein solches Beispiel. Er ist der einzige Vertreter einer im übrigen ausgestorbenen Klasse und wild nur noch lokal in China anzutreffen.

Die erwähnten Typen von Endemiten werden durch Übergangsglieder miteinander verbunden, und in einem gewissen Maße hat wohl jede Art ihre einzigartige Geschichte. Indessen ist es von großem Interesse, die Anzahl der Endemiten in einem gegebenen Raum festzustellen; denn daraus werden wertvolle Informationen darüber gewonnen, wie wirksam die Isolation zwischen den einzelnen Teilen eines Gebietes und gegenüber anderen Gebieten war, wie lang sie andauerte und wie lange sich die Vegetation ungestört durch Katastrophen entwickeln konnte. Diese Kenntnisse können unter anderem für die Aufklärung der Geschichte von Inseln oder von Inselgruppen verwendet werden. Auf Hawai sind z. B. 80−90% der Pflanzenarten endemisch, d. h. ganz auf diese Inselgruppe beschränkt. Darunter befinden sich mehrere endemische Gattungen. Dies deutet darauf hin, daß die Isolierung vom Festland, respektive von anderen Inselgruppen, schon lange währt und effizient war. Wahrscheinlich entstand die Flora von Hawai durch erfolgreichen Ferntransport von Früchten oder Samen und anschließende Differenzierung. Die Inseln im Mittelmeer enthalten eine wechselnde Zahl endemischer Arten (vgl. Abb. 426). Doch finden sich nahe Verwandte von ihnen auf anderen Inseln oder auf dem Festland. Hier scheint also, trotz der relativ geringen Distanzen, eine effektive, aber noch nicht so lange andauernde Isolierung vorzuliegen.

In Skandinavien, und ähnliches gilt für weite Gebiete Zentraleuropas, das von großen Umwälzungen in Form von Eiszeiten betroffen war, und wo der Hauptteil der Flora erst in später Zeit wieder einwanderte, ist die Menge endemischer Arten gering. In Gebieten mit ruhigerer geologischer Geschichte und geringeren Klimaschwankungen gibt es auch auf dem Festland Endemiten, vor allem in isolierten Teilen ungleichmäßig verbreiteter Biotope, z. B. auf Bergspitzen oder in Trockentälern.

Arealbeziehungen und Arealsystematik

Beim Studium von Fragen der Artgliederung kann die Lage der Areale einander nahestehender Arten wertvolle Informationen liefern. Einige Haupttypen solcher Beziehungen werden im folgenden dargestellt.

Vollständig getrennte Areale bedeutet, daß die betreffenden Taxa heutzutage keine Möglichkeit haben, sich zu kreuzen. Solche Paare oder Gruppen von nahestehenden Formen heißen *vikariierende Taxa*. Auch wenn klare morphologische Unterschiede zwischen den vikariierenden Sippen entstanden sind, so beweist dies noch keine genetische Isolierung. Dasselbe gilt für den Fall, in dem geographisch isolierte Formen überdies unterschiedliche ökologische Ansprüche entwickelt haben. Es sind mehrere Fälle bekannt, in denen getrennte Formen, die als gute Arten aufgefaßt wurden, sich als voll fertil kreuzbar erwiesen haben. Ein gut bekanntes Beispiel sind die zwei Platanen-Arten *Platanus occidentalis* aus Nordamerika und *P. orientalis* aus dem Mittelmeergebiet (vgl. S. 2). Geographische Isolierung allein führt also nicht in jedem Fall zur Herausbildung von guten, genetisch isolierten Arten, nicht einmal nach einer langen Zeitperiode. Nur experimentelle Untersuchungen, insbesondere Kreuzungsexperimente, können in solchen Fällen sichere Auskunft geben.

Ganz oder teilweise sich deckende Areale. Wenn zwei Taxa im selben Gebiet vorkommen, besteht die Möglichkeit, daß sie sich, unabhängig von etwaigen ökologischen Unterschieden, zumindest an einigen Stellen kreuzen können. Sind die beiden Taxa trotzdem morphologisch klar unterscheidbar, so deutet das auf eine wirkliche genetische Isolierung hin. In einigen Fällen können sterile Hybriden in der Natur (oder in Herbarien) nachgewiesen werden. Die Natur hat dann die benötigten Experimente bereits ausgeführt und die betreffenden Formen können als Arten akzeptiert werden. Beispielsweise hybridisieren *Elymus farctus* (Strand-Quecke) und *Elymus repens* (Gemeine Quecke) an vielen Lokalitäten. Doch sind die Hybriden vollständig steril.

Gibt es hingegen mehr oder weniger fertile intermediäre Exemplare und Populationen innerhalb eines gemeinsamen Teilareals, besteht keine wirkliche genetische

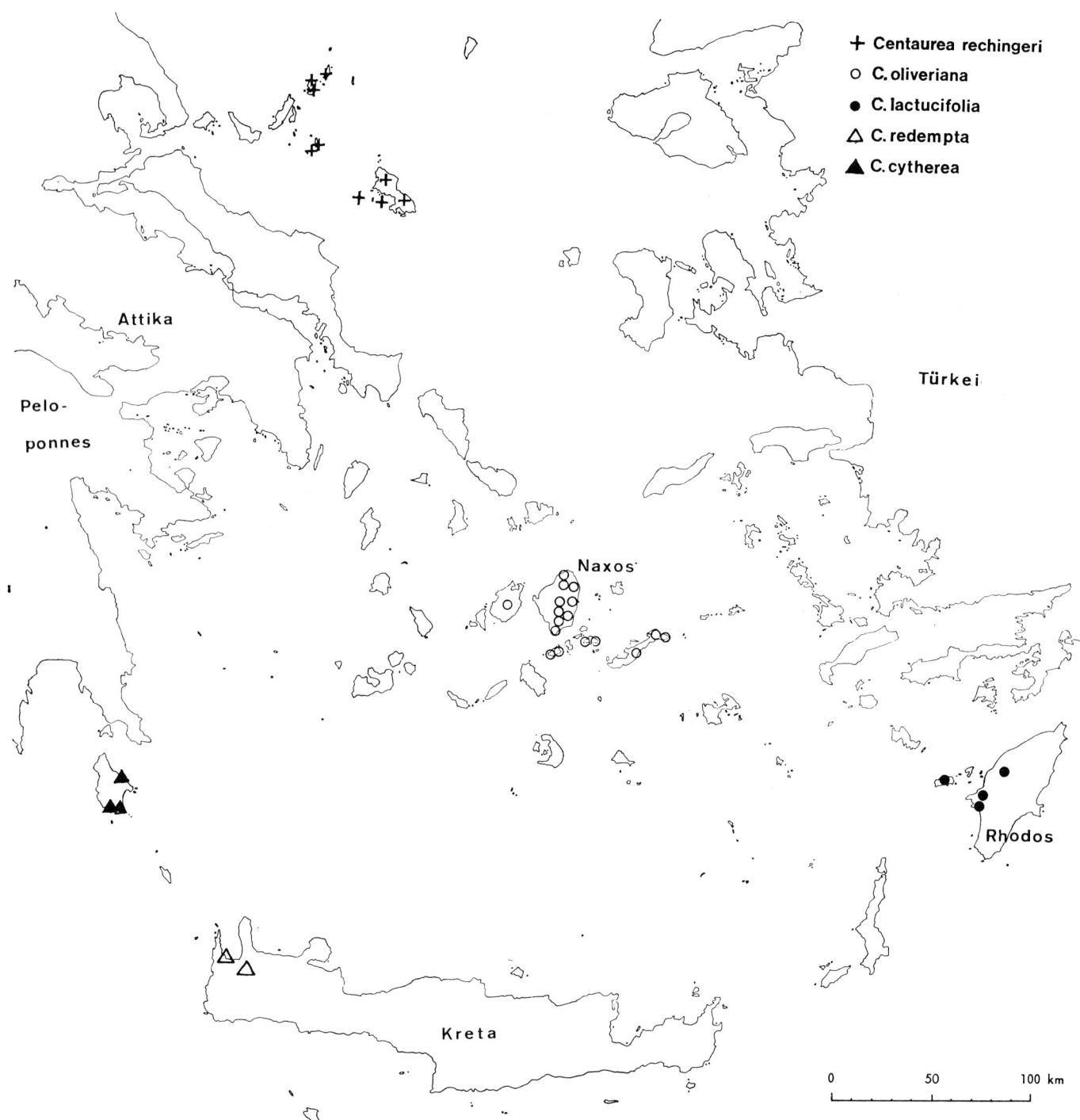

Abb. 426. Gesamtverbreitung einiger endemischer *Centaurea*-Arten in der Ägäis.

Isolierung. Dann muß abgewogen werden, ob die zwei Formserien überhaupt als getrennte Arten akzeptiert werden können; dies ist am ehesten dann vertretbar, wenn sie unterschiedliche ökologische Anforderungen stellen.

Einander berührende Areale mit Übergangsformen in der Kontaktzone kommen recht oft vor. Dies kann normalerweise so gedeutet werden, daß eine Art morphologisch unterscheidbare Typen innerhalb verschiedener Teilgebiete ihres Areals ausgebildet hat, beispielsweise als Folge einer Anpassung an unterschiedliche Klimaverhältnisse. Dieser morphologischen und physiologischen Differenzierung folgte jedoch keine genetische Isolierung. Solche Formen werden als geographische Rassen bezeichnet und taxonomisch in der Regel als Unterarten aufgefaßt. Sie speziell zu benennen, ist in diesem Falle oft wünschenswert, weil die verschiedenen Unterarten evolutionäre Einheiten bilden, die über die Möglichkeit verfügen, sich in der Zukunft unabhängig voneinander zu entwickeln. Aufgrund unterschiedlicher ökologischer Ansprüche, kann es ebenfalls häufig notwendig sein, sie mit einem eigenen Namen zu belegen, z. B. in soziologischen Untersuchungen.

Abb. 427. Gattung *Verbascum.* Anzahl der Arten in verschiedenen Gebieten

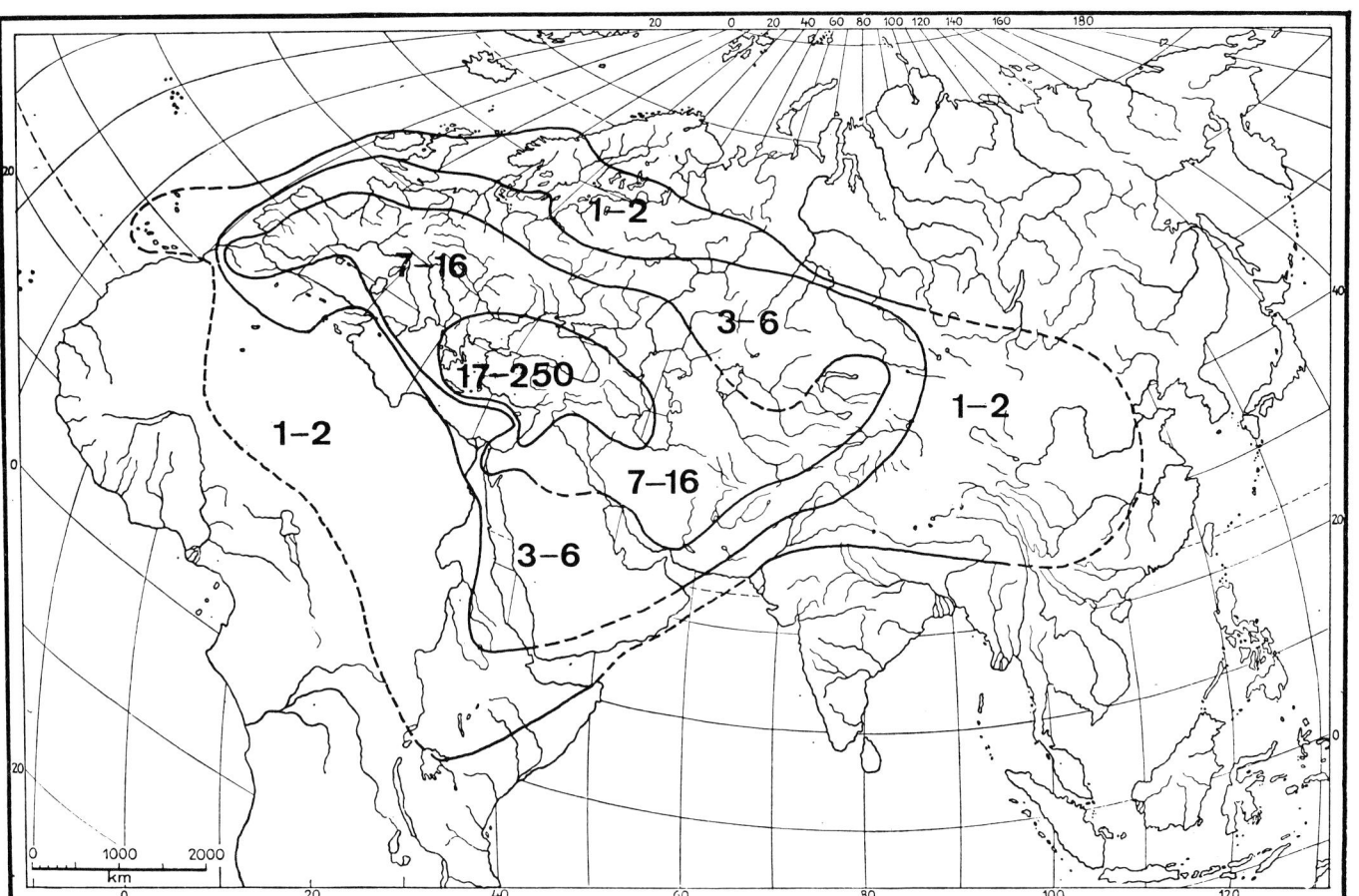

Frequenzkarten für höhere Taxa

Bei Verbreitungsangaben einer Gattung kann es von Interesse sein, auch die Anzahl der Arten in jedem Teilgebiet des Gesamtareals dieser Gattung anzugeben (s. als Beispiel Abb. 427). Aus einer solchen Karte geht hervor, wo die Gattung heute ihre reichste Entfaltung hat und überdies, daß sich die Arten vom Variationszentrum her zu den Randgebieten hin ausgebreitet haben.

Über die frühere Geschichte einer Gattung beweist jedoch das Bild der rezenten Verbreitung wenig. Durch eine Kartierung der Areale von verschiedenen größeren Artengruppen (Sektionen, Untergattungen) einer artenreichen Gattung entsteht ein Bild, welches auf frühere Verhältnisse hinweisen kann. Je mehr getrennte Artengruppen sich innerhalb eines Gebietes finden, umso länger kam die Gattung dort vermutlich vor. Weitere Anhaltspunkte zur älteren Geschichte einer Sippe können dadurch erhalten werden, daß innerhalb einer Familie die Gattungen, die Unterfamilien etc. kartiert werden. Die Abbildungen 428, 429, 430 geben ein Beispiel einer derartigen Analyse anhand der Familie Juncaceae wider. Sie zeigen, wo die heutigen Variationszentren der größten Gattung liegen. Einige davon entfallen, wenn höhere (=ältere) Taxa berücksichtigt werden. Schließlich weist die Geschichte der ganzen Gruppe auf einen Ursprung auf der südlichen Halbkugel hin.

Dies ist für arktische und kalt-gemäßigte Taxa kein ungewöhnliches Bild. Derartige Untersuchungen, basierend auf der heutigen Verbreitung, können durch Vervollständigung mit Fossildaten bedeutend sicherere Auskünfte über die Geschichte einer Gruppe geben.

Paläogeographische Erklärungen in der Pflanzengeographie

Die Verbreitung von Arten und vor allem höherer Taxa kann nicht nur von der heutigen Geographie und der Klimaverteilung ausgehend erklärt werden. Die Verteilung von Land und Meer veränderte sich. Überdies machte das Klima kleinerer oder größerer Gebiete im Verlauf der Erdgeschichte langsame, große Schwankungen aber auch kleinere, schnelle Fluktuationen mit. Die Kenntnis dieser Prozesse stammt zum Teil von anderen Wissenschaften als der Botanik, ist aber für das Verständnis vieler pflanzengeographischer Daten notwendig. Unten werden ein paar Beispiele angeführt.

Kontinentaldrift. Der Schluß, der aus der Kartenserie (S. 231) gezogen wurde, nämlich, daß die Familie Juncaceae ihren Ursprung auf der Südhemisphäre hat, stößt leicht auf einige Gegenargumente. Die drei Teilgebiete A, B und C der untersten Abbildung sind ja durch Ozeane und die Antarktis voneinander getrennt, und diese Indizien deuten auf drei ganz verschiedene Ursprungsgebiete hin. Solche Widersprüche sind auch bei einer Reihe anderer Sippen vorhanden. Sie können aber erklärt werden, wenn angenommen wird, daß die Südkontinente während einer früheren geologischen Epoche eine ganz andere Lage im Verhältnis zueinander eingenommen haben. Es gibt nun eindeutige Beweise dafür, daß eine sogenannte *Kontinentaldrift* wirklich

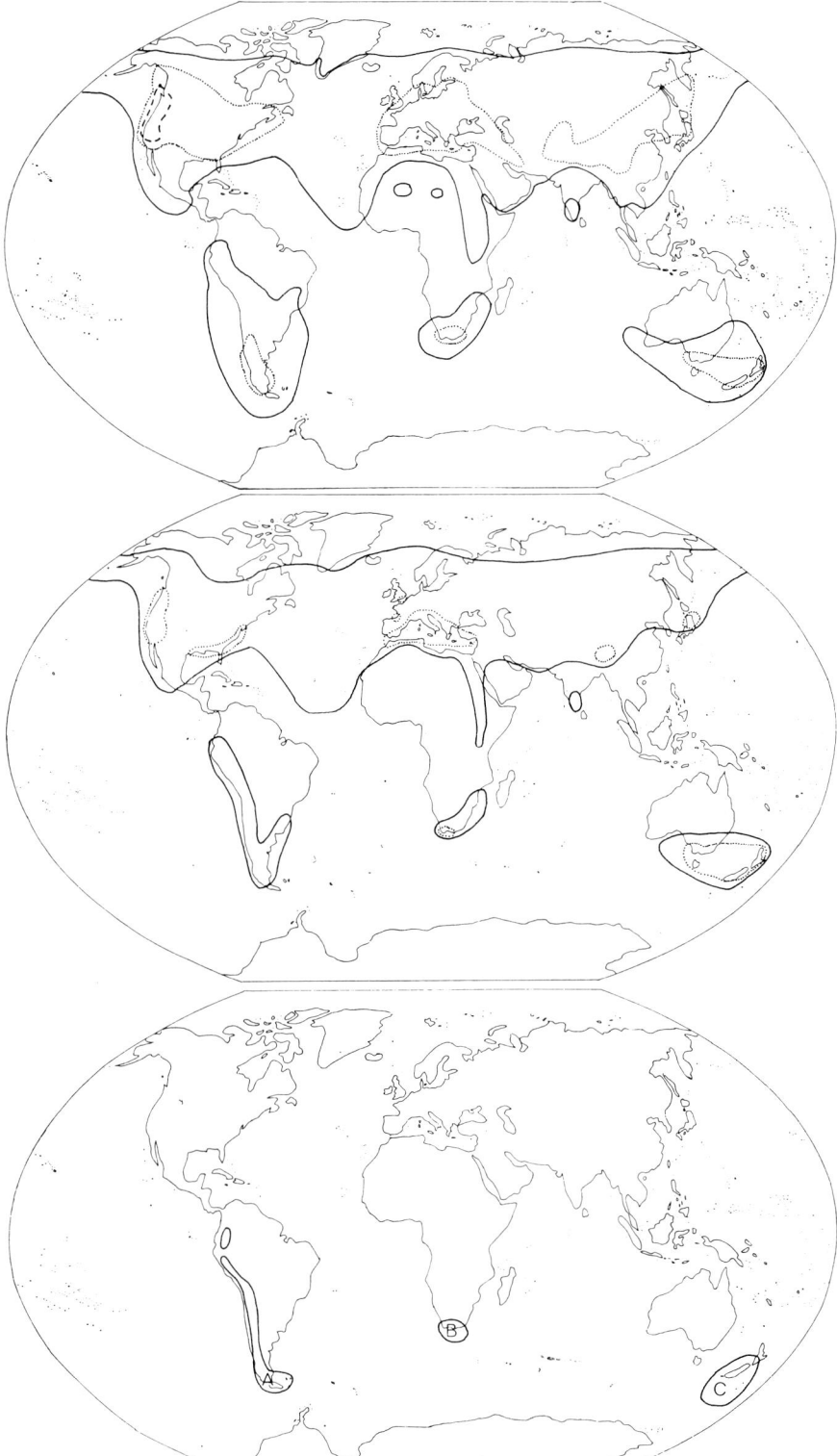

Abb. 428. Gattung *Juncus*. Grenzen der Gebiete: ——— 5 und mehr Arten; ····· 15 und mehr Arten; – – – 25 und mehr Arten;

Abb. 429. Gattung *Juncus*. Grenzen der Gebiete: ——— 5 und mehr Untergattungen; ····· 7 und mehr Untergattungen

Abb. 430. Familie Juncaceae. Grenzen der Gebiete mit 3 und mehr Gattungen

stattfand. Die heutigen Kontinentblöcke und auch Teile davon, haben ihre Lage, sowohl im Verhältnis zueinander, als auch gegenüber den Polen verändert. Dieser Prozeß kann demnach geologische Zeugen größerer Klimaveränderungen in verschiedenen Gebieten erklären, wie z. B. eiszeitliche Spuren im zentralen Afrika und subtropische Ablagerungen in Nordeuropa.

Die Abb. 431 a−c zeigen die ungefähre Lage der Kontinente während verschiedener Zeitepochen der jüngeren Erdgeschichte. Das sogenannte *Gondwanaland*, zwischenzeitlich weit getrennte Südkontinente umfassend, erklärt die oben angeführten, im Verhältnis zur jetzigen Geographie widersprüchlichen Verbreitungsgebiete.

Über eine lange Zeit hinweg konnte sich auch in Europa und im heutigen Nordamerika eine gemeinsame Flora entwickeln; dies ist darauf zurückzuführen, daß die beiden Kontinente bis vor 50−70 Millionen Jahren direkten Kontakt hatten und auch danach noch näher beieinander lagen als heute. Afrika und Südamerika hatten im Zeitabschnitt bis vor 90 Millionen Jahren eine Landverbindung.

Die Erforschung dieser Probleme ist noch stark im Gange, und detailliertere Darstellungen über die Kontinentaldrift und ihre Konsequenzen dürften bald möglich sein. Ein scheinbarer Widerspruch ist, daß man z. B. für die Familie Juncaceae zu einem höheren Alter kommt, als dem, was die Fossilfunde angeben. Möglicherweise beruht dies nur auf unvollständigen Fossildaten der älteren Entwicklungsgeschichte der Angiospermen. Diese fand wahrscheinlich in paläobotanisch wenig durchforschten Gebieten statt.

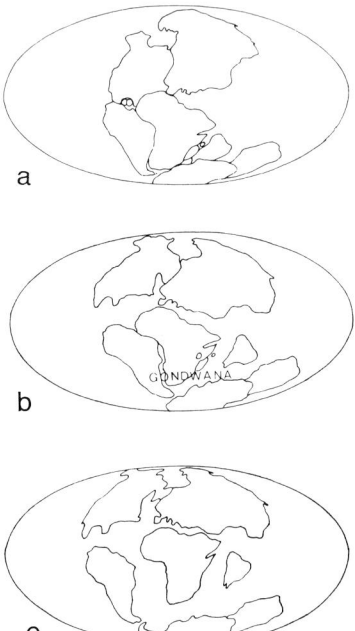

Abb. 431. a Lagebeziehungen der Kontinente von ca. 200 Millionen Jahren; **b** vor ca. 150 Millionen Jahren; **c** vor ca. 65 Millionen Jahren

Postglaziale Veränderungen im europäischen Norden. Die Karten auf S. 233 zeigen einige Stadien der Entwicklung des Nordens nach der letzten Eiszeit. Die Veränderungen beruhen in diesem Fall teilweise auf Landhebungen und Landsenkungen, teilweise aber auch auf dem Anstieg des Meeresspiegels im Verlauf des Eisabschmelzens. Aus den Karten geht hervor, daß es während mehrerer Epochen eine Landbrücke zwischen Skandinavien und dem Kontinent gab, über die Landpflanzen einwandern konnten. Die Ostsee entwickelte sich in Abhängigkeit von der fehlenden oder vorhandenen Verbindung zur Nordsee vom Baltischen Eissee zum Yoldiameer und weiter zum Ancylussee im mittleren Holozän. Der interessante Brackwassergradient von der Nordsee bis zum bottnischen Meerbusen existiert erst seit etwa 7000 Jahren. Während derselben Periode hat sich die Anpassung einiger Pflanzen an diesen Gradient entwickelt. Die skandinavische Fjällflora (Gebirgsflora) konnte über zwei verschiedene Wege einwandern, nämlich über einen südwestlichen und einen nordöstlichen Weg. Es wird immer noch diskutiert, in welchem Maße die Fjällpflanzen die Eiszeit im Norden in Refugien, d. h. speziell begünstigten Biotopen, überleben konnten.

Florenelement

Die Verbreitung jeder einzelnen Pflanzenart ist in einem gewissen Sinne arteigen und beruht teils auf ihrer Geschichte, teils auf ihren ökologischen Anforderungen und

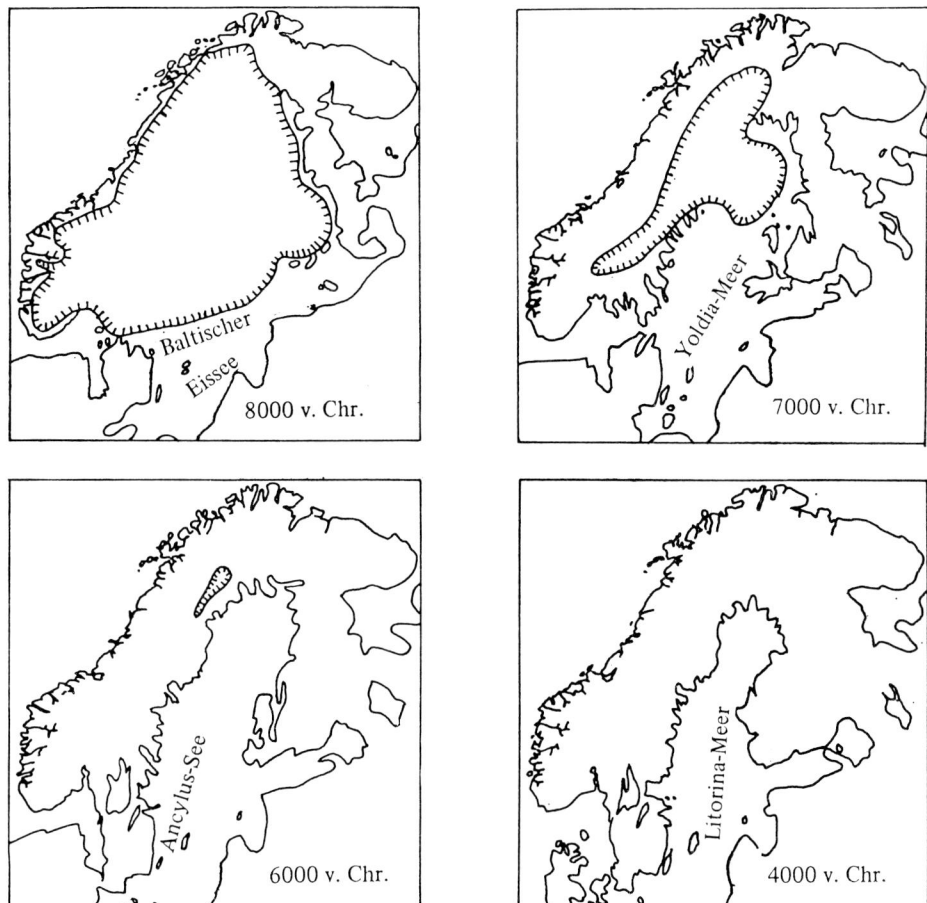

Abb. 432. Stadien der Entwicklung des Nordens nach der Eiszeit

auch auf ihren heutigen verbreitungsbiologisch bedingten Möglichkeiten. In der Regel können Arten mit ähnlicher Verbreitung zu Gruppen zusammengefaßt werden, die dann gemeinsame Züge in der Geschichte der Arten und den klimatischen Ansprüchen widerspiegeln. Solche Gruppen werden oft als *Florenelement* bezeichnet. Sie sind selbstverständlich von wechselndem Umfang und nicht in jedem Falle gleich abgegrenzt, finden jedoch stets großes Interesse, da von Gruppen sicherere Schlüsse gezogen werden können, als von einzelnen Arten.

Ein Beispiel dafür ist das sogenannte *europäische arktisch-alpine Element* (S. 234). Die dazugehörigen Arten haben eine sehr ungleich weite Verbreitung mit Ausläufern in verschiedene Richtungen. Insgesamt bezeugen sie jedoch, daß in geologisch junger Zeit ein Austausch von Arten zwischen der Arktis und alpinen Regionen mitteleuropäischer Gebirge vorhanden war. Der Austausch dürfte während der quartären Vereisungen stattgefunden haben. Allerdings sind die Auffassungen über den Zeitpunkt und die Wanderwege unterschiedlich. Eine klar hervortretende Tatsache ist, daß in den südlichsten Gebirgsgegenden Europas dieses Element vollständig oder

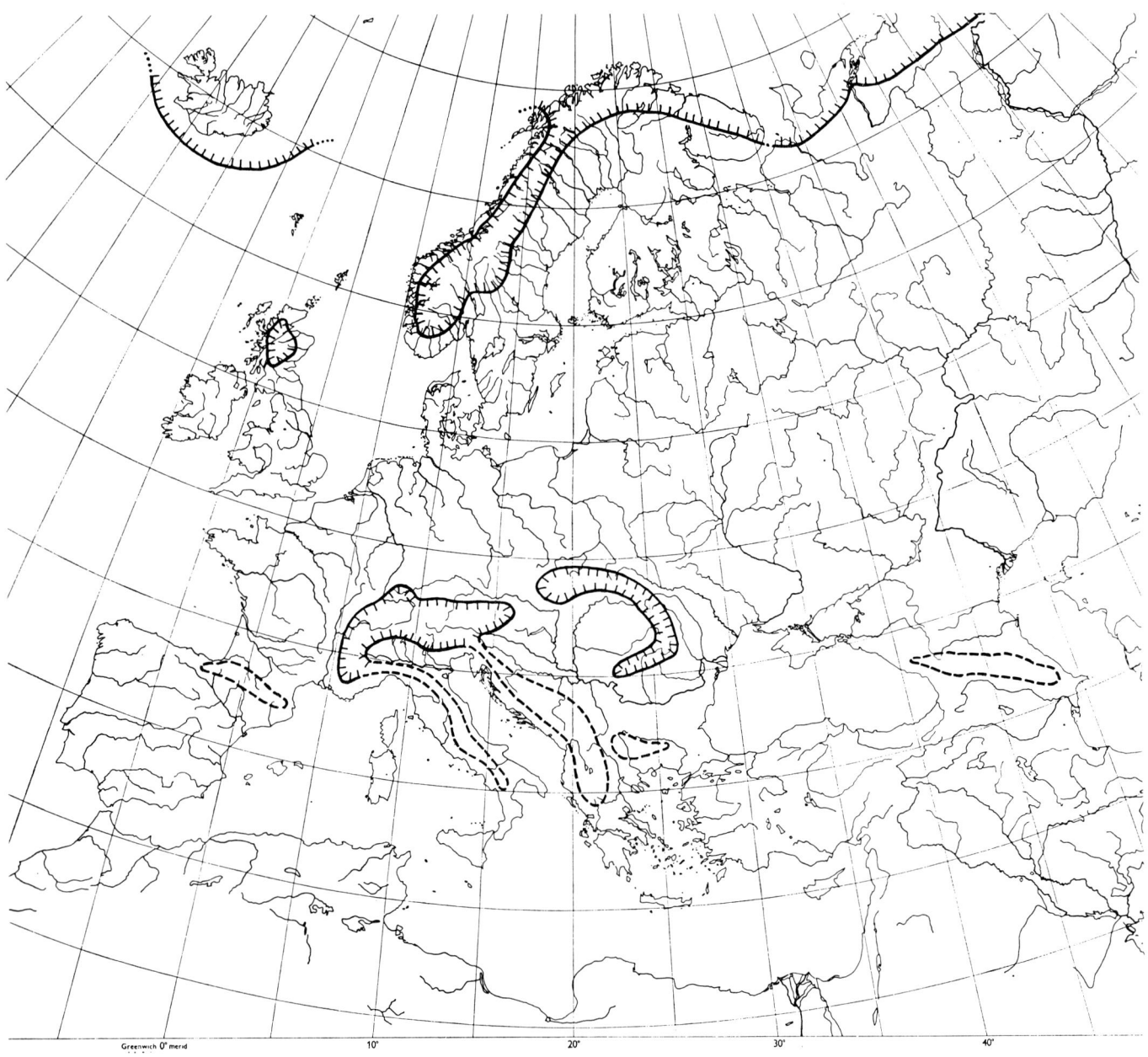

nahezu vollständig fehlt. Die alpine Flora dieser Gebirge konnte somit nicht aus dem Norden rekrutiert werden, sondern setzt sich vor allem aus lokalen, endemischen Elementen zusammen. Hinzu kommen stellenweise alpine Elemente mit einer östlichen Anknüpfung. Auch die Alpen, die die engsten floristischen Verbindungen zur Arktis haben, besitzen ein eigenes, indigenes, alpines Element mit Ausläufern zu anderen Gebirgen, aber ohne Kontakte mit der Arktis.

Abb. 433. Verbreitung des europäischen arktisch-alpinen Elementes
‖‖‖‖‖‖‖‖‖‖‖ Element reich vertreten
– – – – Element spärlich vertreten

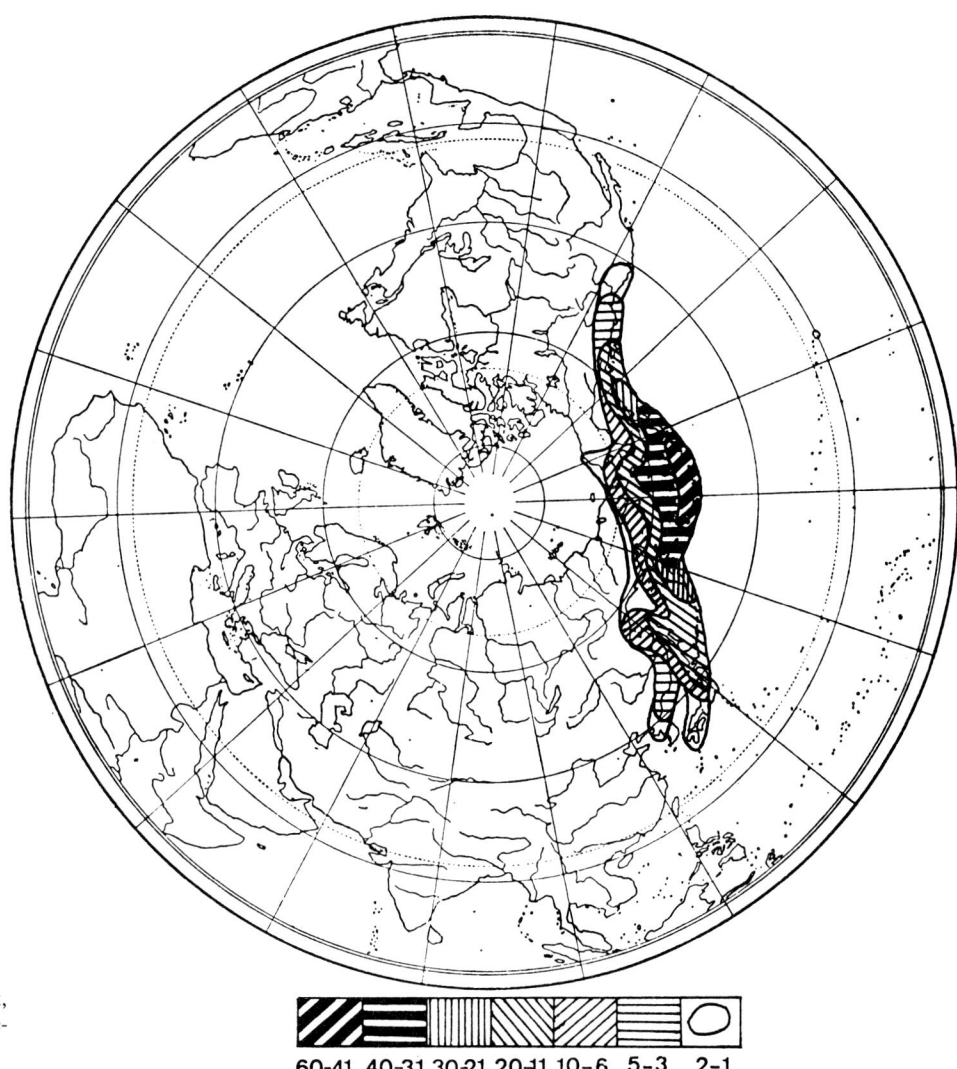

Abb. 434. Das Süd-Beringische Element, nach Hultén. Anzahl Arten in verschiedenen Gebieten.

60-41 40-31 30-21 20-11 10-6   5-3   2-1

Die Abbildung 434 zeigt einen anderen Typ von Element und eine andere Kartierungsweise. Sie ist das Resultat einer reinen Analyse von Verbreitungen. Das illustrierte *Süd-Beringische Element* ist eine Zusammenfassung von Arten mit wesentlich verschiedener Ökologie, Ausbreitungsbiologie etc. Der Hintergrund zu den gemeinsamen Zügen der Verbreitung muß also historischer Art sein. Der Originalverfasser (Hultén) möchte dies gerne so deuten, daß die Mehrzahl der beteiligten Arten während einer der letzten Vereisungen im Gebiet des heutigen Beringmeeres, das damals Land war, entweder dort entstand oder dort überlebte. Eine andere Erklärung ist, daß diese Arten das Gebiet, das während der Vergletscherungen zusammenhing, für die Ausbreitung nutzen konnten; einige von Amerika nach Asien, andere in der entgegengesetzten Richtung. Wahrscheinlich ist die Deutung von Art zu Art verschieden. Wirklich gemeinsam ist somit, daß der Südteil von Beringien eine entscheidende

Rolle in der Entstehung der Areale spielte. Durch eine Analyse von mehreren ähnlichen Elementen machte Hultén wahrscheinlich, daß die Mehrzahl der für Amerika und Eurasien gemeinsamen Arten ihre heutigen Areale über Beringien erhielten.

Die Florenreiche der Erde

Die größten floristisch charakterisierbaren Gebiete werden als *Florenreiche* bezeichnet. Diese Einteilung beinhaltet natürlich grobe Verallgemeinerungen, insbesondere da jedes Florenreich viele Vegetationstypen mit verschiedenen Florenelementen und ungleicher Geschichte umfaßt. Die Florenreiche werden gegeneinander durch wesentlich unterschiedliche Artenzusammensetzungen, aber auch durch endemische Gattungen und Familien gekennzeichnet. Sie dürften also jedes für sich ein Vegetationsgerüst enthalten, das sich während einer langen Zeit selbständig entwickelt hat. Dazu kommt eine Menge von Arten und Gattungen, die sich in späterer Zeit von Gebiet zu Gebiet ausgebreitet haben. Außer durch Arten oder höhere Taxa kann ein Florenreich auch durch einen oder mehrere Vegetationstypen charakterisiert werden. Diese enthalten einen Großteil der genannten Arten.

Abb. 435. Die Florenreiche der Erde, mit schematisch gezogenen Grenzen

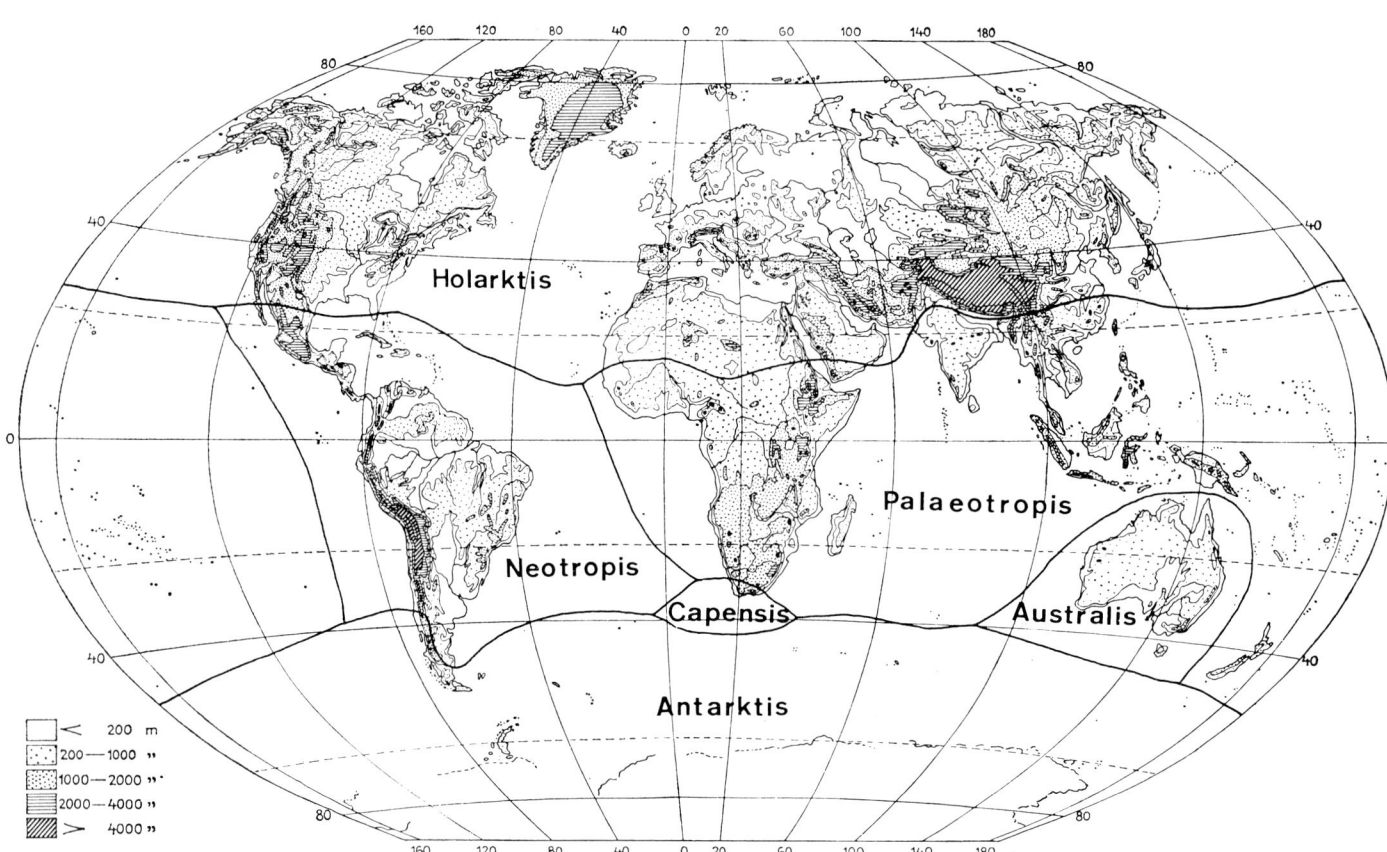

Die Details der Abgrenzungen können sicherlich diskutiert werden; ebenso die Möglichkeit, weitere Florenreiche auszuscheiden. Hier wird die traditionelle Gliederung referiert, die ohne Zweifel eine Menge wichtiger Fakten zur Vegetation der Erde widerspiegelt.

Die ungefähren Grenzen der Florenreiche sind in Abb. 435 dargestellt.

Das holarktische Florenreich (Holarktis) umfaßt die nördliche Halbkugel einschließlich des Hauptteils ihrer subtropischen Gebiete im Süden. Die dazugehörigen Kontinente im Osten, respektive im Westen, sind auf einer heutigen Karte klar getrennt. Sie haben jedoch eine sehr große Zahl von Arten und Gruppen von nahestehenden Arten gemeinsam. Die Zusammenführung zu einem Florenreich spiegelt somit das Faktum wider, daß zwischen Eurasien und Nordamerika Landbrücken vorhanden waren, die eine Ausbreitung über das gesamte Gebiet in relativ junger Zeit erlaubten.

Die jüngsten Verbindungen zwischen den Floren der nördlichen Halbkugel dürften während der quartären Vergletscherungen vorgekommen sein. Die Absenkung des Meeresspiegels führte mit sich, daß weite Gebiete im jetzigen Bering-Meer trocken lagen. Der Nordatlantik war ebenfalls weniger breit. Kontakte könnten während der Riß-Eiszeit bis vor ca. 130 000 Jahren, und, zumindest für das arktische Element geltend, auch während der Würm-Eiszeit, bis vor ca. 15 000 Jahren, stattgefunden haben. Wie oben gezeigt wurde, spiegeln auch die heutigen Florenelemente diese Verhältnisse wider. Noch intensivere Kontaktmöglichkeiten waren während des Tertiärs vorhanden.

Die Verwandtschaft zwischen den Floren der Holarktis ist groß, insbesondere was das alpine Element betrifft, weniger bei den Sippen mit warmgemäßigter und subtropischer Verbreitung. Die ökologisch vergleichbaren Zonen im Mittelmeergebiet, respektive in Kalifornien, haben nur eine Handvoll Arten gemeinsam, hingegen mehrere Paare nahestehender Arten und Vertreter derselben Artengruppe. Außerdem gibt es in diesen verschiedenen Gebieten mit Mittelmeerklima artenreiche lokale Elemente.

Die Vegetation der Holarktis wird gekennzeichnet durch weite Nadelwald- und winterkahle Laubwaldgebiete, durch große Areale arktischer Tundra und hohe Gebirge, deren Flora eine enge Beziehung zur arktischen hat. Diese Vegetationsformationen enthalten viele der Sippen, die die Holarktis kennzeichnen, z. B. Familien wie Brassicaceae, Rosaceae, Apiceae, Primulaceae, Campanulaceae, Betulaceae und Ranunculaceae. Die ausgedehntesten Wüstengebiete der Erde liegen in den südlichen Abschnitten der Holarktis, sind aber zum großen Teil ziemlich späten Ursprungs, denn Höhlenmalereien in der zentralen Sahara z. B. deuten auf ein wesentlich anderes Klima vor ca. 5000 Jahren hin.

Palaeotropis und Neotropis. Der enge Zusammenhang, der zwischen den nördlichen Teilen der Kontinente aufgezeigt werden kann, findet keine Entsprechung in den Tropen. Dies unterstützt die Trennung in zwei besondere Florenreiche, die Palaeotropis, die die Tropen der Alten Welt, und die Neotropis, die die Tropen der Neuen Welt umfaßt. Ihre beiden Floren sind sehr verschieden. Viele Gattungen kommen z. B. nur in einem der beiden Florenreiche vor.

Charakteristisch für die Neotropis sind etwa sukkulente Cactaceae, die eine wichtige Rolle in Trockengebieten spielen. Sie fehlen in der Palaeotropis. An entsprechenden Standorten kommen Sukkulente aus anderen Familien vor, unter anderem Euphorbiaceae. Charakteristische Vegetationsformationen der tropischen Florenreiche sind neben anderen verschiedene Typen immergrüner Regenwälder und tropische Savannen- und Steppengebiete. Bedeutende Areale werden aber auch von Wüsten, Monsunwäldern und, an den Küsten, von Mangrovegehölzen eingenommen. Palaeotropis und Neotropis haben viele der für die tropischen Vegetationsformationen typischen Familien gemeinsam, z. B. Arecaceae, Piperaceae, Araceae, Lauraceae und Myrtaceae. Für die Neotropis allein charakteristisch sind Cactaceae, Bromeliaceae, Cannaceae, für die Palaeotropis hingegen Pandanaceae und Dipterocarpaceae.

Seit etwa 90 Millionen Jahren fehlt eine Landverbindung zwischen den Tropen der östlichen und der westlichen Halbkugel. Die trotz allem vorhandenen gemeinsamen Arten und Gattungen sind somit schwierig zu erklären. Sie können alle sehr alt sein. Doch ist auch denkbar, daß es einigen Arten geglückt ist, sich über Zehntausende von Kilometern auszubreiten. Daß dies nicht regelmäßig geschieht, konte durch verschiedene Untersuchungen in Inselgebieten gezeigt werden, doch muß die Möglichkeit für zufällige Ausbreitung über weite Strecken in Betracht gezogen werden.

Das antarktische Florenreich (Antarktis) umfaßt kleine, zerstreute Flächen, vor allem das südlichste Südamerika und die antarktischen Inseln. Teile dieses Florenelementes strahlen nach Norden bis Neuseeland, Tasmanien und zu den australischen Gebirgen aus. Sicher handelt es sich dabei heute insgesamt um Reste eines Florenreiches, das im Tertiär in der damals wärmeren Antarktis umfangreicher entwickelt war.

Die Isolierung von der Vegetation vergleichbarer Klimazonen der Holarktis ist nicht so stark, wie man vermuten sollte, wenn man sich eine Karte mit den heutigen Land- und Klimaverhältnissen vor Augen hält. Es gibt gemeinsame Familien, Gattungen und sogar gemeinsame Arten. Der Verbindung zwischen Antarktis und Holarktis kann in einem gewissen Maße den amerikanischen Gebirgen entlang gefolgt werden, über die auch die letzten Kontakte gegangen sein dürften. Wie oben angedeutet wurde, besitzen viele Sippen mit einer großen heutigen Artenzahl in der Holarktis auch mehrere Artengruppen oder Gattungen in der Antarktis und den Anden. Möglicherweise spielte die Antarktis während wärmerer Abschnitte des Tertiärs und der Kreide eine bedeutende Rolle innerhalb verschiedener arktischer und kalt-gemäßigter Phanerogamengruppen. Zukünftigen Untersuchungen von Familien in diesem Gebiet wird deshalb mit großem Interesse entgegengesehen.

Das antarktische Florenreich wird durch eine Tundrenvegetation mit vielen Polsterpflanzen – darunter mehrere endemische Gattungen – und Wälder gekennzeichnet, unter anderem mit eigenartigen Nadelholzgattungen und der Laubbaumgattung *Nothofagus* (Südbuche), die unseren Buchen nahesteht.

Australis. Australien ist pflanzengeographisch ebensosehr wie tiergeographisch durch einen besonders hohen Anteil endemischer Arten gekennzeichnet; ca. 80% sind endemisch. Viele der artenreichen und charakteristischen Gattungen, z. B. *Eu-*

calyptus mit einer Vielzahl von baumförmigen Arten und gehölzartige Liliaceae („Grasbäume"), fehlen der restlichen Welt vollständig oder nahezu vollständig.

Zu den charakteristischen, endemitenreichen Vegetationsformationen gehören vor allem die weiten Gebiete mit Hartlaubvegetation. Diese wächst in einem Klima mediterranen Typs und erinnert an die entsprechende Vegetation in Südafrika und im Mittelmeergebiet. Die Vegetation der Australis ist im übrigen reich differenziert. Es gibt unter anderem ausgedehnte Wüsten- und Savannengebiete, Regenwälder und gemäßigte Gebiete.

Capensis. Die Capensis ist das Florenreich mit der geringsten Ausdehnung, hat aber einen enormen Reichtum an immer noch nur teilweise untersuchten Arten. Auf ca. 150 000 km^2 gibt es mehr als 10 000 Phanerogamen-Arten, nahezu das 10-fache im Vergleich zu einem gleich großen Gebiet in Skandinavien. Die kennzeichnenden Vegetationsformationen sind Hartlaubvegetation in Gebieten mit einer Trockenperiode im Sommer und einem Klima ähnlich dem mediterranen, sowie Halbwüstenvegetation im Inland.

Der große Artenreichtum dürfte durch die hügelige Landschaft in Verbindung mit fehlenden Vergletscherungen und ähnlichen Katastrophen während Hunderten von Jahrmillionen zu erklären sein. Die charakteristischen Vegetationsformationen dürften somit in einem kleinen Gebiet, wenn auch mit gewissen Verschiebungen, während einer sehr langen Zeit existiert haben, während der sich auch die Pflanzen ohne größere Störungen entwickeln konnten.

Typisch für die Capensis sind viele artenreiche Gattungen, z. B. *Erica* (mit ca. 450 Arten), *Pelargonium, Mesembryanthemum* (im weiteren Sinne) und mehrere Fabaceae-Gattungen.

Die Florenregionen Europas

Die pflanzengeographischen Verhältnisse Europas werden bestimmt durch den Wechsel von ozeanischen Bedingungen im Westen zu kontinentaleren im Osten, durch die Abnahme der Niederschlagssumme von Nordwesten gegen Südosten, wie auch durch die generelle Wärmezunahme gegen Süden hin.

Die Verbreitung der Florenregionen, über die hier berichtet wird, geht aus Abb. 436 hervor.

Die arktische Florenregion ist durch eine sehr kurze Vegetationsperiode gekennzeichnet. Die Baumschicht fehlt vollständig. Zur arktischen Florenregion gehören somit die Tundra und die alpine Stufe der nördlichen Gebirge. Ausdauernde Pflanzen dominieren vollständig, vor allem Sträucher, Zwergsträucher und perennierende grasähnliche.

Die lokalen Vegetationsverhältnisse werden zu einem großen Teil von der Exposition und der Schneedecke bestimmt.

Die Mehrzahl der Arten ist circumpolar verbreitet. Ein Teil davon hat Beziehungen zu verschiedenen südlicheren Gebirgsgegenden, während wenige rein europäisch arktisch-alpin sind. Viele Sippen sind überdies Ökotypen von Arten, die in einer oder mehreren südlicheren Florenregionen eine wichtige Rolle spielen. Eine beherrschende

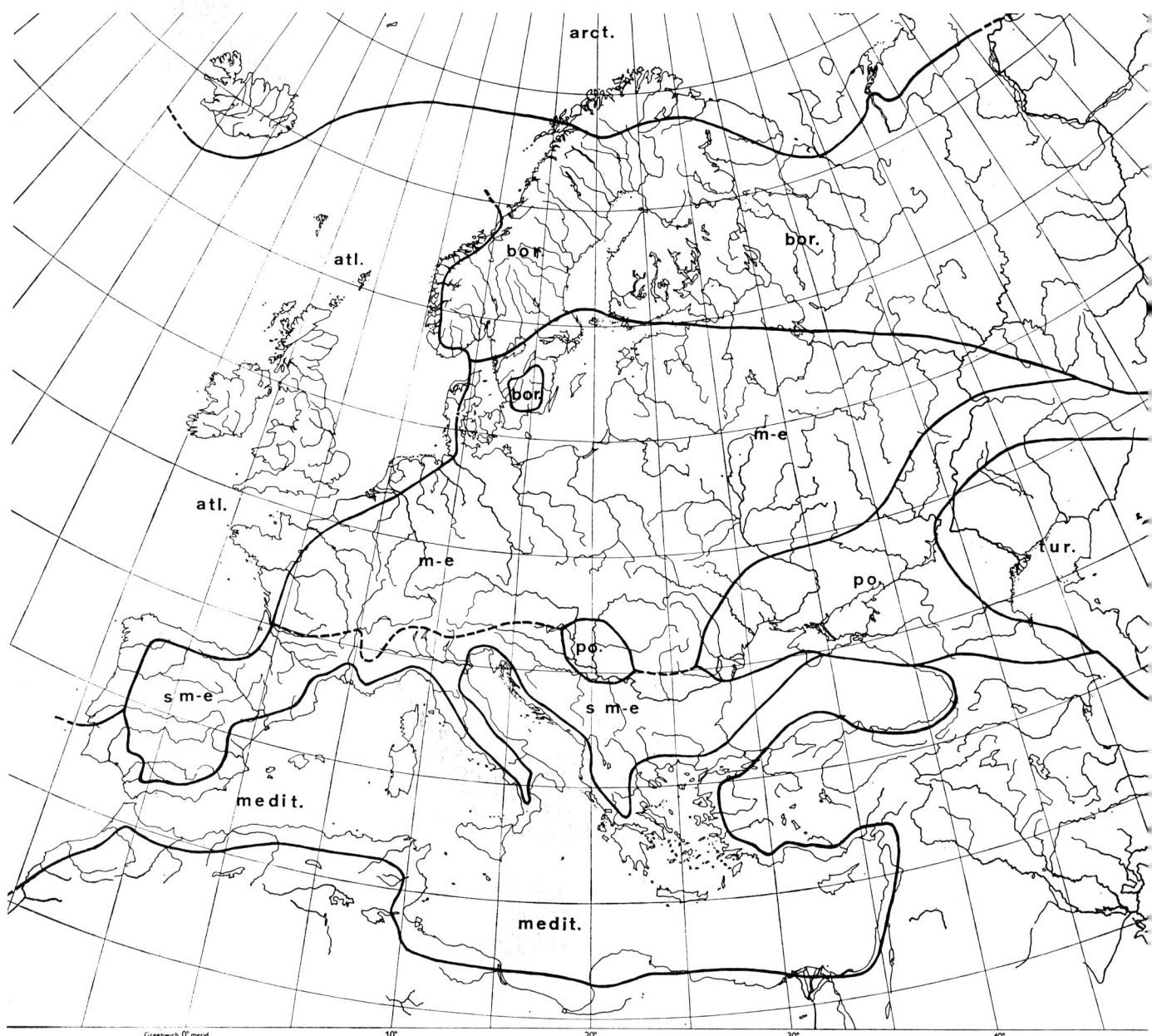

Abb. 436. Die Florenregionen Europas Abkürzungen: *arct.* = arktische, *atl.* = atlantische, *bor.* = boreale, *m-e* = mitteleuropäische, *s m-e* = submediterane, *po.* = pontische, *tur.* = turanische Florenregion

Rolle haben unter anderem *Salix*-Arten (Weiden), *Betula nana* (Zwerg-Birke), eine Reihe von Zwergsträuchern aus der Familie Ericaceae, Arten der Gattungen *Saxifraga* (Steinbrech) und *Carex* (Segge) sowie zahlreiche Gräser inne.

Die boreale Florenregion wird auch als Nadelwaldregion bezeichnet. Sie nimmt den nördlichen Teil der kontinental geprägten Gebiete ein, erreicht im Nordwesten aber den Atlantik. Wälder bilden die beherrschende Vegetationsformation. Sie werden vollständig von den Gattungen *Pinus* (Kiefer), *Picea* (Fichte) und *Larix* (Lärche) dominiert. Hinzu kommen einige Laubbäume, z. B. *Betula* (Birke). In der borealen Florenregion sind eine Anzahl circumpolarer Arten, aber bedeutend mehr lokale Arten als in der arktischen Florenregion vorhanden. Die Artenzahl ist relativ niedrig, und Vegetationstypen magerer Böden sind verbreitet. Zur borealen Florenregion gehört der Hauptteil Skandinaviens bis zm Mälartal, sowie das südschwedische Hochland.

Die mitteleuropäische Florenregion heißt nach der dominierenden Vegetationsformation auch Edellaubwaldregion. Laubwälder dieses Typs gibt es nur in relativ begrenzten Teilen der Erde, außer hier in Europa vor allem in Ostasien und im östlichen Nordamerika. Ihre Verbreitung wird von milden Wintern in Verbindung mit feuchten Sommern bestimmt. Gegen Osten werden sie durch zunehmende Kontinentalität des Klimas, im Norden durch die Winterkälte, im Westen durch allzu hohe Ozeanität und im Süden durch die Sommertrockenheit begrenzt.

Charakteristisch sind unter anderem die Laubholzgattungen *Acer* (Ahorn), *Tilia* (Linde), *Ulmus* (Ulme), *Quercus* (Eiche, laubwerfende Arten) und *Fraxinus* (Esche). Die Mehrzahl der Arten sind in diesem Gebiet endemisch, haben aber nahestehende Arten in Asien und Nordamerika. Im Vergleich zur entsprechenden Vegetation in Amerika und Asien ist die Artenzahl vor allem in der Baumschicht niedriger. Dies ist vermutlich darauf zurückzuführen, daß während der quartären Vereisungen der Raum für die mitteleuropäische Florenregion zwischen dem Gebiet mit arktischem Klima im Norden, Gebirgen, Steppen und dem besonders geprägten Mittelmeergebiet sehr begrenzt war. Daß viele Arten während dieser Periode ausstarben, wird durch Fossilfunde belegt.

Die Abgrenzung gegen Süden hin ist sehr ungleichmäßig. Die mitteleuropäische Florenregion strahlt hier in höhere Regionen der Gebirge mit vorteilhafteren Niederschlagsverhältnissen aus. Dieses südlich-mitteleuropäische Teilgebiet, oder Bereiche davon, wird oft als *submediterran* bezeichnet. Es hat aber die Mehrzahl der Arten mit dem zentralen Gebiet der Region gemeinsam.

Die atlantische Florenregion ist durch milde Winter und hohe Niederschläge gekennzeichnet. Das letztere führt zu ausgeprägter Podsolierung vieler Böden. Diese wiederum schließt die eigentlich mitteleuropäische Vegetation aus. Die natürliche Vegetation der atlantischen Florenregion dürfte zum größten Teil aus Laubwäldern bestanden haben, teilweise mit Beteiligung immergrüner Arten, wie *Ilex aquifolium* (Stechpalme) und *Hedera helix* (Efeu). Die Heiden hatten vermutlich ursprünglich eine sehr geringe Verbreitung, wurden durch Zerstörung des Waldes und nachfolgende Beweidung sehr gefördert und gehen jetzt wiederum zurück. Typische Elemente atlantischer Heiden sind unter anderem *Genista*- und *Erica*-Arten. Die atlantische Florenregion hat ziemlich viele Arten mit dem westlichen Mittelmeergebiet gemeinsam.

Die mediterrane Florenregion liegt nur teilweise in Europa. Sie ist durch Winterregen und trockene Sommer bei relativ hohen Temperatursummen und im großen und ganzen gesehen frostfreie Winter gekennzeichnet. Die Niederschlagssumme nimmt gegen Osten hin stark ab. Gleichzeitig wird das Klima kontinentaler. Das Mittelmeergebiet ist eines der ältesten Kulturgebiete der Menschheit und seine Vegetation inzwischen überwiegend kulturbedingt. Die ursprüngliche Vegetationsdecke dürfte zum größten Teil aus Wald bestanden haben, teils mit Nadelbäumen, insbesondere *Pinus*- und *Abies*-Arten und teils mit Hartlaubeichen.

Die *Macchie* ist überwiegend kulturbedingt. Sie verlangt eine gewisse Feuchtigkeit und ist deshalb vor allem im westlichen Mittelmeergebiet verbreitet, im östlichen hingegen auf Sonderstandorte beschränkt. Sie besteht aus hochgewachsenen Hartlaubgehölzen wie *Arbutus unedo* (Erdbeerbaum), *Pistacia lentiscus* (Mastixstrauch), *Cistus*-Arten (Zistrose) und anderen. Hinzu kommen niedrige Bäume, z. B. von *Quercus coccifera* (Kermeseiche), *Laurus nobilis* (Lorbeer) und *Erica*-Arten. Viele Arten der Macchie haben eine atlantisch-mediterrane Verbreitung. Eine große Zahl dürfte aus dem Unterholz der ursprünglichen Steineichenwälder (Quercetum ilicis) stammen.

Auf trockeneren, kulturbeeinflußten Böden breitet sich die *Garigue* aus. Sie ist durch eine nicht-geschlossene Strauchschicht aus niedrigen, oft dornigen Arten gekennzeichnet. Überdies sind viele Einjährige vorhanden, die zeitig im Frühjahr blühen. Gegen Osten wird die Garigue immer steppenartiger, unter anderem mit einem erhöhten Anteil an Zwiebelgewächsen und polsterförmigen, dornigen Arten. Diese östliche Form wird als *Phrygana* bezeichnet.

Das Mittelmeergebiet scheint von den quartären Klimaschwankungen weniger beeinflußt worden zu sein, als die übrigen europäischen Gebiete. Lokale Arten, auch wärmeliebende, haben überdauert. Der Artenreichtum ist groß. Örtlich sind zwar sehr oft nicht mehr Arten vorhanden als in einem von der Größe her vergleichbaren Gebiet in Skandinavien; doch hat bereits die nächste Inselgruppe oder Landzunge eine wesentlich andere Artenzusammensetzung. Es können Reihen von mehr oder weniger lokalen Florenelementen ausgeschieden werden. Die pflanzengeographischen und floristischen Verhältnisse sind im Mittelmeergebiet somit bedeutend komplizierter als in Mittel- und Nordeuropa.

Die pontische Florenregion umfaßt die kontinentalen und ariden Gebiete Südosteuropas, in denen Bäume vollständig fehlen. Die dominierende Vegetationsformation ist die Steppe. Sie besteht vor allem aus Gräsern, u. a. der Gattungen *Stipa* (Federgras), *Bromus* (Trespe) und *Festuca* (Schwingel), enthält aber auch viele ausdauernde Kräuter und Zwiebelpflanzen. Der Zugang zu den Nährstoffen in der Oberschicht ist gut; Wassermangel und Frost werden hier zu den begrenzenden Faktoren.

Die pontische Flora dürfte u. a. während der Eiszeiten in Mitteleuropa weiter verbreitet gewesen sein. Örtlich begrenzte Steppengebiete mit typischer pontischer Flora sind hier bis heute vorhanden. Ein Teil der Steppenarten könnte sich auch auf den offenen Böden dicht vor dem sich zurückziehenden Eis ausgebreitet haben und ist nun auf Reliktstandorte beschränkt.

Die turanische Florenregion umfaßt die hochariden, abflußlosen Wüsten- und Halbwüstengebiete vom Kaspischen Meer bis zum westlichen Zentralasien. Ihre Flora setzt sich vor allem aus Sträuchern, Geophyten und Einjährigen zusammen. Eine große Zahl von Arten und Artengruppen, die andernorts zur Strandvegetation gehören, kommen hier vor.

Literatur

Prokaryonten

Carr NG, Whitton BA (1972) The biology of blue-green algae. Blackwell, Oxfort
Esser K (1986) Kryptogamen, 2. Aufl. Springer, Berlin Heidelberg New York
Matthews REF (1981) Plant virology, 2. Aufl. Academic Press, New York
Schlegel, HG (1985) Allgemeine Mikrobiologie, 6. Aufl. Thieme, Stuttgart
Starr MP (Hrsg) (1981) The prokaryotes, 2 Bde. Springer, Berlin Heidelberg New York
Stetter KO (1985) Extrem thermophile Bakterien. Naturwissenschaften 72:291–301

Algen

Alexopoulos CJ, Bold HC (1967) Algae and fungi. Macmillan, New Jersey
Bold HC, Wynne MJ (1978) Introduction to the algae. Structure and reproduction. Prentice-Hall, New
    York
Boney AD (1976) Phytoplankton. Stud Biol 52:1–116
Christensen T (1980) Algae. A taxonomic survey. Fasc 1. Aio Tryk, Odense
Ettl H (1980) Grundriß der allgemeinen Algologie. Fischer, Stuttgart
Godward MBE (1966) The chromosomes of the algae. Arnold, London
Hoek C van den (1978) Algen. Einführung in die Phykologie. Thieme, Stuttgart
Huber-Pestalozzi G (1955–1969) Das Phytoplankton des Süßwassers, 7 Bde. Schweizerbart, Stuttgart
Kornmann P, Sahling P-H (1977) Meeresalgen von Helgoland. Biologische Anstalt Helgoland, Hamburg
Lüning K (1985) Meeresbotanik. Thieme, Stuttgart
Pascher A (Begr), Ettl H, Gerloff J, Heynig H, Mollenhauer D (Hrsg) (1978) Süßwasserflora von Mittel-
    europa. Fischer, Stuttgart
Round F (1981) The ecology of the algae. Cambridge University Press, Cambridge
Wartenberg A (1979) Systematik der niederen Pflanzen, 2. Aufl. Thieme, Stuttgart

Pilze, Flechten

Ainsworth GC, Sussman AS (Hrsg) (1965–1973) The fungi, 4 Bde. Academic Press, London
Alexopoulos CJ, Bold HC (1967) Algae and fungi. Macmillan, New Jersey
Alexopoulos CJ, Mims CW (1979) Introductory mycology, 3. Aufl. Wiley, New York
Arx JA von (1968) Pilzkunde, 2. Aufl. Cramer, Lehre
Gäumann E (1964) Die Pilze, 2. Aufl. Birkhäuser, Basel
Henssen A, Jahns HM (1974) Lichenes. Thieme, Stuttgart
Kreisel H (1969) Grundzüge eines natürliches Systems der Pilze. Fischer, Jena
Müller E, Löffler W (1977) Mykologie, 3. Aufl. Thieme, Stuttgart
Webster J (1983) Pilze. Eine Einführung. Springer, Berlin Heidelberg New York
Wirth V (1980) Flechtenflora. Ulmer, Stuttgart

Moose, Farnpflanzen, Gymnospermen

Beck C (1966) On the origin of gymnosperms. Taxon 15:337–339
Christ H (1910) Geographie der Farne. Fischer, Jena
Engler A (1976) Englers Syllabus der Pflanzenfamilien, Bd 1, Melchior H, Werdermann E (Hrsg), 13. Aufl. Bornträger, Berlin
Florin R (1951) Evolution in Cordaites and Coniferae. Acta Horti Bergiani 15(11):285
Löve A, Löve D, Pichi-Sermolli REG (1977) Cytotaxonomical atlas of the Pteridophyta. Cramer, Vaduz
Rasbach H, Rasbach K, Wilmanns O (1976) Die Farnpflanzen Zentraleuropas, 2. Aufl. Fischer, Stuttgart
Sporne KR (1962) The morphology of pteridophytes. Hutchinson, London
Sporne KR (1965) The morphology of gymnosperms. Hutchinson, London
Tryon R, Tryon A (1982) Ferns and allied plants. Springer, Berlin Heidelberg New York
Watson EV (1971) The structure and life of bryophytes, 3. Aufl. Hutchinson, London
Zimmermann W (1959) Die Phylogenie der Pflanzen, 2. Aufl. Fischer, Stuttgart

Embryologie

Maheshwari P (1950) An introduction to the embryology of angiosperms. McGraw-Hill, New York
Rutishauser AC (1969) Embryologie und Fortpflanzungsbiologie der Angiospermen. Springer, Berlin Heidelberg New York

Morphologie und Systematik der Angiospermen

Beck CB (Hrsg) (1976) Origin and early evolution of the angiosperms. Columbia University Press, New York
Bell P, Woodcook C (1978) The diversity of green plants. Clowes, London
Cronquist A (1981) An integrated system of classification of flowering plants. Columbia University Press, New York
Dahlgren R, Hansen B, Jakobsen K, Jensen SR, Larsen K, Nielsen BJ (1979–1980) Angiospermernes taxonomi, 4 Bde. 2. Aufl. Akademisk Forlag, Kopenhagen
Dahlgren R, Clifford HT, Yeo PF (1985) The families of the monocotyledons. Structure, evolution and taxonomy. Springer, Berlin Heidelberg New York
Davis PH, Cullen J (1979) The identification of flowering plant families, 2. Aufl. Cambridge University Press, Cambridge
Encke F, Buchheim G, Seibold S (1984) Zander Handwörterbuch der Pflanzennamen, 13. Aufl. Ulmer, Stuttgart
Engler A (1976) Englers Syllabus der Pflanzenfamilien, Bd 2, Melchior H (Hrsg). Borntraeger, Berlin
Erdtman G (1971) Pollen morphology and plant taxonomy. Angiosperms. Hafner, New York
Frohne D, Jensen U (1985) Systematik des Pflanzenreichs, 3. Aufl. Fischer, Stuttgart
Heywood VH (Hrsg) (1982) Blütenpflanzen der Welt. Birkhäuser, Basel
Hutchinson J (1973) The families of flowering plants, 3. Aufl. Clarendon Press, Oxford
Lawrence GHM (1955) Taxonomy of vascular plants. Macmillan, New York
Metcalfe CR, Chalk L (1979, 1983) Anatomy of the dicotyledons, 2 Bde, 2. Aufl. Oxford University Press, Oxford
Metcalfe CR (general ed) (ab 1960) Anatomy of the monocotyledons, erschienen Bd I–VIII. Oxford University Press, Oxford
Rohweder O, Endress PK (1983) Samenpflanzen. Thieme, Stuttgart
Schubert R, Wagner G (1984) Pflanzennamen und botanische Fachwörter, 8. Aufl. Neumann-Neudamm, Melsungen
Sporne KR (1974) The mophology of angiosperms. Hutchinson, London
Stebbins GL (1974) Flowering plants. Evolution above the species level. Arnold, London
Strasburger E, Noll F, Schenck H, Schimper AFW (Begründer) (1983) Lehrbuch der Botanik, 32. Aufl, neubearbeitet von v. Denffer D, Ziegler H, Ehrendorfer F, Bresinsky A. Fischer, Stuttgart
Takhtajan A (1973) Evolution und Ausbreitung der Blütenpflanzen. Fischer, Jena
The Kew Record of Taxonomic Literature (Vascular Plants) (ab 1971). Her Majesty's Stationary Office, London

Troll W (1954, 1957) Praktische Einführung in die Pflanzenmorphologie, Bde. I–II. Fischer, Jena
Troll W (1969) Die Infloreszenzen. Typologie und Stellung im Aufbau des Vegetationskörpers. Fischer, Stuttgart
Weberling F (1981) Morphologie der Blüten und der Blütenstände. Ulmer, Stuttgart
Zimmermann W (1969) Geschichte der Pflanzen, 2. Aufl. Thieme, Stuttgart

Reproduktionsbiologie, Lebensformen

Daubenmire RF (1947) Plants and environment. Wiley, New York
Faegri K, van der Pijl L (1979) The principles of pollination ecology, 3. Aufl. Pergamon, Oxford
Hess D (1983) Die Blüte. Ulmer, Stuttgart
Knoll F (1956) Die Biologie der Blüte. Verständliche Wissenschaft Bd 27. Springer, Berlin Heidelberg New York
Kugler H (1970) Einführung in die Blütenökologie, 2. Aufl. Fischer, Stuttgart
Müller-Schneider P (1977) Verbreitungsbiologie der Blütenpflanzen, 2. Aufl. Veröff Gebot Inst ETH Stiftg Rübel, Zürich 61:1–226
Pijl L van der (1982) Principles of dispersal in higher plants, 3. Aufl. Springer, Berlin Heidelberg New York
Raunkiaer C (1934) The life forms of plants. Oxford University Press, Oxford

Kulturpflanzen

Brouk B (1975) Plants consumed by man. Academic Press, London
Brücher H (1977) Tropische Nutzpflanzen, Springer, Berlin Heidelberg New York
Franke W (1981) Nutzpflanzenkunde, 2. Aufl. Thieme, Stuttgart
Frohne D, Pfänder HJ (1982) Giftpflanzen. Wissenschaftliche Verlagsgesellschaft, Stuttgart
Oxford Economic Atlas of the World (1968) Oxford University Press, Oxford
Purseglove JW (1975, 1976) Tropical crops. Monocotyledons, 2. Aufl. Dicotyledons, 3. Aufl. Clowes, London
Rehm S, Espig G (1984) Die Kulturpflanzen der Tropen und Subtropen, 2. Aufl. Ulmer, Stuttgart

Pflanzengeographie

Ellenberg H (1982) Vegetation Mitteleuropas mit den Alpen, 3. Aufl. Ulmer, Stuttgart
Hultén E (1962) The circumpolar plants, Bd I. K Sv Vet Akad Handl Ser 4 Bd 8 Nr 5. Stockholm
Hultén E (1971) The circumpolar plants, Bd II, K Sv Vet Akad Handl Ser 4 Bd 13 Nr 1. Stockholm
Jalas J, Suominen J (Hrsg) (ab 1972) Atlas Florae Europaeae. Suomalaisen Kirjallisuuden Kirjapaino Oy, Helsinki
Meusel H, Jäger E, Rauschert S, Weinert E (Hrsg) (ab 1965) Vergleichende Chorologie der zentraleuropäischen Flora. Fischer, Jena
Oberdorfer E (ab 1977) Süddeutsche Pflanzengesellschaften, 2. Aufl. Fischer, Stuttgart
Straka H (1970) Arealkunde, 2. Aufl. Ulmer, Stuttgart
Walter H, Breckle S-W (ab 1983) Ökologie der Erde erschienen Bd. 1 u. 2. Ulmer, Stuttgart
Welten M, Sutter R (1982) Verbreitungsatlas der Farn- und Blütenpflanzen der Schweiz, 2 Bde. Birkhäuser, Basel
Vareschi V (1980) Vegetationsökologie der Tropen. Ulmer, Stuttgart

Florenwerke

Binz A (1986) Schul- und Exkursionsflora für die Schweiz, 18. Aufl. überarbeitet von C Heitz. Schwabe, Basel
Frahm J-P, Frey W (1983) Moosflora. Ulmer, Stuttgart
Gams H (Hrsg) (1940) Kleine Kryptogamenflora, 4 Bde. Fischer, Stuttgart
Götz E (1975) Die Gehölze der Mittelmeerländer. Ulmer, Stuttgart

Hegi G (ab 1966) Illustrierte Flora von Mitteleuropa, 3. Aufl. Lehmann, München / Hanser, München / Parey, Hamburg

Hess HE, Landolt E, Hirzel R (1967–1972) Flora der Schweiz, 3 Bde. Birkhäuser, Basel

Hess HE, Landolt E, Hirzel R (1984) Bestimmungsschlüssel zur Flora der Schweiz, 2. Aufl. Birkhäuser, Basel

Lid J (1985) Norsk, svensk, finsk flora, 5. Aufl. Det Norske Samlaget, Oslo

Moser M, Jülich W (1985) Farbatlas der Basidiomyceten. Fischer, Stuttgart

Oberdorfer E, Müller T (1983) Pflanzensoziologische Exkursionsflora, 5. Aufl. Ulmer, Stuttgart

Pascher A (1915–1936) Die Süßwasserflora Deutschlands, Österreichs und der Schweiz, 15 Bde. Fischer, Jena. Neuauflage (ab 1978): Ettl H, Gerloff J, Heynig H, Mollenhauer D (Hrsg), Süßwasserflora von Mitteleuropa. Fischer, Stuttgart

Pignatti S (1982) Flora d'Italia. Edagricole, Bologna

Poelt J (1969) Bestimmungsschlüssel der europäischen Flechten, 2. Aufl. Ergänzungshefte 1977, 1981. Cramer, Lehre

Rabenhorst L (1884–1968) Kryptogamenflora von Deutschland, Österreich und der Schweiz. Akademische Verlagsgesellschaft, Leipzig

Rothmaler W, Schubert R, Vent W (1976) Exkursionsflora für die Gebiete der DDR und der BRD, Kritischer Bd. Volk und Wissen, Berlin

Rothmaler W, Meusel H, Schubert R (1981) Exkursionsflora für die Gebiete der DDR und der BRD. Gefäßpflanzen, 10. Aufl. Volk und Wissen, Berlin

Schmeil O, Fitschen J (1982) Flora von Deutschland, 87. Aufl. Rauh W, Senghas K (Hrsg). Quelle und Meyer, Heidelberg

Schubert R, Handke HH, Pankow H (Hrsg) (1984) Exkursionsflora für die Gebiete der DDR und BRD. 1. Niedere Pflanzen, Grundband, 2. Aufl. Volk und Wissen, Berlin

Thommen E, Becherer A (1983) Taschenatlas der Schweizer Flora, 6. Aufl. bearbeitet von A Antonietti. Birkhäuser, Basel

Tutin TG, Heywood VH, Burges NA, Moore DM, Valentine DH, Walters SM, Webb DA (eds) (1964–1978) Flora Europaea, 5 Bde. Cambridge University Press, Cambridge

Wirth V (1980) Flechtenflora. Ulmer, Stuttgart

Register der wissenschaftlichen Namen

Kursive Zahlen geben eine Abbildung an, halbfette bei einer Familie oder einer höheren taxonomischen Einheit weisen auf die Seite hin, auf der die Gruppe systematisch behandelt ist.

Abies 111, 201, 242
Acacia *168*, 168
Acer 123, 128, *134*, *214*, 214, 241
Achillea 172
Acidothermus 23
Aconitum *157*, 157
Acorus *178*, 178
Actaea *157*, 157
Aegilops 185, *186*, 186
Aegopodium *170*, 170
Aesculus 119
Agaricales **73**
Agaricus 73
Albugo 60
Alchemilla 140, 146, *166*, 166
Alisma 146, *177*, 177, 222
Alismataceae 125, **177**
Alismatidae **176**, **177**
Allium 11, 119, *120*, 129, 146, 180, 193, 194, *212*, 212, 220
Allomyces *58*, 58
Alnus *159*, 159, 219
Alopecurus 196
Althaea 163
Amanita 73
Amaryllidaceae 149, **181**
Amaryllis 181
Anabaena 26, 101
Anagallis 169
Ananas *196*, 196
Anemone 123, 157, 205, 212, 220, 221
Anethum 170, 197
Angelica 170
Angiospermae 106, **114**
Antennaria 172
Anthemis *172*, 172
Anthriscus 6, 170, 197
Antirrhinum 174, 175
Aphanomyces 60
Aphyllophorales **72**
Apiaceae 124, *125*, 127, *134*, 134, 142, 143, 144, 147, 150, **169**, *170*, 184, 206

Apium 193
Aquilegia *131*, *156*, 156, *157*, 157
Arabis 165
Araceae 125, 177, **178**, 238
Arachis 167, *168*, 168, *191*, 191, 213
Arbutus 168, 242
Archaebacteriophyta **22**
Archaegoniatae 78
Archaeopteris *97*, 97, 103
Arctium 171, 172
Arctostaphylos 134, *147*, 147, *169*, 169, 219
Arecaceae 125, **177**, 238
Arecidae **176**, **177**
Armillaria 73
Armoracia 165, 197
Arrhenatherum 196
Artemisia 172, 197, *220*, 221
Arum 178
Arundinaria 202
Asclepiadaceae **146**
Ascomycetes 57, **62**, 71, 73, 77
Ascophyllum 48
Asparagus 129, 180, 194
Aspergillus *67*, 67
Asplenium 100
Aster 172
Asteraceae 127, 130, 132, 133, 135, 143, 146, 149, **171**, 206
Asteridae 143, 148, *154*, **155**, 170, **171**
Asteroideae 172
Astragalus 168
Astrantia 170
Athyrium 100
Atriplex *162*, 162
Atropa 200
Avena *180*, 180, *187*, 187
Azolla 25, 26, *101*, 101

Bacillariales **43**, 44
Bacillariophyta 27, **43**, 51

Bambusa 179, 202
Bangiophyceae **49**
Baragwanathia 91
Barbarea *133*
Basidiomycetes 57, **70**, 77
Batrachospermum 50
Bennettitatae 106, 107, 118
Berberis *129*, 129
Bertholletia *191*, 191
Beta 162, 190, 193, 194, 196
Betula 123, *133*, 133, 159, *160*, 201, 205, *214*, 214, 240, 241
Betulaceae **159**, *159*, 237
Biddulphiales 43, **44**
Bidens *133*
Blechnum *228*, 228
Boletus 74
Boraginaceae 144, **173**
Borago 173
Botrychium *99*, 99
Bougainvillea 127
Brassica *135*, *165*, 165, 192, 193, 194, 196, 197
Brassicaceae 131, 132, 133, 147, 149, **165**, 184, 206, 237
Bromeliaceae 238
Bromus 242
Bryatae **84**, 87
Bryophyta 27, **80**
Bryum *84*, *85*, 85

Cactaceae 129, 144, 162, 238
Cakile 165, 213
Calamus 177
Calendula *172*, 172
Calla 127, 178, 209
Calluna 169, 218, 220
Calothrix *26*, 26
Caltha 133
Calvatia 74
Calycanthus 130
Camellia 198
Campanula 130, *173*, 173
Campanulaceae 132, **172**, 237

Cannabis 199, 200
Cannaceae 238
Cantharellus 73
Capparis 197
Capsella 133, 140, 165
Capsicum 173, 194, 197
Cardamine *165*, 165, 212
Carduus 133
Carex *122*, 123, 144, *178*, 178, *205*, 205, *211*, *213*, 240
Carpinus 159, *160*, 201
Carum 197
Carya 191, 201
Caryophyllaceae 132, 142, 147, 148, *154*, **154**, **161**
Caryophyllidae **151**, 160
Castanea *158*, 158
Catha *157*, 157, 199
Catharanthus 200
Cattleya 182
Cedrus 201
Centaurea 171, 172, 209, 218, 225, 228
Cephalotaceae **144**
Cephalotus 145
Ceramium 50
Cerastium *161*, 161
Ceratium *40*, 40
Ceratozamia *109*
Cereus *129*, 162
Chaerophyllum 6
Chaetoceros *44*, 44
Chamaenerion *206*
Chamaerops *177*
Chamomilla 172
Chara *37*, *38*, 38
Charophyceae 37
Chelidonium 158
Chenopodiaceae 143, 148, **162**
Chenopodium *143*, 162
Chlamydomonas *34*, 34
Chlorella 32, *35*, 35
Chlorococcales **35**
Chlorophyceae **33**
Chlorophyta 27, **33**, 51
Chondodendron 200
Chondrus 50
Chorda 47
Chrysophyta 27, **42**, 51
Chytridiomycetes 57, **58**, 77
Cichorium 172, 194
Cinchona 200
Cinnamomum 197, 200
Cirsium 172, 214
Cistus 242
Citrus 141, 195, 197
Cladonia 69
Cladophora 30, *37*, 37

Cladophorales **37**
Cladoxylon *97*, 97
Clavariadelphus 73
Claviceps 65, *66*
Clematis 156, 157, 214, 218
Clitocybe 73
Closterium *36*, 36
Coccolithus *42*, 42
Cocos *177*, 177, 191, 213
Coffea *174*, 174, *198*, 198
Colchicum *131*, *180*, 180
Collema *69*, 69
Collybia 73
Colocasia 178, 189
Commelinaceae **178**
Commelinidae **176**, **178**
Compositae **171**
Conium 170
Consolida *157*, 157
Convallaria 180, *181*
Coprinus 74
Corchorus 200
Cordaitae 106, 107
Cortinarius 74
Corydalis *158*, 158, 221
Corylaceae **159**
Corylus 123, *133*, 133, 159, *160*, 192, 219
Coscinodiscus *44*, 44
Cosmarium *36*, 36
Crambe 165, *165*, 213
Crassulaceae 129, 149
Crataegus *129*, 129, 134, 167
Crocus 123, 181, 197
Cruciferae **165**
Cucumis 134, 164, *164*, 194, 196
Cucurbita 164, 194
Cucurbitaceae 143, **164**
Cupressus 112
Cyanophyta **25**
Cycadatae 106, 107, *108*, 113
Cycas *109*, 109
Cynara *172*, 172, 194
Cynoglossum 134, *173*, 173, 214
Cynosurus 196
Cyperaceae 128, 133, 144, **178**, 179
Cyperus 178
Cypripedium 182
Cytisus 129, 168

Dactylis 180, 196
Dactylorhiza *121*, 121, 182
Dalbergia 202
Datura 200
Daucus 121, *122*, 170, 193, 218

Delesseria 50
Delphinium *133*, 133
Dendrocalamus 202
Dentaria 129
Deschampsia 180
Desmidiaceae **36**
Deuteromycetes 58
Dianthus 161
Dicentra *158*, 158
Dicotyledoneae 118, 119, 151, 152, **153**
Dicranum 85
Dictyota *46*, 46
Digitalis 174, 200
Dilleniidae 148, *154*, **154**, **163**
Dinobryon *42*, 42
Dioon *109*
Diospyros 202
Dipterocarpaceae 238
Diskomycetes **68**
Draba 165
Dryopteris 99, *100*

Ecballium 212
Ectocarpus *46*, 46, 48
Elaeis 177, 191
Elettaria 197
Elymus 227
Endogone *61*, 61
Enteromorpha 35
Ephedra 2, 200
Epipogium 16
Equisetales **95**
Equisetophytina **95**, 102
Equisetum 89, *95*, 95, *96*, 96
Erica 169, 239, 241, 242
Ericaceae 144, **168**, 240
Eriophorum 178, *214*, 214
Erodium 134
Erophila *165*, 165, 207, 218, 219
Eryngium 213
Erythroxylum 199, 200
Euascomycetidae **63**
Eubacteriophyta **24**
Eucalyptus 168, 200, 202, 238
Euchlaena 188
Eugenia 197
Euglena *39*, 39
Euglenophyta 27, **39**, 51
Eukaryota **27**
Eumycotina **57**, 77
Euonymus 132
Euphorbia *129*, 136, *163*, 163, 208
Euphorbiaceae 129, 144, **163**
Euphrasia 15, 174
Exidia 75

Exobasidium *73*, 73

Fabaceae 131, 133, 135, 142,
    143, 144, *147*, 147, **167**,
    212, 239
Fagaceae 143, 146, **158**
Fagopyrum 162
Fagus 119, 123, *127*, *143*,
    158, *159*, 201, 224
Festuca 196, 242
Ficus *195*, 195
Filipendula 167, 218
Florideophyceae **49**
Foeniculum 194, 197
Fomes *73*, 73
Fomitopsis 73
Fragaria *122*, 122, *127*, 127,
    134, *166*, 166, 167, 196
Fraxinus 123, 241
Fuchsia 130
Fucus *48*, 48
Fuligo 56
Fumaria 158
Funaria *86*
Fungi imperfecti 58
Furcellaria 50
Fusarium 65

Gagea 180, *181*, 215, 220
Galanthus 181
Galeopsis *135*, 175
Galium *125*, 125, 130, *134*,
    146, *174*, 174, *214*, 214
Gastromycetales **74**
Genista 241
Geranium *212*, 212
Geum *3*, *214*, 214
Ginkgo *107*, 226
Ginkgoatae **106**, **107**
Gladiolus 181
Glechoma 175
Globularia 225
Glycine 168, 191
Gnetatae **106**
Gossypium 163, 192, 200,
    201, 214
Gramineae **179**
Guajacum 202
Gunnera *148*
Gymnospermae **103**
Gyromitra 68

Halobacterium 23
Halococcus 23
Hamamelidae **153**, *154*, **158**
Haplopappus 149
Hedera *121*, 121, 127, 218,
    241
Helianthus *172*, 172, 192, 194

Helichrysum 171
Helvella 68
Hepatica *157*, 157
Heterobasidiomycetidae 71,
    74
Heterokontae 41
Hevea 163, 201
Hibiscus 163
Hieracium 140, 141, 172
Hippuris 128
Homobasidiomycetidae 71,
    72
Honckenya *127*
Hordeum 180, *187*, 187
Huperzia 89, 92
Hyacinthus 180, *181*
Hydnum 73
Hydrocotyle *170*, 170
Hyenia *95*
Hylocomium 85, 86
Hyoscyamus 173, 200
Hypericum 136, 146
Hypnum 85, 86
Hypoxylon 65

Ilex 241
Impatiens *212*, 212
Ipomoea *189*, 189
Iridaceae **181**
Iris *181*, 181
Isoetales 91, **93**
Isoetes 93, *94*, 94, 137

Juglans 134, 191, 201
Juncaceae 146, **178**, 179,
    206, 230, 231, 232
Juncus 149, 178, 231
Juniperus *112*, 112, 217

Kormophyta 27, 78, *79*

Labiateae **175**
Laburnum 167
Lactarius 74
Lactuca *172*, 172, 194
Lagenaria 164
Lamiaceae 128, 134, 135,
    144, 147, 173, **175**
Laminaria 46, 47
Lamium 134, *175*, **175**, *207*,
    207, 210
Larix 111, 201, 241
Lathraea 215
Lathyrus 129, *131*, *135*, 167,
    168, 218
Lauraceae 238
Laurus 197, 242
Lavandula 175
Lecanora 69

Lecidea 69
Ledum 169
Leguminosae **168**
Lemna 218
Lens 168, 194
Leontodon 172
Lepidium 165, 194
Lepiota 73
Leucanthemum *135*, 172,
    205, 221
Leucobryum 85
Levisticum 197
Liliaceae 132, 146, 149, *180*,
    180, 238
Liliateae 118, 152, **176**
Liliidae **176**, **180**
Lilium 180, *212*, 212
Linaria *130*, 130, *174*, 175,
    209, 214
Linum 136, 192, 200
Liriodendron 155
Lithothamnion 50
Lobaria *69*
Lobelia 173, *222*, 222
Lobeliaceae **173**
Loculoascomycetes *67*, **67**
Lolium 180, 196
Lonicera 210, 218
Lophophora 199
Lotus 168
Lupinus 167, 168, 196
Luzula *178*, 178, *215*, 215
Lychnis 161, 213
Lycoperdon *74*, 74
Lycopersicon 173, 194
Lycopodiales **91**
Lycopodiophytina **91**, 102
Lycopodium *91*, 91, *92*, 92
Lyginopteridatae 100, 106,
    107, **108**, 113
Lyginopteris *108*
Lysimachia 128, 169

Macrocystis *47*, 47
Magnolia *156*, 156
Magnoliaceae 116, 157, 148,
    151, **155**
Magnoliatae 118, 152, **153**
Magnoliidae 148, *153*, **155**
Magnoliophytina 114, **152**,
    153
Maianthemum 180
Malus *134*, 134, *166*, 166,
    196
Malva 146, *163*, 163
Malvaceae 148, **163**
Mammillaria 162
Manihot *189*, 189
Marasmius 73

Marattia 98
Marattiales *98*, **98**
Marchantia *82*, 82, *83*
Marchantiatae **82**, 87
Matricaria *171*, *209*
Matteucia 100
Medicago *168*, 168, 196
Medullosa 108
Melampyrum 215
Melosira *44*, 44
Mentha 175, 197
Mercurialis *163*, 163
Mesembryanthemum 239
Metroxylon 177, 189
Micrasterias 36
Microcystis 26
Mnium 85, 86
Monilia **68**, 69
Monilinia **68**, 69
Monocotyledoneae 118, 119,
    151, 152, **176**
Monotropa 16
Monstera 178
Morchella 68
Mucor 61
Musa 146, 189, *190*
Muscari 180
Mycena 73
Mycota 27, **52**
Myosotis 136, 173, 205
Myristica 197
Myrtaceae **168**, 238
Myrtus *168*, 168
Myxomycetes **55**, 77
Myxomycotina **55**, 77

Narcissus 181
Navicula *44*, 44
Nectria *65*, 65
Nemalion *50*, 50
Neottia 16, 181
Nepenthaceae 144
Nepenthes *145*, 145
Nerium 128
Neurospora 65
Nicotiana *173*, 173, 198, 199
Nitella 38
Noctiluca 40
Nostoc *26*, 26
Nothofagus 238
Nuphar 155
Nymphaea 155, *156*, 222
Nymphaeaceae **155**

Ochroma 202
Ocimum 197
Oedogoniales **35**
Oedogonium *36*, 36
Oidium *67*, 67

Olea 191
Olpidium *58*, 58
Onobrychis 196
Oomycetes 57, **59**, 77
Ophioglossales 98, **99**
Ophioglossum 89, *99*, 99
Ophrys 182, *210*, 210
Opuntia *162*, 162
Orchidaceae 146, **181**, *182*
Orchis 143, **182**, *182*
Origanum 175, 197
Oryza 180, *188*, 188
Oscillatoria 26
Oxalis 221

Paeonia 131
Pandanaceae 238
Pandorina *34*, 34
Panicum *188*, 188
Papaver 130, *158*, 158, 199,
    200, 209, *213*, 213, 220
Papaveraceae 149, **158**
Papilio 167
Papilionaceae **167**
Parmelia 69
Pastinaca 170, 193
Pediastrum *35*, 35
Pelargonium 239
Peltigera 69
Penicillium *67*, 67
Pennisetum 188
Peridinium *40*, 40
Peronospora 60
Persea 194
Peziza *68*, 68
Phaeophyta 27, **45**, 51
Phallus *74*, 74
Phaseolus 119, 168, 194
Philadelphus 131
Phleum 180, 196
Phoenix *177*, 177, *190*, 190
Phragmidium *76*
Phragmites 124, 179, 221,
    222
Phycomycetes 57
Physarum *56*, 56
Phyteuma 173
Phytophthora *60*, 60
Picea *111*, 111, 198, 201, 241
Pilularia *101*, 101
Pimenta 197
Pimpinella 197
Pinatae 106, 107, **109**, 113
Pinnularia 44
Pinophytina **103**
Pinus 3, 6, *110*, 110, *111*,
    111, 201, 217, 241, 242
Piper 197

Piperaceae 143, 238
Pistacia 242
Pisum *119*, 119, *125*, 129,
    167, *168*, 168, 194
Plagiochila *82*, 82
Plantago *206*, 214, 218
Plasmopara *60*, 60
Platanthera 182, 209
Platanus *2*, 3, 227
Poa 141, 180, 196
Poaceae 128, 133, 150, *179*,
    179, 208
Polygonaceae 144, **162**
Polygonatum *122*, 123
Polygonum *125*, *162*, 162,
    222, 222
Polypodiales 98, **99**
Polypodiophytina **97**, 102
Polypodium *99*, *100*, 100
Polyporus 73
Polysiphonia *50*, 50
Polytrichum *85*, 85, 86
Populus 123, *164*, 164, 217
Porphyra 49
Porphyridium 49
Potamogeton 177, 212
Potentilla 146, *167*, 167, *210*,
    212
Primula 5, *169*, *206*, 206, 213
Primulaceae **169**, 237
Progymnospermae 106
Prokaryota **21**
Protoascomycetidae **62**
Protopteridales 97
Prunus 129, *134*, 134, *166*,
    166, 192, 195, 196
Pseudotsuga 201
Pteridophyta 27, **88**
Puccinia *75*, 75
Pulmonaria *173*, 173, 206
Pulsatilla 123, 157, *214*, 214
Pylaiella *46*, 46
Pyrenomycetes 65
Pyrodictium 23
Pyrrophyta 27, **40**, 51
Pyrus 134, 166, *167*, 196

Quercus 123, 128, 158, *159*,
    201, 241, 242

Ramaria 73
Ranunculaceae 124, 142, 143,
    146, 147, **156**, 237
Ranunculus *121*, 121, 122,
    127, 127, 129, *131*, 136, 156,
    157, 157, 208, 211, 212,
    219, 221
Raphanus 165, 193
Rauwolfia 200

Rhamnus 129
Rheum 162, 194
Rhipsalis 162
Rhizobium 16
Rhizophydium *58*, 58
Rhizopus *61*, 61
Rhododendron 169
Rhodophyta 27, **49**, 51
Rhynia *90*, 90
Rhyniophytina **90**, 102
Rhytisma 69
Ribes 129, 196
Riccia *82*, 82
Ricinus *163*, 163, 200
Rosa 6, *125*, 125, *129*, 129,
  134, *166*, 166, 209, 217
Rosaceae 143, 144, 147, 150,
  166, 237
Rosidae **154**, 163, **166**
Rosmarinus 175, 197
Rubiaceae 132, 143, 144, **174**
Rubus *134*, 141, *166*, 166,
  196, 218
Rumex 125, 162
Russula 74

Saccharomyces *62*, 62
Saccharum 180, 190
Sagittaria 177
Salicaceae 143, **164**
Salix 123, *143*, *164*, 164, 205,
  214, 214, 240
Salvia *175*, 175, 197
Salvinia *101*, 101, 218
Sambucus 134
Sanguisorba 167
Saprolegnia *59*, 59
Sargassum 48
Sarracenia *145*
Sarraceniaceae 144
Satureja 197
Saxifraga 132, 240
Scenedesmus 32, *35*, 35
Scirpus *178*, 178, 222
Scleranthus *148*, *161*, 161
Sclerotinia 69
Scorzonera 193
Scrophularia *174*
Scrophulariaceae 147, **174**
Secale *180*, 180, *187*, 187
Sedum *129*, 129, *135*, 135,
  136, 220, *221*
Selaginella 89, *92*, 93, 137
Selaginellales 91, **92**
Sempervivum 136

Senecio 171, 172
Sequoia 112, 201
Sequoiadendron 112
Setaria 188
Sherardia 174
Silene 136, *161*, 161, *205*, 205
Sinapis *119*, 119, *165*, 165,
  197, 205, 216
Sisyrinchium 181
Solanaceae *147*, 149, 173
Solanum *122*, 123, *173*, 173,
  189, 194
Solidago 172
Sorbus *136*, 167
Sorghum *188*, 188
Spergula 161, *214*, 214
Spermatophyta 27, **103**
Sphaerotheca *66*, 66
Sphagnatae **83**, 87
Sphagnum *83*, 83, *84*
Spinacia 162, 194
Spiraea *166*, 16 6
Spirogyra 11, *36*, 36
Splachnum 85
Staurastrum *36*, 36
Stellaria *161*, 161, 205, 207,
  221
Stemonitis *56*, 56
Stereum 73
Stipa 242
Streptomyces 199
Strophanthus 200
Strychnos 200
Swietenia 202
Symphytum *173*, 173
Synchytrium 58
Syringa 123

Tabellaria *44*, 44
Taphrina *62*, 62, 73
Taraxacum 3, *133*, 140, 172,
  214, 218, 219
Taxus 106, *112*, 112
Tectona 202
Thallophyta 27
Thamnidium *61*, 61
Theobroma *198*, 198
Thermoplasma 22
Thlaspi 133, 165
Thymus 175, 197, *205*, 205
Tilia 123, *214*, 214, 241
Tragopogon *172*
Trapa 215, *216*
Tremella *75*, 75
Tribonema *41*, 41

Trichia *56*, 56
Tricholoma 73
Trifolium 150, 167, *168*, 196
Triticum *133*, *180*, 180, 185,
  186, 186, 187
Tuber *68*, 68
Tulipa 123, 180, *181*, 205
Tussilago 172

Ulmus 123, *133*, *214*, 214,
  241
Ulothrix *35*, 35
Ulotrichales **35**
Umbelliferae **169**
Uncinula *67*, 67
Urtica 133
Usnea 69
Ustilago **76**, 76

Vaccinium *134*, 134, *147*,
  147, *169*, 169, 218, 219, 220
Vallota 181
Vanilla 182, 197
Vaucheria *41*, 41
Venturia *67*, 67
Verbascum 136, *145*, 145,
  174, 174, *175*, 218, 219
Veronica *174*, 174, *175*
Verrucaria 65
Viburnum *209*
Vicia 5, 133, 167, 194, 196,
  212
Vinca 220
Viola *130*, 130, *147*, *164*, 164,
  207, *209*, 209
Violaceae **164**
Viscum 15
Vitis 129, 134, 198, 218
Volvocales **34**
Volvox *34*, 34

Wasserfarne **100**

Xanthophyta 24, **41**, 51
Xanthoria 69
Xylaria 65

Zamia *109*
Zea *188*, 188, 205
Zingiber 146, 197
Zostera 177, 208
Zosterophyllum *90*, 90
Zygnematales **36**
Zygomycetes 57, **61**, 77

Sachverzeichnis

Abteilung 17
Achaene 133, 172
Aconitin 157
Adventivembryonie 141
Adventivwurzel 119, 121
Aecidiospore 75
Aethalium 56
Agar 32
Ährchen 179
Ähre 135
Ährenspindel 183
Akinet 26
akrokarp 85
Algenpilze 57
Alginsäure 31
Alkaloide 157
Allergie 208
Allogamie 204
Allopolyploidie 150
Amphetamin 199
analog 8
Anatomie 149
anatrop 137
Ancylus-See 232, 233
Androeceum 114, 130
Anemochorie 213
Anemophilie 208
Angiospermensystem 151
Anisogamie 11
Anlockungseinheit 209
annuell 121, 218
Annulus 97
Ansiedlung 215
Antarktis 236, 238
Anthere 114, 131
Antheridium 30
Anthropochorie 215
Antibiotikum 67
Antipoden 138
Apertur 116, 139, 147
Apfelfrucht 134
apikale Meristeme 78
Aplanospore 13
Apokarpie 131
Apomixis 140

Apothecium 64
Archegoniaten 78
Archegonium 78
Arealbeziehungen 227
Areale 223
Arealsystematik 227
Arealtypen 223
Arillus 112, 132
arktische Florenregion 239, 240
Aromastoffe 175
Art 2, 4, 5, 17
ascogene Hyphe 63
Ascogon 63
Ascospore 62
Ascus 62
Ascusbildung 72
asexuelle Vermehrung 12
Assimilationsgewebe 83
Atemöffnung 83
atlantische Florenregion 240, 241
Atropin 200
Augenfleck 39
Ausbreitungsart 212
ausdauernd 218
Australis 236, 238, 239
Ausläufer 122, 211
Außenkelch 127, 166
Autochorie 212
Autogamie 206
Autotrophe 15
axilläre Knospe 123
axilläre Verzweigung 123

Bacteriochlorophyll 24
Balg 133
Baltischer Eissee 232, 233
Bang 199
Basidie 71
Basidienbildung 72
Basidiospore 71
Bauchkanalzelle 80
Bäume 217
Baumwollsamenöl 192, 200

Beere 134
Beerenzapfen 112
begrenztes Wachstum 122
Benthos 26
Benzylisochinolin-Alkaloide 158
Bestäubung 203
Bestäubungsbiologie 203
Bestäubungs-einrichtungen 116
Betalain 154
bienn 121, 218
biologische Blüte 209
Biosystematik 5
bisymmetrisch 135
Blatt 119, 124
Blattachsel 123
Blättchen 125
Blattfolge 126
Blattgrund 124
Blatthäutchen 124, 179
Blattnarbe 124
Blattrand 124
Blattspitze 124
Blattspreite 124
Blattstellung 128
Blattstiel 124
Blühen 203
Blüte 115, 130
Blütenachse 130
Blütenboden 130
Blütendiagramm 146
Blütenformel 146
Blütenhülle 115, 130
Blütenscheide 127
Blütenstand 135
Blütensymmetrie 135
Bodenläufer 213
boreale Florenregion 240
Brackwassergradient 232
Braktee 130
Brakteole 130
Brandspore 76
Brucin 200
Brutbecher 82

Brutknospen 13, 121, 129, 212
Brutkörper 13
Bulbille 129

Camembert 67
Canescin 200
Cannabinol 199
Capensis 236, 239
Capillitium 55
Cauloid 46
Cephalosporine 67
Chalaza 137
Chamaephyten 219
chasmogam 207
Chemie 8, 149
Chemoautotrophe 15
Chinin 200
Chlorophyll 25
Chlorophyllzellen 83
choripetal 130
Chromosom 19
Chromosomenzahl 30, 81, 89, 107, 149, 150
Churrus 199
circumpolar 239
coccal 28
Coccolith 42
Codein 200
Coenobium 29
Colpus 147
Columella 84
Corymbus 136
C-Phycocyanin 25
C-Phycoerythrin 25
Crossing over 10
Cupula 108, 158
Curare 200
Cuticula 86
Cutin 86
Cyanophyceenstärke 25
Cyathium 163
Cytochrom C 9
Cystidie 73

Dauerzygote 58
Deckschuppe 110
Deckspelze 179
dekussiert 128
Devon 106, 259
Diasporen 11, 211
Dichasium 136
Dichotomie 89
diffuses Wachstum 29
Digitoxin 200
dikotyl 119
diözisch 205
Diplont 12, 31
disjunkt 223

Diskus 130
Divergenz 142
Divergenzbruch 128
Divergenzwinkel 128
DNA 9, 19
Dolde 135
Doliporus 57
Donor 9
Doppelachaene 170
doppelte Befruchtung 139
doppelte Blütenhülle 130
Dorn 129

einfache Blätter 125
einfache Blütenhülle 130
eingeschlechtig 205
einhäusig 205
einjährig 218
Einkrümmung 89
Einzelfrüchte 133
Eizelle 11, 138
Elaiosom 214, 215
Elatere 82
Elementarprozeß 89
Embryo 104, 132, 140
Embryologie 137, 148
Embryosack 114, 138
Embryosackmutterzelle 138
Embryoträger 140
Empfängnishyphe 63
Endemit 225
Endosperm 104, 132
Energieverbrauch 15
Ephedrin 200
Epidermis 86
epigyne Blüte 131, 132
epiphytisch 43
Epitheka 43
Epitheton 5
ericoid 168
Ethericine 67
Euanthientheorie 116
Eucalyptusöl 200
europäisches arktisch-alpines Element 233, 234
Evolutionstheorie 1
Exine 139

Familie 17
Faserpflanzen 200
fettliefernde Pflanzen 190
Fiedern 100, 125
Filament 114, 131
Fjällflora 232
Flechten 65, 69
Flechtensäure 69
Flechtenwüste 70
Fliegen 210
Flimmergeißel 29

Florenelement 232
Florenregionen Europas 239
Florenreiche 236
Florideenstärke 49
Flügel 214
Form 5
Formenkreis 2
Fragmentation 12
Fremdbefruchtung 10
Fremdbestäubung 204
Frequenzkarte 230
Frucht 133
Fruchtblatt 114, 130
früchteliefernde Pflanze 195
Fruchtknoten 115, 131
Fruchtkörper 70
Fruchtschlauch 179
Fruchtschuppe 110
Fucocyanin 30
Fucoerythrin 30
Fucoxanthin 42
Funiculus 132
Futterpflanzen 196

Gametangien 11
Gametangiogamie 11
Gameten 10
Gametophytengeneration 11
Garigue 242
Gattung 17
gegenständig 128
Gemüsepflanzen 193
Generationswechsel 11
Generationswechsler 31
Genophor 19
Genußmittelpflanzen 198
Genzentren 184
Geophyt 219, 220
Geschlechtsverteilung 204
Getreide 185
Gewürzpflanzen 197
Gluten 185
Glykogen 52
Gondwanaland 232
Grasbäume 239
Grasblüte 208
Griffel 131
Griffzelle 37
Griseofulvin 67
Grundspirale 128
Grundzahl 30, 81, 150
Gunjah 199
Gynoeceum 114, 130
Gynostemium 146, 182

Hakenbildung 64
Halbparasit 15
Halbsträucher 218
Halm 179

Halskanalzelle 80
Halszelle 80
Haplont 12, 31
Hapteren 96
Haptonema 42
Hartlaubgehölze 242
Haschisch 199, 200
Hauptgruppen 17
Hauptwurzel 121
Hautflügler 210
Hebelmechanismus 175
Heiden 241
Heilpflanzen 199
Helophyt 222
Helvellasäure 68
Hemikryptophyten 219
Herbarium 4
hermaphroditisch 205
Heroin 199
Heterocyste 26
heteromerer Thallus 69
heteromorpher Genera-
    tionswechsel 31
heterospor 88
Heterostylie 206
Heterotrophe 15
Heuschnupfen 208
Hibernakel 212
Hochblatt 127
Holarktis 236, 237
Holzpflanzen 201, 217
homolog 8
homöomerer Thallus 69
Honigblatt 131, 156, 157,
    208
Hormocyste 26
Hormogonium 13, 26
Hüllblätter 127
Hüllchen 135
Hülle 135
Hüllspelze 179
Hülse 133
Hydrochorie 213
Hydrophilie 208
Hydrophyten 222
Hygrophyten 221
Hymenium 64
Hyoscyamin 200
Hyphe 52
hypogyne Blüte 131, 132
Hypotheka 43

ICBN 6
Indusium 99
Infloreszenz 135
Insektenbestäubung 210
Integument 103, 137
interkalares Wachstum 29
Internodium 37, 122

Intine 139
Involucrum 127, 171
Isidien 13, 70
Isogamie 11
isomorpher Genera-
    tionswechsel 31
isospor 88

Jura 106, 259

Käfer 210
Kalkinkrustierung 38
Kalyptra 81
Kambium 79
Kambrium 259
Kampfer 200
kampylotrop 137
Kannenblätter 144, 145
Kapsel 133
Karbon 106, 259
Karotin 25
Karpell 130
Karposporophyt 49
Karyogamie 12
Karyopse 133, 179
Kätzchen 135
Kautschukpflanzen 201
Keimblatt 127
Keimruhe 216
Keimung 215
Kelchblatt 130
Kernphasenwechsel 31, 51, 77
Kieselgur 32, 44
Klasse 17
Klause 134, 173
Kleinart 3
kleistogam 207
Kletterpflanzen 129
Kletterwurzel 121
Klon 2, 211
Knöllchenbakterium 16
Knospe 122
Knospenanlage 123
Knospenschuppen 127
Knospung 22
Kohlenhydratpflanzen 189
Kokain 199, 200
Kolben 135
Kolonie 29
Konidien 13, 53
Konjugation 9, 36
Konnektiv 131
Kontinentaldrift 230
konvergente Evolution 8, 142
Konzeptakel 47
Köpfchen 135
Köpfchenzelle 37
Kopra 191
Kopulation 10

Korb 135
Kormophyten 27
Kosmopolit 225
Kotyledon 119
Kräuter 218
Kreide 106, 259
kreuzgegenständig 128
Kronblatt 130
Kulturpflanzen 183
Kurztrieb 111, 123

Lagerpflanzen 27
Laminarin 45
Landpflanzen 220
Langtrieb 111, 123
laterales Meristem 79
Laubblatt 127
Lebensformen 217
Leitungsgewebe 79
Lianen 218
Ligula 124
Litorina-Meer 233
Lockmittel 208
Lodiculae 179
LSD 199
Lutein 42

Macchie 242
Makrophyll 88
Makrosporangium 92, 93,
    103
Makrospore 88, 92, 93, 137
Makrosporophyll 92, 93, 105
Mannitol 45
männlicher Zapfen 110
marginale Plazentation 147
Marihuana 199
Mediane 146
mediterrane
    Florenregion 240, 241
Medizinalpflanzen 199
Meeresleuchten 40
mehrjährig 218
Meiose 10
Merkmalstypen 142
Meskalin 199
Mesophyten 221
Mikrophyll 88
Mikropyle 108, 137
Mikrospezies 3
Mikrosporangiophor 114
Mikrosporangium 92, 93,
    103, 114
Mikrospore 88, 92, 93, 137
Mikrosporophyll 92, 93, 105
Mikrotubuli 19
mitteleuropäische
    Florenregion 240, 241
Mittelnerv 124

monadal 28
Monochasium 136
monokotyl 119
Monopodium 123
monözisch 205
Moosblüte 85
Morphin 199, 200
Morphologie 8
Murein 25
Mutation 12
Mycobiont 65
Mykorrhiza 16
Mykosen 62
Myrosinase 165
Myzel 52

Nachbarbestäubung 204
Nährgewebe 104
Nährstoffverbrauch 15
Narbe 104, 131
Narcotin 200
Narkotikapflanzen 198
Narrentaschen 62
natürliches System 7
Nebenblatt 124
Nektar 130
Nektarium 130, 208
Neotenie 117
Neotropis 36, 237, 238
Nervatur 99
Niederblatt 127
Nodium 37, 122
nomenklatorischer Typus 6
Nomenklatur 5
numerische Analyse 7
Nuß 133
Nuzellus 103, 137

obdiplostemon 161
oberständige Blüte 131
Ochrea 125
Ontogenese 8
Oogamie 11
Oogonium 30
Opium 199
opponiert 128
Ordnung 17
Ordovicium 259
orthotrop 137

Paarkernphase 53, 70
Palaeotropis 236, 237, 238
Paläobotanik 7, 150, 223
Palmella 39
Palynologie 147
Papaverin 200
Pappus 130
Paramylon 39
Paraphysen 64

Parasit 15
parenchymatisch 29
parietale Plazentation 147
Parthenogenese 141
Peitschengeißel 29
Penicillin 67, 199
perenn 121
perennierend 218
Perianth 130
Perichaetium 85
Perigon 130
Perisperm 140, 161
Peristom 85
Perithecium 64
Perm 106, 259
Petale 130
Pfahlwurzel 121
Pflanzengeographie 223
Phanerophyten 219
phänetisches System 150, 151
Photoautotrophe 15
Phrygana 242
Phycobiont 65
Phylloid 46
phylogenetisches System 7,
    150, 151
Phylogenie 8
Phytonyletherlipide 22
Phytoplankton 14
Pilzchitin 52
Pistill 104, 114, 131
Planation 89
Plasmid 19
Plasmodium 55
Plasmogamie 12
Plazenta 132
Plazentation 132
Pleiochasium 136
Plektenchym 52
Pleuralseite 43
pleurokarp 85
Plumula 119
plurilokulär 45
Polkerne 138
Pollenkammer 108
Pollenkorn 104
Pollenmutterzelle 138
Pollenpumpe 207
Pollensack 103, 131
Pollenschlauch 108, 139
Pollenschlauchzelle 110
Pollentetrade 138
Pollinationstypen 204
Pollinium 146, 182
polyenergide Zellen 28
polygam 205
polyphyletisch 118
pontische Florenregion 240,
    242

Population 1
Porus 147
postglazial 232
Präkambrium 259
primäres Dickenwachstum 78
primäres Endosperm 106
Primärmyzel 70
Prioritätsregel 5
Produktionsökonomie 13
Proembryo 104, 139
progressiver Zuwachs 81
Proterandrie 206
Proterogynie 206
Prothallium 88
Prothalliumzellen 110
Protonema 80
Pseudanthient heorie 117
Pseudomonaden 178
Pseudoparaphyse 73
pseudoparenchymatisch 29
Pseudopodium 84

Quartär 106, 259
Quirl 128

radiärsymmetrisch 135
Radicula 119
Ranken 125
razemös 135
Reduktion 89
Reisfelder 25
Rekombination 10
Reliktvorkommen 224
Reproduktion 9
Reproduktionsbiologie 203
Reproduktionssysteme 203
Reserpin 200
Rezeptor 9
Rhizoid 46, 80
Rhizom 88, 122, 211
Rispe 136
Rizinusöl 200
Röhrenblüten 171
Roquefort 67
Rosettenpflanzen 222
R-Phycocyanin 49
R-Phycoerythrin 49
Rübe 121

Saftmale 209
Samen 104
Samenanlage 111, 132, 137
Samenbank 216
Samenknospe 38
Samenreserve 216
Samenschale 104, 132, 140
Samenschuppe 110
Sammelart 3
Sammelfrucht 133, 134

Saprophyt 15
Scheibenblüten 171
Scheide 124, 125
Scheidewand 165
Scheitelzelle 29
Schildzelle 37
Schirm 214
Schirmrispe 136
Schraubel 136
Schmetterlinge 210
Schmetterlingsblüte 167
Schnallen 71
Schorf 67
Schötchen 133, 165
Schote 133, 165
Schraubenzelle 37
schraubig 128
Schwellkörper 179
Schwermetalle 80
Schwimmblase 47
Schwimmblatt 127
Schwimmblattpflanzen 222
Scopolamin 200
Seitenknospen 123
Seitennerv 124
Seitenwurzel 121
sekundärer Embryosack-
    kern 138
sekundäres Dicken-
    wachstum 78
sekundäres Endosperm 115,
    139
Sekundärmyzel 70
Selbstausbreitung 212
Selbstbefruchtung 10, 206
Selbstbestäubung 204, 206
selbstfertil 206
Selbststerilität 205
Sepale 130
Seta 80
Sexualpilus 9
Silur 259
siphonal 28
Siphonogamie 106, 115
Sklerotien 65
Somatogamie 11, 53
Sommerannuelle 218
Sommersporen 76
Soredien 13, 70
Sorus 97
Spaltfrucht 134
Spatha 127
Species 5
Speichergewebe 83
Spermatien 49
spermatogene Zelle 110
Spermatozoiden 11
Spermazelle 105, 110, 139
spiralig 128

Spitzenwachstum 29
Sporangien 12
Sporangiophor 60, 95
Sporen 12
Sporogon 80
Sporokarp 101
Sporophyll 99
Sporophytengeneration 12
Sporopollenin 139
Spreitengrund 124
Springbrunnentyp 49
Sproß 119
Sproßknolle 122, 123
Sproßranke 129
Sproßtyp 123
Sprossung 62
Stachel 129
Stamen 114, 131
Staminodium 131
Stamm 119
Staubbeutel 114, 131
Staubblatt 114, 130, 131
Staubfaden 114, 131
Stauden 218
Steinfrucht 134
Stempel 114
Stengel 122
Stickstoff 16
Stipeln 124, 125
Stolonen 122, 211
Strahlblüten 171
Sträucher 217
Streptomycin 199
Strobilus 81
Stroma 64
Strophanthin 200
Strychnin 200
submediterrane
    Florenregion 240, 241
Subspecies 5
Süd-Beringisches Ele-
    ment 235
Sukkulenz 129
Sulfitsprit 198
Sumpfpflanzen 222
Suspensor 139
Symbiose 15
sympetal 130
Sympodium 123
Synergiden 138
Synkarpie 131
synözisch 205
System 6, 17

Tapioka-Mehl 189
Taxin 112
Taxon 1
Taxonomie 1
Teilareal 224

Teleutosporen 75
Telom 89
Telomtheorie 89
Tepale 130
Terminalblüte 135
Tertiär 106, 259
Testa 104, 132, 140
Tetradynamia 165
Tetrasporangium 46
Tetrasporophyt 49
Thallophyten 27
Thebain 200
Theka 131
Therophyten 219, 220
Tieraubreitung 214
Tierbestäubung 208
Tierblütigkeit 208
Tochtercoenobium 34
Torflager 83
Tragblatt 130
Tragschuppe 110
Transduktion 9
Transformation 9
Transversale 146
Traube 135
trichal 28
Trichogyne 50, 63
Trophophyll 99
Tropophyten 220
turanische Florenregion 240,
    242
Turionen 212

Übergipfelung 89
unbegrenztes Wachstum 122
unilokulär 45
Unterabteilung 17
Unterart 5, 17
Unterklasse 17
unterständige Blüte 131
Unterwasserblatt 127
Uredosporen 75
Ursprungsgebiete 184
Utriculus 179

Valvarseite 43
Varietät 5
Velum partiale 71
Velum universale 71
Verbreitungsbiologie 210
Verwachsung 89
vielehig 205
Vincristin 200
Viren 21
Vögel 210
Vorblatt 130
Vorspelze 179

Wacholderbeere 112

Wachstumszone 121
Wasserausbreitung 212
Wasserbestäubung 208
Wasserblüte 26
Wasserblütigkeit 208
Wasserpflanzen 222
Wasserspeicherzelle 83
wechselständig 128
Wedel 99
weibliche Zapfen 110
Wickel 136
Windausbreitung 213
Windbestäubung 208
Windblütigkeit 208
Winterannuelle 218
Winterknospe 212
Winterspore 75
Wirtel 128

Wirtswechsel 75
Wurzel 119, 121
Wurzelhaube 121
Wurzelknolle 121
Wurzelträger 92, 93

Xanthophylle 30
Xerophyten 220

Yoldia-Meer 232, 233

Zapfen 105
Zellstreckungszone 121
Zellteilungszone 121
Zentralfadentyp 49

zentralwinkelständige Plazenta-
    tion 147
zentrifugal 131
zentripetal 131
Zieralgen 36
Zoochorie 214
Zoophilie 208
Zoosporen 13
Zungenblüten 171
zusammengesetztes Blatt 125
zweihäusig 205
zweijährig 218
Zwergsträucher 217
Zwiebel 123
zwittrig 205
zygomorph 135
Zygote 10
zymös 136

Tabelle 8. Geologische Zeittabelle mit dem Auftreten der wichtigeren Gruppen (Zeitangaben nach Holmes 1964)

Periode	Auftreten der Pflanzengruppen	Beginn der Periode (Millionen Jahre)
Quartär	Die Flora ähnelt in immer höherem Grade der heutigen. Der Mensch hat gegen Ende der Periode die Vegetation immer mehr geprägt.	2.5
Tertiär	Sichere Funde echter Laubmoose. Die Angiospermen differenzierten sich immer mehr. Aus regelmäßigen, offenen Blüten entwickelten sich spezialisiertere und röhrenförmige Typen.	65
Kreide	Kieselalgen und Kalkflagellaten blühten auf. Torfmoose sind nachgewiesen. Die Angiospermen, die zu Beginn der Periode spärlich vorkamen, vermehrten sich, teilweise auf Kosten der Gymnospermen.	136
Jura	Gymnospermen verschiedener Gruppen, Nadelbäume, Palmfarne Ginkgo-Gewächse und einige blütentragende Formen dominierten die Landflora.	193
Trias	Nadelbäume und andere Gymnospermen wie Palmfarne dominierten immer stärker. Samenfarne und die am reichsten differenzierten Gruppen der Gefäßkryptogamen verschwanden oder verloren an Bedeutung.	225
Perm	Die Gefäßkryptogamen entwickelten sich weiter; doch verloren mehrere von ihnen gegen Ende der Periode an Bedeutung. Samenfarne differenzierten sich, Nadelbäume traten auf.	280
Karbon	Funde von Lebermoosen. Die verschiedenen Gruppen von Gefäßkryptogamen erreichten ihre reichste Entwicklung, oft mit extremen Formen von Heterosporie und der Entwicklung von samenähnlichen Organen. Weit entwickelte Gymnospermengruppen wurden durch Samenfarne und die sogenannten Cordaiten vertreten.	345
Devon	Die Landpflanzen differenzierten sich immer weiter. Außer einfachen Formen wie *Rhynia* kamen primitive Gruppen von Bärlapp- und Schachtelhalmgewächsen, sowie echte Farnpflanzen vor. Heterospore farnähnliche Pflanzen entwickelten sich wahrscheinlich in Richtung zu Gymnospermen weiter.	395
Silur	Dinoflagellaten, Braunalgen und einige Pilze kamen vor. Die frühesten Landpflanzen, vor allem aus den Rhyniophytina und den Bärlappgewächse entwickelten sich.	435
Ordovicium	Grünalgen und einzelne Rotalgen traten auf.	500
Kambrium	Kalkabsondernde Algen traten auf. Das bärlappähnliche *Aldanophyton*, vielleicht eine Landpflanze, scheint bereits während dieser Periode gelebt zu haben.	570
Präkambrium	Bakterien und Blaualgen sind nachgewiesen. Eukaryote Organismen scheinen für das Ende dieser Periode nachgewiesen zu sein.	